工程安全与质量管理

（第二版）

主　编　邓德伟　张　勇
主　审　赵　杰

GONGCHENG ANQUAN
YU ZHILIANG GUANLI

大连理工大学出版社

图书在版编目(CIP)数据

工程安全与质量管理 / 邓德伟，张勇主编. -- 2 版.
大连 ：大连理工大学出版社，2024. 8. -- ISBN 978-7
-5685-5115-1

Ⅰ. TU71

中国国家版本馆 CIP 数据核字第 2024PY6471 号

大连理工大学出版社出版

地址:大连市软件园路 80 号　邮政编码:116023

发行:0411-84708842　邮购:0411-84708943　传真:0411-84701466

E-mail:dutp@dutp. cn　URL:https://www. dutp. cn

沈阳市永鑫彩印厂印刷　　大连理工大学出版社发行

幅面尺寸:185mm×260mm　印张:17.25　字数:420 千字

2016 年 11 月第 1 版　　2024 年 8 月第 2 版

2024 年 8 月第 1 次印刷

责任编辑:王晓历　　责任校对:齐　欣

封面设计:对岸书影

ISBN 978-7-5685-5115-1　　定　价:56.80 元

前言 Preface

21世纪是质量的世纪。质量管理是企业生存和发展的基石，安全是企业可持续经营的永恒主题。优秀的质量管理水平是实现工程安全的先决条件，也在很大程度上反映了一个国家的技术水平和综合国力。学习工程安全和质量管理的基本知识已成为工业社会对每个个体的素质要求之一。

本教材基于校企合作的基础，紧密结合企业生产实践，将工程安全和质量管理进行整合，系统阐述了在设计、研发、生产、运营、售后服务等过程中涉及的工程安全和质量管理知识、法律法规。此外，还简要介绍了企业在实施质量管理过程中可能遇到的实际问题，并提供可行的解决方案。本教材适用范围广泛，既可作为高校管理科学专业的教材，也可作为企业质量管理的培训教材。同时，对于材料学、无损检测、失效分析等相关学科的本科生和研究生教学也具有参考价值。

本教材共分为13章，内容包括工程安全及其面临的挑战、与工程安全相关的质量管理、与工程安全相关的质量经营和质量文化、与工程安全相关的质量检验、与工程安全密切相关的“质量否决权”、提高工程安全性的途径、工程中的全面质量管理、工程中的宏观质量技术管理、工程中的服务质量管理、质量的经济性与质量成本管理、基于质量成本的质量管理、六西格玛基本原理、国内外工程安全与质量管理选粹等。本教材体例新颖，充分体现时代性与先进性，注重实用性和适用性，同时强调能力培养。编者希望通过本教材，使读者深刻理解质量管理对工程安全的重要性，能够客观评价工程实践对环境和社会可持续发展的影响，并在实践中遵守工程职业道德和规范。

本教材由大连理工大学邓德伟、沈鼓集团股份有限公司张勇主编。邓德伟负责第1～5章和第7、10、12、13章的编写；张勇负责第6、8、9、11章的编写；大连理工大学赵杰对书稿的第一版全稿进行了修订；大连理工大学张贵锋对书稿的第二版全稿进行了修订；全书由邓德伟统筹并定稿。赵杰审阅了全书并提出了宝贵意见。

在本教材的出版过程中，安徽工业大学张林博士给予了大力帮助。智新科技股份有限公司牛婷婷负责绘制本书的相关插图，并承担资料收集和校对工作。在此一并表示感谢！

本教材的编写和出版得到了国家重点基础研究发展计划(973计划)项目“机械装备再

制造的基础科学问题”(项目编号:2011CB013402)和大连理工大学专业综合改革项目“金属材料工程专业综合改革及建设”的支持,在此表示衷心的感谢!

在编写本教材的过程中,编者参考、引用和改编了国内外出版物中的相关资料以及网络资源,在此表示深深的谢意!相关著作权人看到本教材后,请与出版社联系,出版社将按照相关法律的规定支付稿酬。

限于水平,书中仍有疏漏和不妥之处,敬请专家和读者批评指正,以使教材日臻完善。

编　者

2024 年 8 月

所有意见和建议请发往:dutpbk@163.com

欢迎访问高教数字化服务平台:https://www.dutp.cn/hep/

联系电话:0411-84708445　84708462

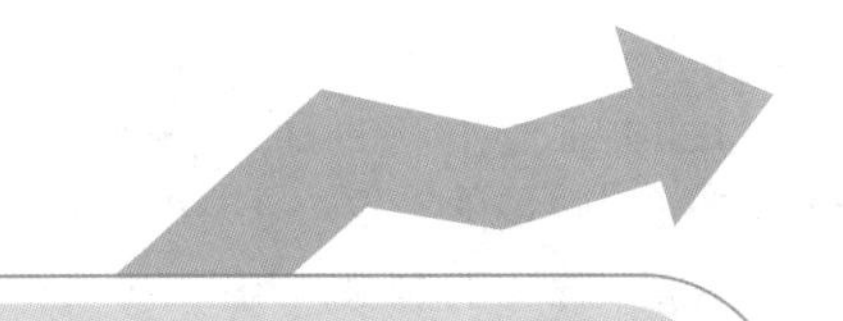

目录 Contents

第1章 工程安全及其面临的挑战

进入21世纪以来，中国的国民经济发展进入了一个全新的阶段，工业的数量、规模和就业总量都迅速增长。新的高楼大厦、展览中心、高速铁路、高速公路、桥梁、港口航道、大型水利工程及民用核电建设如雨后春笋般在中国各地兴起，新结构、新材料、新技术得到了大力研究、开发和应用。其发展速度之快、数量之多令世界各国惊叹不已。

随着国家经济的快速发展，各种工程安全事故也时有发生。这些事故既包括由自然原因引起的，如地震灾害、洪水灾害、台风灾害、风雪灾害等，也包括许多由人为原因造成的重大安全事故，例如上海闵行区莲花河畔景苑楼盘在建期间的倒塌事故、7·23甬温线动车事故、青岛输油管泄漏事故、深圳华侨城事故、阳明滩大桥事故、重庆开县井喷事故等。

上述灾难和事故的发生，往往不是由单一原因导致的，可能涉及以下多个因素：设备运行、质量管理、材料质量、检查监督、人员培训、企业文化、保养维护等。

随着现代工业的高速发展，世界范围内的工程与装备逐步显现出以下突出特点：大型化、紧凑化、高效化、高可靠性、高智能化。仅以装备的大型化为例，在近10年里，大推力往复机从50 t活塞力提高到150 t活塞力；炼油装置从200万t/a提高到1 200万t/a；PTA装置用离心压缩机从无发展到70万t/a；空分装置用压缩机由20 000 N·m^3/h提高到100 000 N·m^3/h；乙烯装置由24万t/a提高到100万t/a。

这些变化也为工程安全及质量管理带来了新的挑战。经验表明，工业上对质量的管理与实践，的确是对用户安全的最好保证。例如，拧紧汽车转向装置的固定螺钉是确保汽车安全性的条件之一，在汽车制造工厂里，这一条件是通过企业质量管理机构的系统控制才得以实现的。

1.1 工程安全

1.1.1 工程安全的定义

权威的工具书如《辞海》《中国大百科全书》《安全科学技术辞典》等分别从不同侧面对工程安全做了定义，其核心内容包含如下两点：

(1)安全:保持一个不会对人身安全、健康和财产造成伤害或损失的状态,同时提供给员工一个舒适的工作和生活环境,包括工作现场的企业文化氛围。

(2)工程安全:指生产和生活设施所具备的状态,保持一个不会对人身安全、健康和财产造成伤害或损失的状态,同时提供给员工一个舒适的工作环境和和谐的企业文化氛围,包括工作现场的企业文化氛围。

1.1.2 工程安全的影响因素

发生工程安全事故的原因多种多样,根据已有的工程事故分析,主要涉及以下因素:

1. 材料问题

设计时按照国家标准、国际标准进行了材料计算,但在具体操作时,选用的材料达不到相应要求,这其中可能涉及材料冶炼、锻造和热处理等因素。

2. 设计问题

(1)实际荷载严重超过设计荷载,或环境条件与设计时假设有重大变化。

(2)所采用的计算简图与实际结构不符,实际受力状态与设计严重偏离。

(3)确定的构件截面过小或连接结构设计不当。

3. 加工问题

(1)加工工艺。未按照正确的工序进行,或者工序颠倒,加工工艺不成熟。

(2)表面质量。加工过程中造成零件表面质量低劣,包括由工装和吊具导致的损伤,成为后续事故的隐患。

(3)过程监控。加工制造过程中检查不足,或未严格执行检查标准,导致零件未能达到设计要求,但材料本身没有问题。

4. 装配问题

对于机械装备,装配是收尾阶段的关键环节,转子系统的对中性和配合间隙的控制、坚固螺栓的预紧力等因素影响着机械装备的性能和安全寿命。

此外,工程安全还可能受以下因素的影响:

(1)管理不善,责任不落实,监管不到位。

(2)使用和维护不当,对设备野蛮操作,无法确保其运行在最佳工况。

(3)安全技术规范在工作中得不到有效执行。

(4)违反安全规章制度,进行违章操作。

(5)层层转包导致安全管理薄弱。

(6)一线操作人员安全意识匮乏和技术水平不达标。

因此,工程质量事故的发生往往是多种因素综合作用的结果,既可能是设计、加工制造、使用不当等技术方面的原因,也可能是管理和体制方面的原因。

1.1.3 工程可靠性

在 20 世纪 60 年代,美国和苏联在军事和空间项目中使用了复杂的材料,使偶发事故的频率逐渐增大,严重影响任务的完成。因此,对缺陷或概率的理论研究变得十分必要。这种研究引出了可靠性理论,没有这种理论,夺取太空的目标显然是不可能的。

可靠性理论简要来说,是通过实验方法确定每个零部件的缺陷率,并从这些数值出发计算整个系统的事故概率。这个理论的应用逐渐扩展到工业的某些领域，如信息技术和核能部门。在这些领域，对预测可靠性的研究成为产品概念的一部分，促使结构的修改以减小事故发生频率。通过考虑系统中每个部件的平均运行时间，这种研究还可以提供最佳的维护计划。

令人惊讶的是，在法国，可靠性概念在一些尖端工业领域（如航空、电子和通信）中取得了巨大成功。这一方面是因为质量管理涉及整个企业，而可靠性应用起初是由技术人员推动的。另一方面，可靠性数据常常可以帮助工业界应对顾客，向他们明确事故在统计学上是不可避免的。相反，质量管理会激励工业界从每个事故中研究如何改进和提升。

如今，可靠性研究已应用于日常用品，而在工业中，可靠性概念常常与质量概念联系在一起。下面介绍一个众所周知的经济现象，它可以用来解释不同国家质量改进的情况，并提出相应的预测。

在一定的时期内，一种物品售价对于销售额的影响可以用一个称为伸缩性的数字来表示。我们可以提出以下的定义：

设一定时间之内价格为 p 的某物销售量为 q。假定其他条件相同，若价格变数 Δp 引起销售量的变化为 Δq，则需求对于价格的关系以 K 值表示（图 1-1），即

$$\frac{\Delta q}{q}=-K\ \frac{\Delta p}{p} \tag{1-1}$$

式中，K 为正数。

因为 p 和 q 向相反的方向变化，所以除少数情况外，价格上涨，会引起销售额降低。

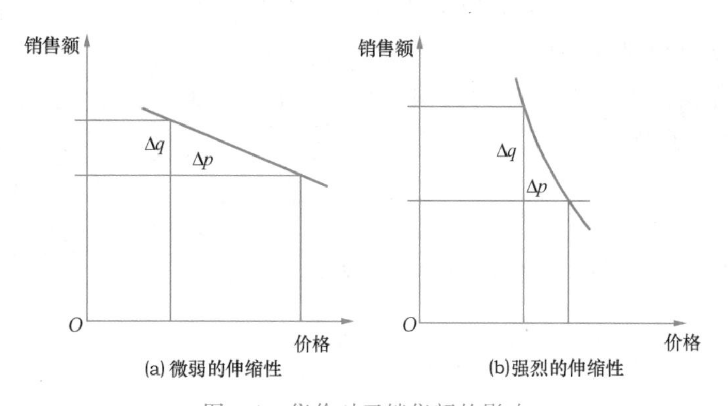

图 1-1　售价对于销售额的影响

对于一个企业来说，最有利的是符合一种低微的伸缩性情况：价格比值$\frac{\Delta p}{p}$的相对增长仅仅引起销售量比值$\frac{\Delta q}{q}$相对微弱的降低。

真实的情况可以依据以下两个极端市场的状况来确定：

(1)垄断：一个唯一的企业，依据顾客数量向市场投放商品，伸缩性微弱。

(2)完全的竞争：对于(独一无二)产品的说明是精确的；许多供应商可依需求予以满足；供应商和顾客都被详尽告知每种商品的价格。在这种条件下，伸缩性较大。

1.2 工程安全面临的挑战

1.2.1 工程安全与标准和规范

在报刊、广播和电视的帮助下，人们广泛知晓了旨在提高某些产品质量的努力方向。然而，人们通常不了解工业界为了控制材料、设备和专用产品的质量所做的长期不懈的努力。目前存在的标准主要适用于冶金、化学工业、航海业、铁路、航空等领域。在这些领域中，现行标准受到高度重视，尤其是由于行政管理受到公共市场法的限制，所有市场都必须参考国家标准。

国家范围内的标准化在提高某些消费品质量方面发挥了重要作用。事实上，国家范围内的标准能够更好地确定消费者的需求，并为客观比较各种竞争产品的性能提供可能性。在法国，法国标准协会(AFNOR)在标准化委员会的领导和监督下，集中并协调了所有与标准相关的工作和研究。目前，法国已经制定了大约九千项标准，涵盖几乎所有工业和农业活动。

标准化工作已经在许多国家得到发展。为了促进国际交流，大多数标准已经被普遍接受。这些标准是以国际标准化组织(ISO)的名义发布的，截至 2024 年，该组织拥有 157 个成员。在电学和电子技术领域，国际标准化组织的国际规范化活动与国际电工委员会(IEC)的活动相互补充。

1.2.2 工程安全与技术进步

设想我们的子孙以后所使用的飞机和电话不会与今天的有根本的不同，尽管液态氢有可能替代作为碳氢燃料的汽油，光学纤维会替代传递信息的铜线。在发达国家，生活水平达到了饱和点，即一个令人满意的指数。例如相对于法国工人平均工资的汽车价格的变化：

1955 年到 1965 年，价格下降了 30%；

1965 年到 1975 年，只下降了 10%(图 1-2)。

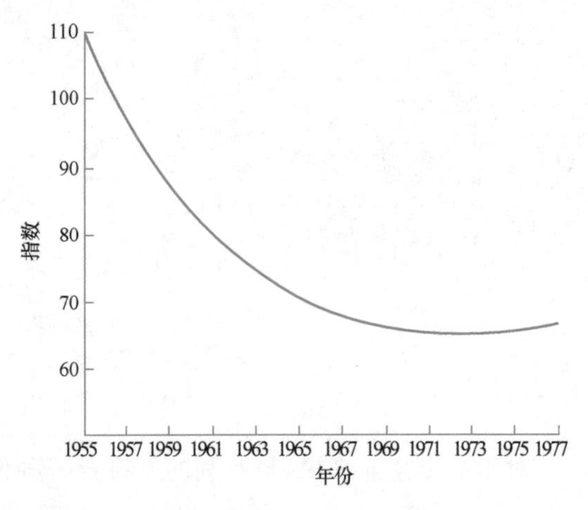

图 1-2　购买一辆汽车所需平均劳动时间

第二次世界大战后，产品经常降价的主要原因是许多新材料和新技术的出现，特别是半导体和有机聚合物领域的重大发明。然而，在不损害质量的情况下，随着时间的推移，价格的进一步降低变得越来越困难。这些发现也导致了新产品的问世，但几年后，它们的价格会稳定下来，因为材料和技术的提升是有限的。

我们今天使用的某些产品，例如袖珍电子计算器和石英表，在二十年前是无法制造和很难想象的。正是由于 1956 年，诺贝尔物理学奖得主威廉·肖克利发现了半导体的特性，使人们能够设计出这些神奇的微型设备，其主要组件就是经过多次精密加工的小小硅片。

半导体还有许多不太显眼但对我们日常生活至关重要的作用，特别是在电视、通信和信息技术的发展等方面。它们最明显的应用集中在工业、商业、银行、交通运输、医院等领域的自动控制系统中。它以极快的速度和高效的方式取代了人类在观察和分析工作中的角色。这些自动控制系统在很大程度上促进了成本的降低和服务的改善。

同时，我们可以看到塑料是如何进入我们的世界。二十年前由铁、木材或硬纸板制成的物品，现在几乎都被塑料所取代。塑料不仅用于给某些电器设备外壳穿上外衣，同时也可用于装饰汽车内部，塑料还构成了许多机械设备的核心部分。1954年诺贝尔化学奖得主林纳斯·鲍林对有机化合物的研究，使化学工业能够以煤炭或石油为原料生产各种具有特殊性能的材料(如酚醛树脂、丙烯酸树脂、聚碳酸酯、聚丙二醇酯、聚酯等)。这些材料在日常用品和专业设备中取代了金属或合金，从而减少了腐蚀和磨损，尤其降低了成本。例如，众所周知，生产钢板底盘需要锻压、焊接、涂漆等工序，而采用模压技术，只需一道工序就能获得相同的塑料制品，价格降低至原来的1/3～1/2。此外，在许多领域中，有机聚合物的使用不仅降低了成本，还提高了性能。

1.2.3 工程安全与经济和社会进步

在竞争激烈的国际市场上，与价格相关的需求总体呈增长趋势，而当设计者无法适应竞争所带来的价格变化时，其销售额会明显下降。而那些重视产品规格、避免无益开支的人才更容易获得成功。这正是质量部门所努力追求的目标。

首先，在许多企业中，质量部门占据着重要的地位，虽然有时由于其相对较新的性质而未能得到足够的认可。但我们已经认识到，质量部门的任务是在尽可能降低成本的前提下，确保用户的满意度。它不断呼吁各种技术，但首先要求企业全面思考并坚持不懈。一般来说，建立质量部门被认为可以增加收入并促进商业的成功。

例如，许多大批量生产的零部件一般都包含昂贵的零件，这些零件无法仅通过一个质量标准来衡量。它们通常存在材料过多、加工过细、调节不良等问题。通过对这些零部件进行检查，不仅不会损害产品声誉，而且可以实现可观的经济效益，更有利于提高产品质量。根据已确定的方法(稍后我们将介绍其中的一些准则)，这是一项集体工作。

其次，对企业开支进行细致分析通常会发现可以避免或减少加工步骤的方法：随着时间的推移，一个零部件性能的改善，需要进行连续的检验和调整；废弃已购买但判断为无用的零部件。根据观察和协商提出降低价格的方案，技术因素、行政因素、商业因素和人为因素都发挥着各自的作用，这可能产生重大节约和服务改善。

最后，我们不应忘记，质量首先涉及产品的使用。使用的概念应该基于对总投资成本的估计，而不仅仅考虑销售价格。我们必须从一开始就考虑到可能造成的损害和风险。

也就是说，为了降低成本，最初必须付出一些额外的代价。例如，稍微增加新住宅的成本，即使是最简陋的住宅，我们也能够显著降低高昂的使用和维修费用。产品无法满足用户需求，无论在城市还是在企业内部，往往是引发冲突的原因。追求低价是一个社会错误。

从长远来看，只有质量部门被企业组织中的最高层领导关注，并具备沟通情报和宣传使用的必要手段，我们才能期望产品和服务具备卓越的质量。但这些条件还不够，实践表明，企业的所有成员都应该积极有序地参与质量工作，包括厂长及其领导团队、销售人员、工程师、技术员、公务员、工人，有时甚至还包括用户。

第2章 与工程安全相关的质量管理

质量管理是现代管理科学中不可或缺的要素之一。其研究范畴包含了质量管理工作的规律性。质量管理的核心包括质量方针、质量体系、质量控制、质量保证和质量改进。作为现代企业管理的关键环节，质量管理是企业赖以生存的基础。本章将通过探讨全面质量管理的基本原则和常用方法，介绍质量管理的概念、历史和发展，全面质量管理的特点，以及全面质量管理与ISO 9000标准的关系，从而揭示全面质量管理的目标、任务和内容。

2.1 质量管理概述

2.1.1 质量管理与质量职能

1. 质量管理的概念

ISO 9000:2015《质量管理体系—基础和词汇》对质量管理的定义为："确定质量方针、目标和职责，并在质量体系中通过诸如质量策划、质量控制、质量保证和质量改进使其实施的全部管理职能的所有活动。"

相对于质量体系、质量控制和质量保证术语来说，质量管理是一个更广泛的概念。下面对质量管理的几点含义进行具体说明：

(1)质量管理是组织整体管理的重要组成部分，其职能包括制定和实施质量方针、质量目标和质量职责。

(2)质量管理依托于质量体系，并通过质量策划、质量控制、质量保证和质量改进等活动来发挥其作用。这四项活动是质量管理工作的关键支柱。

(3)质量管理是有计划、有系统的活动，为了有效实施质量管理，需要建立质量体系。

(4)质量管理必须由组织的最高管理者领导，质量目标和职责按层次分解，各级管理者对目标的实现负有责任。质量管理的实施涉及组织中的所有成员。

上述质量管理的定义涉及质量体系、质量控制、质量保证和质量改进等基本概念，将在本书的相关章节中进行介绍。现在，根据ISO 9000:2015《质量管理体系—基础和词汇》的定义，我们对质量方针和质量策划的概念进行必要的说明。

质量方针是指“由组织的最高管理者正式发布的该组织总的质量宗旨和质量方向”。根据这个定义，对质量方针的具体含义进行如下解释和说明：

(1)定义中的组织概念明确包括国有或私营企业、事业单位或社团，或其一部分。

(2)质量方针代表了组织在质量方面的整体意图和方向，而不是具体的质量目标。它反映了组织对质量的承诺和对顾客的承诺。质量方针是指导质量活动的思想和行为准则，并应体现在各级管理目标和计划中。

(3)质量方针是组织总体生产经营方针的一部分，应与组织的总方针及其他并行方针(如投资方针、技术改进方针、人事方针等)相协调。质量方针与这些方针一起形成了组织的总方针。

(4)质量方针应得到组织最高管理者的批准。最高管理者应积极参与制定总方针，以便将其对质量的承诺体现在质量方针中。

(5)质量方针经最高管理者正式签发后生效。

质量策划，是指“确定质量及采用质量体系要素的目标和要求的活动”。根据这个定义，对质量策划术语的具体含义可进一步作如下的理解和说明：

(1)质量策划是一项活动或过程，旨在确定质量目标和要求。它包括编制质量计划和制定质量改进规定等内容，但质量策划本身并不等同于质量计划。质量计划可以是质量策划的结果之一。

(2)质量策划涉及对质量特性的识别、分类和比较，以确定适宜的质量特性。通过质量策划，可以制定质量目标、质量要求和约束条件。例如，对产品而言，质量策划涉及识别和确定产品的规格、性能、等级及相关的特殊要求(如安全性、互换性等)，这些要求都通过质量策划来实现。

(3)质量策划还涉及确定所采用质量体系的目标和要求。管理和策划的内容包括为实施质量体系做准备，组织和安排相应的资源，并提供管理支持，以确保产品质量目标的实现。

2. 质量职能的概念

产品质量的生成、形成和实现过程被称为“螺旋形上升过程”。在这个过程中，包含一系列有序进行的工作或活动，它们相互衔接、相互制约、相互促进，不断循环、周而复始。每经过一次循环，产品质量就会得到一次提高。这些工作或活动的总和构成了质量职能，它们是确保和提高产品质量所必不可少的要素。在质量螺旋形上升过程中，涉及市场研究、产品开发、设计试制、生产技术准备、采购、生产制造、检验、销售与服务等一系列活动，如图2-1所示。在这些活动中，各相关部门都需要规定自身活动的内容、要求和职责范围，总结如下：

(1)各部门应承担的任务、责任和权限。

(2)各部门在保证产品质量的活动中，制定工作程序和各类标准。

(3)各部门在质量管理活动中采用的管理方法和手段。

(4)对各部门工作质量的考核办法等。

需要强调的是，质量职能的各项活动并不仅限于企业内部进行，还涉及供应商、零售商、批发商、用户等外部环节。即使在企业内部的活动中，质量职能也不仅限于一个部门，而是由企业各个部门共同承担。因此，各部门除了质量职能外，还需履行其他职能。现代企业质量管理的重要任务之一是，由一个专门负责质量管理的部门(如全面质量管理办公室)将分散在企业各部门的质量职能有机地结合起来，进行有效的计划、组织、协调和控制，以确保和提高产品质量。

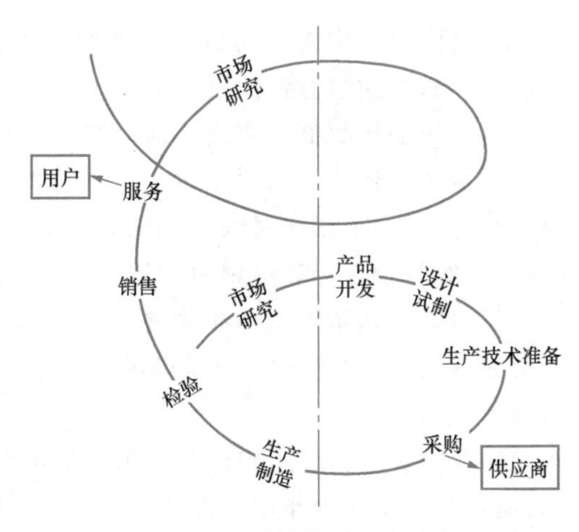

图 2-1　质量螺旋上升过程

3. 企业内部主要部门的质量职能

企业内部对产品质量有直接影响的质量职能主要有市场研究、产品开发、设计试制、生产技术准备、采购、生产制造、检验、销售和服务等九个方面，相应的质量职能由企业内部主要职能部门承担。

(1)经营部门的质量职能

企业的经营部门主要承担市场调查研究的职能，主要包括：

①调查研究用户对产品品种与质量的要求，对本厂产品做出评价。例如，产品的用途，需要什么产品，需要哪些产品的质量特性，用户对本厂产品在质量、成本、使用方面具体有哪些看法与意见等。

②摸清竞争形势。竞争形势包括多方面内容，而对质量职能来讲，主要在于摸清竞争对手的产品在质量、成本及价格竞争能力等方面与本厂产品的具体差异，尤其是用户对此的看法。

③收集政府部门颁布的技术经济政策、法令和规定，尤其是质量方面的政策、法令、规定，为企业领导确定质量方针、目标提供依据。

(2)产品开发部门的质量职能

产品开发是产品设计工作的重要前提，也是产品质量形成过程的起点。这一阶段的工作质量将直接决定产品的质量水平与竞争能力，因此必须进行一系列的技术经济分析及决策等活动。一般来说，需要在经济、技术和管理三个方面进行分析与论证，经过优化和试验后，才能进入产品设计阶段。

产品开发部门的质量职能主要包括：

①在分析研究用户、市场、技术等方面情况的基础上，提出新产品的构思方案；对新产品的原理、结构、技术、材料等方面进行论证；对新产品的性能、质量指标、安全性和可靠性等提出明确的要求；进行经济合理性论证等。

②优选方案，主要利用价值工程等方法对新产品总体方案进行优选。

③绘制新产品示意总图。

④对关键零部件或新材料提出试验课题，并进行试验。

(3)产品设计试制部门的质量职能

经过开发研究并确定新产品之后，接下来进行新产品的设计和试制工作。设计和试制可以分为初步设计、详细设计、样品试制和小批试制等阶段。

在初步设计阶段，其质量职能主要包括设计计算、模拟试验、系统原理图设计及设计审查等。在详细设计阶段(包括技术设计和工作图设计两个步骤)，质量职能主要包括编制产品技术条件及其说明书，在工作图上注明质量特性的重要性级别、设计审查及进行可靠性和安全性分析等内容。

在样品试制试验阶段，质量职能主要包括进行部件合格试验、样品的功能试验、环境试验、可靠性试验和安全性试验等，以验证设计是否满足用户的要求。

在小批试制阶段，质量职能主要包括评估试验生产工艺和装备是否能够保证产品质量，制订质量检验计划等内容。

在试制鉴定阶段，质量职能主要是参与上述工作，协助和监督以确保其质量达到用户的要求。

(4)生产技术准备部门的质量职能

产品在制造之前必须做好准备工作，并编制质量控制计划，即做好生产技术准备工作。它包括选择合适的制造工艺、设备与工具、设计与制造工艺装备，编制工艺规程，选定工序技术控制点，制定质量工序表，提供各种技术文件，编制操作指导卡等。在保证上述工作质量优良的基础上，还应包括组织质量攻关活动，组织工序能力测定并提高工序能力指数等。

(5)采购部门的质量职能

采购部门的质量职能就是保证生产制造用的各种原材料、外购外协件等要满足产品质量的要求，主要包括：

①严格按技术规格、工艺文件认真选购。

②货物入厂前要严格检验，合格的才允许入库，并保存好。

③调查及了解供应单位的产品质量保证能力，并进行信息反馈。

④保证向生产单位(制造部门)提供优质、适量的原材料及外协件。

(6)生产制造部门的质量职能

生产制造部门的质量职能是确保制造出的产品符合设计质量要求，主要包括以下方面：

①加强工艺管理：严格执行工艺纪律，全面掌握确保产品质量的工序。

②组织质量检验工作：正确规定检验点，合理选择检验方式，建立高效的专业检验队伍等，确保质量检验工作的有效进行。

③进行质量动态监控：系统、定期、准确地进行质量动态的统计与分析，健全原始记录，并指定专人负责。

④加强不合格品的统计与分析：对不合格品进行统计和分析，找出问题根源，并采取相应的改进措施。

⑤强化工序质量控制：针对需要加强监督、需要特殊技术或质量不稳定的工序，设立检验点进行质量控制；对于具备条件的工序，采用控制图进行质量控制。

⑥有计划地组织质量管理小组活动：解决生产中的质量问题，通过组织质量管理小组的活动，集思广益，共同解决质量方面的问题。

这些措施旨在确保生产制造部门能够有效地控制和管理产品质量，从而满足设计质量要求，并不断提升产品质量水平。

(7)检验部门的质量职能

检验部门的质量职能概括地说就是严格把关、反馈信息、预防、监督和保证产品质量，促进产品质量的提高。具体工作范围包括以下内容：

①负责首检验、生产过程检验和成品检验：检验部门进行首次检验，确保原材料和组件符合质量要求；在生产过程中进行检验，监控关键节点和质量控制点的产品质量；对成品进行最终检验，确保产品符合规定的质量标准和规范。

②负责设备、工装、工具、仪表的检验:检验部门对企业使用的设备、工装、工具和仪表进行检验,确保其正常运行和准确度,以保证生产过程中的可靠性和准确性。

③负责计量工作的检定:检验部门进行计量工作的检定,包括校准仪器仪表的准确性、检验量具的精确度等,以确保企业的计量工作符合准确性和可追溯性要求。

(8)销售部门的质量职能

销售是企业管理的重要组成部分,销售部门的质量职能主要包括:

①宣传与推销优质产品,提高广告质量,为发展新品种及提高质量创造条件。

②收集市场信息,把质量信息及时反馈给企业的有关部门。

③分析、研究产品质量对销售的影响,以便有效地利用质量优势。

(9)服务部门的质量职能

服务包括售前服务和售后服务,服务部门的质量职能主要包括:

①为保证产品质量提供必不可少的条件,如包装、运输及入库保管等工作。

②收集和管理产品现场使用质量的信息,反馈给企业有关部门。

③向用户介绍产品结构、性能、特点、使用范围和维护保养的知识。

④及时向用户提供备品、配件,并指导或为其安装及维修。

上述质量职能在企业内部进行,并且形成一个不断循环的过程。这个过程可以用一个图形表示,被称为质量循环圈,如图 2-2 所示。

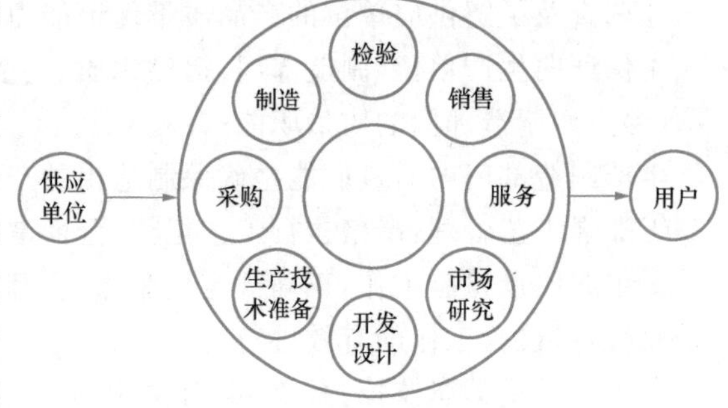

图 2-2 质量循环圈

在图 2-2 中,供应单位和用户位于质量循环圈之外。由于企业规模的不同,一些企业可能会让几个部门承担一种质量职能,而其他企业则可能会让一个部门承担多个质量职能。质量循环圈概括了企业中对产品质量有影响的大部分职能,这些职能部门的员工都对产品质量承担一定的责任。此外,还有一些职能部门,如人事部门、行政部门、财务部门等,虽然在质量循环圈中没有直接表示出来,但它们也对产品质量具有一定的影响和质量职能。

在明确各部门的质量职能时,企业领导必须运用系统思维,按照产品形成的全过程逐项落实。这需要制定专门文件,将质量职责落实到质量责任制中,并进行相应的考核。通过这种方式,可以确保各部门的质量职责得到明确并得以有效执行。

2.1.2 世界质量管理的发展和我国质量管理的回顾

1. 世界质量管理的发展

质量管理是随着社会生产力的发展和科学技术的进步而产生和发展的,从工业发达国家看,大体经历了以下 3 个发展阶段:

(1)单纯质量检验阶段

单纯质量检验是以半成品、成品的事后检验为主的质量管理方式。1940 年以前属于这个阶段。

这一阶段的特点是，生产与检验逐步分离，专职检验人员的主要任务是，对完工的半成品与成品进行质量把关，即在事后挑出不合格品，隔离不合格品。

这种事后检验，对于防止不合格品出厂，保护用户利益与出厂产品质量，是完全必要的，今后也必须做好。但是这种属于事后的检验，很难在生产过程中起到预防及控制作用。另外，它要求对成品进行全数检验，从经济上说不合理，在技术上看也不完全可能。

(2)统计质量管理阶段

在20世纪40年代至50年代，随着产品结构日益复杂，品种增多，产量扩大，影响产品质量的因素也变得多样化。依靠单纯质量检验虽然能够挑出不合格品，但它无法防止不合格品的产生，也无法杜绝不合格品造成的浪费。在这样的背景下，人们意识到仅仅依靠单纯质量检验已经不足够。因此，提出了缺陷预防的概念，强调使用数理统计方法进行事前预防。通过控制工序质量来保证产品质量，形成了统计质量管理的理念。

这一阶段的特点是强调数理统计方法的作用。然而，由于忽视了组织管理和其他相关部门的职能作用，过分强调了数理统计方法，导致人们错误地认为“质量管理就是数理统计”。这种误解限制了统计质量管理的作用发挥，并限制了它的普及和推广。

(3)全面质量管理阶段

质量管理在20世纪60年代进入了全面质量管理阶段。主要由于以下原因：

①实践证明，产品质量的形成不仅与制造过程相关，还与设计、供销、服务、使用等过程有关。因此，仅仅强调统计质量管理中的数理统计方面已经不够充分，这无法有效保证和提高产品质量。

②随着大量精密、复杂产品的出现，人们对产品提出了可靠性和安全性的要求。与此同时，出现了产品责任制度、防止公害污染及保护消费者利益的运动，这要求必须加强质量保证活动。

③在产品销售和市场竞争中，资本主义经营者逐渐认识到，为了获得更大利润，必须综合考虑产品质量、成本和销量。这就需要从经营者的角度来考虑质量管理。

④随着管理学理论的发展，出现了“自我控制”“自主管理”“无缺陷运动”“质量圆桌小组”等参与管理概念，使质量管理从少数人的事务转向群众化。

基于以上原因，美国通用电气公司的质量专家费根堡姆于1961年出版了《全面质量管理》一书，提出用全面质量管理取代统计质量管理。

费根堡姆主张改变单纯强调数理统计方法的偏向，力求广泛应用组织管理的技术与方法。在确保产品质量的前提下，追求经济性，努力降低质量成本。同时，要对产品质量形成的全过程进行管理，不仅要管理产品制造过程的质量，还要管理设计、试制试验、销售服务与使用等过程的质量。

日本在引进美国的统计质量管理和全面质量管理理论和方法后，结合本国国情，并吸取了工人参与管理，以及干部、技术人员、工人三结合等经验，丰富、完善和发展了全面质量管理，并将其从单一工序发展成为质量保证体系。

总之，自费根堡姆提出他的理论以来，经过多个国家和地区的实践运用和总结提高，全面质量管理在理论和方法上得到了丰富和完善，逐步形成了一门完整的质量管理学科。

2. 我国质量管理的回顾

从20世纪50年代起，直到1977年，我国所实行的质量管理制度，基本上是单纯的质量检验制度。这种质量检验在当时的计划经济和短缺经济条件下，对保证产品质量、促进国民经济的发展发挥了重要作用。

1978年以后，特别是党的十一届三中全会以后，以北京内燃机总厂为试点的机械工业系统开始推行全面质量管理，取得了初步成效，并于1978年开展了第一次“质量月”活动。1979年，我国成立了全国性质量管理学术团体——中国质量管理协会。在其统一组织下，全国各地区、各部门有组织地开展了全面质量管理活动，涌现出数以万计的质量管理小组。

为了参与国际竞争，促进国内外贸易的发展，我国于1989年8月推出了GB/T 10300系列国家标准，等效采用ISO 9000系列国际标准。为了与国际惯例接轨，国家技术监督局于1992年10月决定等同采用质量管理和质量保证标准，颁布了GB/T 19000系列标准。2016年12月30日，国家技术监督局颁布了GB/T 19000-2016族标准，该标准更科学、实用和具有可操作性。

1996年12月24日国务院颁布实施《质量振兴纲要》，这从根本上提高了我国主要产业的整体素质和企业的质量管理。我国的产品质量、工程质量和工作(服务)质量都跃上了一个新台阶。为了深入贯彻落实科学发展观，促进经济发展方式转变，提高我国质量管理总体水平，实现经济社会又好又快发展，国务院又发布实施了《质量振兴纲要》(2011－2020年)。

2.1.3 全面质量管理的概念和特点

1. 全面质量管理的概念

ISO 9000:2015《质量管理体系—基础和词汇》对全面质量管理(TQM)的定义是：“一个以质量为中心，以全员参与为基础，目的在于通过让顾客满意和本组织所有成员及社会受益而达到长期成功的管理途径。”根据这个定义，对全面质量管理术语的具体含义，可进一步作如下的理解和说明：

首先，全面质量管理并不等同于质量管理，质量管理只是作为组织所有管理职能之一，与其他管理职能(如财务管理、物资管理、生产管理、劳动人事管理、后勤保障管理等)并存。而全面质量管理是质量管理更深层次、更高境界的管理，它将如上所述的所有管理职能均纳入质量管理的范畴(当然并不是以全面质量管理取代企业的所有管理)。

其次，全面质量管理特别强调了以下几点：

(1)一个组织必须以质量为中心，否则不是全面质量管理。

(2)全员参与(全员是指组织内所有部门和所有层次的人员)。

(3)全员的教育和培训。

(4)最高管理者的强有力和持续的领导。

(5)谋求长期的经济效益和社会效益。

2. 全面质量管理的特点

根据国际标准ISO 9000:2015《质量管理体系—基础和词汇》给全面质量管理下的定义，对全面质量管理的特点可归纳为以下几点：

(1)全面质量管理以“适用性”为目标

传统的质量管理以是否符合技术标准和规范为目标，即“符合性”质量标准。全面质量管理以是否适合用户需要、用户是否满意为最终目标，即“适用性”标准。因此，全面质量管理首先强调产品要适合用户要求，要按用户的要求来组织生产，还要处理好产品质量满足用户要求和保证企业经营效益两方面的问题。

(2)全面质量管理是“三全”的质量管理

全面质量管理要树立“三全”质量管理的观点,即全面的质量概念、全过程的质量管理和全员参加的质量管理。

①全面的质量概念

全面质量管理中的“质量”,是一个广义的质量概念。它不仅包括一般的质量特性,而且包括成本质量和服务质量;它不仅包括产品质量,而且包括企业的工程质量。工程质量就是工程的好坏,是保证产品质量的能力,而产品质量则是工程质量的综合反映。工程质量是原因,产品质量是结果。因为影响产品质量的五大因素(人、机、料、法、环)都需要人去工作,而工程质量又取决于人的工作质量。所以全面质量管理就是对产品质量、工程质量和工作质量的管理。要保证产品质量,就必须保证工程质量;要保证工程质量,则必须保证工作质量。它们的这种关系可用下述逻辑关系来表达:

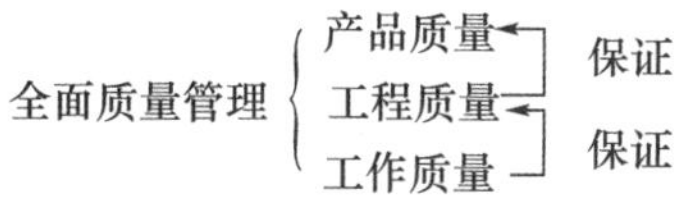

全面质量管理 { 产品质量 ← 保证 — 工程质量 ← 保证 — 工作质量 }

②全过程的质量管理

全过程主要是指产品的设计过程、制造过程、辅助过程和使用过程。全过程的质量管理,就是对上述各个过程的有关质量进行管理。

③全员参加的质量管理

产品质量是企业素质的综合反映,涉及各个部门和广大员工,提高产品质量需要企业广大员工的共同努力。质量管理,人人有责。从企业领导人员到每个工人,都要学习运用科学质量管理的理论和方法,提高本员工作质量,同时广泛开展群众性的质量管理小组活动。

(3)全面质量管理是企业经营中心环节的管理

20世纪70年代,日本质量管理专家水野滋提出了“质量经营”思想,即全面质量管理是以质量为中心的经营管理。1993年日本质量管理学会理事长久米均教授在《质量经营》一书中指出:“日本的质量管理是创造性的经营管理手段。过去一直把经营管理和质量管理作为不同的问题来看待。在现代企业经营中,产品质量的重要性相对增大,轻视质量的经营将无法维持下去,必须改变和扩大质量管理在企业管理体系中的位置”。1980年我国国家经委发布的《工业企业全面管理暂行条例》中也提出了“全面质量管理是企业管理的中心环节”的观点。而且在ISO 9000:2015《质量管理体系—基础和词汇》中对全面质量管理的定义指出:“一个以质量为中心”,这将全面质量管理与企业经营紧密地联系在一起,并明确了全面质量管理在企业各项管理工作和经营中的核心地位。

(4)全面质量管理是一种以人为本的管理

全面质量管理强调在质量管理中要调动人的积极性,发挥人的创造性。产品质量不仅要让用户满意,而且要使本组织的每个员工都满意。以人为本,就是要使企业全体员工,特别是生产第一线的员工齐心协力地搞好质量。

(5)全面质量管理是一种突出质量改进的动态性管理

传统质量管理思想的核心是"质量控制",是一种静态的管理。全面质量管理强调有组织、有计划、持续地进行质量改进,满足不断地变化着的市场和用户的需求,是一种动态性的管理。美国著名质量管理专家朱兰博士认为"质量管理不仅要有控制程序,而且要有改进程序",并把质量管理精辟地归纳为质量计划、质量控制和质量改进"三部曲",其中,质量改进是国际质量管理发展的总趋势。

2.1.4 全面质量管理的思想基础、方法根据和工作思路

1.全面质量管理的思想基础

任何行动都是受思想支配的,开展全面质量管理也需要有一定的思想基础。这里所讲的思想基础,是通过以下基本观点反映的。

(1)"质量第一"的观点

产品质量关系到企业的生存和发展,人民生活的改善,乃至国民经济的全局。因此,必须树立"质量第一"的思想,认真贯彻"质量第一"的方针。

(2)"为用户服务"的观点

企业生产产品,进行质量管理,都是为了满足用户的需求,尤其是要满足用户对产品质量的需求。在全面质量管理中,"质量第一"和"为用户服务"要延伸到"下道工序就是用户"的观点。"质量第一"就是对用户负责到底。因此,企业里每个员工都应该明确自己的下道工序,也就是明确自己的用户,然后再考虑如何为他服务。这样,"质量第一"和"为用户服务"就都有了具体落实的内容。

(3)"质量形成于生产全过程"的观点

产品质量要通过市场调研和设计试制来确定,并通过制造和装配过程来实现。它需要依靠原材料、设备、工艺和加工等方面的支持,同时还需要通过各种服务来保证其表现。因此,产品质量与其生命周期的各个阶段密切相关。然而,这并不是否认或轻视对产品质量进行检查和试验的必要性和重要性。没有检查和试验,就无法判断设计中所体现的产品质量是否在制造过程中得到实现,也无法确定制造过程中实现的产品质量是否由服务保证其表现。因此,"产品质量形成于生产全过程"的观点强调了产品质量主要由前线生产工人的劳动所实现。

(4)"质量具有波动规律"的观点

在设计、制造和使用过程中,质量会出现波动,并且这种波动符合数理统计学中的正态分布规律。因此,废品的产生也是有规律的。通过在生产实践中认识、掌握和运用这种规律,人们可以采取相应的措施,将废品的产生控制在适当的经济范围内。

(5)"质量要以自检为主"的观点

全面质量管理是一种全员参与的管理方式,要求每个人都积极参与,担负起责任。它需要建立在广泛的群众基础上,充分发挥广大群众的积极性和创造性,相信他们的智慧和能力,才能有效实施质量管理。因此,在自检、互检、专检和抽检活动中,应该建立以自检为主、抽检为辅的观点。

(6)"质量好坏要凭数据说话"的观点

质量的评判应该以数据为重要依据,因此要坚持"一切凭数据说话"的原则。使用模糊

的表述，如“估计”“大概”“可能”“差不多”等，无法准确反映真实情况，也不符合质量管理的要求。无论是好还是差，都需要用数据来进行说明，不能含糊其词。因此，在进行质量分析时，准确的数据是必需的。只有掌握准确的数据，才能准确地分析现状，解决问题，改进管理，并调整生产过程，以确保将质量控制在一定范围内。

2. 全面质量管理的方法依据和工作思路

经过大量的实践观察和统计分析，我们可以将影响质量的因素从性质上分为两大类。第一类是经常起作用的因素，它们会导致质量的正常波动。这些因素是难以避免的，但对产品质量的波动影响较小，是可以接受的。对于造成正常波动的因素，我们可以不进行特别处理。第二类因素是不经常发生的因素，是由于某种原因才会出现并对质量产生影响。这种间歇性的因素会导致质量的异常波动。异常波动对产品质量的影响很大，可能导致产品质量不合格。因此，我们必须找出引起异常波动的因素，并加以排除。

全面质量管理的方法就是通过发现、分析和控制上述两类波动及导致它们的质量因素来实现的。因此，这种方法强调使用数据来进行决策，并进行分层处理。这就意味着我们需要对各个方面的各种质量因素进行细分，以便能够制定出具体有效的措施，从而确保质量管理的有效性。通过定量化、图表化和预测化等手段，我们可以保证管理的客观性和准确性，从而实现全面质量管理的目标。

全面质量管理方法的基本工作思路是一切按 PDCA 循环办事。PDCA 循环是由美国质量管理专家戴明首先提出来的，又叫“戴明循环法”。它反映了质量管理活动应遵循的科学程序。PDCA 循环包括 4 个阶段 8 个步骤。

第 1 阶段是计划(P)，包括分析现状，找出问题；分析问题产生的原因；找出主要原因；针对主要原因拟定措施、制订计划等 4 个步骤。

第 2 阶段是实施(D)，即执行贯彻计划和措施，这是管理循环的第 5 个步骤。

第 3 阶段是检查(C)，即检查计划执行的效果，这是管理循环的第 6 个步骤。

第 4 阶段是总结和处理(A)，它包括 2 个步骤：

①总结经验教训，肯定和巩固成绩，处理差错，纳入标准，指出应该怎样干和不应该怎样干；

②把遗留的问题转入下一循环中解决，作为下一轮循环的计划目标。

这是管理循环的第 7、8 两个工作步骤。

上述 PDCA 循环的 4 个阶段，如图 2-3 所示。PDCA 循环的 8 个步骤，如图 2-4 所示。

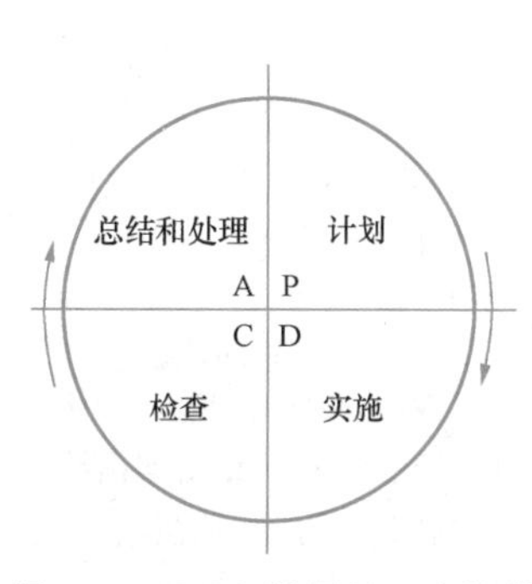

图 2-3　PDCA 循环的 4 个阶段

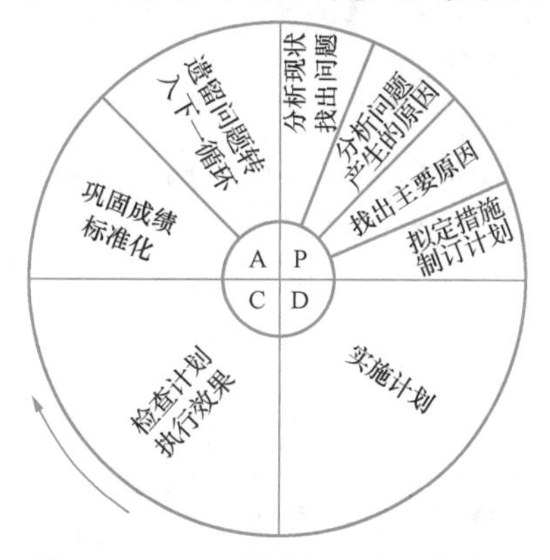

图 2-4　PDCA 循环的 8 个工作步骤

PDCA 循环一般具有如下特点：

(1)不断循环,周而复始,每循环一次提高一步。每次循环都有新的目标和内容,产品质量水平有新的提高,如图2-5所示。

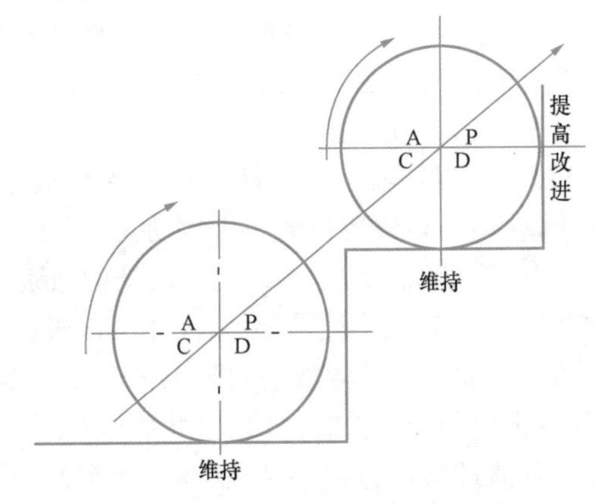

图2-5　PDCA循环的转动和提高

(2)大环套小环,小环保大环,相互联系,彼此促进,如图2-6所示。

(3)PDCA循环是一个交叉的综合性的循环,如图2-7所示。

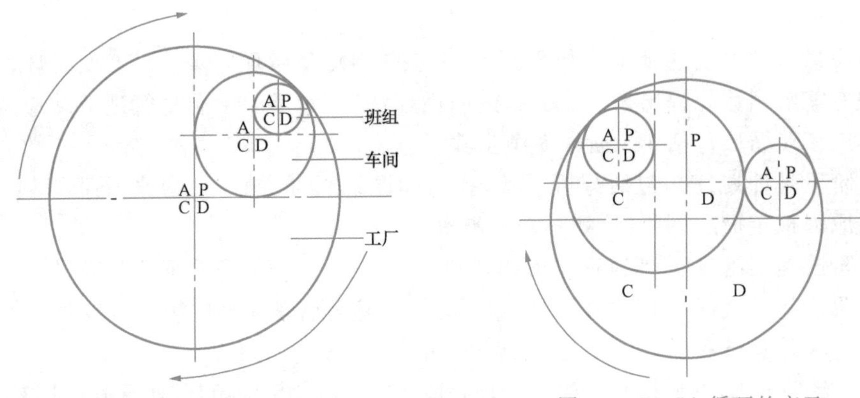

图2-6　大环套小环　　图2-7　PDCA循环的交叉

图2-7说明PDCA循环的4个阶段并非截然分开,而是紧密衔接成一体的,各阶段之间也还存在着一定的交叉现象。在实际工作中,往往是边计划边实施,边实施边检查,边检查边总结,逐步调整计划,也就是说不能机械地去转动PDCA循环。PDCA循环的应用方法见表2-1。

表2-1　**PDCA循环的应用方法**

阶段	步骤	应用方法
P(计划)	1.分析现状并找出存在的问题	排列图、直方图、控制图
	2.分析产生问题的原因	因果分析图
	3.找出主要原因	排列图、相关图
	4.制订措施计划	要回答"5W1H":Why必要性,What目的,Where地点,When时间,Who执行者,How方法
D(实施)	5.实施计划	按计划执行,严格落实措施
C(检查)	6.检查效果	排列图、直方图、控制图
A(总结和处理)	7.巩固成绩	标准化
	8.遗留问题	转入下一循环

2.2 全面质量管理与 ISO 9000 族标准的关系

随着全面质量管理(TQM)科学的不断完善和发展,国际标准化组织(ISO)为适应国际贸易的发展需求,在总结工业发达国家的质量管理经验基础上,于1987年发布了 ISO 9000 质量管理和质量保证系列标准。我国也于1992年10月开始等同采用 ISO 9000 系列标准,即 GB/T 19000 系列标准。这些标准是在实践经验的基础上制定的,具有实践性和指导性。可以肯定的是,ISO 9000 系列标准的推行将对我国提高企业管理水平、增强竞争能力及深化全面质量管理等方面产生深远的影响。

然而,现在有些人将实施 ISO 9000 系列标准与推行全面质量管理分开,认为只要实施 ISO 9000 系列标准,就可以不必推行全面质量管理。这是一个误解,需要加以澄清。

2.2.1 全面质量管理与 ISO 9000 族标准的差异性

1. TQM 是一门科学,而 ISO 9000 族标准是一项科学技术成果

TQM 作为一门科学,它涉及一整套的科学思想、理论和方法,具有科学性的特征。而 ISO 9000 族标准是从标准的角度,对 TQM 的质量体系理论和内容进行系统性的提炼、概括和总结,在规范化的基础上,为企业建立质量体系及实施外部质量保证的有关内容方面提供指导,是一项科研成果。

2. ISO 9000 族标准是质量管理科学发展的产物

从质量管理的发展历史来看,我们可以观察到质量管理方法的不断演进和适应生产力发展的变化。最初,质量管理主要由操作者、工长、检验员和统计员等角色负责。随着科学技术和工业经济的发展,质量管理方法也随之更新,最终发展到现代的全面质量管理。每当科学技术和工业经济发展到新的阶段,生产力达到新的水平时,都会出现与之相适应的新的质量管理方法,从而推动经济的发展。同时,质量管理的手段和方式必须与生产力的发展水平相适应,否则会影响生产力的发展。

在20世纪60年代,费根堡姆提出了"全面质量管理"的概念,很快这一理论被各国所接受。随着全面质量管理的不断完善和发展,质量管理学科的企业指导实践不断提升,并为各国制定质量管理和质量保证标准提供了理论依据和实践基础。

在1959年,美国发布了 MIL-Q-9858A《质量大纲要求》,这是世界上第一个质量保证标准,美国国防部要求军品承制企业须按照此标准的要求充分保证产品质量。此后,美国还制定了《承包商检验系统评定》和《承包商质量大纲评定》等文件,形成了一套较为完整的质量体系标准。其他国家如英国、加拿大、挪威和荷兰等也相继制定了质量保证标准。

到了20世纪70年代,企业实施外部质量保证成为一种全球趋势。为了在竞争中取得胜利和实现更大的经济效益,企业开始致力于内部质量管理。例如,美国国家标准学会于1979年发布了《质量体系通用指南》,法国于20世纪80年代发布了《企业管理体系指南》等。根据全面质量管理的发展,国际标准化组织于1987年发布了 ISO 9000 系列标准。因此,ISO 9000 系列标准的出现具有深刻的历史背景,它标志着质量管理发展到了一个新的

阶段，也是质量管理发展的产物。

3. TQM 的内容所涉及的范围较 ISO 9000 族标准更广

TQM 包括一整套的思想、理论和方法，例如可靠性技术、抽样技术等。而 ISO 9000 是一套结构比较严谨、定义明确、规定具体而实用的标准，没有涉及具体的技术和方法。

2.2.2 全面质量管理与 ISO 9000 族标准的一致性

1. 指导思想一致

随着质量管理学科的不断完善和进一步发展，已逐步形成一套科学的指导思想，其中一些主要思想在 ISO 9000 族标准中得到了充分的体现。

(1)系统管理思想

全面质量管理要求从宏观、微观、技术、管理、设备、心理、方法、环境等方面综合考虑质量管理。全员、全过程、各部门都应开展质量管理，采用综合治理的方法，以优化整体效果，用最经济的手段生产出用户满意的产品。ISO 9000 族标准规定了建立质量体系的内容，包括与产品质量相关的组织机构、职责、程序、活动、能力和资源等，其目标在于构建一个有机整体，以实现供需双方在考虑风险、成本、利益的基础上获得最佳质量，使供需双方都受益。

(2)为用户服务思想

为用户服务是全面质量管理的出发点、立足点和归宿点。全面质量管理要求企业以满足用户需求为目标，开发新产品，生产符合用户需求的产品，虚心听取用户意见，尊重用户权利，提供良好的售前和售后服务，发挥产品的使用价值。ISO 9000 族标准明确指出，为了取得成功，企业提供的产品或服务必须满足用户期望，并具有适当的性能与价格比，以满足用户规定的或潜在的需求。这表明 ISO 9000 族标准制定的目的首先是满足用户要求，同时也满足供需双方的追求，体现了为用户服务思想。

(3)预防为主的思想

全面质量管理强调预防为主，实行超前管理和早期报警，注重设计评审和周密的准备工作。ISO 9000 族标准明确指出，质量体系的重点是预防质量问题的发生，而不是完全依靠事后检查。质量体系应重视并采取预防性措施，以避免问题的产生。ISO 9000 族标准中的许多要素都强调超前管理，旨在消除质量事故的发生，防患于未然。这些都体现了预防为主的思想。

(4)用事实与数据说话的思想

全面质量管理强调用事实和数据进行分析、判断，着重寻求质量改进的规律，以实现质量管理的科学化。ISO 9000 族标准也十分注重用事实和数据作为分析依据，要求每个要素必须有相应的质量文件和记录作为凭证。

(5)“质量第一”的思想

全面质量管理要求贯彻“质量第一”的方针，制定以质量为生存和以品种为发展的目标，并在生产经营活动中正确处理各种关系，始终将质量管理作为企业管理的中心环节。ISO 9000 族标准将质量置于企业经营活动的首要位置，将质量作为企业经营活动的主要因素，因为质量关系到企业的成败。

(6)质量经济性的思想

全面质量管理强调质量经济性，不盲目追求“高质量”，而是以最经济的手段生产出满足用户需求的产品，以确保企业、社会和用户都能获得良好的经济效益。ISO 9000 族标准强调质量体系的选用、设计和运行必须贯彻最佳成本、最低风险和最大利益的原则，并将质量成本作为一个独立的因素考量，从经济角度评估质量体系的有效性。

除了以上六个指导思想，还有以人为主体的管理思想、控制思想、技术与管理并重的思想等也是全面质量管理的重要组成部分。

2. 遵循的原理相同

在全面质量管理理论中，朱兰质量螺旋曲线（图 2-1）描述了产品质量产生、形成和实现的运动规律。瑞典的桑德霍尔姆从企业管理角度出发，把朱兰质量螺旋曲线上的 13 个环节，归并成企业内部的 8 大质量职能和企业外部的两个环节，以质量循环图圈（图 2-2）加以表示。在 ISO 9000 族标准中，明确指出质量体系所依据的原理是质量环，如图 2-8 所示，它是建立质量体系的理论模式。不难发现，无论是质量循环圈，还是质量环，都可视为质量螺旋曲线的俯视投影，其本质都是描述质量形成过程的运动规律。

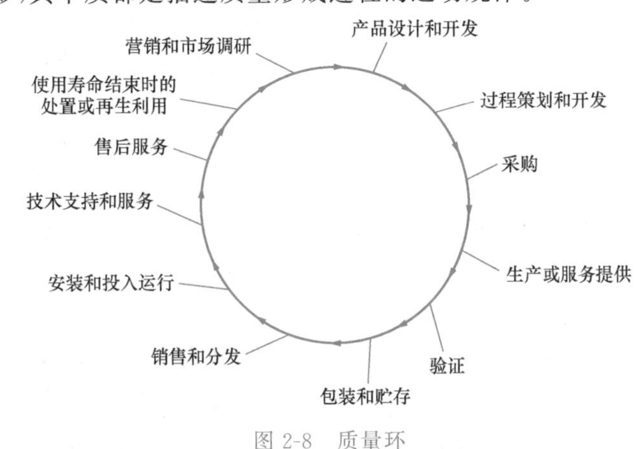

图 2-8 质量环

从以上分析可以看出，TQM 与 ISO 9000 族标准遵循的原理是相同的。

3. 基本要求一致

(1)要求全过程的质量管理

TQM 要求对产品质量的产生、形成和实现的全过程（朱兰螺旋曲线的 13 个环节）进行质量管理。而 ISO 9000 族标准也强调明确质量环各环节所有活动的质量责任，授予一定权限，建立管理机构，配备必要的设备和人员，制定工作程序和制度，开展全过程的质量管理。

(2)要求全员参加质量管理

TQM 要求上至厂长，下至每一个工人都要依照他所承担的质量职能开展活动。在 ISO 9000 族标准中明确规定"采取必要的措施以保证质量方针为全体员工所掌握并贯彻执行。

(3)要求各部门承担质量责任

依据朱兰质量螺旋曲线的原理，TQM 要求各部门同心协力，各负其责，履行各自承担的质量责任。在 ISO 9000 族标准中也明确规定"企业领导和各职能部门的质量责任"，使各部门在质量管理工作中发挥各自的作用，保证质量方针目标的圆满完成。

除此以外，推行 TQM 与贯彻 ISO 9000 族标准都要求由企业最高领导人承担责任，要求企业把教育培训、提高工人业务素质摆到重要的位置，而且要求具有同样的工作程序和工作方法。

从以上分析既看到了 TQM 与 ISO 9000 族标准的差异性，又看到了它们的一致性，所以应该把两者结合起来共同使用，而不能把推行 TQM 与实施 ISO 9000 族标准隔离开来。正确的做法是：在推行 TQM 过程中，不断完善和发展 TQM，并认真贯彻 ISO 9000 族标准；在认真贯彻的基础上，进一步深化 TQM，为提高企业管理水平和竞争能力，促进对外贸易做出新贡献。

2.3 工程安全所涉及的全面质量管理

2.3.1 全面质量管理的目标

从使用价值角度出发，全面质量管理的目标就是要提高企业各部门和每个人的工作质量，经济合理地生产用户满意的产品，及时并如数地向市场提供人们所需要的物美价廉的产品，使企业生产的产品不仅在国内享有盛誉，同时能打入国际市场，并占有一席之地。也就是说，全面质量管理的目标具有多元性，即要从产品的质量、数量、价格和服务质量等方面综合满足用户的需要。

对企业来说，全面质量管理的目标集中到一点就是“一切为用户着想，一切使用户满意”。具体来讲，一般应做到如下几点：

(1)保证生产出达到用户所需质量水平的产品

保证生产出达到用户所需质量水平的产品是维护和巩固该产品市场地位的重要条件，也是满足用户需要的基本要求。为此，企业要根据用户需要的质量不断改进设计，积极使用先进技术，广泛开展技术革新，努力提高管理水平，合理确定质量技术标准，以生产出用户满意的、适销对路的产品。

(2)以用户认为合理的价格销售产品并获得必要的利润

要求把产品的成本降低到能使价格达到让大多数用户买得起的尺度。为此，企业要科学地确定出理想的、保证制造质量的总费用。

(3)保证必要的生产数量

从理论上分析，产品的投产数量与产品的单位成本成反比。即产量越大，成本越低；产量越少，成本越高，产量少到一定程度就要亏损，就谈不上充分利用生产设备和提高生产率了。因此，就一个企业来说，保证必要的生产数量，从而获得必要的利润，也是质量管理的具体目标之一。

(4)及时提供必要的服务条件

产品销售服务(包括售前、售中、售后服务)的质量问题，是巩固该产品在市场上的地位和扩大销售领域的重要条件。

服务质量如何使用户满意，就售后服务而言，应做到以下几点：

①走出去，访问用户。

②请进来征求意见。

③加强信访，有来必回。

④实行“三包”，服务上门。

⑤办班培训，传授使用知识。

⑥设服务点，提供方便。

⑦流动送货，函购代发。

⑧对口挂钩，互相走访。

⑨重视反馈，不断改进。

⑩解决备品备件，及时处理好用户需要解决的问题。

上面10个方面的服务工作要做到经常化、具体化和制度化，切实解决问题，真正使用户满意。

实现上述全面质量管理的目标，集中到一点，就是实现企业的基本任务。现代企业的基本任务是向社会提供符合需要、质量好、价格合理、交货及时、服务周到的产品。因此，一个企业必须把提高产品质量放在头等重要的地位。而全面质量管理所追求的目标，就是持续稳定地向用户提供满意的产品，它与企业的基本任务是完全一致的。

2.3.2　全面质量管理的任务

为了实现上述全面质量管理的目标，现代企业全面质量管理的基本任务可归纳为以下几项。

(1)经常了解国家和人民的需求，调查国内外同类产品的发展情况和市场情况。

(2)认真贯彻“质量第一”的方针，教育全体员工树立“质量第一”“为用户服务”的思想，充分调动企业各部门和全体员工关心产品质量、人人参与质量管理的积极性，认真贯彻执行先进合理的技术标准及质量管理和质量保证国际标准(ISO 9000族标准)。

(3)运用科学方法和管理技术(包括数理统计方法、全面质量管理的7种工具)，结合专业技术的研究，建立健全质量体系，控制影响产品质量的各种因素，不断提高产品质量。

(4)进行产品质量的技术经济分析，科学地处理好质量与成本、价格的关系。

(5)做好设计、试制、制造、用户服务和市场调查等各个环节的质量管理工作。

(6)根据使用要求不断改进和提高产品质量，努力生产出物美价廉、适销对路、用户满意、在国内外市场上有竞争能力的产品，并取得良好的经济效益和社会效益。

2.3.3　全面质量管理的内容

全面质量管理的内容十分丰富，建立健全质量体系是开展全面质量管理的关键。现代企业为了保证产品质量，必须加强设计、研制、生产制造、售货、使用全过程的质量管理活动。所以，全面质量管理的主要内容应包括设计试制过程的质量管理、生产过程的质量管理、辅助生产过程的质量管理和产品使用过程的质量管理。

1. 设计试制过程的质量管理

设计试制过程是指产品正式投产前的全部开发研制(包含开发新产品和改进老产品)过程，包括调查研究、制定方案、产品设计、工艺设计、试制、试验、鉴定及标准化工作等内容。

为了保证设计质量，设计试制过程的质量管理，一般要着重做好以下工作：

(1)根据市场调查与科技发展信息资料制定质量目标。

(2)保证先行开发研究工作的质量。它属于产品前期开发阶段的工作，这个阶段的基本任务是选择新产品开发的最佳方案，编制设计任务书，阐明开发该产品的理由、用途、使用范围、与国内外同类产品的分析比较，以及该产品的结构、特征、技术规格等，并做出新产品的开发决策。保证先行开发研究的质量就是把握上述各个环节的工作质量。特别在选择新产品开发方案时，要进行科学的技术经济分析，在权衡各方案利弊得失的基础上做出最理想的抉择。

(3)根据方案论证，验证试验资料，鉴定方案论证质量。

(4)审查产品设计质量(包括性能审查、一般审查、计算审查、可检验性审查、可维修性审查、互换性审查、设计更改审查等)。

(5)审查工艺设计质量。

(6)检查产品试制、鉴定质量。

(7)监督产品试验质量。

(8)保证产品最后定型质量。

(9)保证设计图样、工艺等技术文件质量等。

质量管理部门应组织专职或兼职人员参与上述各方面质量保证活动，落实各环节的质量管理职能，以保证最终的设计质量。

2. 生产过程的质量管理

工业产品正式投产后，能否确保达到设计质量标准，在很大程度上取决于生产车间的技术能力及生产制造过程的质量管理水平。

为了确保生产制造过程的质量管理，需要重点关注以下几个方面：

(1)强化工艺管理，严格执行工艺纪律，全面掌握生产制造过程的质量保证能力，使生产制造过程始终处于稳定的控制状态，并不断进行技术革新，改进工艺。

(2)组织有效的技术检验工作。为了保证产品质量，必须根据技术标准对原材料、在制品、半成品、成品及工艺过程的质量进行检验，确保严格合格的标准。

(3)实时掌握质量动态。为了充分发挥生产制造过程质量管理的预防作用，必须系统地掌握企业、车间、班组在一定时间内质量的现状和发展动态。有效的指标是对质量状况的综合统计与分析，其中包括按规定的质量指标进行的统计，这些指标包括产品质量指标(如产品等级率、寿命等)和工作质量指标(如废品率、返修率等)。

(4)强化不合格品管理。产品质量是否合格通常根据产品是否满足规定要求来判断，满足要求的是合格品，否则是不合格品。加强对不合格品的管理，重点要抓好以下工作：

①按照不同情况妥善处理不合格品，并建立完善的原始记录。根据不合格品的性质和原因，采取相应的处理措施，并确保记录详尽准确。

②定期召开不合格品分析会议。通过对不合格品进行深入分析和研究，找出导致不合格品的根本原因，并吸取教训。会议上可以制定相应的改进措施，以预防再次发生类似问题。

③做好不合格品的统计分析工作。根据相关质量的原始记录，对废品、返修品、回用品等不合格品进行分类统计。对于废品的种类、数量、所消耗的人工和原材料、责任者等进行详细统计。将这些统计数据编制成表格，为单项分析和综合分析提供依据。

④建立包括废品在内的不合格品技术档案。通过建立档案，可以发现和掌握废品产生的规律，为采取预防措施提供依据。这些档案还可以作为企业进行质量管理教育和技术培训的反面教材。

⑤实施工序质量控制。全面质量管理要求在不合格品发生之前就能发现问题，并及时处理，以防止不合格品的产生。因此，必须进行工序质量控制。通过在每道工序中设立适当的检查和控制措施，确保质量问题能够及时发现和解决。这有助于提高整个生产制造过程的质量水平。

3. 辅助生产过程的质量管理

辅助生产过程的质量管理包括物资供应的质量管理、工具供应的质量管理及设备维修的质量管理。

(1)物资供应的质量管理

物资供应的质量管理旨在确保供应的物资符合规定的质量标准，并要求供应及时、方便。为了满足生产需求的同时减少库存，需要严格把关进厂入库物资的质量。

(2)工具供应的质量管理

工具包括外购的标准工具和自制的非标准工具等，如模具、夹具、量具、刃具等。工具不同于原材料，它们具有较长的使用寿命。因此，在使用期间保证工具质量成为质量管理的重要内容。

(3)设备维修的质量管理

设备的质量直接影响产品的质量。要保持设备的良好状态，首先需要生产工人正确使用和认真维护保养设备，及时消除隐患，使设备的完好率保持在90%以上。其次，需要建立专门的设备检修队伍，负责设备的大、中型维修及制造修理备件。类似于产品生产过程的质量管理，对设备维修也要确保修复的设备达到规定的质量标准。

4. 产品使用过程的质量管理

产品使用过程的质量管理，主要应抓好以下三个方面的工作：

(1)积极开展技术服务工作

对用户的技术服务工作，通常可采用以下几种形式：

①编制产品使用说明书。

②采取多种形式传授安装、使用和维修技术，帮助培训技术骨干，解决使用技术上的疑难问题。

③提供易损件制造图样，按用户要求，供应用户修理所需的备品、配件。

④设立维修网点或门市部，必要时做到上门服务。

⑤对复杂的产品，应协助用户安装、试车或负责技术指导。

(2)进行使用效果与使用要求的调查

为了充分了解产品质量在使用过程中的实际效果，企业必须经常进行用户访问、站柜台或定期召开用户座谈会。加强工商衔接，产销挂钩。通过各种渠道对出厂产品使用情况进行调查，了解本企业产品存在的缺陷和问题，及时反馈信息，并和其他企业、其他国家的同类产品进行比较，为进一步改进质量提供依据。

(3)认真处理出厂产品的质量问题

对用户反映的质量问题、意见和要求，要及时处理。即使是属于使用不当的问题，也要热情帮助用户掌握使用技术。属于制造的问题，不论外购件或自制件，要由组装厂统一负责包修、包换、包退。质保期内由于质量不好造成事故的，企业还要赔偿经济损失。

2.4 全面质量管理的常用方法

2.4.1 质量事故分析的常用方法

质量事故分析的常用方法有排列图法、因果图法、对策表法(简称两图一表法)、分层法、相关图法和调查表法。

1. 排列图法

(1)排列图法的概念

排列图法是一种有效的方法,用于从影响产品质量的众多因素中找出主要因素。

排列图又称为主次因素分析图,最早由意大利经济学家和统计学家巴雷特应用,他在分析社会财富分布状况时,通过该图发现了少数人占有大部分财富的情况,从而揭示了"关键寡头和次要多数"的关系。随后,朱兰博士将该原理应用于质量管理工作中。在进行质量分析时,他发现影响产品质量的关键因素通常只有少数几项,但这些因素导致的不良品数量却占总数的绝大部分。基于这个原理,排列图成为了质量管理中查找主要影响因素和解决主要矛盾的重要工具。排列图的构成如图 2-9 所示。

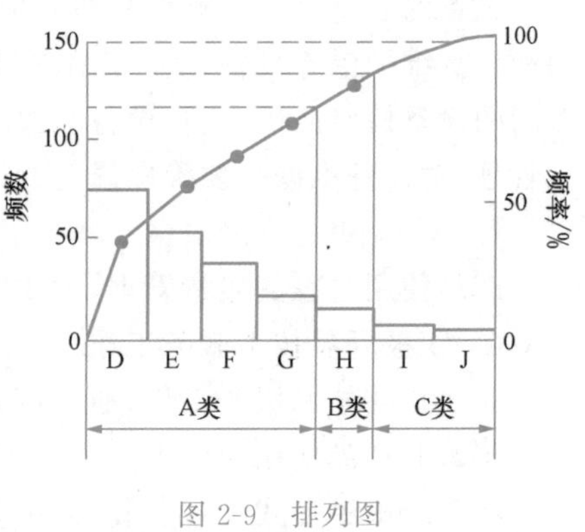

图 2-9 排列图

在排列图中,纵坐标表示频数。当绘制不良品的排列图时,频数表示不良品的数量。纵坐标的右侧表示频率,即不良品的累计百分比。横坐标表示影响产品质量的各个因素或项目。根据各因素对产品质量的影响程度,即造成不良品数量的多少,按从左到右的顺序排列。直方图的高度表示某一因素的影响程度,曲线表示各因素累计百分比的大小。这条曲线通常被称为巴雷特曲线,通常将曲线的累计百分比分为三个级别,相应地将因素分为三类:

A 类因素:频率为 0～80%,在这区间的因素,是主要影响因素。在图 2-9 上包括有 D、E、F、G 因素。

B 类因素:频率为 80%～90%,在此区间内的因素,是影响产品质量的次要因素。在图 2-9 上是 H 因素。

C 类因素:频率为 90%～100%,这一区间的因素,是影响产品质量的一般因素。在图 2-9 上包括有 I、J 因素。

(2)排列图法的优点

①主次因素分明,简单明了,便于在员工中广泛使用和推广。

②可以帮助人们在质量管理过程中逐步养成用数据说话的良好习惯。

③应用范围非常广泛。除了在质量管理中应用外,它还可以在生产、财务、工资、设备、物资、动力管理等方面发挥明显的效果。通过排列图,可以分析主要问题并找到主要影响因素,因而在不同领域中取得了显著的效果。

例如，某柴油机厂对120台耗油率高的柴油机进行了拆机检查，根据发现的问题画出了排列图，如图2-10所示。

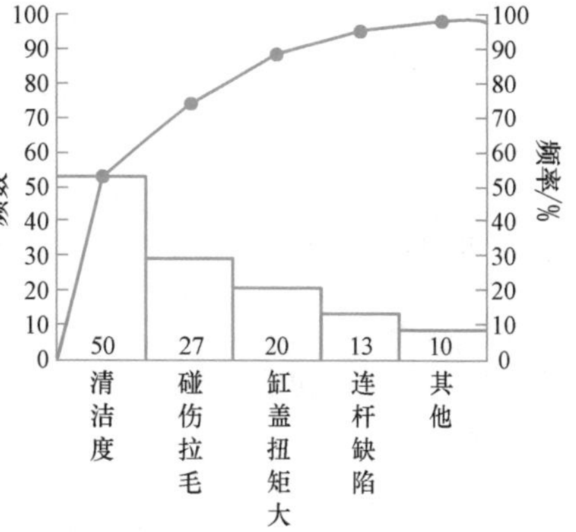

图2-10　柴油机耗油排列图

从图2-10可明显看出：清洁度、碰伤拉毛和缸盖扭矩大这三个因素是造成耗油率高的主要原因。如果对其分别采取相应的对策，解决这三个问题，就能使柴油机的耗油率减小80%以上。

2. 因果图法

(1)因果图法的概念

因果图又称为特性要因图、鱼刺图或树枝图。它是用来表示质量特性与相关质量因素之间关系的一种图表。这个图表最早是由日本质量管理专家石川馨教授在1950年创造出来的，因此也被称为石川图。

因果图通过采用质量分析会的形式，广泛收集群众的意见，并按照质量问题的因果关系进行系统整理和分析。它将不同层次的因素绘制在同一张图上，从而找出影响产品质量的各类原因和主要的影响原因。因果图的结构如图2-11所示。

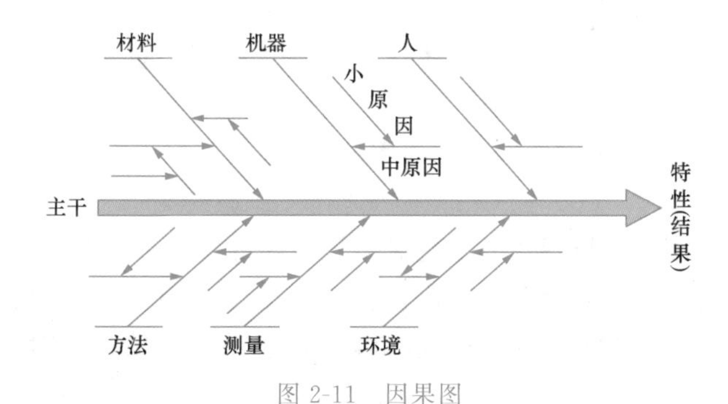

图2-11　因果图

(2)绘制因果图的步骤

①明确要解决的质量问题。如图2-12所示，将要解决的质量问题“圆环链伸长率破断负荷为什么不能稳定达到部颁C级标准”写在主箭头之前。

②将影响质量的因素(人、设备、材料、工艺和环境等)分别标在主干上(大原因)。

③充分发挥技术民主，让请来的“诸葛亮”畅所欲言。本例找出了15个中原因和造成这些原因的许多小原因，采取边说边画的方式记在因果图上。

④集中多数人的意见，把千头万绪的小原因理出头绪，分开层次，找出主要原因，再用框图框起来。例如通过现场调查，本着先易后难的原则，将对焊机导电不良、生产力不均衡等共11个主要原因列入对策计划表，即为必须采取措施的计划项目。

(3)绘制因果图注意事项

①在绘图之前，要先找到熟悉该工序的领导、管理人员、工程技术人员和工人，并事先讲明要分析的质量问题，让其做好准备。

②在绘制因果图时，要把人、设备、材料、工艺和环境各因素的主要当事人都请到场。若其中有一方不到，不但有可能遗漏影响质量的原因，更为严重的是，哪个因素的主要当事人

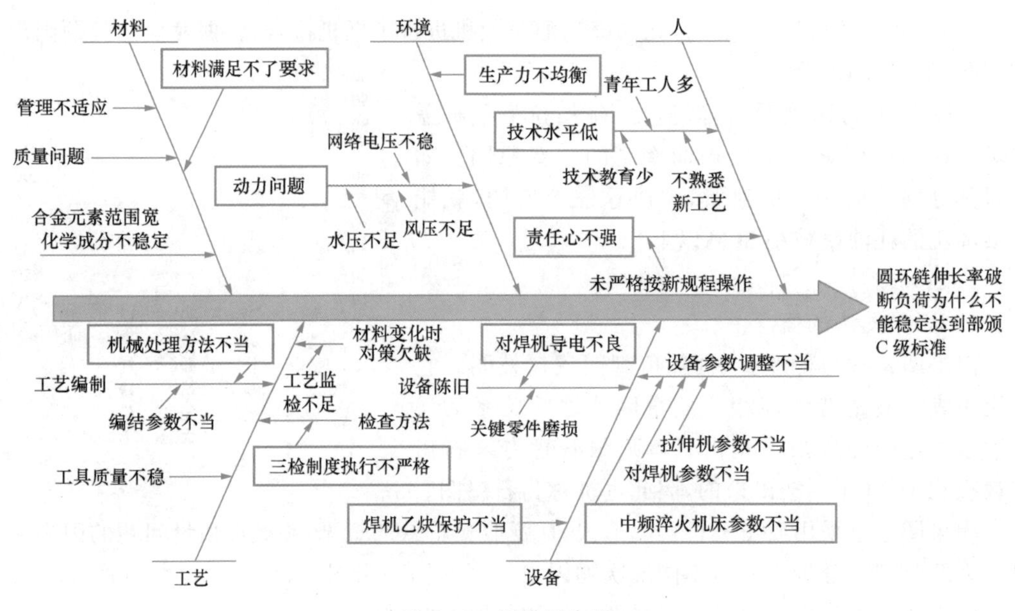

图 2-12　因果图应用

不来，找到他身上的原因就会增多，影响了画出的因果图的真实性。

③在画图时一定要让所有到场的人各抒己见，不要轻易打断别人的意见，要想办法启发所有的人把想法讲出来，对于不同意见，可带到现场进行调查，一定要避免因某些有影响的人物的意见左右了分析会，否则要影响因果图的效果。

3. 对策表法

在利用排列图和因果分析图找出了造成质量问题的主要原因后，紧接着要找出解决问题的具体办法。可将做出的对策明确列出，制成表格。表中列出存在的各种问题、应达到的质量标准、解决问题的具体措施、责任者和期限等，这就是对策表。对策表的一般格式见表 2-2。

表 2-2　　对策表

序号	项目	存在问题	质量标准	对策措施	负责人	完成日期	备注

4. 分层法

分层法是解决质量问题时将总体分为多个层次，并进行分析研究的方法。

分层法是一种优秀的分析影响产品质量因素的方法。它能够将杂乱无章的数据和错综复杂的因素按照不同的目的、性质和来源进行分类，使其系统化和有条理性，以便抓住主要矛盾并找到主要影响因素，进而采取相应的措施。

分层法可以与其他常用的质量管理方法结合使用，例如分层排列图、分层相关图、分层控制图等。

在研究影响质量的因素时，可以首先对人员、机器、材料、方法、测量、环境和时间等方面进行分层。例如，在操作方面，可以按照班次、性别、年龄、技术等级等进行分层；在机器方面，可以按照机器种类、型号、生产组织形式、夹具和刀具等进行分层；在方法方面，可以按照操作条件、生产线速度、温度、压力、流量、切削用量等进行分层；在材料方面，可以按照产地、制造厂、成分、尺寸、型号、装料方式等进行分层；在测量方面，可以按照测量者身份、测量仪器、抽样方法、不良品内容等进行分层；在环境方面，可以按照噪声、清洁、工位器具、采光、运输形式等进行分层；在时间方面，可以按照季、月、周、日、班次、上午、下午等进行分层；在其他方面，还可以按照部位、工序、原因等进行分层。

例如，在某工厂的柴油机装配过程中经常出现气缸垫漏气的问题。为了解决这个问题，对装配好的50台柴油机进行了漏气检查，其中有19台出现气缸垫漏气，31台没有漏气。然后，根据操作者A、B、C对这50台柴油机进行分层，见表2-3。

表2-3　50台柴油机按操作者A、B、C进行分层

操作者	项目		
	漏气/台	不漏气/台	漏气率/%
A	6	13	32
B	3	9	25
C	10	9	53
合计	19	31	38

从表2-3可以看出，A、B、C三个操作者都存在问题，必须重新制定装配工艺方案或操作标准。可以在B工人操作的基础上改进并重新制定操作标准。同时，必须立即改变C工人的装配操作，否则他会继续以53%的漏气率生产不良品。

5. 相关图法

相关图又被称为散布图，它以直角坐标系的形式展示了两个变量之间的相关关系。

在工业生产和科学试验中，常常需要研究两个变量之间的关系。这种关系可以是确定的函数关系，也可以是不完全确定的函数关系。例如，钢件淬火温度与硬度之间的关系在一定温度下是相关的。

对于相关但不完全确定的两个测量值X和Y，Y会随着X的变化而相应地变化，这被称为X和Y之间存在相关关系。相关分析是一种统计方法，用于判断两个变量之间是否存在相关关系。

绘制相关图（散布图）并计算相关系数后，可以确定相关关系。随后，可以使用统计检验和估计方法对相关系数进行判断，并求得回归方程，这被称为回归分析。

图2-13展示了不同类型的相关图示例。

6. 调查表法

调查表又叫检查表、核对表。它是利用图表记录来搜集和积累数据，并能整理和粗略分清原因的一种工具。由于它用起来简便，而且能同时整理数据，便于分析，因此在推行全面质量管理过程中得到了广泛的应用。

调查表的形式多种多样，可以根据调查质量的目的不同而灵活设计适用的调查表，常用的调查表有以下几种：

（1）缺陷位置调查表

缺陷位置调查表的绘制是将产品、零件的形状画在图纸上，再将实物的缺陷按分布位置

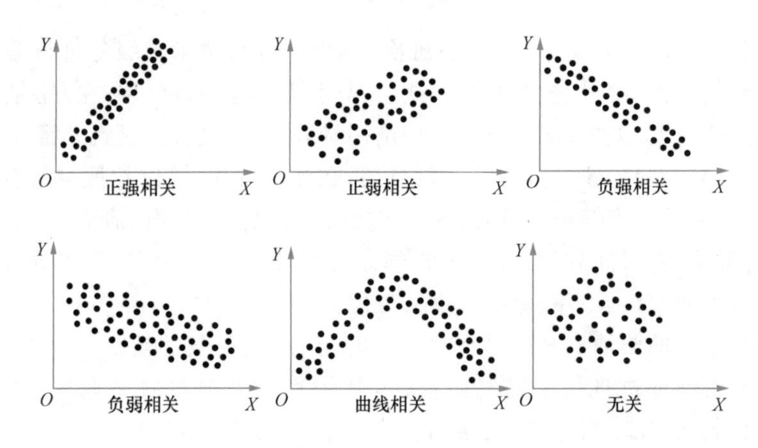

图 2-13　不同类型的相关图

相应地在图形上进行统计。图 2-14 是车身喷漆缺陷位置调查表。由图可知，整个车身，特别是车门部位色斑最多。

图 2-14　车身喷漆缺陷位置调查表

(2)不良品原因调查表

不良品原因调查表是将不良品或者废品按原因进行分类，统计在表中。表 2-4 是某铸造分厂造型工序不良品调查表。

表 2-4　造型工序不良品调查表

零件	产量/t	不良品/t	不良品率/%	错箱	偏芯	挤型	砂眼	气孔	落砂损伤	跑火	结疤	涨箱	塌箱	型底顶起	其他	合计
A																
B																
C																
合计																

(3)工序内质量特性分布调查表

例如，机械加工零件工序尺寸频数分布调查表。

如果将调查表与分层法联合使用，就会将影响产品质量的原因调查得更清楚。

2.4.2 工序质量控制的常用方法

1. 直方图法

(1)直方图法的概念

直方图,又称质量分布图,是利用连续随机变量子样频数分布的图形。直方图法是通过直方图画出连续随机变量的质量分布曲线,以找出质量分布规律的一种方法。

直方图的绘制原理基于数据的波动性。在实际生产中,尽管收集的数据含义和种类各不相同,但大部分数据都表现出参差不齐的分散性,即数据的波动性。

例如,同一批机械加工零件的尺寸不可能完全相等,同一批铸件的重量也不可能完全相同,同一批材料的力学性能各有差异,同一根圆钢各段的疲劳寿命互不相同等等。只要我们以适当的方式收集数据,并且数据足够充分,数据的波动性就会呈现出一定的规律性。

数据波动性所呈现的规律性是由随机变量总体分布的规律性所决定的。绘制直方图的目的正是为了反映数据的这种规律性,通过随机子样数据的波动规律性来找到随机变量总体分布的规律性。

上述频数有两层含义:一是指在一批数据中某数值出现的次数;二是指当一批数据划分为若干个区间时,某区间的数据出现的次数。将数据按大小顺序分组排列,反映各组频数的统计表,称为频数分布表。

频数分布表可以将大量的原始数据综合起来,以较精练的形式呈现,并为作图提供依据。将频数分布绘制成直方形的坐标图,称为频数直方图,通常简称为直方图。

(2)直方图的画法

①表2-5所列为某厂柴油机气缸体内径的现场测量数值,该表搜集了100个数据。图样技术条件要求是$\phi 50_{-0.25}^{-0.23}$ mm,随机取样抽检$N=100$件,表中数值是取测量值最后的两位小数(单位为μm)。

②找出表2-5中的数据最大值$X_{max}=25$;最小值$X_{min}=-2$。技术条件要求是$\phi 50_{-0.25}^{-0.23}$ mm。随机取样抽检$N=100$。表中数值是取的测量值最后两位小数。

表2-5 某厂柴油机气缸内径的现场测量数值 μm

12	9	14	0	7	12	19	12	4	10
9	9	11	15	12	13	12	7	7	12
5	23	6	18	7	12	4	12	14	10
11	6	16	10	6	7	11	5	13	15
9	3	8	4	10	12	4	14	−2	17
17	16	11	18	25	4	6	7	11	9
15	20	1	9	9	6	10	12	12	−2
12	13	11	18	11	14	9	2	7	8
5	8	23	11	15	6	7	15	5	7
7	15	5	2	9	10	13	10	18	12

③求N中的极差R。计算方法如下

$$R=X_{max}-X_{min}=25-(-2)=27\ \mu m \tag{2-1}$$

④假定分组数为K。K的选择见表2-6。这里$K=10$。

表 2-6　　K 的选择

数据个数 N	分组数 K	数据个数 N	分组数 K
＜50	5～7	100～250	7～12
50～100	6～10	＞250	10～20

⑤计算组距 h。计算方法如下：

$$h=\frac{R}{K}=\frac{27}{10}=2.7\ \mu\text{m}\approx 3\ \mu\text{m} \tag{2-2}$$

这里 h 必须取整数。

⑥决定分组界限。为了使数据值不与组的边界值(组界)相重合，组界的单位取测量值单位的 1/2，此例中测量值的单位为 μm，因此组界的单位应是 0.5 μm。

当第 1 组组距为偶数时，只要将最小值包括在内，即可推算各组的组界。当组距为奇数时，可将最小值 $X_{\min}=-2$ 作为第 1 组的组中值。因此第 1 组的组界计算公式为 $X_{\min}\pm=-2\pm 1.5$。第 1 组的组界(－3.5～－0.5)确定之后，以每组之间递增 1 个组距 $h=3$，求出各组之组界。即第 2 组的组界为：－0.5～＋2.5。以此类推，直到将最大值 $X_{\max}=25$ 包括在组界内为止。当推算到第 10 组的组界为 23.5～26.5 时，即将最大值 $X_{\max}=25$ 包括在内了。当推算到第几组把 $X_{\max}$ 包括在内后，就确定了实际的组数。

⑦查各组频数 f 就是将表 2-5 中的数据顺序地按组记入频数分布表中，见表 2-7。例如，数据 16 应记入第 7 组；数据 4 应记入第 3 组等。然后查出各组频数，$\sum f=N$。查频数时，容易出错，因此要进行认真的校对。

表 2-7　　频数分布表

组号	组界/μm	频数 f	组号	组界/μm	频数 f
1	－3.5～－0.5	2	7	14.5～17.5	10
2	－0.5～2.5	4	8	17.5～20.5	6
3	2.5～5.5	11	9	20.5～23.5	2
4	5.5～8.5	19	10	23.5～26.5	1
5	8.5～11.5	24			
6	11.5～14.5	21	合计		100

⑧计算均值 X 和标准偏差 S。

$$\overline{X}=\frac{\sum_{i=1}^{N}X_i}{N}=\frac{12+9+\cdots+12}{100}=10.3\ \mu\text{m} \tag{2-3}$$

$$S=\sqrt{\frac{\sum_{i=1}^{N}(\overline{X}-X_i)^2}{N}}=\sqrt{\frac{(10.3-12)^2+(10.3-9)^2+\cdots+(10.3-12)^2}{100}}=5.2\ \mu\text{m} \tag{2-4}$$

⑨画出直方图。如图 2-15 所示。

(3)直方图的观察与分析

直方图的形状反映了工序质量的分布形状，标准形状应为对称的正态分布，即中间高，两边低。当所绘制的直方图形状不符合标准时，需要进行原因分析并采取相应的措施。图 2-16 展示了各种不符合标准的直方图。

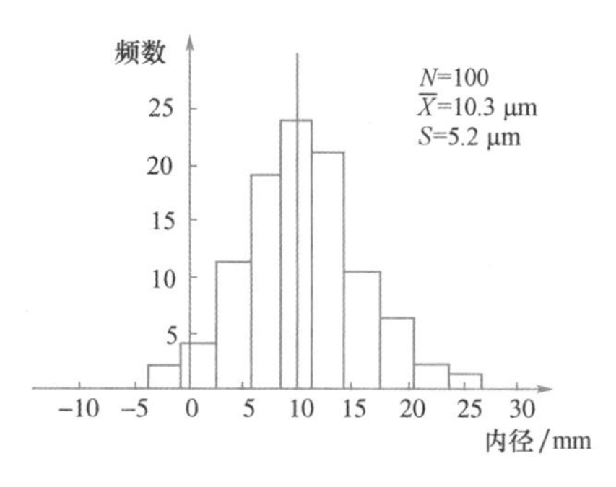

图 2-15 柴油机汽缸内径直方图

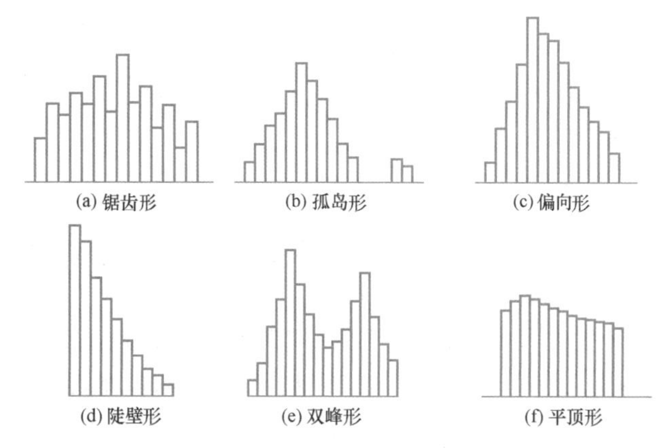

图 2-16 不标准的直方图

在图 2-16 中，锯齿形直方图是由于分组过多或测量等原因造成的。当出现锯齿形直方图时，首先要减少组数，重画直方图。若还是锯齿形，就要从测量仪器或读数方面去寻找原因。孤岛形直方图是由于人、机器、材料、方法、测量、环境等因素突变而造成的。找到引起孤岛型的原因，采取措施克服突变因素，还可以应用舍去孤岛型中的数据来计算平均值或标准偏差，否则其数据不宜应用。偏向型和陡壁型均属于习惯加工、返修或剔除废品而造成的分布形状。其中若因习惯加工造成的，可以用改变习惯加工的办法而纠正此种状况，使其变成正态分布；若是因为返修或剔除废品而造成的，就要重新从没有进行返修或剔除废品的产品中抽取数据，再来画直方图对工序进行分析。由于数据来源于两个不同的生产条件，使得两个不同的分布混在一起，而没有预先进行分层，所以出现了双峰型分布的直方图。因此要分析原因，进行分层分析，做出分层直方图，最终目的是使已经变化的生产条件重新调整为正常，使平均值一致。平顶型是由某种缓慢因素引起的。例如，工具磨损、操作者疲劳或切削瘤等因素。要采取相应的措施消除其缓慢影响因素。

除此之外，直方图的观察分析还可以与质量标准进行对比分析。该种观察与分析主要关注直方图的平均值 X 与质量标准（公差）中心 M 的重合程度；$6S$ 与质量标准（公差）幅度的大小相比较的结果。如图 2-17 所示。

从图 2-17 可以看出，因为尺寸分布中心 X 与公差中心 M 不重合，导致下限超差。另外，实际尺寸分布的 $6S$ 大于公差 T，将导致不合格品的产生。因此，在这种情况下，需要缩小实际尺寸分布的 $6S$（减小标准偏差），并调整整个系统的直方图分布位置，尽可能使 X 与 M 重合，以减少不合格品的数量。

2. 计算工序能力指数法

(1)工序能力的概念

工序能力是指在工序处于稳定状态(控制状态)下的正常波动幅度。正常波动幅度是指由偶然原因引起的工序质量变化幅度,通常呈正态分布,如图 2-18 所示。

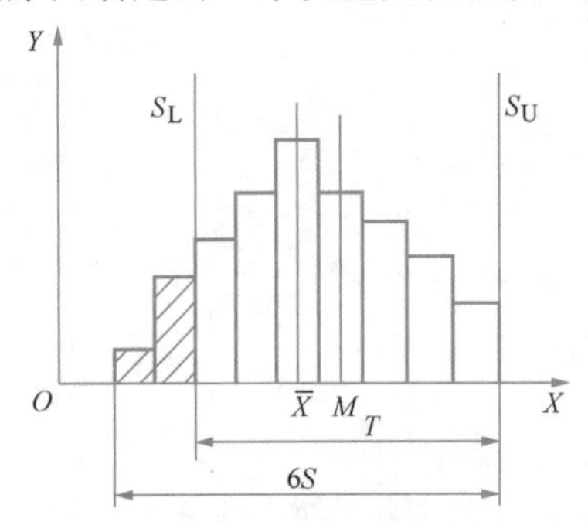

图 2-17　直方图与质量标准(公差)的对比分析

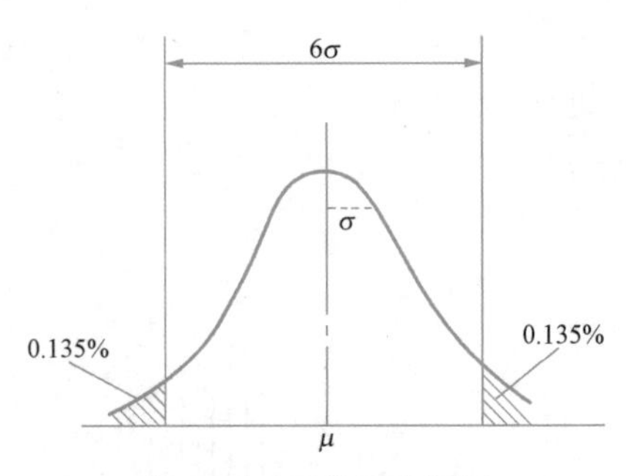

图 2-18　正常波动幅度

产品的制造质量必须符合其设计质量,这是工序质量控制的基本要求。而能否满足这一基本要求取决于工序的能力水平。如果工序能力高,产品质量特性值的波动就比较小;如果工序能力低,产品质量特性值的波动就会较大。

工序能力可以用 6σ 来进行定量描述。之所以使用 6σ 来描述工序能力,是因为在生产过程处于控制状态下,在 $\mu\pm3\sigma$ 的范围内,能够以 99.73%的概率确保产品符合质量要求。因此,可以认为工序具有足够的质量保证能力。当然,使用 8σ ($\mu\pm4\sigma$)或 10σ ($\mu\pm5\sigma$)来描述工序能力会更好,这可以使工序的质量保证能力达到更高水平(分别为 99.994%和 99.999 94%)。然而,将工序能力从 6σ 提高到 8σ 或 10σ,对应的质量保证能力仅增加 0.264%和 0.269 94%,经济性不佳。因此,通常使用 6σ 来表示工序能力。当然,在某些特殊情况下,也可以使用 8σ 或 10σ 来表示工序能力。

(2)工序能力指数及其计算

用 6σ 表示工序能力,使工序能力得到了定量描述。但这还不能明确告诉人们,工序能力是否满足加工质量要求。为了达到工序能力满足加工质量要求的程度,还必须引进工序能力指数的概念。

工序能力指数,是指加工质量要求或质量标准(一般用公差、规格、图样、技术要求表示)同工序能力之比值,记为 C_p,即

$$C_p=\frac{\text{质量要求或质量标准}}{\text{工序能力}} \tag{2-5}$$

设 T 表示质量标准,σ 为总体标准偏差,则工序能力指数的一般表达式为

$$C_p=\frac{T}{6\sigma} \tag{2-6}$$

①C_p 值计算

工序能力指数的计算同质量标准的规定方式有关。由于质量标准有双向、右单向、左单向三种规定方式,所以 C_p 值计算也有三种方法。

当质量标准按双向规定时(图 2-19),则 C_p 按下式计算

$$C_p=\frac{S_U-S_L}{6\sigma} \tag{2-7}$$

式中　S_U——质量标准上限；

S_L——质量标准下限；

σ——总体的标准偏差。

【例2-1】　设某种轴套类零件的公差要求为 $\phi 20$ mm $\pm \phi 0.023$ mm，通过随机抽样算得的样本标准偏差 $\sigma = 0.007$，求 C_p 值。

解　根据式(2-7)可得

$$C_P = \frac{S_U - S_L}{6\sigma} = \frac{20.023 - 19.977}{6 \times 0.007} = 1.095 \tag{2-8}$$

当质量标准按右单向规定(例如，几何公差中的圆度、平行度、直线度等，只给出上限标准)时，如图2-20所示，C_P 按下式计算

$$C_P = \frac{S_U - \mu}{3\sigma} \tag{2-9}$$

式中，μ 为总体平均值。

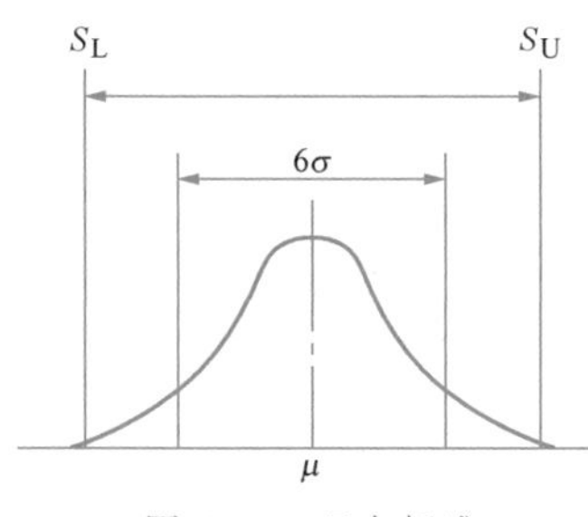

图2-19　双向标准

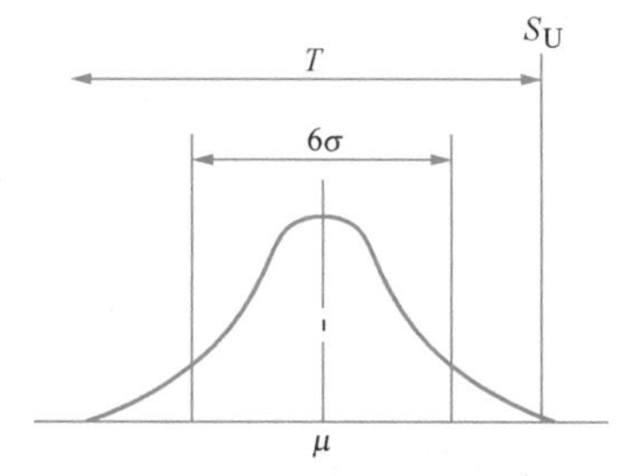

图2-20　右单向标准

【例2-2】　加工某种轴类零件，要求圆度≤0.05 mm。通过随机抽样，计算出的样本均值 $\overline{X} = 0.01$ mm，样本标准偏差 $S = 0.011$ mm，求 C_P。

解　根据式(2-9)

$$\begin{aligned} C_P &= (S_U - \mu)/(3\sigma) \approx (S_U - \overline{X})/(3S) \\ &= (0.05 - 0.01)/(3 \times 0.011) \\ &= 1.21 \end{aligned} \tag{2-10}$$

这里还须指出：当 $\mu \geqslant S_U$ 时，则认为 $C_P = 0$。因为，这时的质量分布中心已超出质量标准上限，工序可能产生不良品的概率达50%以上。

当下限的期望值为0时，式(2-9)可改为

$$C_P = \frac{S_U}{6\sigma} \tag{2-11}$$

即把下限取为0，按双向标准计算 C_P 值。

当质量标准按左单向规定(例如，机电产品的强度、寿命、可靠性等质量特性，只规定下限标准)时，如图2-21所示，C_P 按下式计算

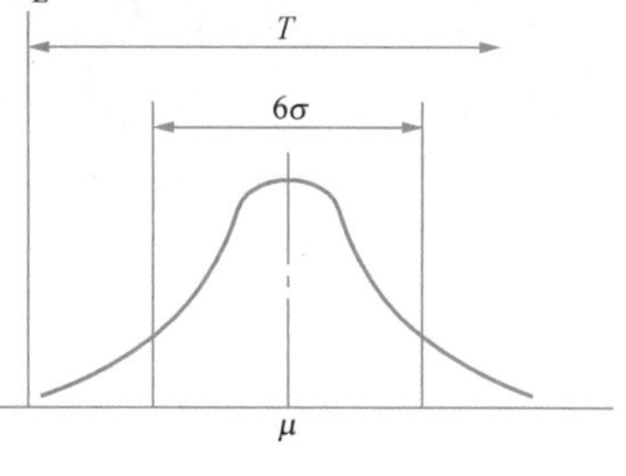

图2-21　左单向标准

$$C_P = \frac{\mu - S_L}{3\sigma} \tag{2-12}$$

【例 2-3】 设零件的抗拉强度要求不小于 80 kg/mm²，通过随机抽样计算，得样本强度平均值 $\overline{X}=90\ \mathrm{kg/mm^2}$，样本标准偏差 $S=3\ \mathrm{kg/mm^2}$，求 C_P。

解

$$C_P=\frac{\mu-S_L}{3\sigma}\approx\frac{S_U-X-90-80}{3\times3} \tag{2-13}$$

如果 $\mu\leqslant S_L$，则认为 $C_P=0$。因为，这时工序可能产生不良品的概率达 50%以上。

②C_{PK} 的计算

在双边标准条件下，式(2-7)是基于分布中心与标准中心相一致的情况建立的，如图 2-22 所示。然而，当分布中心偏离标准中心时，式(2-7)就不再适用。在这种情况下，必须考虑到偏移对工序能力指数的影响。为此，引入了“偏移量”的概念。

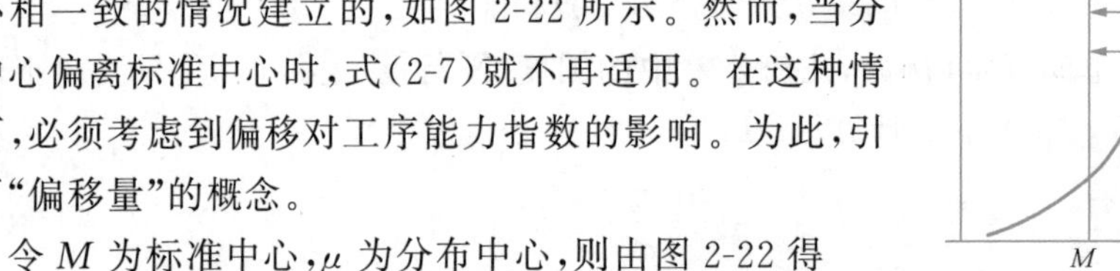

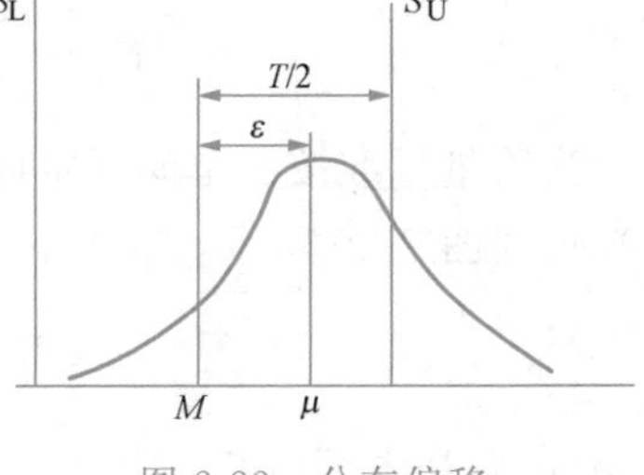

图 2-22 分布偏移

令 M 为标准中心，μ 为分布中心，则由图 2-22 得

$$\varepsilon=|M-\mu| \tag{2-14}$$

式中 ε 为分布中心 μ 对标准中心 M 的偏移量。

设 ε 对 $T/2$ 的比值为偏移系数，记为 K，则

$$K=\frac{\varepsilon}{T/2}=\frac{|M-\mu|}{T/2} \tag{2-15}$$

考虑了偏移量 ε 或偏移系数 K 的工序能力指数，记为 C_{PK}。

$$C_{PK}=(1-K)C_P \tag{2-16}$$

由式(2-15)和式(2-16)可知：

当 μ 位于标准上限或下限时，$|M-\mu|=T/2$，从而 $K=1$；

当 μ 位于标准界限之外时，$|M-\mu|>T/2$，从而 $K>1$，这时，则认为 $C_{PK}=0$。

当 μ 与 M 重合时，$|M-\mu|=0$，从而 $K=0$，式(2-16)与式(2-7)等价，所以说，式(2-7)是式(2-16)的特例。

还可用式(2-17)表示考虑偏移量 ε 的工序能力指数

$$C_{PK}=\frac{T-2\varepsilon}{6\sigma} \tag{2-17}$$

【例 2-4】 设连杆螺栓的公差要求为 $\phi\ 12.2_{-0.018}^{+0}$ mm，通过随机抽样计算，得样本分布中心 $\overline{X}=12.192\ 38$ mm，样本标准偏差 $S=0.002\ 86$ mm。试求 C_P 与 C_{PK} 各为多少？

解 已知 $\overline{X}=12.192\ 38$ mm，$S=0.002\ 86$ mm，因为

$$M=(S_U+S_L)/2=(12.2+12.2-0.018)/2$$
$$=12.191\ \mathrm{mm}$$
$$T=[12.2-(12.2-0.018)]=0.018\ \mathrm{mm}$$
$$|M-X|=|12.191-12.192\ 38|=0.001\ 38\ \mathrm{mm}$$

所以

$$C_P=\frac{0.018}{6\times0.002\ 86}=1.049$$

$$C_{PK}=1.048\times\left(1-\frac{0.001\ 38}{0.018/2}\right)=0.887$$

(3)工序能力的评价与改进(或提高)工序能力的程序

评价工序能力的尺度是工序能力指数 C_P 或 C_{PK}。若质量标准幅度处于[-2σ,$+2\sigma$]时,则对应的 C_P 值或 C_{PK} 值为0.67;若质量标准幅度处于[-3σ,$+3\sigma$],则对应的 C_P 值或 C_{PK} 值为1.0;若质量标准幅度处于[-4σ,$+4\sigma$],则对应的 C_P 值或 C_{PK} 值为1.33;若质量标准幅度处于[-5σ,$+5\sigma$],对应的 C_P 值或 C_{PK} 值为1.67。因此,一般把工序能力评价基准分为5级,见表2-8。

表2-8　工序能力评价基准

C_P 值(或 C_{PK} 值)	工序能力评价
$C_P \leqslant 0.67$	工序能力严重不足
$0.67 < C_P \leqslant 1.0$	工序能力不足
$1.0 < C_P \leqslant 1.33$	工序能力比较充分
$1.33 < C_P \leqslant 1.67$	工序能力充分
$C_P > 1.67$	工序能力很充分

评价工序能力的目的在于改进(或提高)工序能力。其基本程序可按图2-23进行。

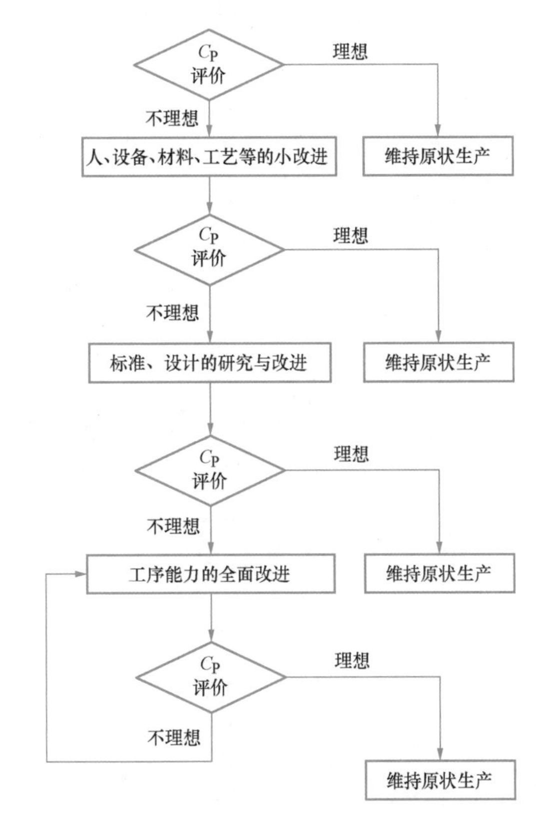

图2-23　工序能力评价、改进流程

改进(或提高)工序能力的措施内容,见表2-9。

表 2-9　　改进(或提高)工序能力措施参考表

C_p(或 C_{PK})	改进措施
$C_p \leqslant 0.67$	停止生产,追查原因,全面彻底改进机器设备、材料、工艺、人员素质,以及其他工序因素,直到 $C_p > 0.67$,才能恢复生产或者修订质量标准
$0.67 < C_p \leqslant 1.0$	采取提高工序能力措施,同时加强工序控制
$1.0 < C_p \leqslant 1.33$	严格工序控制,预防不良品产生
$1.33 < C_p \leqslant 1.67$	对于一般零件、产品,采取简化质量管理程序,降低质量成本等措施;关键工序、关键零件维持现状生产
$C_p > 1.67$	简化质量管理程序、降低质量成本、减少检验工作量、延长检验间隔等

3. 控制图法

控制图法是一种利用控制图也称为管理图对工艺或工序过程进行分析和控制的方法。

该方法最早由美国贝尔实验室的休哈顿博士在 20 世纪 20 年代后期首次提出,并在之后经过完善和发展。如今,控制图法已成为工序质量控制的主要方法。

第3章 与工程安全相关的质量经营和质量文化

质量经营是以质量为中心和导向的生产经营方式,质量文化由质量理念、质量规范和产品环境质量等部分组成。它是企业文化的核心组成部分。

只有实施质量经营战略,才能产生质量文化;只有建设质量文化,才能持久地实行质量经营,开展全面质量管理。质量经营和质量文化是现代企业质量管理必不可少的战略和文化基础。

3.1 质量经营战略

战略是目标、意图或目的及为达到这些目标而制定的主要方针和计划的一种模式,这是美国哈佛大学教授安德鲁斯的观点。这种模式起源于20世纪60年代的战略规划,并在20世纪70年代形成了战略管理的概念。

企业战略管理是将战略管理应用于企业的过程,一般由经营范围、资源配置、竞争优势和协同作用四个要素组成。

1. 经营范围

经营范围指企业从事生产经营活动的领域。企业应根据所处的行业及其产品在市场中的定位来确定经营范围。

2. 资源配置

资源包括人力资源、物力资源、财力资源和信息资源等,它们是支持企业生产经营活动的基础。如果这些资源匮乏或者配置不合理,将限制企业的经营范围和成效。

3. 竞争优势

竞争优势可以来自企业在产品市场上的竞争力,也可以来自企业对资源的正确运用。没有竞争优势的企业无法实现持续发展。

4. 协同作用

协同作用指企业在资源配置和经营决策中能够实现的各种共同努力的效果,包括投资协同、作业协同、销售协同和管理协同。企业在实施战略管理时应该在企业、职能部门和生产部门这三个层次上制定战略规划。包括：

①树立正确的战略思想。

②开展实事求是的战略环境分析。

③规定明确的战略方针。

④确定适用可行的战略目标。

⑤界定战略重点；

⑥划分若干个战略实施阶段；

⑦制定相应的战略对策。

⑧编制中、长期战略规划。

⑨对上述战略规划进行科学评价或可行性论证等。

在上述三个层次的战略规划中，企业总体战略尤为重要。

3.1.1 质量经营战略的特点

1. 质量经营战略的产生和发展

质量经营战略起源于日本。20 世纪 50 年代，在经历了第二次世界大战的惨痛失败后，为振兴经济发展，日本确立了质量兴国的战略。首先，他们邀请了来自美国的戴明和朱兰等质量专家，开办了统计质量管理培训班。接着，他们结合日本的国情，设立了 QC 小组，探索质量效益型管理模式，即以质量为中心，开展全公司的综合质量管理（CWQC）。这一举措催生了许多成功实施质量经营战略的企业，如松下、三菱、本田等知名公司。

日本在质量经营管理领域的代表性著作之一是 1993 年 4 月由日本东京大学教授、质量管理学会会长久米均编写的《质量经营》一书。尽管该书只包含四章内容，分别是“质量经营概论”“质量改进的基本概念”“组织和运营”“三个企业实例”，但它通过理论与实践的结合，抓住了日本企业质量经营战略管理的核心，将质量管理与企业经营紧密结合起来，向读者全面介绍了日本理光、横河惠普和日本自动变速机公司实施质量经营战略的成功经验。

正是日本广大企业实施了质量经营战略，使得这个资源匮乏的小岛国家成为仅次于美国的世界经济强国。自 1987 年起，日本人均国内生产总值（GDP）甚至超过了美国。日本的家用电器、汽车、照相机、船舶等产品产量在全球位居第一，并进入美国市场。截至 1991 年，全球 500 强工业企业中，日本占据了 119 家的位置，仅次于美国。世界经济论坛和洛桑国际管理学院位于瑞士的调查报告显示，1992 年公布的世界竞争能力报告中，日本名列第一。这使得日本的质量经营战略在全球闻名，并成为国际上公认的企业发展典范，从日本走向欧美，乃至全球。2024 年，世界竞争能力排行榜中的前两位则由更加注重质量和创新的新加坡（第一位）和瑞士（第二位）所占据。

2. 日本质量经营战略管理的特点

尽管日本企业界在不同历史时期对其质量经营战略管理的特点有不同的观点，如 1969 年提出 6 个特点，1987 年又提出 10 个特点（见表 3-1），但据笔者查阅日本质量经营方面的著作文献及参观日资企业经营管理的体会，尤其是总结宝钢现代化管理经验后，认为质量经营战略管理可以概括为以下五个方面的特点。

表3-1　日本质量经营战略管理的特点

序号	1969年提出的质量经营战略管理特点	1987年提出的质量经营战略管理特点
1	全公司的综合质量管理(CWQC)	经营者领导的全员参加质量管理活动
2	广泛开展QC小组活动(1962年起)	经营中质量优先
3	实施质量管理诊断	方针开展及其管理
4	有效应用统计技术方法	质量管理诊断
5	普遍开展质量培训与教育	从策划、开发到销售服务全过程开展质量保证活动
6	通过质量月活动(11月)等形式，在全国推进质量管理活动	开展QC小组活动
7		开展质量教育与培训
8		开发和运用质量控制方法
9		从制造业向其他行业扩展
10		全面推进QC小组活动

(1)社会各界，尤其是企业领导牢固树立质量经营思想，广泛深入开展质量管理活动。

1946年，由日本产业界、大学和政府代表组建的日本科学技术联盟(JUSE)成立。该联盟设立了由水野滋、石川馨等著名质量专家参与的质量管理研究会，引进了各种统计质量管理方法，先后提出QC老七种工具和新七种工具。1960年日本政府制定“贸易自由化”政策，要求“加强质量管理，在贸易自由化中求得生存与发展”。1969年，在日本第九次质量管理研讨会上提出全公司的综合质量管理(CWQC)。为了让社会各界，尤其是让广大企业树立质量经营战略思想，创造性地在全国开展了三项质量活动：

①1951年，设立戴明质量奖，其中包括戴明实施奖，戴明个人奖，运营单位QC奖。

②每年11月开展质量月活动。

③自1962年开始，日本科技联盟QC小组总部编印《QC小组纲领》和《QC小组活动指南》，并举办了QC小组培训班20期，以及QC小组成果发布和交流大会。

(2)追求的目标是大质量。

大质量是全面质量，即从产品/服务质量拓展到体系质量、工作质量。为此，要求各级领导率先实行质量经营战略，要求各部门和全体员工参与质量经营，以实现Q(产品质量)、C(成本价格、利润)、D(交货/收工期、生产、销售量)、S(安全与服务)的高水平质量目标。

(3)要求质量责任与经济责任紧密挂钩，贯穿于企业生产经营全过程。

具体方法就是通过方针目标管理，把企业总目标分解落实到各部门、各层次，做到目标明确、层层展开，措施落实，使企业质量管理始终能实现顾客满意。

(4)始于教育，终于教育。

坚持把转换人的观念和提高人的质量放在首位，既坚持不懈地抓质量意识教育，也认真务实地抓业务技术培训，其形式众多、内容充实、方法适用、成效显著。

(5)与技术创新、管理创新密切结合，尤其与标准化紧密结合。

早在1950年，日本就制定与实施了《工业标准化法》及质量认证标志制度，把开展标准化与质量管理、质量保证作为获得质量认证标志的必备条件，使标准化成为CWQC的首要支柱，成为企业生产经营的深厚基石，渗透到企业各方面的生产经营活动中。

3.1.2 质量经营战略的内容

21 世纪被誉为质量世纪，这一点早在 20 世纪时就被朱兰所预言。他指出：“在 21 世纪的经济竞争中，质量的优劣将决定竞争力的高低。质量已经成为和平地占领市场的最有力武器，也是社会发展的强大驱动力。”

因此，尽管当前存在着各种企业战略学派（如设计学派、计划学派、文化学派等），并且对 21 世纪有着各种不同的预测（如环保世纪、绿色世纪、信息社会、知识经济时代等），但质量经营战略仍是各国乃至广大企业都必须采用的战略，也是最为有效的经营战略之一。

21 世纪的质量经营战略管理具体要求和主要内容包括以下四点：

(1)顾客至上的理念

任何组织的生存和发展都依赖于顾客。因此，每个组织都应将顾客视为宾客，并将其放在首位。努力理解顾客当前和未来的需求，并尽可能地满足这些需求，甚至超越其期望，以赢得顾客的信任和忠诚。

(2)制定质量经营战略规划和目标

在激烈的市场竞争中，每个有远见的组织都应认真分析内外经营环境，确定自身的定位，并明确战略方向和目标，包括产品/服务质量水平、市场竞争能力或市场份额等。然后，制定质量经营战略规划，提出实现战略规划的各阶段发展目标，并有计划、有步骤地实施，以实现战略目标。

(3)采用正确的质量经营方法

为顺利实现战略目标，必须采用正确的质量经营战略措施或方法。例如：建立国际先进水平的产品质量管理体系；通过质量/环境/职业健康安全等管理体系认证，建立科学、适用、有效的企业标准化体系；建立测量管理体系，并使其检测实验室通过国家认可等。

我国已有许多企业实施了质量经营战略并取得成功，海尔集团就是其中的佼佼者。

自 20 世纪 80 年代以来，海尔集团坚持实施质量经营战略，从一个资不抵债、濒临破产的小企业展成为营销额达 1 000 亿元的跨国大集团。这一成就，甚至超越了许多国外同类企业百年以上的发展历史。其采取的质量经营战略主要有：

①采用国外先进标准，引进德国科勃海尔公司最先进的电冰箱制造技术和标准仪检测技术。

②先后通过国内外各种产品质量认证、管理体系认证，并使其检验机构在国内第一个通过实验室认可。

③实施世界名牌战略，首先推进欧洲市场，然后扩展到美国、日本等市场。在各国设立产品研发机构、生产企业，实行本土化经营。

④吞并“休克鱼”，输出质量经营理念和方法，实现低成本扩张。

⑤开展“星级服务”，在国内外市场抢占制高点，夺取领先地位。

⑥产品从电冰箱扩展到空调、洗衣机，甚至手机等领域，走一业为主，多元化发展路线。

(4)夯实质量经营战略管理的基础——标准化

标准化既是质量经营的基石，也是企业生产经营管理的基本职能、基本手段和基本方法。它有效地确保了日常生产经营的有序性和规范性。海尔集团实施质量经营战略的成功以及其他国内外先进企业的实践都证实了这一点。因此，任何组织要实施质量经营战略，都必须高度重视标准化工作，建立和实施以产品/服务标准为核心、技术标准为主体、管理标准为保证、工作标准为基础，并与质量管理乃至经营管理紧密结合的标准化体系。

3.2 卓越质量经营的典型模式

20世纪80年代后，随着质量经营战略在世界各国的普遍认可和质量竞争的日益激烈，越来越多的企业开始探索和追求卓越的质量经营管理模式。各国政府也纷纷总结质量经营的模式，并通过质量奖的形式奖励那些在卓越质量经营方面取得成就并做出重大贡献的企业和个人。这一举措旨在激励和引导企事业单位努力追求卓越的质量经营模式，促进企业产品质量和经济效益的提升，以及促进国家经济的发展，从而使质量奖评审标准逐渐成为卓越质量经营的典范模式。

3.2.1 世界著名的三大质量奖

从20世纪80年代以来，全球已有60多个国家设立了国家质量奖，包括美国、日本、英国、俄罗斯、印度、瑞典、新加坡、加拿大和巴西等。此外，欧洲地区还设立了欧洲质量奖。这些质量奖旨在描述质量经营的基本要求，并反映了各国质量经营的重点和质量文化的特点。其中三个著名的质量奖分别是日本的戴明奖、欧洲质量奖和美国的波多里奇质量奖。

1. 日本戴明奖

为了振兴日本的质量管理水平，日本科学技术联盟(JUSE)于1950年邀请了美国质量管理专家戴明前往日本，为日本企业的高层管理人员举办了讲座，讲授统计质量管理。戴明对于日本的质量经营和国家经济振兴作出了巨大的贡献。

为了表彰戴明对于日本质量事业的贡献，并激励日本企业不断追求卓越的质量经营管理模式，日本于1951年设立了戴明奖。该奖项设立的资金来自戴明的著作《抽样理论》的出版税以及其QC讲座的讲义稿酬。

日本戴明奖分为下列三类，每年评选一次。

(1)戴明实施奖

颁发给实施质量经营和TQC取得显著绩效的组织或部门，1984年后还可颁发给海外企业。

(2)戴明个人奖

颁发给在TQC理论研究等方面做出杰出贡献的个人，如水野滋、石川馨、久米均等。

(3)运营单位QC奖

戴明奖是颁发给通过QC(质量控制)取得显著绩效改进的运营单位的奖项。该奖项设立至今已有70余年的历史，已有超过140家企业获得了该奖项，其中包括美国的佛罗里达电力公司、飞利浦公司等海外企业。

戴明奖的评审条件主要有以下几个方面：

①计划：包括方针制定、组织和管理、教育和宣传等方面的考核。

②执行：包括利润和成本控制、过程标准化和质量保证等方面的考核。

③效果及评分方法：评估单位在质量控制方面所取得的实际效果，并根据一定的评分方法进行评估。其评审标准结构图如图 3-1 所示，检查清单见表 3-2。

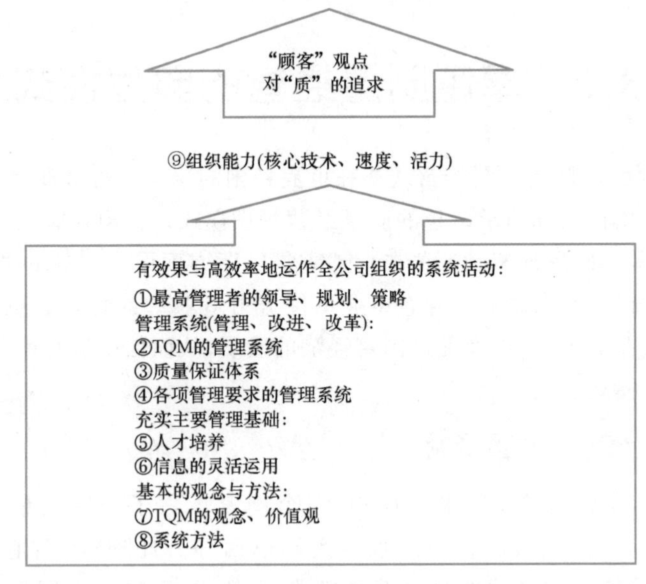

图 3-1　戴明奖评审标准结构图

表 3-2　戴明奖检查清单

项目	检查点
方针	①管理、质量及质量控制/管理方针；②形成方针的方法；③方针的适应性与连续性；④统计方法的运用；⑤方针的沟通与宣传；⑥对方针及其实现程度的检查；⑦方针与长期计划和短期计划的关系
组织及其运作	①权力与责任的清晰度；②授权的合适性；③部门内的协调；④委员会的活动；⑤员工的使用；⑥质量控制活动的使用；⑦质量控制/管理诊断
培训与宣传	①培训计划与结果；②质量意识及其管理和对质量控制/管理的理解；③对统计概念和方法的培训及其普及程度；④对效果的理解；⑤对相关企业（尤其是联合企业、供应商、承包商及销售商）的培训；⑥质量控制循环活动；⑦改进建议系统及其地位
信息收集、沟通及利用	①外部信息收集；②部门内沟通；③沟通速度（电脑使用）；④信息处理（统计）分析与信息应用
分析	①重要问题与改进主题的选择；②分析方法的正确性；③统计方法的利用；④与产业固有技术的联系；⑤分析结果的利用；⑥就改进建议所采取的行动
标准化	①标准系统；②建立、修改和放弃标准的方法；③建立、修改和放弃标准的实际绩效；④标准的内容；⑤统计方法的运用；⑥技术积累；⑦标准的运用

（续表）

项目	检查点
控制/管理	①质量与其他相关因素的管理系统，诸如成本与运输；②控制点与控制项目；③统计方法与概念的运用；④质量控制循环的贡献；⑤控制/管理活动的地位；⑥控制中的情境
质量保证	①新产品和服务的开发方法；②产品安全与可靠性活动；③顾客满意的程度；④流程设计、流程分析、流程控制与改进；⑤流程潜力；⑥设备化与检查；⑦设施、销售商、采购和服务的管理；⑧质量保证系统及其诊断；⑨统计立法的运用；⑩质量估计与审计；⑪质量保证的地位
效果	①效果的考评；②诸如质量、服务、运输、成本、利润、安全与环境的有形效果；③无形效果；④实际绩效与计划的一致性
远期计划	①当前情况的具体理解；②解决缺陷的方法；③远期促销计划；④远期计划与长期计划的关系

戴明奖的评审内容充分反映了日本质量经营(CWQC)理念和质量文化的特点。主要包括以下几个方面：

①质量：质量不仅包括产品质量（适用性、安全性、可靠性等），还涵盖服务质量、工作质量和环境质量等方面。

②大产品：不仅指原材料、零部件和成品，还包括服务、软件（系统和信息）及能源等。

③大顾客：包括买主、使用者和受益者等各方。

④全员参与：要求组织的所有部门和员工都积极参与质量工作。

⑤全过程：涵盖从调研、开发、生产制造、检验到销售、服务、废弃或再生等产品寿命周期的整个过程。

⑥质量经营战略和中长期规划：强调组织最高领导制定质量经营战略方针，并有组织地在中长期质量规划下开展各项质量活动。

⑦实现三大目标：在长期、持续地实现顾客和员工满意的同时，确保组织的长期发展、效益增长，并追求股东、相关方和社会的利益，为社会作出贡献。

⑧重视标准化过程：要求标准化与质量管理紧密结合，相互促进。

此外，日本在1995年还借鉴了波多里奇奖的评审标准，新设立了“日本经营质量奖”，重点以顾客的满意度来评价企业的整体经营实绩。该奖项的评价标准包括企业的社会责任和国际化、经营远见和高层决策者的统驭力、创新的保证系统、信息的收集和利用、质量战略规划、过程控制和评价、质量改进、顾客要求和满意度等八个部分，总分为1 000分。

2. 美国波多里奇奖

1987年，美国国会通过了《马尔科姆·波多里奇国家质量提高法》，并由里根总统批准颁布。马尔科姆·波多里奇在1981年担任美国商务部部长时，认识到质量管理是美国繁荣和保持竞争优势的关键因素之一。因此，他致力于通过《国家质量提高法》，并以他的名字命名了美国国家质量奖。自1988年开始，该奖项由美国商务部领导、美国标准技术研究院(NIST)主办，并由美国质量学会(ASQ)协助评选。截至2004年，已有59个企业、学校和医疗卫生机构获得了由美国总统在白宫颁发的波多里奇奖。任何总部设在美国本土及其领地的组织，包括外国公司的美国子公司或分支机构，都有资格申请波多里奇奖。2004年10月5日，美国总统布什发布了一项新法律，从2006年开始，波多里奇奖开始接受非营利组织

(包括慈善组织和政府机构)的申请。

波多里奇奖最初分为制造业、服务业和中小企业三个类别。自 1999 年以后,又增设了教育和医疗卫生奖,每年评选一次,每次只评选 1 到 2 个获奖者。这充分说明了该奖项注重将质量视为国家和民族的最高优先事项,并在全国范围内推广质量改进和卓越绩效的典范。根据美国《国家质量提高法》,获奖组织的卓越战略和方法应得到广泛宣传,以便其他同类组织可以学习、效仿和分享。

波多里奇奖的评选依据是其评审标准。其内容结构如图 3-2 所示,评审项目和条款见表 3-3。

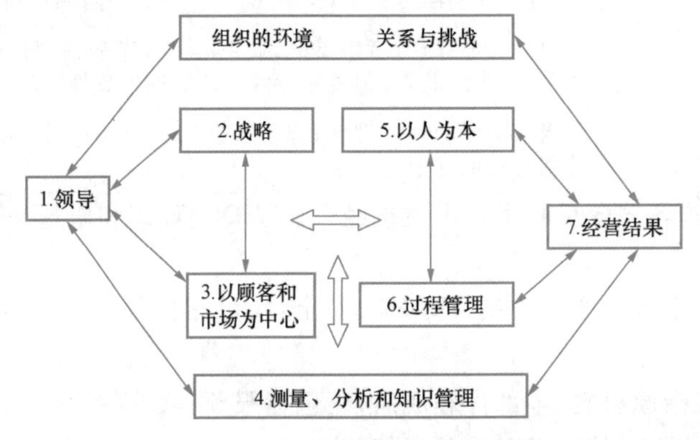

图 3-2　波多里奇奖的内容结构

波多里奇奖评审标准不断更新(从 1988 版开始,不断发展,现已经更新至 2024 版),以充分体现美国质量经营和质量文化的基本要求。其核心价值观和精华概括为以下几点:

(1)卓有远见的领导。

(2)顾客推动组织追求卓越。

(3)组织和员工的不断学习进取。

(4)尊重员工和合作伙伴。

(5)市场的敏捷反应。

(6)倡导技术和管理创新。

(7)系统观察市场。

(8)注重成果和创造价值。

(9)履行社会责任。

表 3-3　波多里奇质量奖评审项目和条款

序号	项目	条款	分值	合计
1	领导	1.1　组织的领导作用	70	120
		1.2　社会责任	50	
2	战略策划	2.1　战略制定	40	85
		2.2　战略部署	45	
3	以顾客和市场为中心	2.1　战略制定	40	85
		2.2　战略部署	45	
4	测量、分析和知识管理	4.1　租住绩效的测量和分析	45	90
		4.2　信息和知识管理	45	

（续表）

序号	项目	条款	分值	合计
5	以人为本	5.1　工作体系	35	85
		5.2　员工学习和激励	25	
		5.3　员工权益和满意程度	25	
6	过程管理	6.1　价值创造过程	50	85
		6.2　支持性过程	35	
7	经营结果	7.1　以顾客为中心的结果	75	450
		7.2　产品和服务结果	75	
		7.3　财务和市场结果	75	
		7.4　人力资源结果	75	
		7.5　组织有效性结果	75	
		7.6　组织自律和社会责任结果	75	
总分数				1 000

同时，美国已有超过 88%的州效仿波多里奇奖的模式，设立了各自的州质量奖，旨在鼓励企业提升生产力和质量，从而增加利润和增强竞争优势。这些州质量奖的评选目的是激励企业提高产品/服务质量，并评选出卓越成绩的企业作为行业的典范。

由于美国波多里奇奖的评选标准严格、规范，并具有较高的权威性，它成为全球影响最大的国家质量奖之一。因此，许多国家在设立自己的质量奖时都效仿了美国波多里奇奖的模式。

3. 欧洲质量奖

1988 年，由欧洲 14 个大企业发起，在布鲁塞尔成立了欧洲质量管理基金会（EFQM）。该组织现已发展为拥有 900 多个成员单位，覆盖 23 个欧洲国家的质量组织。其主要宗旨是通过系统确认和推广最优质量经营者的杰出模式，以提高欧洲组织的综合绩效和竞争力。

EFQM 于 1992 年设立了欧洲质量奖，旨在鼓励欧洲企业持续进行质量改进，增加效益和质量竞争力。欧洲质量奖被认为是欧洲最高级别的质量奖项，颁发给质量管理最优秀的组织，通常在获得本国质量奖之后方可申请。

目前，欧洲质量奖的申请者分为四类：大公司、企业的部门和事业部、非营利的公共事业组织及中小企业。符合条件的申请者首先根据评审标准进行自我评估，然后将评估结果提交给 EFQM。评审员将进行现场访问和评分，并将结果提交给由 EFQM、欧盟和欧洲各行业负责人组成的欧洲质量奖评审委员会进行评定。

欧洲质量奖的评审标准也在持续改进和完善，从 1992 版开始，不断发展，现已更新至 2020 版。目前的评审标准内容包括领导、员工、政策和策略、伙伴和资源、过程、员工结果、社会结果、用户结果和关键绩效等九个部分，共计 1 000 分。具体细节如图 3-3 所示。

欧洲质量奖的评审标准内容体现了实践质量经营的典范。其中主要侧重于以下方面：

（1）以绩效为主：强调组织的绩效评估和改进，通过量化指标和数据驱动的方法来衡量和提升绩效。

（2）以顾客为中心：注重满足顾客需求和期望，通过顾客反馈和持续改进来提高产品和服务质量。

（3）领导和质量目标：强调领导层的承诺和参与，以及制定明确的质量目标和策略，为组

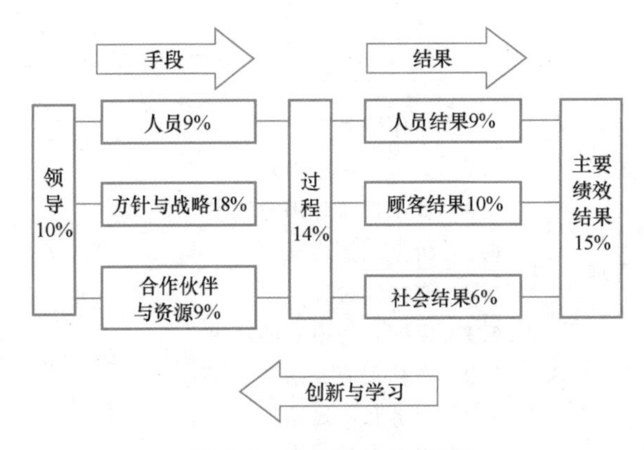

图 3-3　欧洲质量奖模型

织提供方向和动力。

(4)过程控制和数据事实:强调建立有效的过程控制和监测机制,基于数据和事实进行决策和改进。

(5)人才开发和全员参与:重视人力资源的培养和发展,鼓励全员参与质量管理和持续改进的活动。

(6)不断创新和持续改进:鼓励组织进行创新,推动持续改进和学习,以适应变化的市场和技术环境。

上述三个主要的质量奖都代表了卓越质量经营的典型模式,激励组织追求卓越。然而,它们也存在差异,特别是在国情和文化方面。例如,美国波多里奇奖注重规范和权威性,重点在于绩效激励和创新;欧洲质量奖强调人力资源素质、过程和计划的作用,并将绩效扩展到人员、顾客和社会结果;而日本的戴明奖强调标准化与质量管理的结合,体现了日本的质量经营和文化特色。

3.2.2　我国质量奖的由来和发展

1978 年,我国引进了日本的 TQC(全面质量控制)概念,并开始了 QC 小组活动。随后,于 1979 年发布了《中华人民共和国优质产品奖励条例》,开始评选国家金奖、银奖产品及各部门、各省(市、自治区)的优质产品奖。

1983 年,国家经委和中国质量管理协会联合颁布了《工业企业国家质量管理奖评审条件》和《施工企业国家质量管理奖评审条件》(取代了国家优质工程奖),开始了国家质量管理奖的评选。1988 年,颁发了《国家质量管理奖评审管理办法》,并将评审条件细化为大中型企业、小型企业、大型联合企业、运输通信企业、商业旅游和服务企业、施工企业六个类别。各部门和各省(市、自治区)也效仿评选部门和地方质量管理奖。

然而,由于评选过程过于行政化,奖项过多,评选缺乏公正和透明性等原因,导致国家质量奖的评奖工作在 1991 年被停止,中断了十年之久。

1. 中国名牌产品的评选

2001 年,为了引导和支持我国广大企业实行名牌战略,增强我国产品在国际市场的竞争力,以市场评价为基础,以中国名牌战略推进委员会为主体,依照国家质量监督检验检疫总局 2001 年发布的《中国名牌产品管理办法》,坚持企业自愿申请,不向企业收费,以科学、公正、公平、公开为原则,每年评选一次。

凡符合下列条件的企业，均可依据当年第一季度公布的《中国名牌产品评价产品目录》自愿向省级质量技术监督局提出申请。

①符合国家相关法律法规和产业政策规定。

②产品实物质量处于国内领先地位，并达到国际先进水平，市场占有率、出口创汇率、品牌知名度居国内同类产品前列。

③年销售额、实现利税、工业成本费用利润率、总资产贡献率居行业前列。

④企业具有先进可靠的生产技术条件和技术装备，技术创新和产品开发能力居行业前列。

⑤产品按照采用国际标准或国外先进标准的我国标准组织生产。

⑥企业具有完善的计量检测体系和计量保证能力。

⑦企业质量管理体系健全并有效运行，未出现重大质量责任事故。

⑧企业具有完善的售后服务体系，并获得较高的顾客满意度。

中国名牌产品的评选已经建立了一个科学的评价指标体系，该体系综合考虑了市场表现、质量效应和发展能力。

然而，符合以下情况之一的企业将没有资格申请“中国名牌产品”：

(1)使用国(境)外商标的产品。

(2)列入生产许可证、3C认证、计量器具制造许可证等管理范围但未取得相应证书的产品。

(3)在过去三年内，曾被省级以上质量监督机构抽查认定为不合格的产品。

(4)在过去三年内，曾经历出口商品检验不合格或遭受国外索赔的情况。

(5)在过去三年内，发生过质量或安全事故，或存在重大质量投诉，并经查证属实的。

(6)存在其他严重违反法律法规的行为。

目前，已经有近500家企业的近600个产品荣获“中国名牌产品”的称号。同时，许多省(市、自治区、直辖市)也进行了省级名牌产品的评选工作。

2. 全国质量管理奖的评选

为了适应中国加入世界贸易组织(WTO)后激烈的质量竞争挑战和社会主义市场经济的发展，中国质量协会于2001年，在国家质量监督检验检疫总局的支持下，根据《中华人民共和国产品质量法》第六条的规定，开始评选“全国质量管理奖”。该奖项旨在树立卓越绩效的典范企业，引导企业追求卓越的质量经营，并加强培育具有国际竞争力的企业。同时，这些优秀企业的经验也被分享给广大企业，以提高我国企业的整体水平。

在“全国质量管理奖”的评审过程中，坚持评审标准和评审方法与国际接轨，遵循自愿申请、严格评选、规范运作、公正公平等原则。评审标准充分借鉴了世界上的“三大质量奖”的评审标准内容。特别是在2003版评审标准中，基本采用了美国波多黎各奖的卓越绩效模式标准，分为领导、战略、以顾客和市场为中心、测量分析和知识管理、以人为本、过程管理和经营结果等七个部分，共计1 000分。

截至2024年，已有宝钢、海尔、上海三菱电梯、青岛啤酒、茅台、五粮液等24家企业荣获全国质量管理奖，而厦门ABB开关有限公司荣获中小企业全国质量管理奖。同时，各省(市、自治区、直辖市)质量协会也启动了地方质量管理奖的评审工作。

3.2.3 《卓越绩效评价准则》标准模式

2004 年 8 月 30 日，中国发布了 GB/Z 19579《卓越绩效评价准则实施指南》和 GB/T 19580-2012《卓越绩效评价准则》，并从 2005 年 1 月 1 日起开始实施。

《卓越绩效评价准则》提供了一种标准化的卓越经营科学模式。它源自全面质量管理(TQM)的基本理论和方法，继承并发展了 ISO 9000 系列标准，结合了国际先进质量管理经验和国家质量奖的评审方法，并与中国的国情密切结合。该准则强调了质量经营和质量文化建设对组织绩效的贡献，反映了现代质量管理的基本内容和要求，旨在实现组织效益和效率的最优化，以及顾客和社会价值的最大化这两大目标。

《卓越绩效评价准则》的标准模式为各类组织追求卓越绩效提供了自我评价的准则。通过综合的质量经营管理方法，组织实现了创新和发展，提高整体绩效和竞争能力，为顾客和其他相关方创造价值，为社会作出贡献，并持续取得成功。该准则也适用于各类各级管理奖项的评价。

《卓越绩效评价准则》标准模式规定的卓越绩效评价内容有七大部分，如图 3-4 所示，具体的评价项目名称及其分值见表 3-4。

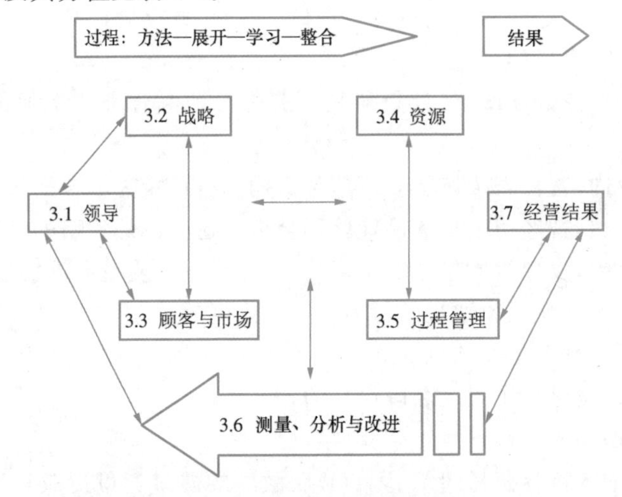

图 3-4 《卓越绩效评价准则》标准模式结构

表 3-4 卓越绩效评价项目名称及其分值一览表

评价项名称	类目分值	评分项分值
3.1 领导	100	
3.1.1 组织的领导		60
3.1.2 社会责任		40
3.2 战略	80	
3.2.1 战略制定		40
3.2.2 战略部署		40
3.3 顾客与市场	90	
3.3.1 顾客与市场的了解		40
3.3.2 顾客关系与顾客满意		50

（续表）

评价项名称	类目分值	评分项分值
3.4　资源	120	
3.4.1　人力资源		40
3.4.2　财务资源		10
3.4.3　基础设施		20
3.4.4　信息		20
3.4.5　技术		20
3.4.6　相关方关系		10
3.5　过程管理	110	
3.5.1　价值创造过程		70
3.5.2　支持过程		40
3.6　测量、分析与改进	100	
3.6.1　组织绩效的测量与分析		40
3.6.2　信息和知识的管理		30
3.6.3　改进		30
3.7　经营结果	400	
3.7.1　顾客与市场的结果		120
3.7.2　财务结果		80
3.7.3　资源结果		80
3.7.4　过程有效性结果		70
3.7.5　组织的治理和社会责任结果		50
合计	1 000分	1 000分

图3-4和表3-4中的1～6条评价项为过程项，应按A—D—L—I（方法—展开—学习—整合）四个要素分别评价。其评分指南见表3-5。

表3-5　《卓越绩效评价准则》中过程项评价表

分数	过程
0%或5%	■显然没有系统的方法，信息是零散的、孤立的(A) ■方法没有展开或仅略有展开(D) ■不能证实具有改进导向，已有的改进仅仅是“对问题做出反应”(L)
10%，15%，20%或25%	■针对该评分项的基本要求，开始有系统的方法(A) ■在大多数方面或部门，处于方法展开的初级阶段，阻碍了达成该评分项基本要求的进程(D) ■处于从“对问题做出反应”到“一般性改进导向”方向转变的初期阶段(L) ■主要通过联合解决问题，使方法与其他方面或部门达成一致(I)
30%，35%，40%或45%	■应对该评分项的基本要求，有系统、有效的方法(A) ■尽管在某些方面或部门还处于展开的初期阶段，但方法还是被展开了(D) ■开始有系统的方法，评价和改进关键过程(L) ■方法处于与在其他评分项中识别的组织基本需要协调一致的初级阶段(I)
50%，55%，60%或65%	■应对该评分项的总体要求，有系统、有效的方法(A) ■尽管在某些方面或部门的展开有所不同，但方法还是得到了很好的展开(D) ■有了基于事实的、系统的评价和改进过程以及一些组织的学习，以改进关键过程的效率和有效性(L) ■方法与在评价项中识别的组织需要协调一致(I)

（续表）

分数	过程
70%,75%, 80%或 85%	■应对该评分项的详细要求，有系统、有效的方法(A) ■方法得到了很好的展开，无显著的差距(D) ■基于事实的、系统的评价和改进以及组织的学习，成为关键的管理工具，存在清楚的证据，证实通过组织级的分析和共享，得到了精确、创新的结果(L) ■方法与在其他评分项中识别组织需要达到整合(I)
90%,95% 或 100%	■应对该评分项的详细要求，有系统、有效的方法(A) ■方法得到了充分的展开，在任何方面或部门均无显著的弱项或差距(D) ■以事实为依据，系统地评价和改进以及组织的学习是组织主要的管理工具，通过组织级的分析得到精细的、创新的结果(L) ■方法与在其他评分中识别的组织需要达到很好的整合(I)

图 3-4 中第 7 条为结果项，重点评价组织绩效的当前水平，绩效改进的速度和广度，与竞争对手和标杆的绩效对比，并与过程项的要求相连接。评分指南见表 3-6。

表 3-6　《卓越绩效评价准则》中结果项评价表

分数	结果
0%或 5%	■没有描述结果，或结果很差 ■没有显示趋势的数据，或显示了不良的趋势 ■没有对比性信息 ■在对组织关键经营要求重要的任何方面，均没有描述结果
10%,15%, 20%或 25%	■结果很少，在少数方面有一些改进和(或)处于初期的良好绩效水平 ■没有或极少显示趋势的数据 ■没有或极少对比性信息 ■在对组织关键经营要求重要的少数方面，描述了结果
30%,35%, 40% 或 45%	■在该评分项要求的多数方面有改进趋势和(或)良好绩效水平 ■处于取得良好趋势的初期阶段 ■处于获得对比性信息的初期阶段 ■在对组织关键经营要求重要的多数方面，描述了结果
50%,55%, 60% 或 65%	■在该评分项要求的大多数方面有改进趋势和(或)良好绩效水平 ■在对组织关键经营要求重要的方面，没有不良趋势和不良绩效水平 ■与有关竞争对手和(或)标杆进行对比评价，一些趋势和(或)当前绩效显示了良好到优秀的水平 ■经营结果达到了大多数关键顾客、市场、过程的要求
70%,75%, 80%或 85%	■在对该评分项要求重要的大多数方面，当前绩效达到了良好到卓越水平 ■大多数的改进趋势和(或)当前绩效水平可持续 ■与有关竞争对手和(或)标杆进行对比评价，大多数的趋势和(或)当前绩效显示了领先和优秀的水平 ■经营结果达到了大多数关键顾客、市场、过程和战略规划的要求
90%,95% 或 100%	■在对该评分项要求重要的大多数方面，当前绩效达到卓越水平 ■在大多数方面，具有卓越的改进趋势和(或)可持续的卓越绩效水平 ■在多数方面被证实处于行业领导地位和标杆水准 ■经营结果充分地达到了关键顾客、市场、过程和战略规划的要求

从上述讨论中，我们可以得出以下结论：虽然我国的卓越绩效评价准则标准模式受到了美国波多黎各奖等国家质量奖的启发，但我们根据我国的国情、管理体制和质量文化，对准

则的内容结构、要求和评分标准进行了相应的调整和优化。例如，在资源管理方面，我们不仅关注人力资源，还涵盖了财力资源、基础设施、信息技术，以及与相关方的互动；此外，我们将“测量、分析与知识管理”调整为“测量、分析与持续改进”，并强化了对改进过程(包括改进管理及其方法的应用)的要求。

目前，众多国内知名产品制造企业和获得质量管理奖的组织正在积极学习和实施这两项国家标准。目标是在大约五年内，使 5 000 家企业能够成功实施卓越绩效质量经营标准模式，并取得显著成效，从而为其他企业和组织树立质量经营的卓越典范。

3.3　质量文化

质量文化是指一个组织在长期的质量活动过程中形成的文化方式的总和，它以质量理念为基础，以提高产品质量为目的，是质量经营战略的文化体现。

3.3.1　企业文化的含义

企业文化是指企业在生产经营过程中所创造或产生的精神、物质财富或文化现象的总和。它在 20 世纪 80 年代起源于日本、美国等发达国家的企业。一般而言，企业文化包括精神文化、规范文化和物质文化这三个层次(图 3-5)。

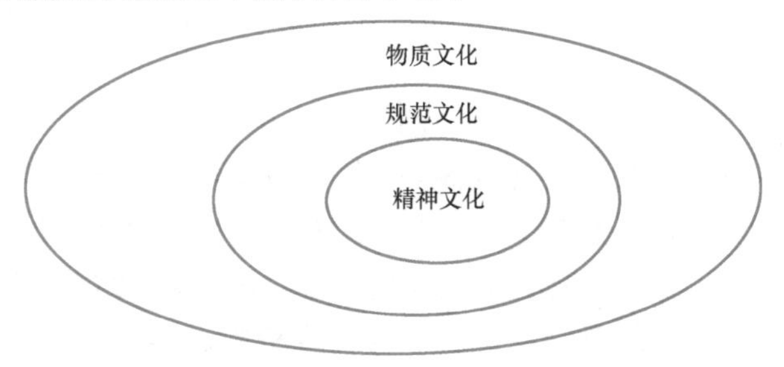

图 3-5　企业文化层次

1. 精神文化

精神文化，主要包括价值观、理想和信念、经营哲学、伦理道德、风尚和作风等文化活动，它是企业文化的核心，也是企业的灵魂。

(1)价值观

每个人在世界上的存在都有自己的生活目的。有些人为了追求财富和享乐，而有些人则为了事业的成功和对社会的贡献而奋斗，这就是个人的价值观。同样，企业作为法人实体也有其独特的价值观，即企业生产经营的目的和宗旨。

每个成功的企业都拥有明确的价值观。例如，日本的松下公司在创始人松下幸之助的倡导和长期培养下确立了“松下”价值观和“松下七精神”。这些价值观包括“松下是培育人才兼营电器制品的公司，以人道主义尊重人，以为社会服务为使命，以营利为责任和义务，致力改善员工福利和劳动条件，让员工拥有未来”等。此外，还有“生产报国精神、光明正大精神、友爱精诚精神、奋斗向上精神、遵守礼节精神、顺应同化精神和知恩图报精神”。

美国国际商用机器公司(IBM)的价值观体现在“IBM 意味着服务”中。而我国近代企业家卢作孚创办的民生公司的价值观是"服务社会、便利人们、开发产业、富强国家",强调"个人为事业服务、事业为社会服务"。海尔集团则秉持"敬业报国、追求卒诚"的价值观。

(2)理想和信念

理想和信念是企业员工思想精神面貌的集中反映,也是他们的精神支柱和激励他们努力工作的力量源泉。

"二汽"内部有这样一种说法:"企业要超越自由市场上的叫卖水平,就得有比金钱更高的追求。"这种说法代表了一种信念追求和精神追求。

理想和信念是企业价值观的具体体现。美国 IBM 的总经理托马斯·沃森在《一个企业和它的信息》一书中曾说:"一些企业衰落和垮台,而另一些企业取得成功,真正的原因在于我们所称之为信念的因素,以及这些信念对员工的感染力。"公司的成功与否主要取决于对这些信念的忠实坚守。

IBM 的创始人还确立了公司最基本的三个信念:服务第一、重视创新、尊重个人价值。同时,IBM 制定了一整套措施来保证实现这三个信念,从而确保了 IBM 长期稳居世界企业的前列,久盛不衰。这些信念成为公司成功的关键因素之一。

(3)经营哲学

哲学是关于世界观和方法论的学问,企业经营哲学则是对企业经营成功之道的哲理认识。它对企业的生产经营行为具有指导和约束作用,并保证实现企业的价值观、理想和信念。

当今成功的企业经营哲学主要集中在质量观、客户观、效率观等方面,因此也被称为质量文化。以美国麦当劳公司为例,它是一家以经营汉堡包和炸薯条为主的快餐连锁企业,在全球餐饮业中名列前茅。麦当劳的经营哲学被概括为 Q、S、C 和 V 四个方面。

①品质(Q):麦当劳与当地最优秀的供应商建立合作关系,以确保产品具备高标准的质量。所有产品在送达顾客之前都要经过严格的质量检验,例如,麦当劳的牛肉片必须经过 40 次质量检查。

②服务(S):快捷、友善、可靠的服务是麦当劳的标志。每个员工都以"顾客第一"为最基本的原则,确保从微笑迎客到呈递食品的整个过程不超过 1 分钟。

③清洁(C):麦当劳注重从厨房到餐厅门前的人行道的清洁卫生,创造出干净、舒适、愉快的用餐环境。

④物有所值(V):麦当劳致力于给顾客提供既能享受到营养食品又有合理价格保证的好去处。这体现了麦当劳对"物有所值"的承诺。

(4)伦理道德

企业伦理道德是指企业约束内部员工和外部顾客等相关关系的行为规范的总和,也被称为职业伦理或道德规范。

企业伦理道德通常通过教育和舆论的方式来影响员工的思想,并以传统习惯、标准和制度的形式确立。它要求:

①在企业与顾客之间,必须讲信用,诚实守信。

②企业与其他行业企业之间,应真诚合作、互利互惠。同行之间应友好相处,进行公开的竞争,避免不正当的竞争行为。

③企业与员工之间要求企业关心、爱护员工，不断改善员工的工作环境，提高员工的工资福利待遇。而员工应忠于职守，与企业共同发展。

④企业与员工之间应保持团结友爱的态度，共同努力，避免互相拆台、落井下石等不良行为。

我国历代著名企业都倡导“诚信为核心”的伦理道德。以晚清时期由胡雪岩创办的胡庆余药店为例，正是因为坚守了“诚信为本”的伦理道德原则，这家企业至今声名卓著。这种诚信的经营理念使企业赢得了良好的声誉和顾客的信任。

(5)风尚和作风

风尚和作风都是一种行为习惯和惯例。企业风尚和作风是企业员工长期形成的行为习惯，正如俗话所说，“习惯成自然”。良好的风尚和作风能够促进员工不断奋进，如艰苦奋斗、勇于创新的风尚，勤俭节约、廉洁正直的风尚，以及充分发扬民主作风等。

例如，北京百货大楼张秉贵倡导的“一团火”精神体现了该企业员工热爱本员工作、全心全意为顾客服务和无私奉献的风尚。

2. 规范文化

企业的生产经营活动逐步形成了各种标准、规范、规程、守则和制度等文件来约束员工的行为。这些文件是规范员工行为的准则和规则，也是企业精神文化的表达和载体。同时，它们也对企业的物质文化起着导向作用，反映了企业的技术水平和管理水平，因此可以说是企业文化的主体。

(1)企业标准体系是企业规范文化的主体

企业标准体系是指企业内部根据内在联系形成的科学机制，用于规范和指导企业的标准化工作(参考 GB/T 35778—2017《企业标准化工作 指南》)。

企业内的标准包括以下几个方面：国际标准、区域标准、国家标准、行业标准、地方标准及企业标准。

企业适用的标准、规范、规程和定额可以按照其内在联系形成四个企业标准子体系，其中以产品标准为核心，技术标准为主体。这四个子体系相互关联，共同构成了企业的标准体系(图 3-6)。

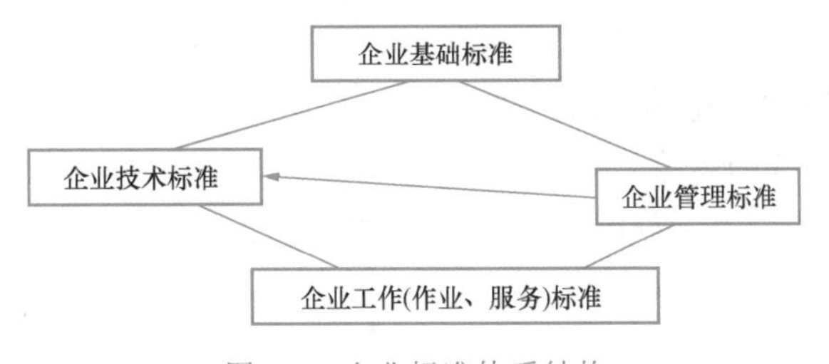

图 3-6 企业标准体系结构

①企业基础标准

企业基础标准是在企业范围内通用并作为其他标准的基础的标准。它们具有广泛的指导意义，包括企业标准化的导则、计量单位标准、术语、符号、代码、标志标准、制图标准等。

②企业技术标准

企业技术标准是针对企业标准化领域中需要协调统一的技术事项而制定的标准。它们直接保证产品(包括硬件、流程性材料、软件和服务)达到质量标准。例如营销技术标准,设计规范、物资、能源、零部件、元器件标准,设施、设备与工装完好标准,计量器具检定规程,过程标准(包括定额、工艺标准),检验、试验方法标准,包装、运输、贮存、交付安装标准,安全、卫生、环保标准,以及各种文件格式标准。

③企业管理标准

企业管理标准是针对企业标准化领域中需要协调统一的管理事项而制定的标准。这些标准涉及营销、计划、采购、工艺、生产、检验、能源、安全、卫生、环保等企业管理中与实施技术标准有关的重复性管理事项。它们是企业管理科学化、程序化的基本依据,因此也被称为程序文件。

④企业工作标准

企业工作标准是针对企业标准化领域中需要协调统一的工作事项而制定的标准。这些标准涉及与工作岗位职责、岗位人员基本技能、工作内容、要求与方法、检查与考核等相关的重复性工作事项。企业工作标准是衡量企业员工工作质量的基本依据,根据工作岗位的属性可分为管理岗位工作标准、操作岗位作业规程和服务岗位服务规范。

一个企业只有制定和实施上述四类标准,并形成一个科学、完善、有效的企业标准体系,才能使企业管理有规可循,员工有章可循,生产经营活动有条不紊。否则,企业将面临杂乱无章的局面。因此,企业标准体系是企业规范文化的主要组成部分,也是企业文化的重要基础。

(2)法规和制度是企业规范文化的重要组成部分

①法规

法规是由权力机构制定的具有法律效力的文件(ISO/IEC 指南 2)。企业适用的法规又可分成两类。

a. 行政法规

行政法规包括法律、法规和规章。我国企业,无论是国有企业还是私有企业,都应认真执行相关的国家法律、国家及企业所在地的地方政府行政法规及相应的部门规章和地方规章。

b. 技术法规

技术法规即提出技术要求的法规。它可以直接是一个标准、规范或规程,可以引用或包含一项标准、规范或规程的内容,也可以是为符合法规要求采取的技术措施(如安全防护措施)、导则(ISO/IEC 指南 2)。目前,依据标准化法规定,我国强制性的国家标准、行业标准或地方标准均是技术法规。此外,提出技术要求的部门与地方规章也是技术法规(一般属于经济法范畴)。

②制度

制度是指企业内部的规章制度,它是企业员工共同遵守的办事规定和行动准则。这些制度可以包括质量管理体系文件、企业财务制度、环境管理制度、治安保卫制度、行政后勤管理制度等。这些制度通常以企业文件的形式颁布,依据国家相关法律、法规和规章,结合企业的实际情况制定而成。它们也是企业规范文化的重要组成部分。

此外,企业规范文化还应包含一些俗定的习俗和工作与生活的习惯等。

3. 物质文化

企业的物质文化主要指企业的厂风厂貌、产品文化等方面。下面对这两个方面进行详细说明：

(1)厂风厂貌

厂风指的是企业员工在思想、工作和生活中表现出的态度、行为和风格。它包括员工的劳动态度、工作效率、沟通方式等方面。厂貌则是指企业厂区的环境和设施状况，包括厂房设施、环境绿化和清洁卫生等。厂风厂貌是企业物质文化的重要内容，它反映了企业的形象和风貌。

例如，宝钢是一个现代化企业，其厂区被宛如银带的广河围住，厂区内没有围墙，道路宽敞，两旁种满了各种花卉和树木，整洁的环境和有序的操作给人留下深刻的印象。类似地，商场内洁净的墙面、整齐的货柜、舒适的商品陈列及热情礼貌的服务也是企业物质文化的一部分。

(2)产品文化

产品是企业物质文化的载体，它体现了企业对顾客的价值承诺。产品文化包括产品的外观和内在质量性能。外观要美观，符合顾客的审美观，包括外形、颜色、图形、商标和标签等。内在质量性能要优秀，满足顾客的需求，并且安全可靠。具体来说，产品要有良好的声誉，优良的材质，美观的形体，优越的内化质量，精美的包装，以及全面的售后服务。

企业通过建设物质文化来提升企业形象，增强员工凝聚力，促进企业的效率和效益提升。许多企业通过改进和加强思想政治工作，引入企业形象策划(CI)，开展规范化活动等方法来建设具有企业特色的物质文化。企业文化的建设对于激发员工的精神动力、明确目标信条和行为准则，塑造企业在社会上的良好形象具有重要意义。

3.3.2 质量文化的内容

质量文化是指一个组织在长期的质量活动过程中形成的文化方式的总和。它以质量理念为基础，以提高产品质量为目标，是质量经营战略的文化体现。类似于企业文化，质量文化也包括以下三个层次和要素。

1. 质量精神文化

这是质量文化的核心内容和最高境界。如：

(1)质量价值观

质量第一，尤其在产量和质量发生抵触时，能坚持质量第一。

(2)质量伦理和心理

第一次就要把工作做好。

以质优为导向、质量为主要目标等。

2. 质量行为文化

这是员工的行为准则和依据，具有可考核性，包括：

(1)适用的质量法律、法规、规章和规范性文件。

(2)与质量相关的标准、规程和规范。

(3)各类管理体系文件。

(4)质量管理方面的制度等。

3. 质量物质外在文化

这主要体现在员工着装、标志、作业环境/设备设施、产品外形及包装等方面。

显然，质量文化的三个层次与企业文化的三个层次是相互对应的。实际上，质量文化是企业文化的重要组成部分，是企业文化的核心和灵魂。

3.3.3 质量文化建设

质量文化是质量经营的体现，它不仅主导了企业文化，而且还能提高员工的凝聚力，引导和激励员工坚持不懈地追求卓越，规范员工行为，并在社会上树立良好的形象。因此，我们应该投入大力量并长期不懈地致力于质量文化建设的推进和逐步完善。

1. 树立大质量观念是建设质量文化的基础和前提

过去，传统的产品质量管理注重的是“小质量”，而现代的质量经营则强调“大质量”。为了实施质量经营战略，企业领导在培养大质量意识方面扮演着重要角色。首先，他们应该自身树立牢固的大质量意识，并坚持将质量置于首要位置。只有以身作则，领导者才能影响员工。此外，长期且反复的质量培训教育也需要结合实际才能发挥显著的成效。通过这样的培训，每个员工都会将质量视为生命，注重追求卓越，从而在整个组织中形成浓厚的质量氛围。

2，建立适用、有效的质量管理体系，确保高水平的产品/服务具有市场竞争力

在众多管理体系中，质量管理体系是核心体系，也是质量文化的主要组成部分。当企业在研发和市场中取得领先地位，并提供令顾客满意的产品和服务后，应采用 ISO 9000 族标准的原则和方法。通过结合组织的特点，建立一个科学、适用、有效的文件化质量管理体系，然后再逐步扩展到其他管理体系。这样可以为质量文化提供一个坚实的规范层面的支持。

3. 开展 6σ 工程活动

开展 6σ 工程活动，不断进行业务过程再造、精益求精，千方百计降低劣质成本，实现持续改进。

不断创新，追求卓越，成为同行中的标杆；获得良好的经济效益，使质量文化获得强大的物质和资金支持。

4. 开展 QC 小组活动

开展形式多样的 QC 小组活动、质量信得过班组活动、员工合理化建议活动、技术和管理创新活动。通过开展这些过程改进活动，使质量文化广泛深入地渗透到企业每个部门的每项工作之中，以及每个员工的心里。

中国航天科技集团公司以“严肃认真、周到细致、稳妥可靠、万无一失”为指导方针，形成了严肃的态度、严格的要求和严密的方法，注重内容的“三严”工作作风，力求做到“严、慎、细、实”。公司视质量为生命、质量为效益，制定了《质量文化建设纲要》，印发了《质量文化手册》，并编制与实施了近千项标准和规范，全面实施质量经营战略管理。这些努力使得中国航天科技集团公司能够确保航天器的 12 个系统、600 多台设备和 20 部软件模块中的每一个焊头、每一根导线及每一个软件程序都没有发生任何差错。这种严格的质量管理保证了中国神舟五号的第一次载人航天飞行的成功。中国因此成为继美国和俄罗斯之后，世界上第三个独立进行载人航天活动的国家，实现了中华民族的千年飞天梦想。这也为中国各行各业以及广大企业树立了一个质量文化建设成功的典范。

第4章 与工程安全相关的质量检验

4.1 概 述

4.1.1 质量检验的定义

企业生产过程非常复杂,受到许多主客观因素的影响,可能导致产品质量的波动,甚至产生不良品。为了确保产品质量,需要对生产过程中的原材料、外购件、外协件、毛坯、半成品、产成品、成品及包装等各个生产环节和工序进行质量检验。这些检验必须按照图纸、工艺规程或技术标准的规定进行,严格控制质量,以满足按照标准组织生产的需求,保障用户和国家的利益。通过严格的质量检验,可以确保不合格的原材料不被使用、不合格的半成品不进行下一道工序、不合格的零件不进行装配,以及不合格的产品不出厂。

检验,就是根据产品图纸或检验操作规程对原材料、半成品和成品进行测量,并将测量的特征值与规定的值进行比较,判断物品的好坏或每批产品是否合格。

朱兰对质量检验的定义是:“检验是一种业务活动,用于决定产品在下一道工序是否适合使用,或在出厂检验时决定是否可以提供给消费者。”

英国标准 BS 4778-3.2:1991 对检验的定义是:“度量、检查、试验、测量或其他与产品要求进行比较的过程。”

国际标准 ISO/TC176 草案 DP8402 对“检验”的定义是:“按照使用要求对一个或多个项目的特性进行测量、检查、试验、计量或比较的过程。”

质量检验的目的是确保产品的质量保证。通过对各个生产环节进行严格的质量检验,可以确保向下流转的物品都是符合标准的合格品或优质品。此外,质量检验的目的不仅在于发现废品或次品,还在于收集和积累大量反映产品质量状况的数据资料,为改进产品质量和加强质量检验提供信息和情报。例如,当出现质量异常时,及时发出警报信息,促使生产部门迅速采取改进措施。此外,这些数据资料还可以用于确定企业的生产能力、改进产品设计、计算质量成本和确定工艺方案等。

在企业中，专职质量检验是不可或缺的重要工作。质量管理工作是在质量检验的基础上逐步发展起来的。开展质量管理绝不意味着削弱或取消专职质量检验机构，也不意味着减少专职检验人员。相反，随着质量管理的不断推进，应更加重视专职质量检验工作，严格掌握产品质量关。

4.1.2 质量检验的内容

根据质量检验的定义，质量检验工作包括以下内容：

(1)规格具体化

将技术标准转化为明确的、具体的质量要求，也被称为“检验基准”。这样可以使检验人员了解什么样的产品是良品或合格批次，以及什么样的产品是不良品或不合格批次。

(2)度量

对抽样或产品进行检测，度量的意思包括检验、测量和测试。

(3)比较

将检验结果与质量标准进行比较，以确定质量特性是否符合要求。

(4)判定

根据比较的结果，判断被检验零件或产品是良品还是不良品，批次产品是合格还是不合格。

(5)处理

检验工作的处理阶段包括：

①对于单件(台)产品：合格品或良品放行，继续流向下道工序；不良品则根据不良程度进行相应处理，如返修、回用或报废。

②对于批量产品：根据批次产品的质量情况和检验判定结果，分别进行接收、拒收、筛选或复检等处理。

③对于生产工序：可能需要进行调整、更换刀具、改变加工或测量方法等。

(6)记录

认真记录所测得的数据，并进行整理和反馈，向相关部门提供质量信息。

4.1.3 质量检验的职能

质量检验的目的主要是确保生产过程中各个环节所生产的产品是否符合产品图纸、工艺规程或技术标准，筛选出不良品，确保产品质量符合标准要求，以防止向用户提供不合格的零件或产品。总体而言，质量检验具备以下三个主要职能。

1. 把关职能

在生产过程中，通过检验或测试，控制产品质量，确保产品符合要求。质量检验的主要任务是对产品进行全面、系统的检查，以确保产品在各个环节和工序中的质量达到要求。

2. 预防职能

采用先进的检验方法和合理的检验方式，通过质量检验的实施，预防不良品的产生。这包括优化生产工艺、改进生产设备、提升操作技能等方面的预防措施，以减少不合格品的发生率。

3. 报告职能

对检验数据进行记录、整理、分析和评价，并向相关部门或领导汇报。通过报告职能，可以及时提供质量信息，为决策和改进提供依据，促进质量管理的持续改进。

4.2 质量检验的分类与任务

4.2.1 质量检验的分类

质量检验有多种分类方法，下面介绍几种企业常用的分类方法。

1. 按检验产品的数量分类

(1)全数检验：对交验批中的全部产品进行检验，又叫作“百分之百检验”。

(2)抽样检验：从交验批中随机选取一部分产品进行检验，并根据检验结果来判定整个批次产品是否合格。

(3)审核检验：随机抽取极少数的样品，对质量水平有无变化进行复查性检验。

(4)无检验：根据经济原则和产品质量情况，对产品质量不进行任何检验。国家对某些质量长期稳定、信誉较高的产品实行免检，也是一种无检验。

2. 按产品的生产流程分类

(1)进货检验：指对原材料、外购件、外协件等进厂时进行的入库验收检验。其目的是确保进入生产环节的物料符合规定的质量标准和要求。

(2)工序检验：也称为中间检验，在生产过程中对工序或产品进行的检验。工序检验的目的是及时发现和纠正生产中的问题，确保产品在接下来的工艺步骤中能够继续符合要求。

(3)成品检验：成品检验是产品在加工过程中的最后一次检验，对防止不合格产品出厂至关重要。成品检验的内容通常包括产品的外观、性能、精度、安全性及完整性等方面的检查。

3. 按检验目的分类

(1)控制检验：控制检验是为了在生产过程中对工序进行控制而进行的检验。

(2)接收检验：接收检验是为了接收外购的原材料、外购件及外协件而进行的检验。通过对这些进货物料进行检验，可以确定是否接收该产品(或批产品)。

4. 按被检验后产品是否能使用分类

(1)破坏性检验：破坏性检验是指经过测试或试验后产品已失去使用价值的检验方法。破坏性检验提供了对产品性能极限和质量可靠性的评估。

(2)非破坏性检验：非破坏性检验是通过对产品进行没有破坏性的测量或试验来评估产品的质量特性。这种检验方法可以在不影响产品正常使用的情况下，对产品进行检查、测量、观察或测试。常见的非破坏性检验方法包括 X 射线检测、超声波检测、磁粉检测、涡流检测等。

5. 按判断方式分类

(1)计量检验：计量检验是一种通过测量或计量值来判断产品质量特性的检验方法。在计量检验中，使用各种测量工具和设备对产品的尺寸、重量、体积、力学性能等进行测量和评估。

(2)计数检验：计数检验是一种对整个零件或产品进行分类和判断，以计数来确定合格或不合格的检验方法。在计数检验中，对一批产品进行逐个检查或抽样检查，根据设定的标准或要求，将产品分为合格和不合格的类别。这种检验方法适用于产品数量较大、检验过程相对简单的情况下，可以快速判断产品的质量状况。

6. 按检验场所分类

(1)集中检验：集中检验是将被检验的产品集中到一个固定的场所进行检验的方法。

(2)巡回检验：又称巡回流动检验或流动检验，是指检验员在生产现场和机床之间进行巡回检验的方法。

7. 按检验内容分类

(1)认定性检验：认定性检验是对试制品或成品的质量水平进行检验，以确定其是否达到规定的标准。

(2)耐久性试验：又称为可靠性试验，是对产品在规定的时间和条件下完成规定功能的能力进行检验。

(3)严苛性检验：在超过产品正常使用条件的严酷环境下进行的检验，属于可靠性试验的一种形式。

4.2.2 试验研究中的质量检验

在新产品的设计开发阶段，尤其是在试制和小批量生产过程中，为了验证设计人员所设计的新产品是否达到预期效果，需要对每个零件进行认真地检验以确保制造质量。在加工过程中，每个零件都要按照图纸和技术要求进行仔细检验。

4.2.3 原材料等的质量检验

一般来说，企业的原材料大多是通过外购获得的，其中一些是标准件或特殊规格的零件，需要通过外购或外协加工获得。对于外购原材料、外购件和外协件的质量，必须按照规定的检验内容、检验方法和检验数量进行认真的检验。

原材料、外购件和外协件的入厂验收检验通常由企业的专职检验人员进行。在许多企业开展全面质量管理的过程中，他们建立了与协作厂(供应商)的质量保证体系、必要的信息反馈系统和质量联系制度。根据规定，协作厂提供给主机厂的产品必须是“件件合格、台台合格与批批合格”的产品。

4.2.4 生产过程中的质量检验

在产品或零件加工过程中，为了验证加工的产品或零件是否符合工艺规程或相关标准的要求，生产工人(操作者)经常需要进行质量检验。生产过程中常见的质量检验方法包括以下几种。

1. 操作者自检

操作者自检包括：首件检验、抽验和全检等。一些企业在实践中总结出“三自”的经验：

(1)自检:操作者按照工艺规程或相关标准的要求,对自己加工的产品或零件进行认真的检验。

(2)自分:操作者将自检合格的产品或零件进行分类,分为合格品、返修品和废品,并分别存放。操作者会主动与专职检验员联系。

(3)自盖工号:操作者在加工的产品或零件上盖上自己的标志(也称为自盖工号),以示对自己加工的产品负责。这样,如果后续工序或其他工序出现质量问题,可以追溯到责任者,有助于增强操作者的责任心。

2. 生产过程中的巡回检验

一般由班组长或班组质量员来执行。巡回检验的目的是防止操作者因疏忽、错误理解工艺或图纸、使用错误工装或量具等导致质量问题发生。它的作用是督促操作者严格按照标准或工艺规程进行操作,以确保质量规范的执行。

3. 上下道工序间的互检

互检的作用是在工作过程中相互获取质量信息,以便及时发现或预防质量问题的发生。通过互检,可以及时识别和纠正潜在的质量问题,从而促进问题的及时解决。

4. 生产工序的最终检验(完工检验)

对车间来说,完工检验意味着零件加工的所有工序已经完成,需要进行最后一道工序的检验。而对于专职检验机构来说,已经加工完成的零件如果符合标准,就可以进行入库验收;如果不符合标准,需要及时进行返修或报废处理。

4.2.5 企业专职检验机构的检验

企业的专职检验机构通常被称为检验科(股)或检查科(股)。专职检验人员的质量检验是质量管理中的重要组成部分。从企业的角度来看,专职检验人员代表工厂按照质量标准对产品进行检验和验收;而从用户的角度来看,专职检验人员代表国家和用户的利益,进行产品质量的验收。他们的工作有助于确保产品质量符合标准,并维护了生产企业与用户之间的信任关系。

4.3 产品检验的方式与方法

产品质量检验是全面质量管理中的重要组成部分,加强产品质量检验是企业强化质量管理的重要环节。产品质量检验的方式和方法多种多样,选择适合的检验方式和方法不仅能准确反映产品质量状况,还能节约检验费用和缩短检验周期。这对于确保产品质量、提高生产效率和满足客户需求具有重要意义。

4.3.1 检验方式

在实际工作中,选择适当的质量检验方式应首先确保产品技术标准的检验,以为生产提供服务,并尽可能减少检验工作量,节约检验费用。

在表4-1中介绍的几种检验方式中，各有其适用条件，企业应根据自身的生产条件进行选择。

表4-1 几种检验方式的特点和适用条件

分类标志	检验方式	具体特点
工作过程的次序	预先检验	加工前对原材料、半成品的检验
	中间检验	产品在加工过程中，每道工序或几道工序加工完的检验
	完工检验	零件全部工序加工完所进行的检验
检验地点	固定检验	在固定的检验地点(如在检查站)进行的检验
	流动检验	在零件加工地点或产品装配地点进行的检验
检验数量	全数检验	对需要检验的对象进行逐件检验
	抽样检验	对需要检验的对象按规定的百分率抽检
预防性检验	首件检验	对改变加工对象或改变生产条件后生产出的第一件或头几件产品进行的检验；对每班上班后生产出的第一件或头几件产品进行的检验
	统计检验	运用概率论和数理统计学原理，借助于统计检验图表进行的检验

1. 预先检验

预先检验主要指对用于加工或装配的原材料、毛坯、半成品、外购件、外协件以及配套产品进行预防性检验，以确保加工或装配的质量。通过预先检验，可以及时发现潜在的质量问题，并采取措施预防不良品的产生。

2. 中间检验

中间检验是指对零件或产品在加工过程中进行的检验，可以分为逐道工序检验和几道工序集中检验两种形式。逐道工序检验对于确保产品质量和预防不良品的产生效果较好，但检验工作量较大。一般在加工重要零件或产品质量不稳定时，可以采用逐道工序的中间检验。对于一些在加工过程中不方便逐道工序检验的零件，或者几道工序连续进行且产品质量相对稳定的情况下，可在几道工序加工完成后进行集中检验。

3. 完工检验

完工检验，又称为最终检验，是对车间加工或装配完成的半成品或成品进行的检验。在进行完工检验时，必须按照图纸或相应的标准进行以下检查：

(1)工序完工情况：检查是否所有的加工工序都已经完成，确保没有任何工序的零件混入被检验的零件或产品中。

(2)尺寸符合要求：检查零件的主要部位尺寸是否符合图纸或技术标准的要求，以及成品各项性能指标是否符合技术标准。

(3)外观质量：检查零件或产品的外观是否完美、整洁，是否有磕碰、划伤等表面缺陷。

(4)标志齐全清楚：检查零件或产品的编号、商标等标志是否齐全、清晰可辨认。

4. 固定检验

固定检验是指检验地点是固定的，例如检验站或检验室。这些地方配备有检验所需的设备、仪器和仪表。加工完成需要进行检验的产品会按照工艺规程规定的路线或程序，由生产工人或车间搬运工人送至检验站进行检验。

经过检验合格的零件会被转移到下一个工序进行进一步加工或装配。如果有需要返修的零件，车间搬运工或操作者会将其取回进行返修。而经过检查确认为废品的零件会被及时隔离，严格防止与合格品混放，同时也要避免与返修品或废品混放。

5. 流动检验

流动检验是指检验人员到操作地点进行检验的方式。它具有以下优点：

(1)及时性：由于检验人员可以随时进行流动检验，每班可进行多次检验，特别是对于关键工序的检验次数可以增加。这样可以及时发现和预防不良品的产生，尤其可以预防批量不合格品的产生。

(2)技术指导：检验人员可以对操作工人进行技术指导。在许多工厂中，经验丰富的老工人从事检验工作，可以发挥技术指导的作用。当检验员发现加工的零件不合格时，可以即时帮助找出问题的原因并采取改进措施，确保产品质量。

(3)减少搬运和损伤：流动检验可以减少被检验零件的搬运和取送过程，从而减少了搬运过程中可能发生的磕碰、划伤等现象。

(4)节省时间：流动检验可以节省操作者等待检查的辅助时间，提高生产效率。

(5)促进改进：由于流动检验是在操作地点进行的面对面检验，操作者对自己加工产品的质量情况比较清楚。这有助于改进和提高产品质量。

进行流动检验时，对检验人员有以下要求：

(1)按要求进行检验：在流动检验过程中，检验人员必须按照图纸、工艺和标准的要求进行检验工作。

(2)实施"三帮"原则：流动检验要遵循"三帮"原则，即帮助技术水平较低的工人掌握操作要领，帮助生产工人分析废品产生的原因，帮助生产工人解决加工中存在的质量问题。

(3)兼具"三员"角色：检验人员要充当好"三员"，即质量检查员、质量宣传员和技术辅导员的角色。要承担质量检查的职责，宣传质量意识，同时提供技术方面的辅导。

(4)提出改进意见：当检验人员发现质量问题时，应及时提出改进意见。对于不重视产品质量甚至弄虚作假等现象，应坚持原则，实事求是地做出检验结论。

(5)讲究工作方法和态度：检验人员应注重工作方法，同时在与工人的交流中保持和蔼的态度。既要坚持原则，又要增进团结。

6. 全数检验

全数检验是指对交检批的所有产品进行检验，也称为全检或百分之百检验。全数检验适用于以下情况：

(1)精度要求高的零件：对于精度要求较高的零件，全数检验可以确保其质量符合要求。特别是对于产品整机性能有重要影响的关键件或主要尺寸部位，全数检验是必要的。

(2)影响下道工序加工的尺寸部位：一些尺寸部位的不合格可能会对下道工序的加工产生重大影响。在这种情况下，全数检验可以及时发现问题，避免不合格产品进入下道工序。

(3)手工操作和质量不稳定的工序：手工操作往往存在一定的不稳定性，可能导致质量波动。在这样的工序中，全数检验可以有效控制质量，保证产品的一致性。

(4)质量可靠性受限的产品和工序：如果使用的设备、工具、原材料等质量不够可靠，无法保证加工质量的稳定性，全数检验可以提供额外的保障。

(5)批量不大且缺乏可靠保证措施的产品：对于批量不大且没有可靠保证措施的产品，进行全数检验可以确保产品质量符合要求，以满足出厂检验的要求。

(6)需要加严检验的产品或零件：对于原本计划进行抽样检验的产品或零件，如果发现质量不稳定，废品超过一定限度，需要采取加严检验的措施，即实行全数检验。

7. 抽样检验

抽样检验的方法是按照预先制订的抽样方案，在检验中按一定的比例进行抽检，根据抽样的检验结果来判断整批产品的质量水平或得出整批产品合格与否的结论。抽样检验的主要特点是，可以大大地减少检验的工作量，减轻检验人员的劳动强度，减少检测设备、仪器的占用量和损耗等。

抽样检验的适用条件：

(1)生产批量大、自动化程度较高、产品质量较稳定的生产工序。

(2)使用的设备、工具、原材料的质量可靠，能够保证工序和产品加工质量稳定。

(3)协作厂(或外购成批零件)向组装厂交货时。

(4)需要进行破坏性检验或试验的产品。

(5)希望尽量减少检验费用时。

(6)在一批产品中，即使有很少量的不合格品(例如销子、垫圈等产品)也不会引起大的损失时。

抽样检查分为计数抽样和计量抽样两种。

8. 首件检验

首件检验的优点是可以及时发现质量问题，预防批量质量事故的发生。

首件检验的适用条件：

(1)成批或大量生产的工序，每班加工的第一件产品。

(2)操作工人变动后生产的第一件产品。

(3)变更加工的零件或产品后生产的第一件产品。

(4)生产设备或工艺装备检修或调整后生产的第一件产品。

(5)原材料改变后生产的第一件产品。

(6)生产工艺或操作方法改变后生产的第一件产品。

9. 统计检验

统计检验是指运用概率论与数理统计方法对产品质量进行控制(管理)。通过对产品进行抽检，运用各种统计方法，对检验结果进行统计与分析，发现异常，及时采取措施，以起到预防产生废品的作用。

4.3.2 检验方法

1. 概述

选择合适的检验方法对于评价检测结果和产品质量具有重要影响。若所选方法不恰当，可能导致检验结果的准确性受损，比如将合格产品误判为不合格，或将不合格产品误判为合格。这种情况可能引发无法预测的严重后果。

检验方法有感官检验、物理和化学检验(理化检验)两种。

2. 感官检验

(1)感官检验的概念

依靠人的感觉器官进行产品质量判定和评价的检验称为感官检验。感官检验涉及对产品的颜色、气味、伤痕、锈蚀程度等进行检验，依赖于人的视觉、听觉、嗅觉、触觉等感觉器官来对产品进行评价，并判断其质量的好坏或合格与否。

图 4-1 展示了感官检验的详细过程。被评价的特定产品对人产生刺激作用,这些刺激通过人的感觉器官传入大脑。经过大脑的分析和判断后,将结果传递到知觉层面。最后,通过"感官量",即使用语言或文字表达出检验的结果。

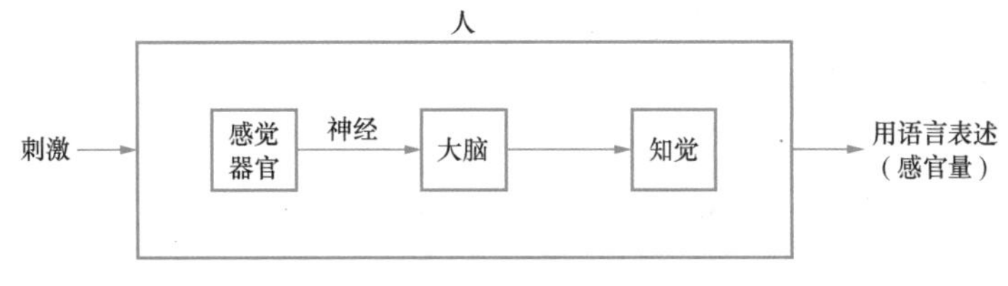

图 4-1 感官检验

(2)感官检验种类

感官检验根据人对刺激的感受方式可以分为嗜好型感官检验和分析型感官检验两种类型。

①嗜好型感官检验:这种检验以人的感觉本身作为判断对象。嗜好型感官检验通过对感官体验的喜好程度来评价产品。例如,判断食物的口感、香气或外观是否符合个人喜好等。

②分析型感官检验:这种检验通过人的感觉器官对被检验对象的质量特性进行分析和判断。例如,检验员用手触摸机床主轴径部位,通过手的感觉来估计该部位的温度。分析型感官检验的准确性通常与检验员的实践经验密切相关。

需要注意的是,分析型感官检验的准确性往往取决于检验员的经验水平和专业知识。

(3)感官检验的分类

感官检验中将每个被检验产品确定为合格或不合格,或者将被检验产品分为几个等级的方法,叫分类法。常用的分类方法有评分法、排队法和比较法三种。

①评分法

对被检验产品评定分数,以区分其质量好坏的方法,称为感官检验的评分法。可采用直接评定和记分的方法(图 4-2),对每个被检产品按其质量状况评定分数,以便确定其合格或不合格。当直接记分有困难时,也可采用比例尺的办法。

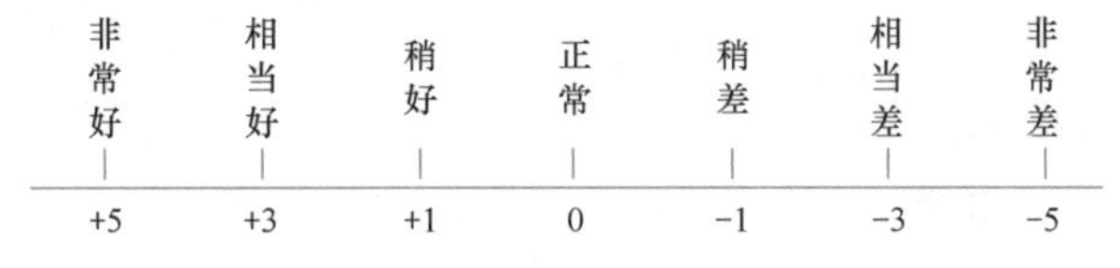

图 4-2 直接记分的感官检验法

②排队法

将被检验产品按其质量特性的好坏排列出顺序(1、2、3……)。

③比较法

把被检验产品与标准样品进行比较,判断出被检产品的优劣、合格或不合格。

(4)感官检验的应用

感官检验法广泛应用于机械工业生产中,例如:

①对零部件的外观完整性、缺陷、锈蚀及在加工过程中表面光洁度的评定。

②对汽车声音、乘坐的舒适性及警报器声音等的评定。

③对产品检验中各种颜色的判断。

④对各种产品包装质量的评定等。

3. 理化检验

使用物理或化学方法及相应的仪器、设备对产品进行检验的方法称为物理与化学检验，简称理化检验。

理化检验流程如图 4-3 所示。

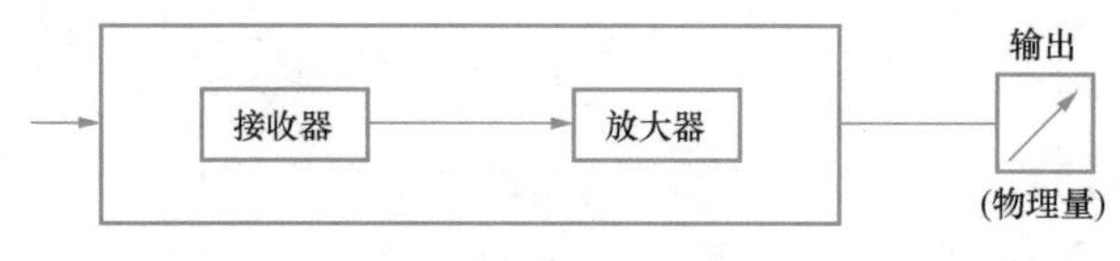

图 4-3 理化检验

4. 感官检验与理化检验的比较

(1)从费用上比较，感官检验靠人的感觉器官或借助于简单的工具，不需购买仪器设备，而理化检验则需要一定的投资。

(2)从灵活性上比较，感官检验的灵活性较大，不需更多的辅助条件，而理化检验则相反。

(3)从准确性上比较，由于感官检验与检验人员自身的多方面因素有关，因而会影响检验结果的准确性，而理化检验则相反。

(4)从疲劳程度上比较，感官检验时间较长时人易疲劳，而理化检验则不同，可减轻疲劳。

4.4 质量检验机构与质量检验人员

4.4.1 质量检验机构

企业应实行厂长负责制，厂长负责全厂的经营管理工作。为了严格把控产品质量，国家规定企业的质量管理工作由厂长负责，并要求质量检验科(部门)直接受厂长领导。

1. 质量检验机构的设置

由于产品结构及生产经营方式的不同，企业质量检验机构的设置也不同，主要有以下两种类型：

(1)集中领导

企业的专职检验人员由检验科(部门)领导(图 4-4)，负责全厂各个车间的质量检验工作。

属于集中领导类型的质量检验机构也有两种形式：

①按职能划分的质量检验机构(图 4-5)。

②按产品划分的质量检验机构(图 4-6)。

(2)集中与分散相结合

负责对原材料、外购件、外协件进行入厂检验，对零部件进行完工检验，以及对成品进行质量检验的检验人员由质量检验科(部门)领导。而对中间工序的质量检验人员，在行政上

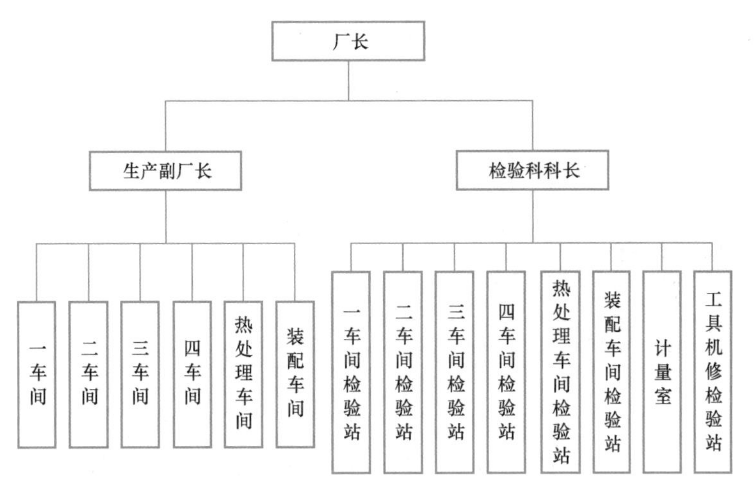

图 4-4　集中领导类型的质量检验机构

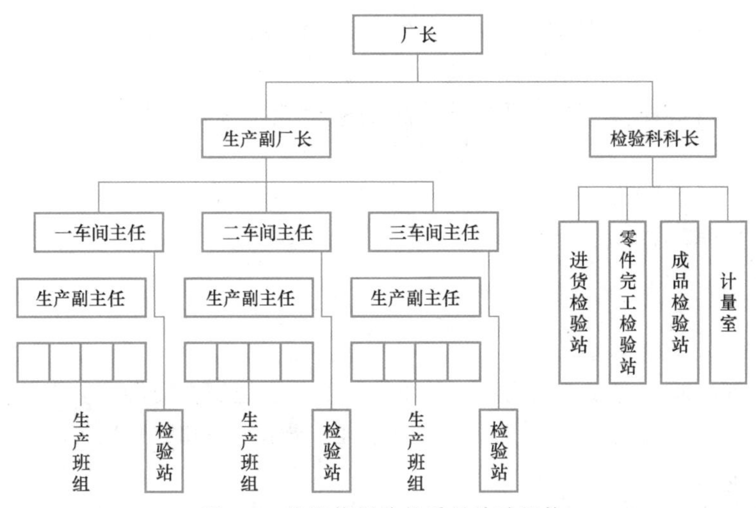

图 4-5　按职能划分的质量检验机构

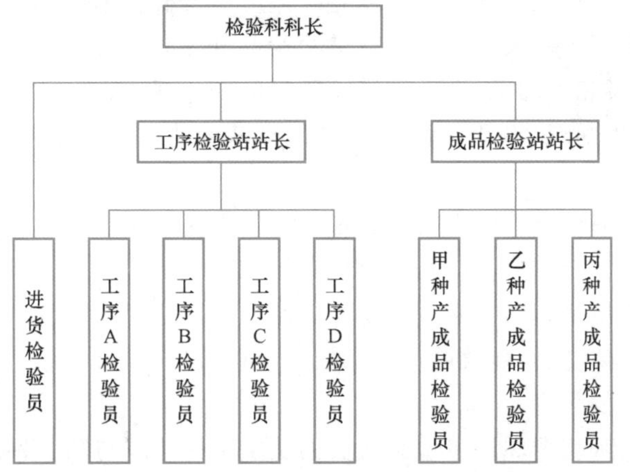

图 4-6　按产品划分的质量检验机构

由各车间领导，但他们的质量检验业务应受检验科指导(图 4-7)。

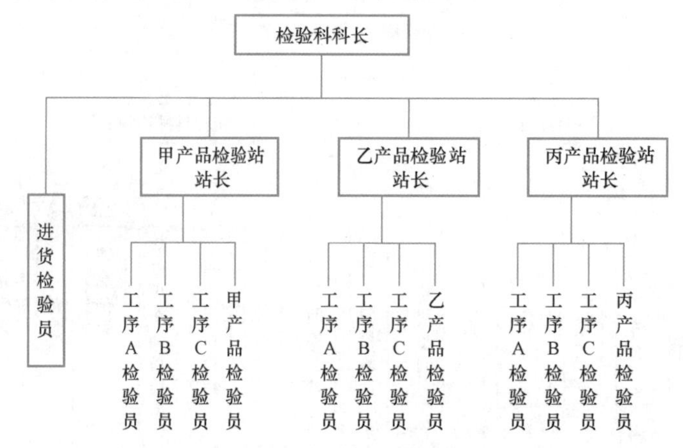

图 4-7　集中与分散相结合类型的质量检验机构

2. 质量检验过程注意事项

(1)根据企业产品标准的规定，并结合对检验工作的要求，配备适当的检验设备、量具和仪器。

(2)检验设备、量具和仪器必须准确可靠，并按规定的周期进行鉴定。不合格的设备严禁在生产中使用。

(3)对于企业暂时无法自行检测的必检项目，应与具备检测资质的单位签订长期委托检验合同，并按合同规定坚持进行检验。这样才能确保这些项目得到专业的检测和评估。

4.4.2　质量检验人员

1. 质量检验人员应具备的条件

企业的专职检验员直接承担确保产品质量的责任。他们在提供企业内部产品质量信息方面起着重要作用。因此，专职检验人员的责任心、技术水平和原则性等因素将决定他们是否能正确履行职责，并直接影响产品质量。

专职检验员应具备以下条件：

(1)文化程度：专职检验员的文化程度必须适应质量检验工作的需求。

(2)产品知识：专职检验人员必须了解被检验品和零件的生产情况，熟悉被检验产品的技术标准、工艺规程及相关图纸，并掌握产品质量的变化规律。

(3)全面质量管理知识：专职检验人员应掌握基础的全面质量管理知识和常用的统计方法。

(4)作风要求：专职质量检验人员应具备强烈的责任心、无私奉献的精神、坚持原则的态度及认真负责的工作作风，并与其他部门搞好协作关系。

(5)培训和考核：质量检验员必须接受专门的培训，并通过考核或考试取得合格成绩。

(6)健康状况：身体健康，能够胜任正常的质量检验工作。

2. 质量检验人员的奖惩

(1)待遇与工人相同：专职质量检验人员的奖励和待遇应与同工种的生产工人相当。

(2)奖励依据：专职质量检验人员的奖励主要根据其错误检验率、漏检率及工作量的考核结果进行评定。

(3)经济责任:如果因为错误检验或漏检导致用户遭受重大经济损失,将追究检验人员的经济责任。

(4)违规行为处罚:对于有玩忽职守、弄虚作假等违规行为的专职质量检验人员,根据情节和造成的损失大小,将给予批评教育、经济制裁或行政处分,甚至追究其刑事责任。

(5)表扬和奖励:对于在质量检验工作中认真执行标准、坚持质量原则、为提高产品质量作出贡献的专职检验人员,应予以表扬或奖励。

3. 怎样当好专职检验员?

质量检验员应做到以下几点:

(1)热爱本员工作:对自己的工作充满热情,将自己与国家的发展、用户利益及企业的生存与发展联系起来,努力做好本员工作。

(2)严格要求自己:自觉遵守各项规章制度,与同事保持良好的工作关系。

(3)熟悉产品知识:了解被检验产品的结构特点、技术标准、质量要求和检测方法,掌握产品的生产过程和加工工艺,了解产品质量状况及其变化规律。

(4)熟悉检验业务:具备广泛的知识面,能够找出影响产品质量的主要因素,并提出解决方案。

(5)坚持质量原则:无论何时何地,始终坚持质量原则,严格按照标准进行检验,并准确确定检验结论。

(6)改进和完善工作:善于发现检测条件和方法存在的问题,并提出改进和完善的建议,以提高检测效率和水平,减轻劳动强度。如果在检验工作中发现设计或工艺部门制定的技术文件、工艺规程等存在问题,积极主动向相关技术部门反馈并提出改进建议。

(7)不断提升技术水平:钻研技术业务,持续提高检验技术水平。除了学习与检验工作相关的产品图纸、工艺规程、技术文件和加工方法等知识外,还应学习和掌握质量管理知识和常用的统计方法。

(8)处理失误:当因主客观原因导致漏检、错检或误检时,及时找出原因,采取有效措施防止再次发生,并勇于改正工作中的失误。

4.4.3 “三检制”

“三检制”是指将工人的自检、互检和专职检验人员的专检相结合的一种检验形式。

为了确保不合格的原材料不被投入生产,不合格的毛坯、零件不被转入下道工序,不合格的产品不被出厂,必须建立完善的专职检验机构,制定必要的检验制度,配备必不可少的检验工具和设备,加强对专职检验机构的领导,并支持检验人员的工作。然而,在现代化生产中,一个产品通常由几十种甚至上百种零件组成,每种零件的加工工序从少至几道,多至几十道。仅仅依靠专职检验机构和少数专职检验人员进行检查显然是不够的。此外,产品质量的好坏主要取决于生产过程和操作工人的加工水平。因此,必须吸纳广大员工参与其中,实行专职人员的检验与生产工人的自检和互检相结合的制度,才能有效进行产品质量检验工作。

1. 自检

自检是指生产工人对自己所加工的产品进行检验,按照图纸、工艺或相应的技术标准进行操作。如果发现不合格的产品,应将其单独存放,并交由专职检验人员处理。同时,在加工过程中出现质量问题时，应及时与专职检验人员联系，一起分析原因并采取改进措施，以确保零件的加工质量。

2. 互检

互检是指生产工人之间相互进行的检验。互检的方式包括：下道工序的操作者对上道工序流转下来的产品进行检验，同工序、同机床或倒班之间的操作者相互检验，小组质量员对本小组人加工出来的产品进行抽检，以及操作工人之间相互检验等。

3. 专检与自检、互检相结合

将专业的检验人员的专检与生产工人的自检、互检相结合，是贯彻群众路线、实行专业管理与群众管理相结合的有效方法。这种方式有助于增强生产工人对产品质量的责任心，及时了解自己加工产品的质量情况，不断改进操作方法，并促进生产工人之间的互相帮助和交流操作经验。同时，它也有利于减轻专职检验人员的工作量和劳动强度，使他们能够集中精力处理薄弱环节和质量关键的问题。

需要明确的是，实施专检与自检、互检相结合的制度时，专检应处于主导地位，并明确各自的任务和责任，妥善处理彼此之间的关系。

第5章 与工程安全密切相关的“质量否决权”

实施“质量否决权”是我国一项重要的质量政策。该政策的提出和推行，是质量责任在实践中的发展和进一步完善的结果。

最初，“质量否决权”的思想由质量系数计奖法所体现，强调质量在奖金分配中的决定性作用。然而，随着时间的推移，“质量否决权”不仅仅与奖金挂钩，而且涵盖了对浮动工资、精神激励、待遇手段、行政手段、经济成果评价和经济决策等多种形式的否决。为了正确、全面地理解“质量否决权”的实质、地位、作用和意义，解决实施中的一些重要问题，并推动全面实施和深化“质量否决权”，进一步完善质量责任制，我们需要在理论上进行深入探讨。

5.1 “质量否决权”的基本概念

质量是产品或服务的固有属性，也是评价其价值的基础。因此，“质量否决权”是指质量对企业或员工的劳动成果评价及在利益分配上具有最终决定权的能力。

从字面上理解，“质量否决权”表示当产品或服务的质量未能达到预定要求时，对企业或员工的劳动成果评价及利益分配具有最终的否决权。在经济责任制中，利益指的是根据履行经济责任指标后应得的回报。我们假设预先规定了履行或超额履行各项经济责任指标所应获得的利益和奖励，但最终是否能够获得规定的利益和奖励，将根据履行质量责任指标的结果来评判或仲裁。因此，“质量否决权”的完整含义是指产品或服务质量对企业或员工的劳动成果评价及在利益分配上具有最终的决定权。

“质量否决权”的方法是以运用科学的质量责任指标和评价方法作为前提，对企业或员工在产品制造、交付和服务过程中履行的质量责任进行评估，并以此评估结果最终决定对企业或员工的物质和精神激励，以增强企业或员工的质量意识。

从上述概念出发，可以得出如下的结论：

(1)实行“质量否决权”，将促进人们对劳动成果评价观念的转变，即从只重数量的观念转到既重数量更重质量的观念上来；从只重价值的观念转到既重价值更重使用的观念上来，从而提高企业和员工的质量意识，真正把“质量第一”方针落到实处，切实提高企业产品质量，促使企业从生产型向经营型转变，再进一步从生产经营型向经营开拓型转变，以适应我国社会主义市场经济发展的需要。

(2)实行“质量否决权”,将进一步把人们从大锅饭的桎梏下解放出来。实行经济责任制解决了干多干少一个样的大锅饭问题;实行“质量否决权”必将进一步解决干好干坏一个样的大锅饭问题,从而进一步完善按劳分配的制度。

(3)实行“质量否决权”,将有助于保护用户和消费者的利益,使人民得到更多的实惠,有利于社会主义生产目标的实现。

5.2 “质量否决权”的理论依据

首先,“质量否决权”的理论基础主要是基于马克思的劳动价值论和按劳分配理论。按劳分配是社会主义制度的本质特征和基本原则之一。对于按劳分配中的“劳”的评价尺度是什么?按劳分配中的“劳”具体含义指的是劳动。正如马克思所言,在按劳分配中,“就在于以同一尺度——劳动——来计量”(《哥达纲领批判》)。然而,劳动可以区分为活劳动和物化劳动。活劳动是劳动者在劳动过程中所消耗的劳动,这种劳动的量的差异在动态运动形态中是难以准确测量的。物化劳动则是以凝结形式存在的劳动成果,表示为一定数量和质量的劳动产品。在正常情况下,劳动者所提供的劳动全部凝结在产品中,因此可以通过产品的质量和数量来反映。按劳分配的本质含义是:所有有劳动能力的社会成员都必须参与社会劳动,社会在扣除必要成本后,以劳动作为分配消费品的平等尺度。物化劳动自然可以作为“劳”的尺度。然而,实践证明,仅仅将按劳分配中的“劳”理解为物化劳动还不足够,因为物化劳动必须是有用的劳动成果。换句话说,所有劳动产品都必须是合格的产品,必须符合社会需求。相反,社会不承认无用产品的劳动成果是没有意义的,甚至是有害的,因此凝结在物化劳动中的劳动也是没有意义的,是社会不承认的无用劳动。马克思认为,“不论社会形式如何,使用价值始终构成社会财富的内容”,“如果物品没有用处,其中所包含的劳动也是没有用处的,不能算作劳动,因此也不会形成价值”(参见马克思:《资本论》第1卷54页)。这意味着,社会不需要的产品、质量不合格的产品无法形成使用价值和价值,也构不成社会财富,这种无用的劳动也不应该得到报酬。从这个意义上说,生产符合社会需求的产品的质量对于评价劳动成果和利益分配应该具有最终决定权。

其次,“质量第一”思想是支持“质量否决权”的另一个重要依据。为什么要实施“质量否决权”?从“质量第一”的观点出发,可以从以下四个方面来理解:

(1)产品质量直接关系到社会主义的生产目的,社会主义生产以满足人们的需求为目标,这意味着要生产优质、高质量的产品,而不仅仅以金钱为唯一目标,这与资本主义的生产方式有所不同。

(2)产品质量关系到出口贸易和国家声誉,提高产品质量实际上为发展国际贸易提供了物质基础。

(3)产品质量是企业素质的集中体现,同时,一个国家产品质量的好坏从某种程度上反映了整个民族的素质水平。

(4)产品质量决定着企业的生死存亡,是企业的生命线。没有质量,社会主义企业就失去了生产的目的;没有质量,就无法在市场上立足,失去了竞争力;没有质量,就无法获得经济效益;没有质量,就无法出口,无法创造汇款。

基于上述原因,质量应该具有“否决权”。

最后,“质量否决权”是我国社会主义市场经济的客观要求。企业作为商品生产者,其产品是价值和使用价值的统一体。只有通过交换,将产品的使用价值转让给他人,才能实现产品的价值。在商品经济条件下,企业以市场为对象,以商品生产和商品交换为手段,实现经营目标。由于商品生产和商品交换规律的作用,必然会出现商品经济的竞争。在资本主义国家,商品经济相对发达,市场机制较为完善,产品的优劣竞争现象十分明显,质量差的产品无法销售,企业可能面临破产,这就是市场对产品质量行使否决作用的例证。可见,质量否决作用是市场经济的客观规律。

我国正在向社会主义市场经济体制迈进,目前市场机制仍不够完善,在这种情况下,市场对质量的否决作用在许多情况下并不显现。因此,需要国家通过强制措施,使质量在工资、奖金和精神奖励等方面具备否决作用。这样做可以将质量与利益分配挂钩,从而加强生产经营者的质量意识,弥补市场机制不完善的缺陷。

5.3 “质量否决权”的基本方法

“质量否决权”的基本方法包括产量质量法(PQ 法)和产品质量管理法(PQC 法)。其中,P 代表产量或产值的得分或系数,主要指数量;Q 代表产品质量和工作质量的得分或系数;C 代表管理情况的得分或系数。其他一些方法都是基于这几种基本模式派生而来的。不论采用哪种形式,都包括两个内容:首先,对部门或员工的劳动成果进行全面的考核与评价;其次,根据考核与评价结果来决定利益分配。

从理论上来说,科学且合理的否决形式是实施“质量否决权”时应首要明确的问题。一方面,在按劳分配中,衡量“劳”的尺度是物化劳动,即一定数量和质量的劳动成果。马克思曾经说过,每种有用的物品(如铁、纸等)都可以从质量和数量两个角度来考察,使用价值构成了社会财富的物质内容。因此,如果企业生产的产品质量不符合使用要求,数量再多也没有意义。另一方面,社会主义企业的生产目的是满足社会日益增长的物质文化生活需求,因此,在评价使用价值时,有一定的数量是前提。这说明评价劳动成果的两个关键要素,即数量和质量之间并非相加关系,而是相乘关系。设劳动成果评价函数为 $W(P,Q)$,则

$$W(P,Q)=PQ \tag{5-1}$$

从式 5-1 可以看出,没有数量,$W=0$,也就无所谓质量。如果企业生产出来的物品没有使用价值,即 $Q=0$,则 $W=0$。说明这种劳动是无效的劳动。在一般情况下,$P\neq0$,除非企业停产或倒闭。因此,在 P 值确定的情况下,$W(P,Q)$ 的大小取决于 Q 的大小,即体现在 P 上的劳动是否有用,是否形成价值,取决于劳动产品是否具有使用价值。这就意味着使用价值在劳动成果评价与利益分配中具有最终的决定权。

现在我们回顾一下企业过去所采用的 $W(P,Q)=P+Q$ 的形式。显而易见,当 $P\neq0$,$Q=0$ 时,$W(P,Q)\neq 0$。这表明没有使用价值的物品所包含的劳动也具有价值,这在理论上违背了价值规律和按劳分配的原则,在实践中也必然产生消极的影响。一些企业出现的“质量失分产量补”“干好干坏一个样”的现象就源于此。

通过以上分析，评价与分配模式由 $W(P,Q)=P+Q$ 转变为 $W(P,Q)=PQ$，并不仅仅是方法的简单改变，而是一个严肃的理论问题。这种转变使得在生产和分配领域真正体现了价值规律和按劳分配的原则，是我国质量管理工作的一次重大进展。

$W(P,Q)=PQ$ 是最基本的形式。一般来说，它适用于宏观层面的否决形式，原则上也适用于企业内部。在生产过程中，企业或部门通过加强管理、提高管理水平，尽可能减少活劳动和物化劳动的消耗，也意味着提高劳动成果的价值。因此，一些企业将管理因素单独列出，用 C 表示管理的得分或系数，提出了 PQC 或 $Q(P+C)$ 的考核模式。在当前我国尚未充分重视管理的动力机制的情况下，采用这种评价并分配挂钩的形式也能起到积极的作用。但是，C 的比例应适度。

在企业内部，个人劳动并不直接显现为社会劳动，企业的最终实物产品才是劳动者联合劳动的结果。有些劳动者并不直接参与实物产品的生产，但产品的形成是各种职能相互作用的结果。在联合劳动中，分工不同，劳动的复杂程度也各不相同。因此，在企业内部，应以联合劳动的成果为前提，通过建立科学的并进行逐层分解和落实的质量责任指标，以及运用科学的评价方法，对部门或劳动者在产品形成和交换过程中履行的质量责任进行考核，并确定其 Q 值。一般来说，质量责任指标有多个，如何对考核结果进行综合评价，企业已经尝试了许多方法。综合的评价方法是否科学合理，也关系到实施“质量否决权”的效果，以下是值得推荐的一种相对科学的方法之一。

设质量责任指标为 $q_1,q_2,\cdots,q_s$，这些指标相对重要性不同，我们把这些指标按其重要性分成两类：一类为否决性指标；另一类为非否决性指标。假定否决性指标为 q_{oi}，其中 $i=1,2,\cdots,m$；非否决性指标为 q_j，其中 $j=1,2,\cdots,n$，而 $m+n=s$，则

$$Q=\sqrt[m]{\prod_{i=1}^{m}q_{oi}}\cdot\frac{1}{n}\sum_{j=1}^{n}q_j \tag{5-2}$$

$$Q=\sqrt[m]{\prod_{i=1}^{m}q_{oi}}\cdot\sum_{j=1}^{n}W_jq_j \tag{5-3}$$

式中　W_j——权系数，$0\leqslant W_j\leqslant 1,\sum_{j=1}^{n}W_j=1$。

在企业中，不同职能部门的考核指标内容和数量各不相同。一些企业反映，考核指标越多，就越不利，因此不愿意设置太多的考核指标。然而，这并不是本质问题，而是方法问题。对于具有否决性的指标，我们可以采用几何平均的方法来计算总体质量系数，从而克服考核指标数量带来的不公平现象。

5.4　实行“质量否决权”的系统层次

准确地说，实施“质量否决权”应该包括宏观和微观两个层次，考虑到目前已形成的惯例，我们通常将其分为：第一层次，国家对企业；第二层次，企业内部。为了方便起见，有时我们也沿用这种惯例。这两个层次的形式和内容可以划分如下：

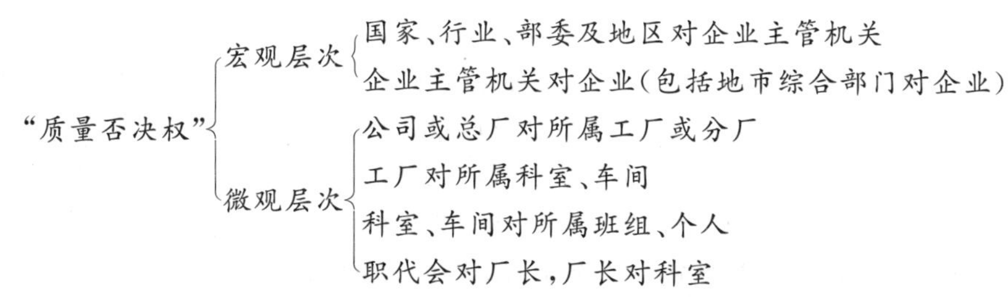

目前,我国推行的“质量否决权”主要集中在微观层次,即第二层次。在宏观层次上,“质量否决权”的发展不够平衡,无论是在深度还是广度上都与企业内部实施的“质量否决权”不相协调。因此,有些企业缺乏真正的压力感,容易流于形式。对于如何理解宏观层次的“质量否决权”及如何实施,虽然各地区和各部门已发布文件并积累了一些经验,但仍有许多问题亟待进一步解决。

为什么要实行两个层次的“质量否决权”? 首先,我们需要搞清楚这些层次责任的产生方式,其次需要明确社会效益和经济效益之间的关系。商品生产的共同特征是为了交换,而商品生产的特殊性则由生产商品的生产资料所有制性质所决定。简单商品生产的基础是生产资料的个体所有制,生产的目的是满足生产者个人的需求;资本主义商品生产的基础是生产资料的资本家所有制,生产的目的是获取剩余价值;社会主义商品生产的基础是以生产资料的公有制为主体,生产的目的是满足人民群众的需求。这就决定了社会主义商品生产必须对全体人民负责。在当前阶段,对人民负责首先意味着对代表人民的国家负责。员工对企业负责,企业对国家负责,形成了不同层次的责任关系。

商品生产的另一个特点是存在经济效益和社会效益的问题。在我国,这两者应当是统一的,不应该只关注经济效益而忽视社会效益。为了确保二者能够紧密联系、兼顾和协调,必须实行国家对企业层面的质量否决权。同时,企业为了追求自身效益,在确保质量的前提下,也要寻求获得最大效益的方法,方法之一就是实施“质量否决权”。因此,只有同时实施国家对企业和企业内部两个层次的“质量否决权”,才能构建完整的“质量否决权”体系。国家对企业实行“质量否决权”能够给企业带来质量方面的巨大压力。这种压力是推动企业抓质量的动力。因此,国家对企业的“质量否决权”是促使企业内部实施“质量否决权”的推动力。而企业内部实施“质量否决权”则是国家对企业实行“质量否决权”的基础和保证。

质量责任是由两个或多个实体相互作用的结果。换句话说,质量责任具有特定的对象,例如员工的质量责任可以是对企业或其他员工的责任。无论是国家、企业还是员工,自身对自身并没有责任。此外,构成责任的双方是相互关联的,即承担责任与提供必要条件是联系在一起的。因此,在上一层次对下一层次实行“质量否决权”时,上一层次必须为下一层次履行责任创造必要的条件。尤其是在实行宏观层次的“质量否决权”时,涉及财政、银行、税务、生产计划等多个部门,需要进行良好的协调工作,研究和制定政策性法规,逐步确保有法可依、有章可循。

国家对企业实行“质量否决权”的对象是谁,这是一个值得讨论的问题。如果仅仅指的是企业整体,那么厂长应该承担什么责任呢? 我国企业实行了厂长负责制,如果厂长缺乏质量意识,很可能企业的员工也无法形成良好的质量意识。从法律角度来说,厂长是企业的法人代表。因此,从“质”的角度来看,企业的质量责任也是厂长的质量责任。然而,对这一点的理解不能绝对化。从“量”的角度来看,二者并不简单等同。相反,厂长的质量责任不一定就等同于企业的质量责任。我们可以这样看待问题:如果企业承担的质量责任是与外部某个经济实体的互动产生的,或者受到客观条件的限制而缺乏必要的条件,那么履行这种责任的后果主要由企业承担,而不是厂长个人。如果质量责任是企业内部不同层次对企业本身产生的作用,或者未能贯彻国家的质量方针、政策和法规,那么主要由厂长承担后果。因此,在国家对企业实行"质量否决权"时,对厂长必须有明确的考核和奖惩机制。只有当厂长的质量意识得到增强,重视质量,才能形成企业内部重视质量的良好环境。

在质量责任制度中,质量责任必须是可以度量的,才能最终落实到企业和员工身上。质量责任的量化表现就是质量指标。实行"质量否决权"时,首先必须建立科学的质量指标体系。只有企业或员工承担了一定的质量责任,评估其责任履行情况时需要经过严格的考核和定量分析,才能做出准确客观的评价。因此,企业需要建立相应层次的监督考核体系,包括考核信息传递系统,同时还需要建立分配体系,制定奖惩标准,并设计具有否决作用的质量奖惩措施。这些都是实行不同层次"质量否决权"时必备的。

5.5 "质量否决权"的基本原理

"质量否决权"的实质是基于行为科学、控制论、优化思想等多种理论,通过经济和其他手段来控制产品质量并以提高质量为目标来进行群体和个体管理的方法。具体而言,宏观层次上的"质量否决权"主要从控制论和优化思想的角度出发,利用经济等手段,在质量约束条件下对企业的产品质量进行最优控制;微观层次上的"质量否决权"主要从行为科学的人体动力模型、群体动力与激励等理论出发,利用经济等手段,以提高质量为目标对企业内部的各个群体和个体进行激励。

每个企业都有自己的目标,而企业管理者的主要职责是想方设法调动每个员工的积极性,以实现企业的目标。如何将员工的力量集中在企业的目标上,这涉及一个"动力"的问题。

人的动力可以分为三个方面,即外部压力、内在动力和目标吸引力。这三者的关系如图 5-1 所示。

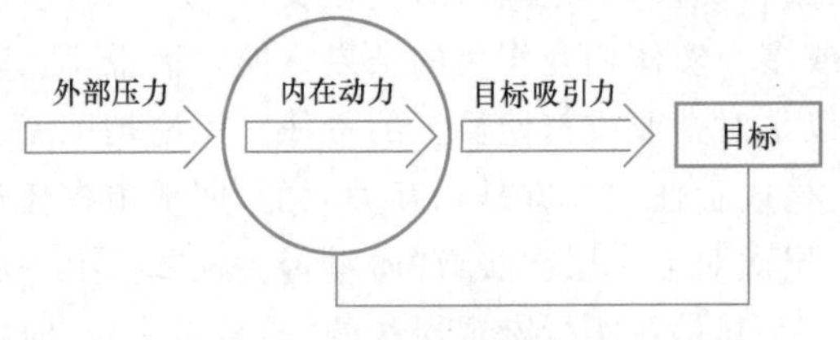

图 5-1 人的动力模型

外部压力是指外界对个人施加的一种力量,具有一定的强制性,迫使人们必须前进。目标吸引力是指个体在实现目标后可能获得的回报,该回报对其产生一种引导力量。内在动力是指内心不同层次的动机所产生的力量。

这三种力量相互作用。内在动力非常重要,它是人们从事各项工作的动力源泉。外部压力和目标吸引力必须与内在动力结合,才能形成更强大的内在动力。内在动力需要外部力量的激发,如果没有指向目标的外部压力和吸引力,就不会形成朝着目标前进的内在动力。同时,外部压力和吸引力必须同时存在,才能最有效地产生朝向目标的内在动力。因为外部压力的作用是确保个体或群体保持最低水平,在要求他们努力达到更高水平时,就需要目标吸引力。这也决定了“质量否决权”不仅需要有否定的一面,还需要有奖励的一面,这样才能更有效地实现其目的。

经济责任制是责任、权力和利益相结合的整体。其中,“利益”指的是履行承担的经济责任后应获得的回报,是一种目标吸引力。这种利益的主要表现形式是物质利益,包括工资和奖金。工资或奖金的额度首先根据产量或产值来确定。因此,在经济责任制中,如果将质量放在次要位置,在考核的总分中所占比例很小,在利益分配中起不到决定性的作用,就会出现“质量失分产量补”的情况,最后导致片面追求产量和产值,而忽视质量的倾向。以往的实践已经证明了这一点。实施“质量否决权”,使质量在利益分配上具有决定性的作用。一旦企业或员工不重视质量,未能履行质量责任,无论其他考核分值多高,应得的利益都将被否决甚至受到惩罚。企业和员工必须承担质量责任方面的风险和压力,这样才能产生外部压力的作用。因此,实施“质量否决权”正是让员工和企业从关注自身利益转变为关注质量、重视质量,从而增强质量意识。这是“质量否决权”的基本出发点。

“质量否决权”是在质量指标未能达到预定要求的情况下对其进行否决,并对下限施加约束力的一种机制。对于员工来说,只有在确保质量的前提下才能获得更多的利益;对企业来说,质量、成本和利润三个主要指标相互制约,必须在保证质量的前提下追求最大的利润。从管理最优化的角度来看,就是要求在满足质量约束条件的前提下,接近最优解,使系统处于最佳状态。实施“质量否决权”意味着迫使管理系统在质量约束区域内超越最优解。一旦系统状态超出质量约束范围,就会受到惩罚,迫使其回到约束范围。这种思想与最优化方法中的“惩罚函数”思想相吻合。

从这个角度来看,奖励和惩罚相结合,重奖重罚,有利于系统实现优化目标。奖励能产生吸引力,加快系统收敛到最优解的速度,提高系统在质量约束范围内的稳定性。

然而,我们必须清醒地认识到问题的另一方面。由于否决的前提是质量指标未能达到预定要求,可能会导致企业和员工只追求完成指标,忽视质量的动机。因此,一个关键问题是确定质量指标的值。如果指标设定过低,容易达到,没有压力,无法充分激发人们的积极性;然而,如果指标设定过高,难以达到,缺乏目标吸引力,也不利于调动员工的积极性。因此,指标必须具有合理性和先进性。所谓先进性,一般来说,应从国内和国际范围进行考察。同时,还应注意先进性必须是可行的,建立在全面分析各种条件和主观努力的基础上。既要求指标的先进性,同时也要注意指标的灵活性,即要求指标具有一定的弹性。我们可以使用高、中、低指标档次来增加弹性。在实施“质量否决权”时,采用分档否决的方法也是相对科学的。

5.6 “质量否决权”否决范围与否决的效价原则

从前面的讨论可以看出,“质量否决权”是以物质利益为契机,来增强员工质量意识的。从心理学的角度来看,实施“质量否决权”是促进员工真正树立“质量第一”思想的一种激励手段。

所谓激励,是利用某种外部诱因来调动人的积极性和创造性。具体而言,激励是将外部刺激内化为个人自觉行动的过程。适当和健康的外部刺激可以使个人始终处于高度激活状态，最大限度地发挥个人的潜力(包括智力和体力)。动机支配着人的行为，而动机是在需求的基础上产生的。当个人某种需求产生时，心理上会出现一种不安和紧张的状态，即激励状态，从而产生内在的推动力，即动机。有了动机，就会引导行动，朝向目标前进。

各行各业的员工都希望通过工作满足自身的需求。其中最常见和普遍的需求之一就是获得工资和奖金，这是一种外在的需求。因此，激励手段首先应与人们的普遍需求相联系。然而，人的需求是多种多样的。除了外在的需求，还存在内在的需求，而且人与人之间存在个性差异。因此，对于不同年龄、不同资历、不同职务和不同个性的人来说，同一种激励手段的效果往往是不同的，有些人可能会受到很大的鼓舞，而有些人可能对此无动于衷。激励的效果大小取决于它是否满足人们的主要需求。因此，根据人们的多样化需求，激励的形式也需要多样化。各个企业应根据自身特点，并结合员工的主要需求、愿望和价值观等因素，采取多种激励形式。例如，制定奖金、工资、住房分配、晋升、表彰、将质量考核记录在档案中、福利待遇、优惠政策、为对质量做出突出贡献者提供深造机会及晋升等方面的规定。

奖励是最有效的正向激励手段之一。然而，当提供的正向奖励无效时，有时也需要使用负向激励，即惩罚的手段。只有在奖励和惩罚同时存在时，才能既产生目标的吸引力，又迫使人们承担风险和压力。只有在面临风险和压力的情况下，才能真正对企业和国家负责。

根据以上讨论，实施“质量否决权”应与奖励手段紧密结合，并使人们在物质利益和精神利益方面承受必要的压力，以期在增强人们的质量意识方面取得更好的效果。如果我们能够系统地理解“质量否决权”的含义不仅局限于奖金这种形式，就能够更广泛地看待其实施范围。

美国心理学家 Y. H. 费鲁姆(Y. H. Froom)在 1964 年提出了一种激励效果理论，具体表示为以下模式：

激发力量＝效价×期望

激发力量指的是调动一个人的积极性，激发其内部潜力的程度；效价指的是达到目标对满足个人需求的价值；期望指的是根据个人的经验判断，特定行为能够导致某种结果的概率。这个模式说明，一个人的激发力量大小与激励的效价和个人的期望成正比关系。

如果一个人对某项工作结果的效价很高，并且预期自己能够获得这个结果的可能性很大，那么将这个结果作为激励手段就会产生很大的效果。如果期望或效价其中一方为零，激励的作用也会消失。例如，如果一种奖金的效价很高，大家都渴望得到它。但是，当某人意识到根据自身条件根本无法获得它时，这种激励手段对他就不起作用。另外，对于一个企业来说，年度奖金总额已经确定，如何分配才能最有效地发挥激励作用呢？如果平均分配，每个人所得甚微，效价很低；如果奖励面很小，大多数人获得奖金的可能性很低，期望值也会很低。这两种情况都不利于激发员工的积极性。

从以上论述可以得知，“质量否决权”的否决范围并不仅限于几种形式，它涵盖了基于优势需求、要求、愿望和价值观等因素，而是以最大化否决的效价为原则的各种形式。

目前，我国已经实施“质量否决权”的多数企业在经济方面主要以奖金为基础，还有少数企业以奖金、绩效工资和浮动工资为基础。对于企业内部来说，应该以什么为基础、否决的幅度有多大，对于这个问题至今还没有科学的定论。因此，往往实施的效果并不十分理想。然而，根据上述激励理论，这个问题并不难解决。我们可以这样认为，任何一种激励，在期望值确定的情况下，只有在其效价最大化时才能发挥最有效的作用。那么，如何在经济利益这个手段上使实现质量管理目标的效价最大化呢？让我们先看下面的三个案例：

①总收入(包括奖金)为800元和总收入为1 600元的两个员工，都奖了或扣了300元，那么，此方法对这两个员工所产生的效价是否相同？

②目前我国的企业间奖金数额相差悬殊，有的企业每人每月可得500～600元，甚至更多；有的仅得50～100元；有的甚至无奖金。那么，以奖金为手段实施“质量否决权”，以上三种情况的效价如何？

③有的地区(企业)奖金不多，但员工的额外收入较多，如效益工资、浮动工资、加班费、对外包活收入等。现以奖金100元，其他收入500元，基本工资800元的员工为例，那么以奖金为手段实施“质量否决权”，其效价有多大？

回答了上面的问题，不难发现，以经济利益为激励手段时，单以奖金为基础实行“质量否决权”是不够科学的。收入高低不等的员工都以奖金为基数，效价不等；对奖金低或无奖金的企业，“质量否决权”作用不大；对奖金占总收入比例很小的企业，效价也很小。

通过以上的分析，我们认为以员工总收入的百分比为基数行使“质量否决权”是最可行的。计算公式如下：

$$A=Q(m\alpha) \tag{5-4}$$

式中 A——奖惩额；

Q——质量系数；

m——员工总收入；

α——百分比。

关于α的确定，各企业需根据本企业员工的价值观、质量系数情况而定。总之，要在保证员工最低生活水平收入的前提下，以使奖励的效价最大且均等、因惩罚而挫伤的积极性最小为原则。不少人认为，就目前我国产业工人普遍的价值观，在一般的质量系数情况下，取$\alpha=30\%$为宜。α具体取值企业可以根据实际情况确定。

考虑到员工总收入范围较广，且每月不同，可能会给统计工作带来很大的工作量。因此，在具体应用时，可以采取四舍五入或其他简化方法。

5.7 微观层次“质量否决权”中出现的“株连”问题

在微观层次上，实施“质量否决权”时可能出现的“株连”现象是指由于某个人(或单位)的责任导致质量问题，然后其他人(或单位)受到牵连而遭受处罚的现象。尽管这个问题发生在微观层次，但解决这个问题的理论对于宏观层次上的“质量否决权”实施也具有一定的指导意义。

自从推行“质量否决权”以来，一些企业在实施过程中由于没有妥善处理“株连”问题，导致对“质量否决权”的作用持有怀疑态度，甚至有人认为其弊大于利。例如，某企业以车间和个人为单位实行“质量否决权”，当某个工段的某个人未能达到质量指标时，不仅会扣除个人的奖金，还会扣除整个车间一部分奖金。这样做导致其他表现较好的员工产生不满情绪，进而影响了相当一部分员工的积极性。这种现象具有一定的普遍性，并且是推行“质量否决权”思想所面临的障碍。经过调查，我们发现企业内部的“株连”现象主要有以下三种情况：

(1)横向个体“株连”

这种“株连”指的是对车间内部的否决。当某个人在车间出现质量问题时，是否应该将责任株连到本工段的所有班组或本车间的其他工段，甚至是整个企业的所有员工？

(2)纵向个体“株连”

当某个单位内的员工出现质量问题时，是否应该将责任株连到本单位的领导层？

(3)群体“株连”(或部门“株连”)

这种“株连”是指企业对所属部门的否决。当某个车间出现质量问题时，是否应该将责任株连到一些科室或全部科室，或者将责任株连到企业内的其他车间？

为了回答上述问题，实际上需要研究以下两个问题：是否需要进行“株连”？如果需要进行“株连”，“株连”的程度应该如何？

经过研究，我们认为上述三种“株连”都是必要的，但是“株连”的范围需要适度，才能确保收益大于损失。

让我们首先讨论第一种情况。根据“组织行为学”的基本理论，我们知道任何群体都会具有群体规范、群体压力和群体责任感，只是程度有所不同。因此，在实施“质量否决权”时，以适当的群体为单位，不仅会对个人产生吸引力和压力，还会受到群体压力、约束和责任感的影响。这对于提高“质量否决权”的效果有一定的益处。举个例子来说，对于对奖金没有太大关注的员工，如果没有适度地将责任株连到一定规模的群体，他们就不会感受到群体责任感和群体压力。在这种情况下，使用经济手段来实施“质量否决权”的效果对他们几乎为零。相反地，如果适度地将责任株连到群体，那么对他们的影响就会因为群体的作用而增强。此外，以适当的群体为单位还会促使群体内部形成互相帮助和互相监督的局面。

由于这时群体内存在相互关联的利益，个体不仅需要确保自己履行质量责任，还要帮助群体内其他成员履行质量责任。这有助于营造一种互助互爱的工作环境，有助于实现质量管理的目标。

前面提到，任何一种激励手段只有与被激励者的行为方式相适应，才能最有效。因此，企业内部实施“质量否决权”的形式和内容必须与员工的行为方式相适应。国内曾对我国产业工人的工作动机进行了调查，调查结果见表 5-1。

所调查的企业大多数采用了计件工资制，或者建立了劳动报酬与劳动贡献挂钩的制度。这些单位的调查结果表明，工人的工作动机更多受到社会关系的影响。因此可以推断，在实施“质量否决权”时，通过适度的“株连”，使其产生群体责任感和群体压力，可以明显提高实施的效果。

以上讨论了适度“株连”的必要性，那么适当的群体规模是多少才合适呢？不难理解，大群体内的成员之间很少或几乎没有直接的面对面的个人接触和联系，因此群体压力和责任感比小群体要小得多。因此，如果“株连”扩大到大群体，将会抑制大部分群体成员的积极性，是得不偿失的做法。通过调查研究，我们认为以小群体为单位行使“质量否决权”是相对合适的。小群体具有以下特点：

(1)人数不多。

(2)群体成员之间有直接的个人互动和接触。

(3)群体成员通过共同的活动结合在一起。

(4)群体成员之间形成情感上的相互关系。

(5)群体成员的行为受到群体规范的调节。

根据小群体的上述特点，大多数心理学家认为2至7人的小群体规模是较为理想的选择。

表5-1　　中国产业工人工作动机调查表

工作动机	所占比例/%			
	平均值	青年工人（18～30岁）	中年工人（30～45岁）	老年工人（45～60岁）
我不想辜负家庭、朋友和社会对我的期望	36	47	30	30
我认为这是对我所在的企业和同伴应尽的责任	45	34	47	55
我工作得越努力，就越有可能被提拔到领导岗位上去	3	4	3	1
我工作得越努力，就越有可能获得我期望得到的工资	16	15	20	14

因此，在企业内部实行“质量否决权”时，一般应以具有上述小群体特点的班组或类似单位，人数控制在10人以下为宜。

关于第二种情况，严格来说，对责任者所在单位的领导实行“陪罚”不属于“株连”，而是理所应当的。因为当某单位的员工出现质量问题时，领导在某种程度上也存在责任。因此，对领导实行一定程度的“株连”是合理的。这既可以使领导更加重视质量问题，也可以让员工产生内疚感，形成另一种压力。然而，“株连”的程度应适度，并要区分责任，只需那些有责任的领导人和单位负责。一般来说，只有在相当一部分员工(例如超过10%)未能履行质量责任时，才能对某单位领导的利益进行全部否决。

关于第三种情况，即群体“株连”，它与横向个体“株连”的情况类似，只是将个体换成了群体的概念。因此，同样地，对部门之间进行适当的“株连”是必要的。当然，被“株连”的单位应与责任部门直接相关。例如，对于生产车间来说，设计科、生产科、工艺科、设备科是直接关联的部门。但对具体的质量责任还需要进行具体分析。目前，一些企业在实行“质量否决权”时，往往只否决车间而对科室不予处理，这是不合理的。这导致一些车间产生消极和产生抵触情绪。实行部门间的“株连”一方面可以加强科室与车间之间的联系，使责任与利益紧密结合，促使科室更好地为车间服务，推动科室与车间的紧密配合和协作，共同保证和提高产品质量；另一方面可以消除生产车间的消极情绪和抵触情绪，有利于“质量否决权”的实施和深入发展。

还有一点需要明确的是，从本意上看，“株连”一词具有贬义，是一种应该克服的现象，而不应扩大化。但通过以上论述可以看出，在这里，“株连”已成为“质量否决权”中增强实施效果的一种正当手段，已经完全偏离了该词的本来含义。确切地说，在这里使用“株连”一词并不恰当，但考虑到该词已在我国许多企业中被广泛采用，几乎成为“质量否决权”中的一个专用名词，因此，本文仍然采用了习惯用法，并用引号表示其特定含义，以避免误解。

第6章 提高工程安全性的途径

有大量证据显示，系统供应商拥有光明的前景。制造商们正在逐步转向将整个增值阶段分包出去，并且在采购方面越来越趋向集中。尽管汽车供应行业不断发展，但在未来市场上，零配件供应商比系统供应商仍有更多的成功机会。这是因为全球竞争不断加剧，质量差距比任何“系统差距”更加严重，而零配件供应商因其较高的产品质量而脱颖而出。提高产品质量可以帮助企业的任何部门和产品实现目标，这对于零件供应商、组件供应商和系统供应商都至关重要。

没有完美无缺的优质企业。在接下来的章节中，我们将讨论几家处于第四级水平的优质企业，这些企业在麦肯锡的长期研究中贡献了13%的数据。总体而言，这些企业都符合最高品质标准的要求，但从个别企业来看，它们的质量标准各有不同。即使如此，人们也不难发现在这几家企业中，质量杠杆在经营中扮演着重要的角色。欧洲的这五家顶级企业水平非常接近理想的第四级，它们获得的利润远高于那些仅处于一级或二级水平的企业，其销售额增长率是后者的5倍，利润增长率是后者的6.5倍(图6-1)。

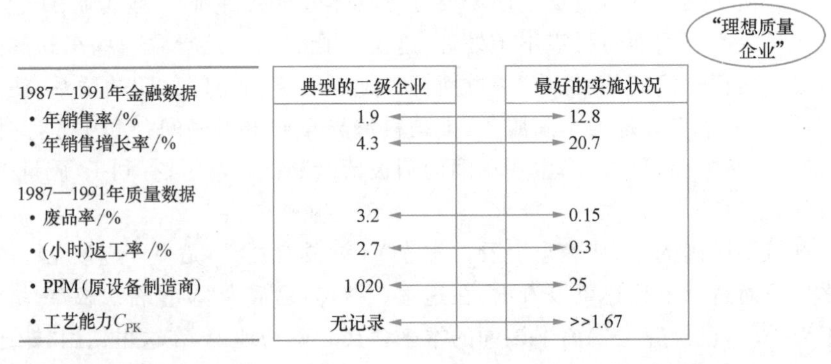

图6-1 在所有绩效数据上领先

这五家欧洲顶尖企业非常清楚质量和绩效之间的联系。它们不是依赖于自身的声誉，而是不断努力，全方位地提高产品质量。迈向一个优质企业的途径就是(而且永远是)要对整个组织不断进行变革。由于企业的起点不同，这种变革或多或少意味着对企业文化的彻底改变。

(1)从向“检验”要质量转向向开发和制造要质量。

(2)把注意力由控制成本转向增长和收益。

(3)从各职能部门间责任不明转向多功能小组注重工艺的目标和理念。

(4)从只注重原设备制造商转向面对最终客户。

(5)从依靠权威的质量部门转向自我管理小组。

(6)从进货检验转向供应商的发展。

(7)从内部的质量管理转向跨公司的外部质量管理。

除非企业做好了完全准备,按照上述新的路径前进,否则即使最强烈的改革意愿也会因为陈规旧习的束缚而迅速丧失,怀疑论者和拖后腿的人会再度占据上风。无论你的起点是在从“检验”级到“完美”级之间的任何位置,最重要的是展开并维持一个生产过程,以确保企业不断提升和学习。整体企业文化必须与高效率工作相协调。

这表明,提高质量方案不应仅仅局限于结构、体系或纯数字等“硬件”方面。它还必须关注那些对永久影响具有重要作用的“软件”方面,如员工技能、人际关系、企业作风及共同的基础价值观等。

从零开始创造这样一种企业文化绝非易事,而且在未来的每一步都会面临困难。因为它涉及整个增值链和各个层级——从供应商到用户,从高级管理者到车间的普通工人,无一例外都包括在内。而且这种文化必须同时加强负责制定方向的领导层和分散个体的责任。

根据我们对国际咨询业和工业的分析及与世界级大公司合作进行基准研究方面的经验,通过有效地运用提高质量的方法和简洁的结构,生产出对消费者来说是零次品的最优质价值标准即世界级优质品是完全可能的。幸运的是,人们已经确切了解了那些必要的具体步骤,并且已经充分发展出相关的理论工具。

通常,那些已经成功进行变革的企业利用了来自两个方面的压力:来自企业管理内部的压力和来自市场/竞争的外部压力。一般而言,变革要取得进展,这两种压力都是不可或缺的。如果只具备远见的领导力量而没有来自市场的压力,公司可以在正确的方向上前进,但可能会面临一个渐进的、缓慢的发展过程。如果只有来自市场的压力而缺乏领导力量,由于缺乏对长期持续发展的远见,公司发展可能会受到某种短期的局部措施或方法的左右。只有将市场力量和领导力量结合起来,才能在短时间内实现质量方面的飞跃。

在当今的汽车供应行业中,市场压力是残酷的现实。需要强有力且具有远见的领导力量。高层管理人员必须制定出这种新的文化,并努力践行。他们必须从根本上挑战企业现有形象,重新设计企业的面貌,并为雇员自主决策留出空间。

6.1 榜样:理想的优质企业

正如我们上面提到的,目前尚未发现这种理想的优质企业。因此,下文所勾勒的轮廓只是关于质量管理方面广为人知的“最佳实践”的综合。这里描述的是一个理想中的企业形象,就像一名成功的全能运动员,在所有项目中都优于其他人。也就是说,企业在那些全面质量管理经常失败的困境中同样能够取得成功。这些困境包括:

(1)缺乏远见和目标

①“分不清各类人员必须切实达到什么目标”。

②“不管怎样,目前我们都经营得很出色,不妨等待、观望”。

③“我们的客户又在做白日梦了”。

④“此时条件不成熟”。

(2)错误的结构和工艺

①“如果零部件生产部门和供应商们只给我们送来垃圾产品,我们怎么可能生产出高质量的产品呢?”。

②“可靠的生产工艺要依靠充分一体化的质量信息系统”。

③“按照这样的工艺设计,可靠性只不过是个梦罢了”。

(3)缺少有力的动员

①“让其他的员工去干吧”。

②“在取得最初的胜利后,前进的势头就会停了”。

③“从未有人问过我们的意见,我们只是在这里干活”。

相对而言,这些问题的存在为那些渴望取得世界级品质的企业制定了标准:它们必须具备雄心壮志和远大目标,拥有出色的核心流程,注重“以设计为质量基础”和“零次品生产”,并对人力资源进行全面和持久的动员。

优质企业可能获得出色的成果。以系统类别为例,优质企业取得了年产量平均增长约20%的优秀成绩,同时其收益也高于年平均增长水平12%。在核心领域,它们努力争取获得35%至40%的市场份额。在产品使用价值和寿命方面,超过一半的产品明显优于竞争对手。此外,企业专注于核心产品、客户和供应商,建立了精简的生产工艺,从而在成本方面建立了良好的地位。

对于质量战略而言,只需要两个目标就足够了,即达到世界级标准和满足最挑剔的客户需求。生产、产品开发、采购、销售和市场等环节都有各自的目标。这一战略由高层管理部门制定,并在整个供应链中的各个环节(从供应商到客户)得以实施。这样做的结果是使各个环节职责明确。

6.1.1 优秀的核心工艺:“以设计求质量”

产品开发部门必须充分认识到设计对客户的重要性。在专注于满足最终客户,即汽车司机的需求的同时,产品开发部门还必须与直接客户,即汽车制造商保持密切联系。特别要强调的是,开发部门需要与原设备制造商的设计部门进行联合设计和方案评审。有时候,设计人员甚至会在客户开发部门拥有一席之地。

同时,产品开发部门也需要通过最佳的产品/工艺匹配来实现稳定的生产结果(C_{pk}值在2.0以上)。在这种情况下,废品率和返工率应该保持在0.8%以下。部门会使用故障模式和影响分析及故障树分析等方法,与供应商一起进行质量管理。他们会及时培训供应商的员工,确保外购零部件符合高标准的质量要求,通过双方共同的设计来实现这一点。这意味着在后续的生产过程中,前一工序的产品无须经过任何检验即可应用于生产。

优秀的供应商在开发阶段能够按需并且适时地运用质量管理方法:方案检验贯穿于整个生产开发过程,但工程设计阶段是重点;质量功能部署主要应用于样品和设计阶段;而工艺的故障模式和影响分析则在设计和试验阶段发挥作用。工艺流程能力在生产启动之前应被视为判断该工艺流程稳定性的主要指标。因此,在生产开始之前的最后一刻,往往会对设计进行调整以实现最佳的工艺稳定性。

6.1.2　出色的核心流程:"零次品生产"

在优质企业中,生产通常在经过精心设计的生产线上进行,与大规模生产和定制产品的生产具有明显不同的特点。是否进行纵向一体化取决于外购系统、模块或从低工资国家采购是否能够获得长期效益。原材料供应应该简单易行,并根据生产需求选择最优化的时机。生产人员需要掌握确保工艺稳定运行并检验和提高产品质量的方法。

通过改善质量的各个环节或实施自我管理小组制度,绝大部分劳动力将被纳入一个持续不断的质量改进过程中,90%的新提议通常都能在两周内快速实施。

产品的统计工艺控制和故障排除由工人小组执行,C_{pk} 值通常很高(在 2.0 以上)。如果出现问题,或者客户需求在计划中发生变化,销售与市场部门依靠与客户的关系,能够及时了解并通过快速运转的标准化程序解决。

在优质企业,所有员工都必须具备两个条件:技能和决心。优质企业将这两个条件都提高到最高标准。由于每位员工每年平均接受五天的质量培训已成为一项规范措施,因此在整个价值链中,员工都具备达到"零次品"质量所需的必要能力。此外,定期和频繁的工作轮换,特别是在开发和生产部门之间及内部之间的轮换,有效地促进了企业内部的技术交流。

等级系统是平面的:大约 80%的员工被组织成小型的自我管理小组。绝大部分的质量责任下放到生产一线的工人身上,如果出现质量问题,工人有权停止装配或关闭生产线,并立即采取必要措施消除产品问题的根源,或阻止次品流入客户手中。质量保证部门规模相对较小(约占全部劳动力的 2%),他们的职责是制定战略、提供咨询和组织培训。除了小组和质量圈之外,只有少数企业提出计划,旨在收集具有特别见解的重大改进意见。

此外,企业采取奖励优秀和惩罚不良的激励政策,以提高工人的积极性和技能。优质产品的生产者获得回报的方式不是通过"质量奖金",而是通过同事和上级的认可带来更好的职业发展机会,以及在工作场所中获得的社会地位。

这些都是优质企业的典型特点。然而,最重要的一点可能是它们从不依赖于自身声誉。质量文化的特征是不断学习、不断进取、不断为自己设定最高的目标。简而言之,优质企业是一个不断迅速学习的组织。

6.2　议程:从"检验级"到"完善级"

如每一种新事物开始一样,在制定提高质量措施之前,应对现状进行充分、全面的评估。通过确定当前所采用的质量手段,企业可以快速估计与顶级质量标准之间的差距。

一般而言,一家企业可能无法在所有方面都达到同一等级的标准要求。这意味着企业既有优势又存在不足,因此需要针对自身的薄弱环节进行最有效的治理。根据企业的整体情况,通常可以将其归入某个等级(图 6-2)。

如果确定了质量等级,例如二级企业,那么应该先采取哪些步骤,然后采取哪些步骤?哪些措施可以同时实施?显然,优质企业的所有特点不是一瞬间形成的。以健全的设计为例,如果连工艺参数和工艺能力都不了解,那么如何谈论这种设计?因此,如果最初就没有以高质量和 C_{pk} 值大于 1.33 为目标,后果将非常严重。

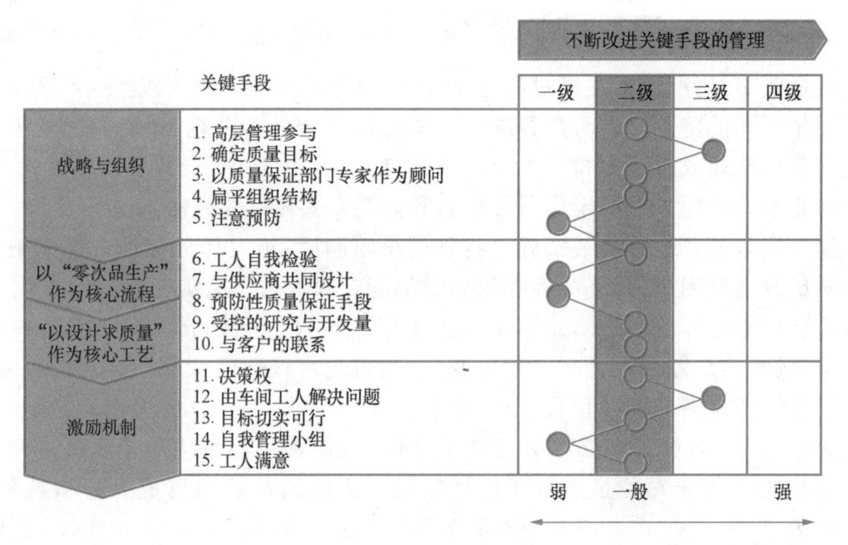

图 6-2　质量管理手段

如图 6-3 所示，在提高质量的过程中，某些特征是逐步形成的，最终成为该等级企业的特点。例如，在图 6-3 的第二级中，工艺稳定性的提高就属于这种情况。其他特征，如对最终用户的价值调研，可以随时引入，而不必考虑变革过程从何处开始。有些企业的工作方法可能在第一级中起着重要作用，但在更高级别中则被更有效的方法如故障模式与影响分析所取代。

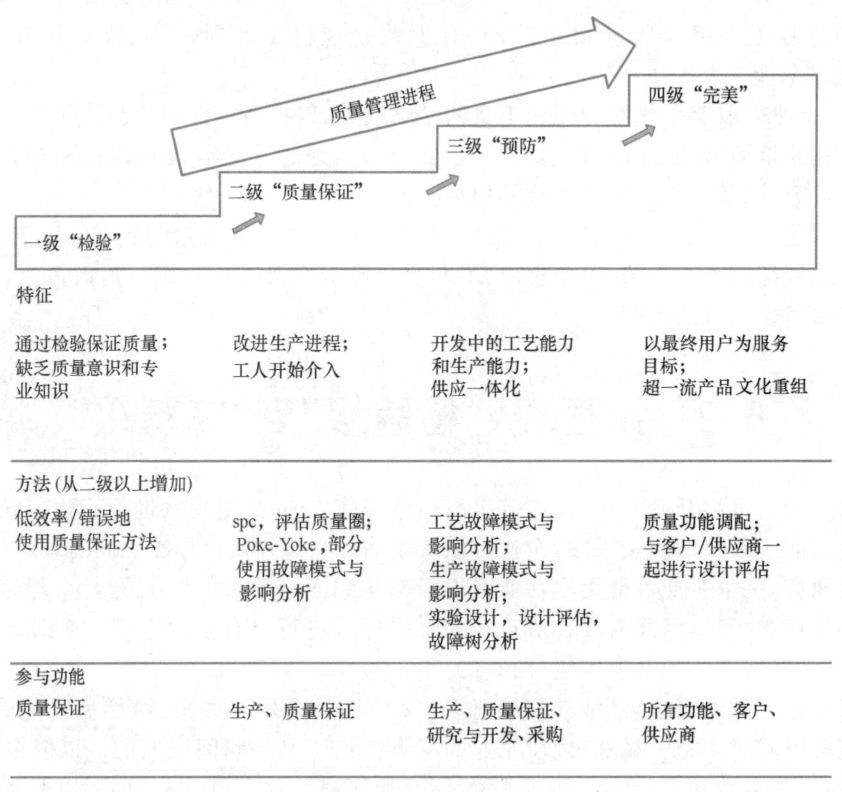

图 6-3　质量的四个等级

接下来我们将概述每个等级的典型特征，并指出进一步发展应从何处开始。

一份针对几百个改革方案的分析报告显示，达到优质企业并非遥不可及。最好的企业可以在两三年内完成从第二级到第四级的过渡，五年到七年的时间完成第二级到第四级的过渡也可视为"正常"。而真正的优质企业从不停止对完美的追求。从现在的角度来看，位于第四级的企业已经达到了极致，但它们仍在努力设想着更理想企业的形象。因此，(现在的)完美等级也包括在持续改进的议程中。

6.2.1　从"检验"到"质量保证"

在一级质量管理中，企业在产品出厂前由质量保证部门进行检验。在这个阶段，人们对质量没有共同的概念，也不知道什么是世界级目标，更不会将这些与各个层次的职能和水平联系起来。尽管如此，在一级质量管理中，对产品仍然有质量要求，尽管这些要求仅限于废品率和返工率。然而，这些质量措施并非为了与竞争对手竞争，更主要是为了改善企业自身的运营状况(百万件产品次品量接近 4 800；废品率为 5.5%；返工率为 3.1%)。通常情况下，在一级质量管理中高层管理人员不参与质量活动，只介入重要客户意见的处理过程。企业的领导者往往不知道百万件产品次品量达到多少，也不了解工艺稳定性措施。

质量保证部门是一个非常庞大的机构，雇用人数占全体员工的 6% 至 8%，并且通常是集中管理的。只有约 50% 的质量检验由生产人员完成，终检由质量保证部门负责。在生产过程中，只使用了有限的预防措施(仅占质量成本的 13%)，其他一些个别的预防性质量措施只在试验的基础上偶尔使用。

在第一级中，没有人知道厂家与供应商和客户之间执行的联合项目。对于最终客户来说，产品的特色变化不大，增值也相对较低。在"内部"客户和供应商之间，跨职能的情况交流很少。生产只是按照客户的蓝图进行，而企业自身的开发技术非常有限。所销售产品中，只有不到 20% 的产品质量高于竞争对手。

在这个等级中，我们看不到有系统的人力开发活动。平均而言，每个员工每年接受正式培训的时间不足一天，培训费用不超过 150 欧元。企业没有工作岗位轮换制度，不同工种之间的交流也非常有限。

劳动生产率相对较低，每个员工的产值仅为 6 万欧元，而且工人的积极性没有得到很好的激发。每个员工每年能提出的改进意见还不足一条(只有三分之一的意见在平均八个月后被采纳，且决策过程至少需要三个月的时间)。

最后，在经营方面，这些企业显然比优质企业更加复杂：相同的销售和采购量需要比其他企业多出 1.5 倍的产品种类和变种产品，3.5 倍的客户数量，并且需要 2 倍的供应商。批量生产情况表明了这一点，其中零配件的优质品只占 25%，组装件只占 20%。因此，这些企业的年增长率远低于整个工业 5.4% 的平均增长率。即使在经济蓬勃发展的 1987 年至 1991 年期间，这些企业也没有获得什么利润(销售收入仅为 0.6%)。

下一步该如何发展？当你对面临的各种形势都感到非常不满意时，你应该从何处着手呢？最重要的步骤是重建从供应商到客户之间的生产流程，采用"零次品"的方法来增强自身的竞争力。在短期内，这样做的目标仍然是将百万件产品的次品数量控制在 1 000 以下。在实际生产中，这样做的主要目的是确定目标并激发员工的积极性(图 6-4)。

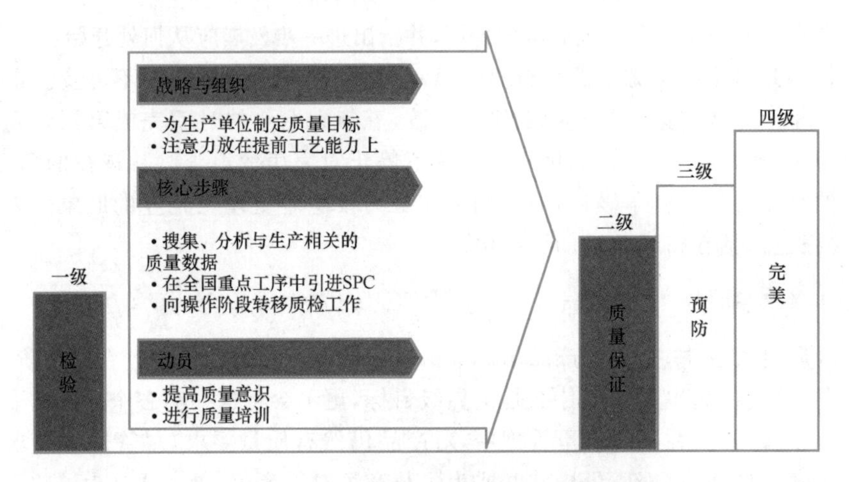

图 6-4　由一级“检验”向二级“质量保证”的过渡

(1)制定具体的质量目标。高层管理部门、质量保证部门和生产部门应共同制定明确、详细的质量目标,涵盖价值链上的每个阶段(如采购、各生产阶段和流程)。为了提高开发部门对生产规范的理解,并鼓励建立基于工艺的方针,开发职能也应纳入质量目标的范围。

(2)加强自检能力。随着工艺在从一级向二级过渡中被更好地理解和掌握,质量检验工作越来越多地转移到车间一线工人身上。可以预见,在生产过程中,约 60% 的质量控制权将掌握在一线工人手中。

(3)为员工提供质量培训。大幅提高员工对其自身生产行为的认识和理解,包括掌握工艺参数、找出故障的主要原因等。生产人员还应学习使用基本的质量工具和问题解决技术,尤其是 SPC(统计过程控制)、工艺故障模式与影响分析,以及帕累托分析、趋势分析和因果判断等方法。理想情况下,这种学习应该是在职培训的形式下进行(例如,来自生产、质量保证和开发小组的培训代表),并涵盖整个价值链。企业在这个阶段还可以有目的地开始实施工作岗位轮换。

6.2.2　从“质量保证”到“预防”

在第二级中,质量保证贯穿整个企业的生产过程,但通常的做法是淘汰出现问题的产品。在这个级别上,对于采购的货物、生产和某些交付有清晰的质量概念,但设定的目标通常不是很高。

质量保证功能通常主要集中管理,并与生产密切协调。开发部门很少介入这个过程。生产仍然基于客户的要求。SPC(统计过程控制)和工艺故障模式与影响分析等措施仅作为一般提高质量的手段使用。在这个级别上,偶尔会与供应商共同制定联合项目来解决严重的质量问题。虽然已经建立了“质量圈”和问题解决小组,但它们并不是企业文化的永久组成部分,因此在这个级别上的应用效果不如在第三、第四级有效。大多数质量问题仍由质量保证方面的专家来解决。工作岗位轮换和有目的的人才开发作为系统性措施并不广为人知。

处于第二级的企业面临与第一级企业类似的复杂情况,但工艺稳定性要好得多:百万件产品次品数量约为 900,废品率约为 3.1%,返工率大约为 2.7%。

通向卓越的道路的下一步是从纠正质量问题转变为预防质量问题。在这个阶段,需要投入大量精力来提高生产线的能力，并尽早培养各类操作人员。这是在后续生产过程中生产高质量产品的前提条件。为了实现这一点，在早期阶段就需要确立清晰的生产理念。此外，在系列化生产启动之前，组织机构必须能够迅速且有效地处理许多关键问题，以提高产品质量并增强工艺稳定性。然而，只有在供应商对生产负有充分责任感或企业与原始设备制造商的开发部门密切合作的情况下，才能实现这些目标。此外，开发人员、生产部门和最重要的供应商之间的紧密合作对于实现最佳的产品/工艺匹配至关重要。

从第二级继续向第三级发展的关键步骤可以总结如图 6-5 所示。

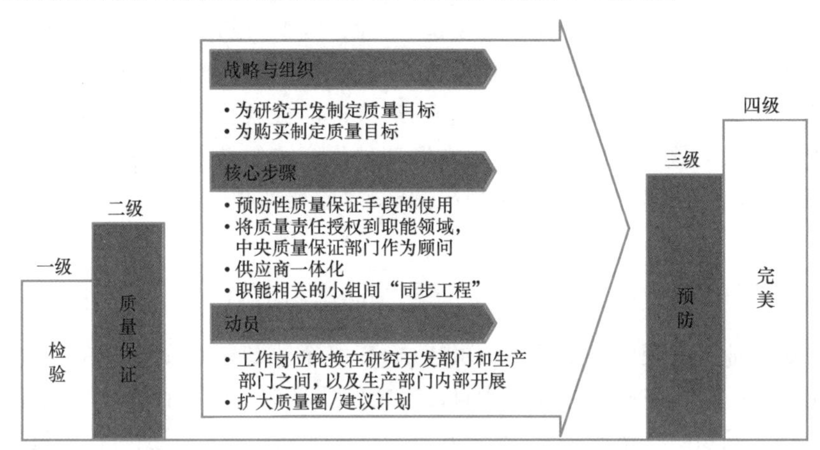

图 6-5 由二级“质量保证”向三级“预防”的过渡

(1)提高目标至世界级标准

高级管理层必须表明决心，并与相关职能部门和质量保证部门密切合作，制定远大目标，包括开发和采购部门的任务。目标的制定应基于世界一流公司的标准和最挑剔客户的要求。

(2)引入“同步工程”

采购、质量保证、生产、开发和销售部门的管理者想要共同寻找一种合作形式来实现目标，实施“同步工程”是最佳的方法。具体实施方式为组成一个由五个部门的人员组成的联合小组，在确定生产过程稳定性目标后，做出生产规格和相应的生产设计决策。联合小组可以将故障模式与影响分析、故障树分析和质量功能展开等方法作为主要的质量工具。开发部门应领导这个小组实现生产过程稳定性的目标，然后领导作用应转移到生产部门。这是将产品和生产流程整合和同步进行的唯一方法。

(3)移交大部分质量责任给一线工人

在第二级的最后阶段，质量部门的角色应过渡为质量战略家、质量顾问、技术提供者和培训人员等，其规模应缩小到原来的一半左右(以质量保证部门员工总数约为二级的 5%为基准)。经过适当的问题解决技能培训和工作强化培训后，一线生产员工(监工和员工)能够自主承担 80%的检测任务。在这个阶段，引入“内部”客户/供应商关系的概念，并让相应的成本和利润中心在提高质量和人力资源开发方面承担更大责任。这些单位的管理者很可能成为企业家。

(4)更多地采用预防性质量方法

为了尽早达到较高的工艺能力，必须更多地使用 QFD、产品和工艺故障模式与影响分析及设计评估等方法(在某些情况下,已经使用了 QFD)。

(5)供应商参与

与供应商合作具有深远意义。最重要的是,联合小组可以共同完成与质量保证和生产力增长相关的具体任务。

(6)工作岗位轮换和质量圈

至少 40%的操作线上员工应成为质量圈的成员。工作岗位轮换对于增强“内部客户”原则非常有帮助,尤其是对小组领导及以上职位的人员。在二级和三级之间的企业,质量天平开始向质量较好的一端倾斜。为了实现这一飞跃,减少内部复杂性是必要的。研究表明,处于第三级水平的企业内部的“简化”程度比一级和二级企业要高二到四倍,尤其是减少了多余的层级。由于第三级企业管理的供应商、最终产品或替代产品数量最多只有二级企业的一半(对于相同的采购和销售量),所以在零部件生产和组装方面的规模至少是原来的两倍。经验表明,只有处理好内部的复杂情况,公司才能准确并迅速达到第三级所要求的质量水平。

6.2.3 从“预防”到“完美”

许多二级企业将其视为高不可攀的事情,而三级企业却能够做到。在与质量部门密切合作的情况下,生产、开发和采购部门为自己设定了明确的世界级目标。他们现在将主要的人力和物力投入到预防性措施上,而不是开发上。他们熟练掌握了预防性质量提高的手段,例如设计评估、产品和工艺故障模式与影响分析,并可以选择性地使用它们。质量部门的责任得到了分担,生产一线承担了 80%以上的检验任务。

“内部客户/供应商关系”是共同利益的一部分,他们也可以选择与外部客户共同实施项目。岗位轮换和在职培训等系统性的人才培养措施被认为非常重要,并且定期实施。明确的工作重点和平行层次抑制了企业的烦琐事务。百万件产品次品量为 300,废品率约为 1.5%,返工率为 1.7%。这样的生产质量已经达到了相当令人满意的水平。

经历了从一级逐步发展到三级之后,从三级向四级的飞跃本身就意味着一次“文化革命”。这一“文化革命”的特点是:拥有达到绝对完美的决心,具备团队意识和进取精神的组织机构,良好的外部关系(客户和供应商是“工艺的组成部分”)及不断完善的意识(图 6-6)。

(1)将绝对完美作为每个人的目标

高级管理人员设计了极其严格的目标,甚至对销售、市场和行政部门也有同样的要求。在这些部门中,每个层级都有具体的目标,只有成功实现这些目标,产品才能达到零次品的标准,并具备更高的品质。现在,质量成本在预防性措施上的投入要超过 30%。数字统计控制方法应有针对性地应用于那些要求严格但尚未完全掌握的工艺上。“零次品设计”已经完全掌握,因此在大多数工艺中都达到了较高的稳定性。质量控制任务几乎全部由一线工人在生产流程中承担,传统的最终检查方式已不再采用。

(2)供应商应更加集中和统一

单一货源的供应商数量占到了 80%,对供应商进行认真细致的评估,使其他供应商更加集中,从而实现更紧密的企业一体化。企业应与每个关键供应商一起实施保证工艺稳定性的项目,合作范围从联合进行产品开发到对供应商进行质量培训等各个方面。

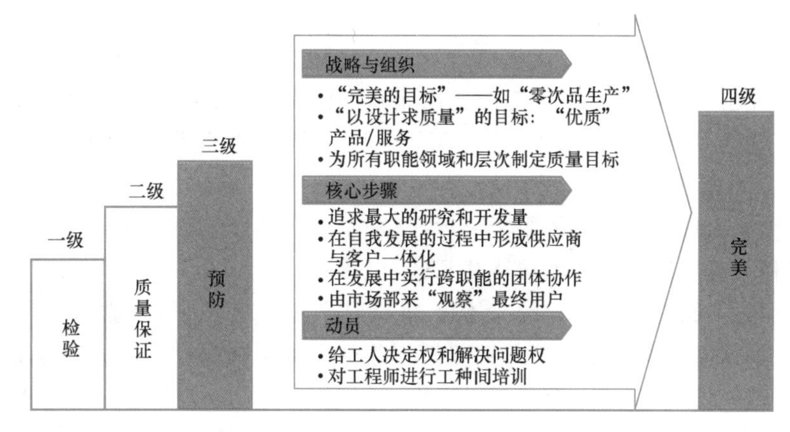

图 6-6 从第三级"预防"向第四级"完美"的过渡

(3)更加密切地与客户合作

该举措会导致一些彻底的改变：

①开发部门现在与关键客户展开联合项目。这些项目包括联合进行设计评估，对目标客户进行详细调查，并对产品使用类型和频率进行分析，以确定新的利润增长点。对于实验性项目，最好选择最具挑剔性的客户，并由胜任的联合小组来实施项目，然后将所获经验用于其他客户和小组。

②在整个组织中建立对客户的深入了解。例如，一些工程师直接到客户服务部门工作，通过合作对出现的问题进行仔细分析并现场解决。

③尽快建立一个负责收集、整理、评估和存储客户和竞争对手信息的职能部门。成功的企业每年要花费近 1 000 人/天的时间来处理客户信息。

④通过集中培训和学习特殊的质量提高方法，来完成对客户的了解过程。

(4)将小组建设作为关键措施

在整个企业范围内，约 70%～80%的员工被组成负责自身质量的小组。这个目标通过一个滚雪球式的系统来实现：问题解决小组首先在第二级生产线上建立，并逐渐融入其他职能部门，在过渡到第三级时进一步扩展。在过渡到第四级时，操作工人和开发销售部门的员工尽可能地参与进来，甚至有时客户的员工也加入问题解决小组。首席执行官也积极参与，参加质量圈和生产小组会议，将质量问题纳入高层管理层的议程。

(5)建立持续提升的文化氛围。小组组织的扩展使质量定位从一个员工转移到另一个员工。一个无形的、约定俗成的激励机制，以及高级人才的开发和轮岗制度(约 30%～40%的员工拥有一年以上在其他职能部门工作的经验)进一步加强了这种效果。此外，企业还定期对员工的技能和满意度进行调查，并采取相应的改进措施。不断挑战自我现状是高效运作和完美文化的动力和主要特点。

从所提出和实施的改进建议数量可以看出，整个企业正在向一个问题解决机构转变。在第一级中，每位员工每年提出的建议数量刚刚超过一条；而在第三级，平均数量为 8 到 10 条；而在跨越到第四级时，这个数字将增加到 20 条(如果认为这已经达到顶峰的话，那么在一些世界级日本企业中，每位员工每年提出的建议数量可达 50 至 70 条)。对这些建议的处理更加证实了上述观点：顶尖企业通常能在几天内决定是否采纳这些建议，并且几乎总是采纳。而在较差的企业中，决策需要三个月甚至更长时间，而且有一半的建议被拒绝接受。

6.2.4 “完美”——不断前进的目标

在现实世界中，前面提到的“理想的优质企业”在第四级可以实现。然而，据我们所知，并没有企业完全达到“完美”这个等级。但是在四个实例中，我们发现了一些引人注目的特征：

(1)为了确保实现面向客户的服务目标，一家企业需要承担所有市场责任，包括客户调查、市场研究和市场规划。这种做法持续延伸至最终客户。

(2)为了加强与制造商和客户的一体化，并简化核心工艺流程，企业的开发部门需有三名工程师可以根据需要调配给客户开发部门。各小组可以在自己的公司工作，也可以成为客户组织的非正式组成部分，在客户那里工作。

(3)所有与产品相关的设计评估都是由供应商和客户共同进行的。

(4)每位管理者的绩效评估都包括员工的自下而上评价，以证明共同的责任，从而增强员工的投入感。

在长期研究中，我们发现了另一个所有优质企业普遍具备的特征，即在四级水平的企业中，它们在问题的“简化”方面取得了显著进展。与一级企业相比，这些企业能够以相同的销售额赚取利润，但只需要使用一级企业 30%的产品和替代产品。具体而言，这意味着零部件生产和组装规模可能比一级企业大三到四倍，主要原因是有 80%的单一货源渠道，而供应商数量是一级企业的三分之二。在这个等级的企业，可以分为四个不同的层次。企业各部门的分散性非常高，具有很强的机动性，无论在内部还是外部都没有明显的职能界限。

然而，四级水平中的企业对自身的出色表现并不完全满意。它们的直接目标是在质量的各个方面同时达到完美的程度。此外，具有远见的质量领导者总是瞄准更高的目标。例如，他们不再从系统的角度考虑产品种类，而是将精力放在产品的应用性能上。

以汽车制动器制造商为例。一名司机在刹车过程中，只需稍微向前轻轻倾斜头部，就能判断刹车性能是否良好。因此，富有远见的质量领导者在关注刹车系统部件本身的同时，更关注“刹车的功能”。我们知道，影响主观感受的不仅是刹车各组成部件本身，还受到其他因素的影响，例如座椅距离。座椅的设计决定了司机在刹车过程中对座椅的压力大小。因此，有远见的质量领导者还会考虑与座椅生产厂家共同开发新的换代产品，以满足司机的这种需求。

具有远见的领导者会根据未来技术发展制定人事政策。例如，电子产品制造商知道，在接近 2000 年时，他们的产品将逐渐成为没有商品型号差异的普通商品，而决定竞争力的技术将是系统软件。基于这一原因，软件开发工程师的数量必须增加一倍。为了实现这种变化，供应商必须制订详细的人才开发计划。

6.3 示例：通向优质企业的途径

由于各个企业的情况不同，通向优质企业的途径也各不相同。在上文中我们已经阐述了从一级向另一级过渡的基本特点。

成功地沿着这条途径前进的企业可以期望显著提高质量水平。例如，有一家组件生产商在四年内将销售利润从3%提高到10%，这是质量攻势的成功基础。管理层通过质量攻势将工艺稳定性 C_{pk} 值提高到2.0以上，从而将百万件产品的次品量从1 500迅速降低到不足100。机器设备的利用率从不令人满意的75%提高到96%，废品率下降了60%。

这家企业在1999年的起点并不理想，但到了2003年却实现了这一切。最初，员工对质量意识并不强，质量目标也只在生产过程中(但非全部)设定，生产过程耗时长且稳定性较差。由于企业缺乏技术开发，并将精力分散到过多的项目上，因此其产品与主要竞争对手的产品没有太大区别。

为了取得成功，企业采取了系统方法覆盖了质量管理的各个领域。以下是该企业采取的关键步骤：

(1)设立超常的质量目标，将整个业务系统重新组织为核心流程。

(2)逐步扩展内部的研究范围，并将重点放在核心业务上。

(3)精简纵向一体化结构，外购所有模块或子系统。

(4)加大与供应商和客户共同实施联合项目的力度。

(5)建立包括短期反馈循环、团队激励机制和强化培训的全面团队观念。这一观念最终导致100%的员工参与自我检验小组，并对整个生产线负责。

原则上，相似的成功模式可以在所有四级企业中找到。它们充分利用每一个提高质量的机会。然而，像下面这两个例子那样，一个企业所处的环境不同，它所采取的道路也不同。这两家企业都是汽车工业的供应商，生产相同的产品(如车灯电气开关、电动窗户、后窗式空调等)。它们现在都处于四级水平，并且都是TRW公司(汤普森·拉莫·伍尔德里奇公司)的一部分。其中，位于德国鲁道夫策尔的TRW Fahrzeugelektrik公司，在典型的高工资经济环境下运营，而另一家位于英格兰森德兰的TRW电子公司则位于经济困难地区。

在1989年，德国公司接受了一个合同，为一个日本客户在英国开发和生产一种控制系统，用于其新一代车型。同年，公司在一片规划的绿地上建立了一家新工厂，于是英国公司在四级水平上崛起。这两家公司的崛起始于当时二级企业的典型质量状况(百万件产品的次品量为1 200至1 500，废品率为2.5%至3.0%，返工率为2.5%至3.0%)，而最终的质量和效益都非常出色，如图6-7所示。

英国公司在质量和资金方面都取得了成功。通过实施最重要的质量改进措施(将ppm降低到日本水平，即1994年为60 ppm)，该公司的销售额在1990年至1994年间翻了一番。同时，在1993年，销售利润也达到了令人钦佩的水平，而那一年恰好是轿车工业的危机年。

德国公司的业绩同样引人注目。在1989年至1994年间，它的ppm率从不令人满意的1 250下降到200，销售增长了40%。尽管由于经济衰退，销售利润在1993年达到最低点，但在1994年又反弹回到一个令人满意的水平。

这两家公司在不同的运作环境下都取得了同样令人钦佩的成绩。只需看一下它们所采取的几个步骤，我们就可以看出它们选择的道路有多不同。

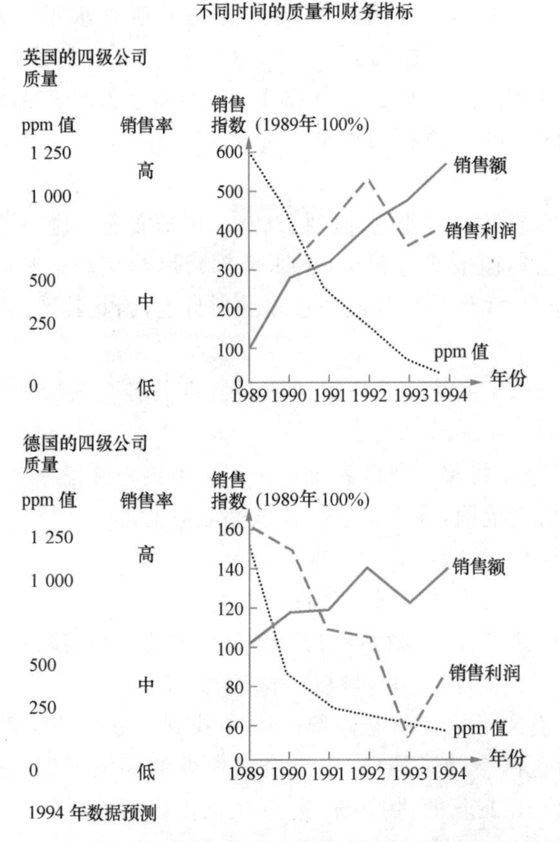

图 6-7 在通向优质企业的道路上不断改善财务绩效

6.3.1 英国:注重调动积极性和促进供应商一体化

在德国公司中,原先的手工装配线逐渐实现了全面自动化。最终,他们建立了一条全自动化装配线,可以生产五种产品,并且年产量可达百万单位左右。建设这样一家工厂需投资大约 50 万至 75 万欧元。

英国公司选择了不同的路径。他们首先从德国引进了一条装配线,并将注意力集中在提高质量的要求上,目标是在现有的人工装配系统中实现稳定的生产过程。由于劳动力成本低且缺乏专业技术知识,公司决定充分利用简单的人工装配线。因此,每条装配线只需投入 0.75 万欧元,就可达到年产 3 万单位的水平。从一开始,所有员工都有计划地参与提高质量的过程中。以生产为导向、以小组为中心的精神成为公司的理念。公司制定了招聘标准,只考虑小组生产的需要及应聘者的分析技能(如简单算术)。小组长直接参与面试,决定是否录用新的装配员加入他们的小组。

从一开始,装配线上的所有成员都被编入自我管理小组,每个人对自己生产的产品质量负责。同时,每个员工有两个责任:生产高质量完美的产品和不断改进自己的工作。这样,当小组结构建立后,就有四分之三的工人加入了质量圈。不断将员工纳入质量圈的结果是最大限度地节约了生产成本。在欧洲采取这些措施,每位员工每年可以为公司节省大约 3 200 美元的成本。

员工参与的必然结果是根据员工的表现进行评估。评估可以基于每条生产线的百万件产品次品率值,或者根据员工提出的改进建议的数量和质量。公司向所有员工公布每个小组甚至每个员工的绩效,并将其记在记事板上作为生产线的单元公示,这样员工也可以了解其他小组的情况。

有人认为这种压力会导致员工不满,但数据证明情况恰恰相反。例如,我们参观了一个装配线上的工人,他向我们展示了生产部门的情况,介绍了个人的生产情况和员工评估计划,并非常热情地告诉我们,他们为下一年制定的目标是将缺勤率从3%降低到2.5%。(与此同时,许多德国企业正努力解决一直困扰它们的高缺勤率问题,这些企业的员工缺勤率通常在8%左右。)对员工的激励和积极性渗透到这家英国优秀企业的各个领域,无疑将成为前进过程中的推动力。

所有这些都是在公司运作的四年内实现的。根据我们的研究,转变为顶尖企业的关键阶段是公司在生产组织中建立自我管理小组的一年半时间(图6-8)。这一核心思想不断发展,并融入了新的内容,如生产目标体系、培训观念、持续改进的质量圈、新员工招聘程序及员工评估和奖惩制度。所有这些措施的结合为公司的高质量运作创造了条件。

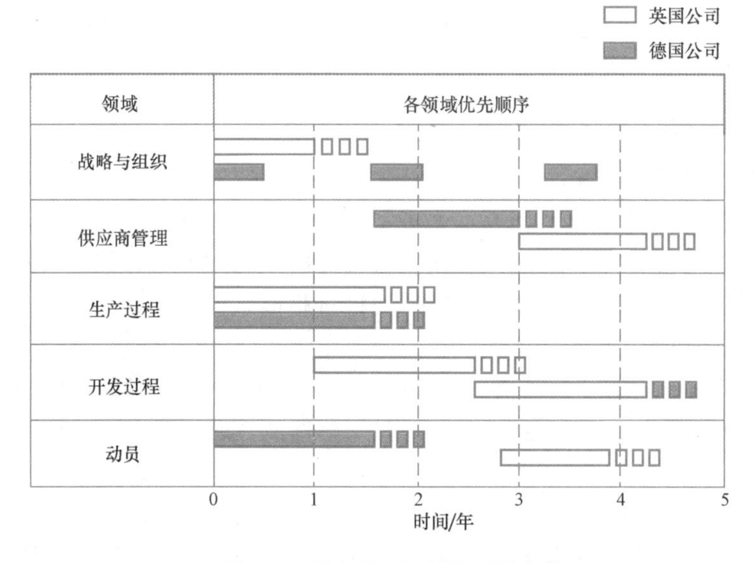

图6-8　到达同一目标的不同道路

在最初阶段,该公司在与供应商的合作中大力推广自己的“团队哲学”。公司不仅与德国现有供应商保持关系,而且只与那些接受其价值观和目标的供应商继续合作。有人抱怨说这样做会给采购部门带来不必要的复杂局面,并违反了全球化货源的观念。但事实胜于雄辩:与德国顶尖公司相比,英国公司的主要供应商减少了25%,所需采购人员也只有德国公司的三分之一。而且在1992年,德国公司的海外货源只占10%,而英国公司则达到40%。因此,相比之下,英国公司更成功地实现了全球资源的市场理念。

英国公司的经营宗旨是:业绩高低与最薄弱的供应商息息相关;将供应商视为公司自身生产线的延伸;预防工作从对供应商质量的评估开始。

这些宗旨不仅在提高质量方面起到了决定性的作用,而且作为改进的副产品,同时实现了拥有一个“可靠的供应商基地”和在“全球货源”中占有更大份额的目标。

与员工参与改进过程一样,密切联系的供应商的加入也同样依赖于一种责任的委托。

但这一委托只有在供应商满足了一系列严格标准后才能实现:其百万件产品次品率在12个月内均低于规定标准;在过去的12个月中没有对其供应品提出重大投诉;引入防止质量问题发生的改进措施机制能够正常运作;供应商愿意并且有能力与公司合作以提高质量。

公司经常对这些条件进行审查。例如,这种审查可以在进货部门和供应商开发部门每月举行的联席会议上进行。会议将评选出该月表现最差的10家供应商,并要求这些供应商制定改进措施。这些措施通常由包括双方员工在内的项目小组共同实施。这种严格的质量目标和支持对方改进计划的实施相结合,其效果非常明显。英国顶尖公司就出色地掌握了这一切。

将"采购部门"重新设计为"供应商管理部门"是与彻底变革相关的,当我们的顶尖公司自身的质量理念达到应用阶段时,公司就开始了这种变革。因为其他方法是行不通的,如果公司自身没有一个合理的质量定位,又如何可能与供应商讨论质量问题?我们没有发现任何一家公司在自身还没有找到方向之前就具备出色的供应商管理能力。

这家英国公司花了一年半的时间来建立其最重要的供应商管理措施:制定新的供应商评估标准,建设或巩固供应商基地,并为供应商制订一套改进计划,同时改进员工培训计划。这个时间表也是最出色的安排之一。

6.3.2 德国:在开发进程中注重对客户的价值

在20世纪60年代初期,德国一家汽车公司(处于质量二级水平)认真考虑了其可能的增长战略,发现影响销售的三个因素是汽车产量、汽车性能和自身产品在市场上的份额。在这三个因素中,唯一能直接影响公司收益的是市场份额。该公司得出了一个必然的结论,即提高市场份额的唯一途径是拥有卓越的质量,而以价格战来努力提高市场份额对公司的收益和与供应商/制造商的关系都是不利。

这里的质量指的是对客户的价值。公司的产品客户价值必须在最终用户——司机的使用中得到体现,同时也要考虑到直接客户——汽车制造商。通过深入理解客户需求,公司进入了一个未知领域。通过对最终用户进行调查,公司找出了他们在开关中最看重的性能,例如位置、外观及启动方式和功能(手动开关、旋转式开关或压力开关)。

公司特别关注不同购买群体(低、中、高收入阶层和职业群体)的不同需求,以及不同地区(欧洲、美国、亚洲和欧洲内部)的不同需求。调查结果不仅为新产品开发提供了有价值的建议,还为与原设备制造商的谈判提供了可用的销售触点。由于公司进行了定量调查,使它在市场知识及开发和生产过程方面成为直接客户强大的谈判伙伴。

汽车供应行业客户价值的第二个方面,即对直接客户的附加价值,这也被这家德国公司明确定义为其努力的目标。该公司主张帮助汽车制造商简化其复杂的情况。通过与核心客户进行同步工程实践,使公司正朝着质量四级所提倡的方向前进。

作为一项措施,这家公司选择简化制造商的生产流程(同时也简化了自身的生产)。在车辆中,有许多电气开关(如灯光开关、小型窗式空调开关、电动窗开关等)。按照传统布局,这些开关都有各自不同的电路布线方案,即使是一个简单的电灯开关的电路,在同一家制造商的设计中也会因汽车型号的不同而变化多样。通常由于可用空间的限制及技术的原因,导致该公司生产的250种成品在电路系统、电压和电流方面存在巨大差异。这种变化对汽车制造商和最终客户都是不利的。

这家新兴的优质企业在起步时就考虑到以下几点:现今的电子工业采用小型化技术,可以将不同的线路系统安装在同一块电路板上。包括所有的灯光开关、小型窗式空调开关和其他所有由电控制的附件开关等。只在操作控制方面,根据制造商生产的不同汽车型号做了少量的变化。这一措施将产品种类减少到原来的七分之一至十分之一。对于直接客户来说,这种简化只是对开关面板背面进行了一些改进。简单的卓越思想创造了简单而卓越的产品。

当然,如果没有与汽车制造商的密切合作,以上思想是无法实现的。一旦电路接触系统被标准化,每个控制板都必须为开关留出足够的空间。换句话说,就是接口必须设计得非常准确。一个包括双方开发工程师在内的同步工程小组花费了九个月的时间,在供应商和直接客户之间交替工作,解决了这个问题。

一旦接口确定下来,汽车制造商必须将开发和工程设计交给供应商来完成。对于"同步工程"的误解通常会影响设计工作的进行。我们的优质企业与其主要客户一起经历了一个学习过程,尽管其中遇到了许多阻力和障碍,但最终在1994年1月开始生产适用于各家制造商的标准开关。

6.3.3 注重战略组织构建和文化技能开发

回顾这两家公司五年的发展历程,英国公司和德国公司都取得了相似的成绩,并且在工艺流程和设计质量方面已达到了世界级水平。它们都取得了令人敬佩的成就,但是它们所选择的路径有所不同。虽然它们所采取的措施在实质上相似,但在优先顺序的安排上有所不同。

每个公司对优先顺序的选择首先取决于哪项措施对其自身发展最有利,并将其作为提高竞争地位的基础。德国公司的专长在于技术开发。因此,它的第一个目标是打破旧有的质量概念,重建产品开发部门,并制定了严格的目标。

英国公司的突出优势在于其员工随时准备进行一场"文化革命",当然这部分原因无疑是因为它是一家新建立的公司。这家公司最大的成就之一是在原有优势的基础上建立并保持了一种不断学习的传统。为了实现这一目标,它首先必须将注意力集中在自身的工艺流程上,然后发展供应商。只有经历了这些过程,最终才能将精力集中在产品研制上。

正如我们所见,在20世纪90年代中期,欧洲多了两家高质量的汽车工业供应商。在实现这一目标的过程中,这两家公司学到了与在其他地区、其他行业运营的公司一样的东西:重新定位整体质量的重要性,重新设计战略性组织结构,将公司从中央集权的结构转变为分散型结构,以利于核心技术和各生产线发挥作用。此外,这种思想也是一种文化上的革命,将原有的等级分明、自上而下的管理方法转变为更加明确地为最终客户服务的宗旨,将自上而下的领导与自下而上的监督结合起来,鼓励团队意识的经营方式,在所有管理层次上发展技术,提高独立分析和解决问题的能力,并承担更多责任。

最后,这两家公司建立了一个善于自学的组织。这个组织不断设定新的更具雄心的目标,并有能力实现这些目标。如果经营条件发生变化,它也有能力来调整这些目标。

在之前的章节中,我们描述了导致企业质量状况变化的战略、组织、开发和生产等方面的举措,以及从各地区特点中可以学习的内容。但在笔者看来,有一件事比其他任何事情都更为重要,那就是培养"文化"技能。它渗透到价值体系、生产能力甚至员工个人行为中。这些是发展过程中长期持久的动力。它比“结构因素”对企业产生更深远的影响，如图 6-9 所示。

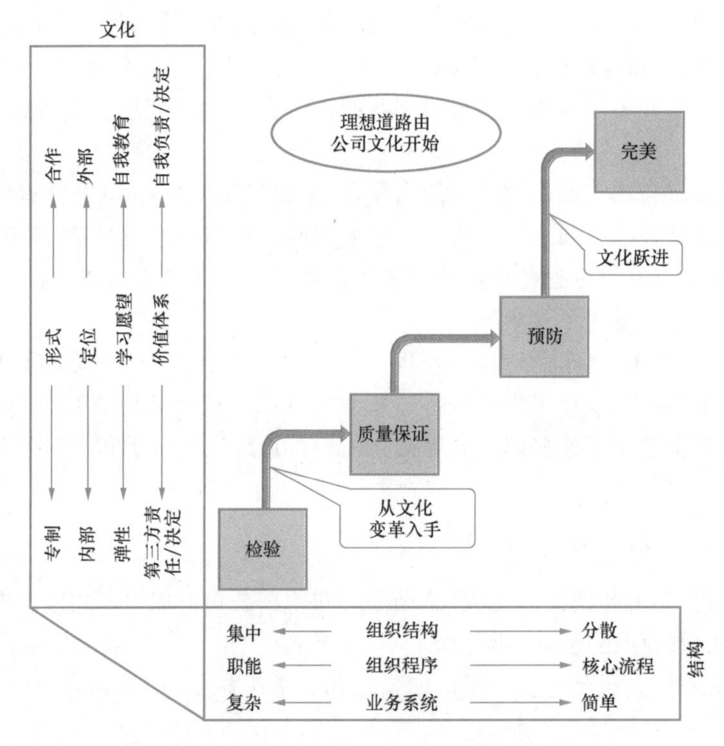

图 6-9　成为一个优质企业需要一种新的公司文化

利用这些强有力的文化策略，一家企业可以在短期内获得持续的竞争优势，令其他竞争对手无法模仿。要实现这种优势，需要一个大规模、系统化、动员力强的计划。这个过程通常需要三年，有时甚至需要五到七年的时间。

在质量改进的过程中，以下八条规则起着决定性的作用：

(1)建立质量文化必须有高层管理者的积极参与，并担任实践者的角色，这样才能取得成功。

(2)企业应该以“世界级”为目标。这不仅仅意味着满足挑剔客户的要求，而是确立一个超越这一点的动态目标。

(3)成功的质量计划始于制定明确的质量、成本和时间等目标，并将这些目标转化为每个独立职能部门和管理层级的具体产出指标。

(4)只有对形势进行公正客观的评估，我们才能发现质量上的差距和提升的潜在可能性。

(5)企业需要建立以“零次品生产”和“优质开发”为核心的生产组织结构。

(6)没有各级别和各职能部门之间例行的、开放的信息交流，就无法实现持续发展。

(7)需要有正规的培训和灵活的激励机制，将管理模式从“指挥控制式管理”转向“个人负责式管理”，并根据员工的实际需求进行调整。

(8)整个价值链应延伸至供应商和客户，超越企业自身的范围。

最后，必须清楚认识到的是整个情况是一个动态的过程。由于竞争的加剧和要求的不断提高，今天的领先企业可能在明天变成追随者。任何企业，即使是最优秀的企业，也不能永远依赖过去的荣誉。

第7章 工程中的全面质量管理

日本的汽车、照相机、家用电器、集成电路等产品以其优良的质量赢得了全球的赞誉。这被认为是日本企业注重全面质量管理的成果。然而，虽然这样说，但并不意味着所有人都能正确地理解全面质量管理的含义。

7.1 全面质量管理的含义

质量管理(Quality Control)简称QC。1920年前后美国在工业生产中开始应用统计方法。当时，质量管理仅限于在一部分技术部门实施。后来人们意识到在整个企业范围内进行质量管理活动的必要性。企业各个部门承担着确保产品质量的重要任务，准确无误、全面地开展这些业务工作，即可称为全面质量管理(Total Quality Control，TQC)。全面质量管理一词由美国的费根堡姆首次提出，但在国际上并不通用。在美国，TQC被称为费根堡姆式QC。在欧洲，这种质量管理活动被称为产品质量的全面管理。

由于日本式TQC具有与上述各国质量管理不同的特点，因此在提到全企业范围内的质量管理活动时，称之为"全企业质量管理(Company Wide QC，CWQC)"，以免引起误解。然而，对于全企业质量管理这个词，人们还不太熟悉，所以本书将日本的"全企业质量管理"和"日本式TQC"简称为TQC。

质量管理最早在化肥、家用电器等同品种、大批量生产的厂家开始推行。在这些企业中，即使是一项改进措施，也可以适用于所有产品，因此效果显著。然而，用户需求越来越多样化，不再允许一直生产相同类型的产品。如果无法不断提高产品质量，产品将无法销售。因此，企业开始重视采用多品种、小批量生产方式。起初，质量管理只是在生产现场减少不良产品的活动，后来逐渐扩展到设计、规划、开发等生产前期准备活动中，逐渐发展成为TQC。

近年来，个别生产行业如建筑业，以及流通行业、服务行业甚至金融行业如银行和保险业，也开始引入TQC，实施TQC的行业和企业不断增加。然而，很早以前就有人对TQC提出了一些批评，认为"尽管推行了TQC，但没有效果"，或者"TQC总是碰壁"。TQC出现这些问题肯定有其原因，其中最主要的原因往往在于企业领导本身。

在日本，引入和推行 TQC 的企业众多，但如果深入问一下："为什么要推行 TQC？通过推行 TQC 解决什么问题？"即推行 TQC 的目的是什么，然而实际上，具有明确目标的企业并不多。本章将详细解释为什么 TQC 是必要的，TQC 可以解决什么问题，特别是什么是日本式 TQC。

7.2 社会形势的变化与工程安全

中国经济正在进入一个转型升级的新阶段，这标志着我们正式跨入质量新时代。对于企业经营而言，产品质量的重要性从未像今天这样突出。

质量新时代的特征包括：

(1)在过去物资匮乏的时代，产品只要生产出来就能卖出去。然而，在如今产品种类繁多的市场中，经营的目标不再是简单地追求产量，而是如何生产和提供有销路的产品。因此，经营目标必须从数量转向质量。

(2)过去，买方自行判断产品质量，并购买产品。如果购买了质量不好的产品，只能怪自己眼光不准，认为自己倒霉。然而，如今产品质量往往难以简单判断，应由卖方在销售前确认产品质量。如果销售质量差的产品，卖方必须对此负责。因此，由制造商保证产品质量成为理所当然的事情。

(3)当有缺陷的产品对用户造成人身或财产损害，或者引发公害问题时，企业将面临严重的责任追究。随着消费者对产品质量和服务要求的提高，这类问题将成为重要的经营管理难题。

(4)产品的质量不仅需要充分满足消费者的需求，还必须考虑到对使用环境的影响，例如噪声、排气等，甚至需要考虑对未来的影响，如有害物质的积累。

(5)如今，社会已经不再是过去的"一次性使用"时代。出于资源节约的角度，人们要求结实耐用的产品。在使用和维修方面，减少用户负担成为产品质量的重要考量。

(6)消费者对产品质量的需求多样化，迫使生产方式从大批量、少品种的批量生产转向小批量、多品种的定制生产。同时，由于产品国际化趋势，需要针对世界各国用户的不同使用条件、使用习惯，生产和提供多样化的优质产品。随着发展中国家工业化的进展，企业必须以生产高质量、高附加价值的产品为重点。

(7)考虑到消费者对产品安全性的重视，企业继续生产和提供旧产品似乎是相对可行的选择。然而，由于社会进步，消费者的需求也在迅速变化，企业必须不断创造适应新需求的产品。

综上所述，对于企业经营来说，产品质量具有前所未有的重要性。在这种情况下，全面质量管理(TQC)发挥以下几个作用：

(1)与过去追求生产第一和单纯增加产量的做法不同，TQC 注重开发安全无害、高质量的产品，并将其提供给全球市场，以获取高额利润并增加自有资本积累。

(2)通过积累和提高技术来推动技术引进。在追赶先进国家技术的同时，不仅要开发自己独特的技术，消除与先进国家的技术差距，还要努力取得在质量上的领先地位。

(3)通过提升企业素质，使企业具备更强的应变能力，并实现发展。

面对消费主义、环境污染和产品安全等问题，我们必须更加重视产品质量的社会和公共性。我们应该认识到，TQC 不仅仅是追求利益的手段，而是企业履行社会责任不可或缺的方法。

为了实现上述目标，全面展开全企业的质量管理至关重要。同时，为了推行适应时代要求的新型质量管理，我们还必须“打破质量管理的现状”。

重视质量经营，即“质量经营”，是当今时代所要求的经营理念，这一点是毋庸置疑的。

7.3 工业生产的目的

我们进行工业化生产的目的是按照消费者的要求提供符合质量标准的产品，并在他们要求的时间内提供所需的数量。工业产品的受众是众多消费者，所需的数量也是大量的。因此，工业生产意味着需要重复生产大批量产品，这与生产单个艺术品的方式有根本的不同。

在原始时代，生产者和消费者是同一个人，只需生产满足自身需求的产品即可。随着社会的进步，分工出现，生产者和消费者分离开来，生产者必须准确了解消费者的需求，并根据需求进行产品生产。

为了使产品满足消费者需求，必须考虑产品的使用目的，使其具有高度适用性。同时，作为消费者，我们也希望以最经济的方式进行生产。因此，在讨论产品质量时，成本问题也是必须重视的。工业经营管理的主要任务就是为了实现上述生产目标而领导和组织相关的生产活动。

正如前文所述，工业生产的目的非常明确。但是，在过去的工业生产中很多企业并没有正确掌握消费者的需求。大多数企业随意确定生产目标，或者甚至没有明确目标就进行生产。换言之，多数企业都没有努力去了解消费者的需求。其次，我们可以看到，很多企业并没有努力实现最经济的生产。由于存在大量不良品，并且缺乏减少不良品的方法，因此无法进行经济高效的生产。

因此，我们可以得出结论，在过去的工业生产中，人们没有正确地把握住工业生产的目的，也没有为实现这一目的付出足够的努力。这就意味着我们必须认识到过去的工业经营管理是非常不完善的。

7.4 质量的意义

7.4.1 工业产品的质量

通常情况下，当我们提到质量这个概念时，指的是“工业产品的质量”，特别是指工业产品的物理化学性质，即物性。例如，机械产品的尺寸、精度、表面加工程度，电气产品的绝缘性、电气特性，化学产品的纯度等。这些都是使用功能所必需的性质，即“产品为满足使用功能应该具备的性质”。因此，质量就是“决定产品适用性的性质”，或者说“为达到产品使用目的应具备的性质”。与其说用户购买产品，不如说用户购买的是该产品的适用性，也就是购买“功能”。例如，用户购买的不仅仅是电冰箱本身，更是购买其贮藏食品等功能。

质量的优劣最终是通过是否能够满足用户的使用目的来评价的。构成质量评价对象的产品性质和性能被称为质量特性。如果企业在确定质量特性和质量规格时不考虑用户的使用目的，那么这样的质量特性就不能代表适当的质量。有时候，要测定所要求的质量特性可能会很困难，因此通常会用其他的质量特性来代替，这就是代用特性。代用特性必须与用户的使用目的相一致。

作为构成质量的要素（质量要素），除了上述的物性之外，还有以下几个方面：

（1）合适的价格

质量并非越高越好。只要产品非常适合用户的使用目的即可。消费者要求产品具有良好的性能，但同时也希望价格合理。因此，将价格考虑在内才能对质量进行有意义的评估。

（2）使用和维修便捷

对于用户而言，产品需要具备以下优点：使用时所需的燃料、电力等能源较少；能够长期无故障地使用；维护和修理不需要过多费用；对用户而言经济实惠，适用范围广泛等。

（3）不易随时间变化

材料的化学变化等因素会导致质量下降，接合部位的松动、生锈引起的导电性降低等都是导致严重故障的原因。

（4）安全无害

显而易见，产品不能给用户或第三方带来危害，不能因火灾等事故造成财产损失。同时，也不能对邻近环境造成如汽车尾气、高层建筑风害，电磁波干扰等污染。

（5）使用便利

专为专业人员设计的产品不在此讨论范围内，普通人使用的产品必须是不需要特殊培训即可正确使用的，能够连续使用，使用后再次启动时无故障，能够发出异常或故障信号等等。这些对用户来说都是重要的性能指标。

（6）易于制造

虽然与产品的价值有关，但原材料必须易于采购、易于存储，不需要特殊技术，工作量少，产量高，容易制造。

（7）易于报废

在当前高密度居住环境下，产品损坏后不应随意丢弃。因此，在产品生产时必须事先考虑报废产品对邻近环境造成的危害以及废品处理所需的高昂费用等问题。

如果产品缺乏或无法达到上述质量要素，就会被视为不良品或有缺陷的产品。从这个角度来看，这些要素可以被称为负面质量。然而，仅仅具备上述质量要素并不能保证在竞争中取得胜利或将产品全部销售出去。因此，还需要以下质量要素：

（1）创新设计

产品需要给人一种全新的感觉，具有高级产品的形象，符合用户的设计偏好，这非常重要。

（2）优于同类产品

产品在性能、设计等方面应与其他厂家的产品有所区别。

（3）良好的外观质量

手感、气味、装饰性、住宅性等方面需要满足用户的喜好。

（4）新鲜感和独特性

就像领带上引人注目的花纹一样，其他人没有但自己独有，拥有这种特点的产品也受人欢迎。

相对于负面质量，上述要素可以称为正面质量，也有人称之为具有吸引力的质量。有时将与产品性能相关的要素称为功能质量，将与性能无直接关系的外观等要素称为非功能质量。

总而言之，质量的关键是“适用性”。无论用户的需求是追求高级化还是价格昂贵，都不能令人满意。这种过度质量也是一种不良现象。质量必须为用户创造价值，从这个意义上说，可以简单地将工业产品的质量定义为“质量即对用户的价值”。

无论产品多么精良，如果不努力向用户传授正确的使用方法，或者无法顺利提供维修所需零件，用户就无法充分发挥产品的效用。这些都属于售后服务的范畴。在谈论工业产品质量时，一般包括售后服务在内。

ISO 9000 族标准中质量的定义是：一组固有特性满足要求的程度。

表示质量的数据被称为特性值。与表示尺寸、精度、纯度、强度等物性的特性值类似，与成本、数量、时间相关的质量（效率质量），如工时、合格率、消耗定额、交货期等，同样是决定产品质量的关键特性值。

工业产品的技术性能主要与技术部门相关，可以称为“技术性质量”。相反，效率质量可以说是事务部门负责的质量，因此也可称为“事务质量”。总之，工业产品的质量不仅是技术部门的责任，同时也是事务部门的责任，因此可称为“全面质量”。

保证工业产品的质量不仅仅是技术部门、生产制造部门或检验部门的职责。调查消费者需求并将调查结果准确传达给技术部门，以及让消费者正确了解产品的使用方法等，营销部门的质量计划和质量保证业务也非常重要。此外，掌握保证质量的成本（质量成本）等事项是财务部门的职责。

由上可见，产品质量是整个企业的问题。朱兰博士也曾经说过：“质量首先是经营管理的问题，其次才是技术问题。”

7.4.2 业务工作的质量

在质量管理中，“质量”的含义并不仅限于工业产品的质量，也可以解释为一般产品的质量。例如，研究所的产品是研究成果，设计部门的产品是设计图纸，银行的产品是金融业务。因此，保持并提高这些产品的质量也是质量管理的任务。上述这些产品的质量也可以称为各个部门的业务工作质量。因此，质量管理并不仅仅限于有形产品的质量，也包括对业务工作质量的管理。例如，如果涉及财会科的质量管理，就可以确保进行准确而迅速地财务核算，并保持和提高各项财务报表的质量。实际上，质量管理也适用于服务业，如航空公司、医院和银行，并已取得了良好的效果。

当然，企业在实施质量管理时应将“工业产品的质量”作为重点。在确保产品质量的同时，也必须确保对用户的服务质量。因此，通常将产品质量和售后服务质量作为质量管理的对象。

数量、成本和时间并不是质量本身，但正如前面所提到的，它们可以被广义地称为效率质量，并有时作为质量管理的对象。在生产量管理、成本管理和交货期管理等方面，质量管理的思想和方法非常有用，但还需要其他方法。在这些管理中，与质量计划和质量保证相关的内容是质量管理的主要对象。

7.4.3 设计质量与制造质量

在生产制造之前，确定的质量标准与产品形成的质量是不同的，因此对它们进行分别研究是必要的。根据朱兰博士的定义，前者称为设计质量，后者称为制造质量。

1. 设计质量

在调查市场需求和研究经济性的基础之上，通过经营决策确定质量方针，并根据质量方针所规定的质量目标进行质量设计。设计出来的质量被称为设计质量。制造和销售都必须按照设计质量进行。

设计质量必须基于充分调查消费者需求的基础上，根据工厂现有的生产技术、设备和管理状况进行研究，确认其处于可以制造的那种水平的质量。设计质量可以说是期望值，即"目标值"。其水平可以用"品位"或"等级"来表示。正如前面所述，并不是质量越高越好。当然，对于价格相同的产品，质量越高越好；但是，如果不考虑用户的实际要求，以过高的质量为目标，造成价格昂贵的"过剩质量"，那就不令人满意了。另外，在确定设计质量时，应充分考虑现有的生产制造技术和管理水平。通常来说，设计质量越高，生产成本的增加就会越显著。根据设计质量要求充分考虑生产技术条件，并以现有技术在生产制造过程中应达到的质量，被称为标准质量。相反地，如果只考虑消费者的要求而不考虑生产技术条件，或者两者都不考虑，那就不是标准质量，而是生产制造目标。与标准质量相比，这样的质量被称为目标质量。标准质量和目标质量是完全不同的。目标质量是在不考虑消费者要求和生产操作条件的情况下确定的质量。过去，通常只提出目标质量，没有确定标准质量，或者有时混淆两者，将目标质量视为标准质量。超过现有技术水平、通过研究或提高技术将来要达到的质量也不是标准质量，而是目标质量。目标质量是未来的期望值，而不是今天要达到的质量。

标准质量是在考虑了消费者的要求和当前的生产制造状况之后确定的。不推行质量管理的设计部门不会提出标准质量。过去有一种说法，"在我们的工厂里，是按规定的标准干的，并不需要质量管理"。然而，如果不推行质量管理，就无法全面掌握操作状态。在这种情况下，所确定的标准可能是目标质量，而绝不是标准质量。经常出现上级下达规格标准，但未规定标准质量的情况。给制造部门的不应该是这种规格标准，而必须是标准质量。如果设计质量存在错误，即使按照设计进行制造，所生产的产品质量也不能算是适当的。实践证明，大部分有缺陷的产品都是由于设计质量不良所引起的。

2. 制造质量

制造质量是按照规定的质量标准，在制造过程中最终形成的产品质量。设计质量是期望值，而制造质量是实际达到的值(制造结果)。

根据符合设计质量的程度，可以评价制造质量。按照设计质量进行制造的产品被认为是合格品，而不符合设计质量的产品则被视为不良品。这里的设计质量指的是前文提到的标准质量。由于制造质量的评价基于符合设计质量的程度，因此也被称为"符合度质量"。

如果制造质量不符合设计要求，原因通常在于生产制造过程中的问题。例如，如果问题出在未遵守操作标准上，就需要进一步调查哪些操作标准没有被遵守，并采取措施防止再次发生。如果已经按照操作标准进行操作，但制造质量仍然不合格，这种情况就需要考虑修订操作标准。

7.5 管理的含义

管理这个词有很多含义。简单来说，"管理"是指制订计划并进行一切为了实现计划而进行的活动(朱兰博士)。

在做任何事情时，首先要明确目标，制订计划，并按照计划进行工作，然后检查工作的结果。如果结果与计划不符，就需要修改操作；如果计划不完善，就要进行计划的修订。这些活动都是为了实现计划而进行的，综合起来被称为“管理”。

7.5.1 管理循环

管理活动是一个循环过程，从制订计划开始，再回到计划的阶段，形成管理循环。这个管理循环包括以下几个步骤：

(1)制订计划(或标准)以达到目标——计划(Plan，P)。

(2)根据计划执行实施——执行(Do，D)。

(3)测定和检查实施结果——检查(Check，C)。

(4)如果检查结果与计划有差异，就采取必要的修正措施——处理(Action，A)。

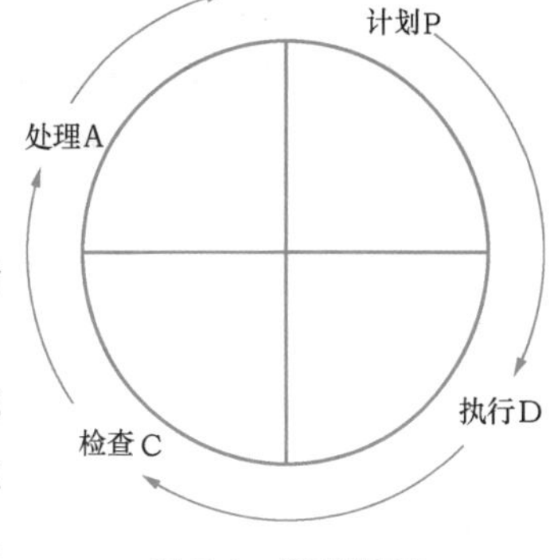

图 7-1 管理循环

如图 7-1 所示，PDCA 管理循环由 P—D—C—A 四个部分组成，不断循环进行。当这个 PDCA 管理循环持续不断地进行时，就能够达到预定的目标。管理不仅仅是指 P、D、C、A 这些活动本身，而是指将它们联系起来进行的连续活动，即“活动的总和”。

7.5.2 管理的效率

为了有效地进行管理活动，必须适当地进行 P、D、C、A 各项活动。

(1)首先，需要制订适当的计划来实现目标。然而，并不能期望一下子就制订出完美的计划，可以先制订一个基本可行的计划。

(2)按照计划进行业务工作。

(3)检查业务工作的结果时，必须明确检查的项目，并与对应的标准值进行比较。这些被选定用于检查的项目被称为管理项目。选择适合的管理项目对于有效进行管理活动至关重要。

(4)根据检查结果，采取必要的修正措施。修正措施包括修改计划和修改管理标准等。在采取修正措施时，必须考虑权限范围。对于超出自身权限的修正措施，例如对制造条件进行较大的改变，不应擅自采取，而应向上级管理人员报告并请其采取有效的修正措施。为了有效地进行管理活动，必须明确责任和权限，如果应采取的措施没有被采取，就意味着没有履行自己的责任。

通过持续进行 PDCA 的管理循环，计划会逐步完善，管理活动也会得到有效展开。

朱兰博士将管理活动的步骤分为以下七步：

(1)选定管理项目，即确定需要进行控制的项目。

(2)选择测量单位。

(3)设定标准值，确定质量特性的要求。

(4)制定测量质量特性的检测方法。

(5)进行实际测量。

(6)解释实测值与标准值之间的差异。

(7)对差异做出决策，并采取修正措施。

在 PDCA 管理循环的 P 阶段，朱兰博士强调要明确管理项目的选择、标准值的设定，以及进行比较、检查和判断的检测方法。管理项目应按照层次进行确定，具体细节将在后文详述。

7.5.3 管理的内容

管理一词拥有多重含义。根据经营学的解释，管理原本是指根据经营方针制订和执行计划，并在该计划下对操作活动进行指挥、指导、监督和控制的一系列活动。管理分为计划(Planning)和控制(Control)两个领域。从这个角度来看，Quality Control 应称为“质量控制”。过去，质量管理的主要活动领域是减少制造质量的不良。然而，最近的趋势是将重点转移到减少设计质量的不良，并开始重视计划阶段，称之为“源流管理”。这种趋势是不可避免的。质量管理并不仅限于质量控制，因此用英文表示可能更准确，即 Quality Management。

通常，在日本，将“管理”和“控制”统称为管理。然而，狭义的管理(控制)可以说是指 PDCA 中的 CA 阶段活动。本书在提到“管理项目”时，是指对项目实施结果进行检查的意义。

1. 维持、改进与开发

我们的工作涵盖维持、改进和开发三种情况。它们分别具有以下含义：

(1)维持：保持现状，防止变化，遵守标准。

(2)改进：打破现状，追求变革，改变标准。

(3)开发：除了与改进相同的含义外，开发还特指进行以往未曾尝试过的新活动。

维持是通过对比标准来检查异常状态，并采取措施恢复标准(正常)状态，以努力保持正常(稳定)状态的活动。维持是管理活动的基础，当异常现象频繁发生导致不稳定状态时，就无法进行大规模的改进和开发。在企业各个层级中，班组长和普通操作人员主要从事维持业务工作。然而，类似于欧美的做法，即由管理人员和技术人员制定操作标准并交给操作人员，操作人员只需按照标准进行操作，这种方法是错误的。优秀的操作标准是无法在没有实际操作人员参与的情况下制定出来的。此外，对于由上级制定的操作标准，理解其含义和关键点也是困难的。因此，通过开展质量控制小组活动来改进操作，修订不适当的操作标准是非常必要的。越是处于企业高层的人员，就越需要从事开发方面的业务工作。上级领导人员也必须遵守已确定的标准和规定，不能随意行动。上级领导人员应专注于开发方面的业务工作，应下放权限，将简单的改进业务交给基层人员处理。但是，不能忘记，即使下放权限，上级领导仍然负有责任。

2. 计划

在管理循环中，计划(P)并非仅靠头脑想象制订出来的。首先，需要了解现状，明确存在的问题，调查导致这些问题的原因，然后制定消除这些因素的对策，这才是计划。例如，通常所说的“健康管理”并不是指等到生病后才去找医生治疗，这只是针对症状进行治疗。健康管理的真正含义是首先请医生全面检查身体，并制订适合自己的健身计划，然后遵守这个计划以防病症的发生。对于胃肠道较弱的人来说，需要摄取对胃肠道不会增加负担的食物，这就是健身计划。换句话说，健身计划是通过了解病因来防止疾病的发生。

实际上，PDCA 管理循环是通过查明目前存在问题及其原因来进行的活动，因此应该从 C(Check，查明)开始。从这个意义上说，将 PDCA 称为 CAPD 可能更为适当。制订计划仅仅为了解决当前存在的问题是不够的，计划还必须考虑到环境等条件变化可能带来的问题，并确定解决这些问题的对策。长期计划必须明确未来 5 年、10 年的目标与现状的差距，并提出实现目标所需的方法和措施。

总之，治表并非管理的目的；找出异常原因并防止其再次发生才是管理的关键。为了进行管理，从结果中查明原因是必不可少的方法，这就是“分析”。在质量管理中，统计方法作为一种强有力的分析方法。我们必须认识到，质量管理不仅是一种管理思想，而且拥有有效的方法。

3. 处理

在管理循环中，处理不是仅仅治表，而是治本。例如，当某种合成物的硬度出现异常时，经过调查发现是由于原料配比发生变化引起的，于是采取措施对该配比进行适当调整，这就是处理。在确定了加热温度的上限和下限之后，当偏离这些限制时，需要使其回到这个范围内，这就是“调节”或“控制”。这并不需要查明具体原因，通常通过操纵电阻器、蒸汽阀门等手段就能实现。在今天，这种操作通常通过自动控制来完成。然而，即使有了自动控制，也不能因此就不再进行管理。即使特性值处于管理范围内，仍然可能由于其他原因引起异常。这就需要研究异常的原因，并采取措施加以解决，这就是 PDCA 中的 C、A 阶段。

7.6 质量管理的定义

质量管理是在前面所定义的管理基础上，加上了“质量”一词。可以将质量管理定义为“制订质量计划并实施一切为实现该计划而进行的活动的总和”。

如果考虑整个工业生产和销售过程的管理循环，可以参考图 7-2。首先需要进行质量设计，然后根据设计质量进行生产制造，对生产出的产品进行检查和销售。这些都是企业内部的活动。同时，企业还需要调查消费者的需求，然后回到设计阶段。这才是完整的工业生产活动，也就是质量管理。

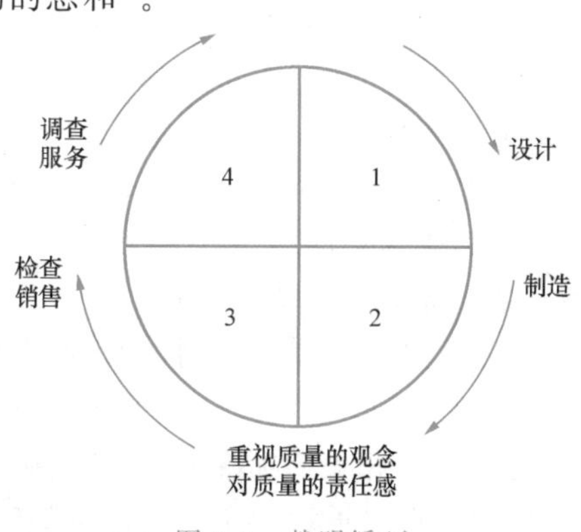

图 7-2 戴明循环

戴明博士将质量管理比喻为一个车轮，如图 7-2 所示，将市场调查作为质量管理的一环。车轮在“重视质量的观念”和“对质量的责任感”这两个地面上不断旋转，前进发展。这就是质量管理。因此，有时将图 7-2 称为戴明循环。

需要注意的是，通过检查发现不良品并进行“返修”并不是管理。真正的管理是找出不良品发生的原因，改进设计、操作标准和操作程序等，以防止再次出现不良品。管理的目的是“预防再发生”。

这里所描述的并不是什么特别新颖的概念，而是理所当然的事情。因此，可以说质量管理是正确地去做应该做的事情。

以下列出几个代表性的质量管理定义：

(1)戴明博士的定义(1950 年)

“统计式质量管理是为了以最经济的方式生产出最适用且畅销的产品，在生产的各个阶段采用统计理论和方法。”

(2)朱兰博士的定义(1954 年)

“质量管理是制定质量标准以及为实现这些标准所应用的一切手段的总和。统计式质量管理是指在质量管理中采用统计方法的那一部分。”在1974年出版的《质量管理手册》(第三版)中，朱兰博士给出如下定义：“质量管理是测定实际完成的质量结果，并与规格标准进行比较，并采取适当措施来弥补差距。”

(3)JIS(日本工业标准)的定义

质量管理是为了以经济的方式生产出符合买方要求的商品或服务而应用的手段体系。现代质量管理由于采用统计方法，有时也被称为统计式质量管理(Statistical Quality Control，SQC)。”

(4)国际会议上的定义

1951年7月在布鲁塞尔召开的关于经营管理的国际会议上，质量管理被定义为：统计式质量管理是为了以最经济的方式生产出具有最大适用性和市场需求的产品，从而充分应用统计原理和技术。

本书中所讨论的内容都涉及日本的全企业质量管理和日本式的TQC。为了避免混淆这些术语，统一用QC(Quality Control)进行描述。

戴明奖委员会从开展全企业质量管理活动的角度给出了对“统计式质量管理”的定义：“在面向消费者，为其提供符合要求的产品和服务时，既要充分关注社会公共福利，又要从经济效益出发，进行设计、生产、供应及为保证产品质量而开展的调查、研究、采购、制造、检查、销售等一系列与此相关的企业内外各项活动，同时采用统计的思想和方法，在全企业范围内通过反复进行管理循环(计划、实施、评价、处理)，达到企业的目标。”从质量保证的观点出发，新产品开发、科研管理、材料管理、设备管理、订货管理、教育与培训等各项活动也被列为戴明奖审查的内容。

我们希望强调以下两点：

(1)确保产品质量。

(2)充分利用统计方法。

以上两点是质量控制(QC)的重点。参与QC活动的事务部门和管理部门是值得赞赏的。然而，有些部门只专注于改进自身业务，而对确保产品质量所必需的业务(如制定与制造品质保证相关的标准文件、培养确保产品质量的人才等)却缺乏热情。有些人将统计式质量管理(SQC)误称为全面质量管理(TQC)，并以此为借口，只进行文件整理等事务性工作，根本不运用统计方法对不良品和异常情况进行分析。本节强调的是，在推行全面质量管理(TQC)过程中，应用统计方法是非常重要的。

7.7 全企业的质量管理

7.7.1 全面质量管理

近年来，工业生产发生了急剧变化，随之出现了如下情况：

(1)消费者对质量有更高的需求，产品使用时的安全问题、公害问题都成为重要的问题。消费者对生产者的要求有愈加苛刻的倾向。

(2)过去，在设计、制造、供应阶段有质量保证就足够了，如今不行了。在使用、废弃阶段的质量保证变得越来越重要，有的企业为适应这种形势，被迫大力改进现有工厂装备、操作方法和售后服务。

(3)用于确保质量的成本显著增加。降低质量成本越来越重要。降低成本,不仅是企业的事,更重要的还是使用者的要求。

(4)作为生产销售对象的产品,有公害问题自然不行;生产产品时产生的废弃物有公害问题也是不行的。

为了解决上述问题,仅靠检查来控制不良品出厂是很不够的,而应当努力预防出现不良品,做到不需要检查。

"质量不是检查出来的,而是通过生产工序制造出来的。"因为质量是在设计阶段决定下来的,也可以说,"质量应当在设计中形成,通过生产工序制造出来"。了解掌握使用时质量的变化,研究改进服务及维修方法,也是必要的。

这样看来在工业生产、销售的全过程中,实行质量保证是必不可少的。

产品质量不仅是技术性的质量,而且是综合的质量,对综合的质量进行管理,称为全面质量管理。

7.7.2 全企业质量管理的定义

TQC(全面质量管理)这个术语,如前所述,最早是由美国的费根堡姆提出的。他在1961年出版了一本以此为书名的专著(日立制作所译:《全面质量管理》)。

费根堡姆的定义是:"TQC旨在以最经济的方式生产、销售合乎质量标准、使用户充分满意的产品。它将企业内所有部门为质量开发、质量保持和质量改进所付出的努力统一、协调起来,从而取得有效的组织体制。"

这里所说的组织体制并不是指设立质量管理部门这样的单一部门,而是将确保质量的任务分配给各个部门,在整个企业范围内完成质量职能。费根堡姆还说:"质量控制是所有人员的工作,而不是某个人的专属工作。"正如这句话所表明的,TQC必须是全企业、各个部门和各个层级的所有人员共同参与的活动。换句话说,以前作为独立活动进行的采购管理、工序分析、工序管理、检验等活动,要作为综合性活动进行实施。正如前面所述,TQC也可以解释为对综合质量进行管理。在欧美企业中,质量管理只是一部分管理人员的职责,而像费根堡姆在日本企业中所推行的那样,将领导层和现场操作人员都动员起来参与的活动是罕见的。实际上,在欧美,QC受到专家主义的束缚,至今仍然存在QC被视为专家责任的情况。在这种状态下,当然不能期待QC取得巨大的成果。

从上述定义可以看出,TQC涵盖了企业各级领导,包括设计、制造、检查、销售、材料、动力、财会、劳资及其他部门的全部活动。然而,在重视安全和环境问题的消费主义时代,这个定义也需要逐步完善。在欧洲,将这种全企业范围的质量管理活动简称为ICPQ(产品质量综合控制)。可以看出,今天的TQC在不同国家的意义、范围和内容都有所不同。在1969年由日本举办的世界上最早的质量控制国际会议上,TQC被用作对因国家而异的TQC的总称。考虑到有必要区分日本式的TQC与其他TQC,提议使用术语"全企业质量管理(CWQC)"。同时规定,为避免误解,在提及日本的TQC活动时应使用CWQC这个术语,而不再使用过去一直沿用的TQC。最早使用CWQC这个术语的报告是作者在1969年提交给国际会议的。

一般来说，TQC 比 CWQC 更为常用。考虑到正确理解术语的含义和内容差异及正确使用这些术语的必要性，以上内容进行了详细说明。

根据记载，在日本真正在全企业范围内推行质量管理始于 1953 年度获得戴明奖的信越化学工业公司。该公司拥有明确的企业领导方针，并进行了全企业的质量控制诊断。在全面质量管理活动中，首次有意识地使用 TQC 这个术语的是 1963 年度获得戴明奖的日本化学药品公司。从那时起，TQC 这个术语逐渐被使用，尽管费根堡姆的 TQC 内容尚未被充分理解。日本式的 TQC 作为动员整个公司、各个部门和各个层级参与的活动，已经发展成为远远超过费根堡姆 TQC 内容的丰富质量控制活动。

7.7.3 全面质量管理中全面的意义

图 7-2 所示的戴明循环中，设计、制造和检查是技术部门的职责，而销售、调查和服务是事务和营业部门的职责。无论技术部门如何努力，仅仅依靠他们的质量管理是无法取得成果的。采购部门应努力采购价格合理、质量优良的材料和零部件；人事部门应择优录用优秀的操作人员，并对他们进行教育和培训。只有公司所有部门的人员都参与其中，质量控制才能取得成功。企业领导、部门主管、现场监督人员和操作人员等全体人员的参与是必要的。公司各级别和各部门的人员都参与 TQC，这是 TQC 中“Total”（全面的）的含义。TQC 不是分散进行质量控制，而是共同为实现共同目标而进行质量控制，也可以说 TQC 是“共同为大家来搞 QC”。换句话说，质量管理活动必须是一个有机组织的系统性活动，使所有部门的人员都参与其中。

仅仅向操作人员发出“加油干”的命令不是企业领导和部门主管的工作。而及时发现存在的问题、异常和瑕疵，分析其原因，并采取措施防止问题再次发生，同时制定正确的操作标准、采购适当的材料和设备，才是企业领导和管理人员的工作。

在 TQC 中，我们要注意发现不良、异常和问题，并分析和诊断其原因，采取措施来消除这些因素。就像医生诊断疾病一样，需要使用先进的方法工具，如听诊器、体温计，甚至心电图和脑电图等。统计方法是重要的工具之一。

因为 TQC 是从调查问题、研究问题原因开始的，因此也可以将 TQC 称为“基于事实的管理”。在进行 TQC 时，如果仍然像过去那样凭直觉和主观判断来开展业务工作，就无法形成准确的判断，可能采取错误的处理方式。只有通过了解事实，并根据事实进行客观判断，才能进行正确的业务工作。TQC 的强大之处不仅在于其理论和思想方法，还在于具备具体有效的工具。充分利用统计方法的质量控制被称为 SQC（Statistical Quality Control，统计质量控制），但在 TQC 中也必须充分利用统计方法（S）进行分析。认为 SQC 发展为 TQC 后，在 TQC 中就不需要统计方法（S）了，其实是一个误解。在 TQC 中，统计方法（S）变得越来越重要，因此必须成为 TSQC。

TQC 是全企业各级别、各部门都参与的活动，但并不仅仅是各个部门参与即可，而是要全企业共同追求一个目标，齐心协力开展活动。共同目标，就是优先考虑“质量＝用户利益”，因为提高质量会增加企业的利益，推动企业的发展。换句话说，TQC 不是之前提到的“各自分散进行质量控制”，而必须是“大家共同追求目标（为了大家）进行质量控制”。当谈到全企业的质量管理时，指的是企业各部门和各级别都参与其中。然而，常常发现在推行 TQC 的各个部门只关注自身的业务改进，而不解决部门之间的问题，将问题搁置不管。因此，以共同的目标推行质量控制是至关重要的。从这个意义上说，很难舍弃“全面的”（total）

这个词。日本式的 TQC 是一种综合性质量管理，由全企业各部门和各级别参与，旨在达到共同的目标(企业方针，特别是质量方针)。笔者认为，将“日本式 TQC”称为“全企业全面质量管理”更为适当。

7.8 企业经营管理与质量管理

7.8.1 经营、质量与质量管理

企业经营、工业产品的质量与质量管理之间的关系可用图 7-3 表示。图中包括了 B、C 及 A 的一部分的 QC 的整个圆就是日本式 TQC。其中，A——质量经营。B——实践的经营管理。C——质量保证活动。

图 7-3 中 QC 有两个方向。

1. 质量保证

质量控制(QC)最重要的活动之一是质量保证(QA)，它是确保工业产品质量的活动。质量保证不仅包括正确的设计和生产制造，还包括确保满足用户要求的质量标准，并提供正确使用产品的方法(使用说明书)等。这在图中被表示为右侧的 C 部分。

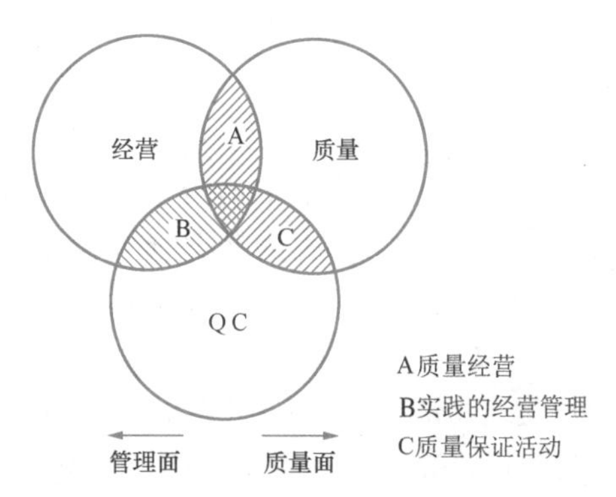

图 7-3 企业经营、工业产品的质量与 QC 之间的关系

当然，为了确保工业产品的质量，技术方面的知识是必要的，包括工业工程学(IE)和运筹学(OR)等专业技术。然而，除了这些专业技术外，其他管理技术也是有用的，应该尽量充分地应用。尽管图 7-3 是概念性的表示，C 部分在图中的面积很小，但由于 QC 在确保质量方面的重要作用，因此在右上方的圆中，C 部分的面积较大。在表示 QC 领域的下方圆中，C 部分也占据了很大一部分面积。

2. 实践的经营管理

日本式 TQC 并不直接反映在工业产品的质量上，而是体现在开展对企业经营有直接帮助的活动中。图 7-3 中左上方的圆表示企业经营本身，而 QC 对企业经营有直接作用的部分是图 7-3 中的 B 部分。经营必须有经营思想和经营哲学，除了 QC 之外，IE、OR 等管理技术也是有效的。然而，经营管理是一个综合的、抽象的概念，而 QC 是一种非常具体、有重点的活动，因此 QC 对企业经营有直接作用的 B 部分绝不是狭小的。B 部分应该被称为“实践的经营管理”。

在推行 TQC 的企业中，重点开展的是“方针管理”和“职能管理”。这些活动的效果非常显著，可以说这是日本式 TQC 的特点。

“方针管理”和“职能管理”对于确保产品质量也是必要的活动。此外，对与产品质量无直接关系的业务工作改进和提高效率也是非常有用的。

方针管理是指明确企业所面临的问题(不仅是现有的问题，还包括可能发生的问题)，然后制定解决这些问题的措施，贯彻执行这些措施，检查执行结果，并确定下一阶段的方针。

这就是关于方针的 PDCA 循环。从高层领导到基层操作人员，方针需要在各个层级上得到有效实施。

方针管理是企业经营中不可或缺的一部分，是必须开展的活动。实际上，大多数企业在实施 TQC 之前并没有充分进行方针管理，多数情况是在实施 TQC 之后才开始有效地开展这种管理。这是因为 TQC 方法对方针管理非常有用。

3. 质量经营

图 7-3 中，上面两个圆重叠的部分，即 A 部分，代表了质量在经营中的范围，这相当于最近广泛使用的"质量经营"这一术语的范围。过去的经营往往把获利作为唯一目标，所有活动都以利润为导向。然而，这种方式是有限的。通过实现"思想观念的转变"，优先考虑质量和用户的利益，这最终将有助于增加企业的利润。这种注重质量的经营方法被称为"质量经营"。

在企业的各种问题中，工业产品的质量是最重要的问题。如果产品质量与用户需求不一致，产品就无法销售。如果不良品流出工厂，企业将面临索赔等问题，从而增加巨大的负担。因此，调查质量异常的原因，制订消除这些因素的方针和计划，并贯彻执行，让 PDCA 管理循环持续运转，是至关重要的。这种"质量方针的管理"不仅重要，而且效果显著。这正是图 7-3 中 B 和 C 相交的部分所代表的内容。

除了确保工业产品的质量之外，无论是降低成本、缩短交货时间等技术性问题，还是事务性问题，QC 在解决这些问题上都是有效的。事实上日本的许多企业通过这样的活动已经取得了巨大的成效。这可以解释为图 7-3 中 QC 的 A、B、C 以外的部分所代表的内容。

这里所说的"质量"对于生产制造企业来说，是指"工业产品的质量"；对于建筑业来说，是指"建筑物的质量"；对于银行、超市等服务行业来说，是指无形产品即"服务的质量"。同时，也可以将企业内部各部门的工作看作是制造产品的过程。例如，设计部门的产品是设计图纸、设计书等；财务部门的产品是财务报表、传票等。这些产品同样有用户。所谓"下一道工序就是用户"就是这个意思。为了生产出既符合用户要求又对用户有益的高质量产品，开展确保工业产品质量的保证活动是极其必要的。当然，这也需要依赖于 QC。

7.8.2 企业质量管理

1. TQC 与效益

作为一家企业，利润自然是最重要的，这是企业持续存在的基础。如果推行 TQC 无法增加利润，那么推行 TQC 就没有意义。因此，确保 TQC 能够带来经济效益至关重要。

对质量的认识往往存在以下五种误解：

(1)将质量好定义为高级产品。

(2)认为搞好质量必然会增加成本，无法与利润兼得。

(3)将质量视为生产制造部门操作人员的责任，与企业领导和管理人员无关。

(4)认为质量只能通过检查来确保。

(5)认为质量是无形的，无法测量，与设定目标和制定管理方针无关。

2. TQC 与扩大销售

质量是产品对用户的价值所在，因此，那些对用户有价值的产品自然会有更大的销售额。在过去，企业只关注自身的利润，但在如今日本经济增长缓慢的时代，由于竞争激烈，质量不佳的产品肯定无法销售。在当今时代，"思想观念的转变"变得非常重要。TQC 恰恰是经营管理思想的转变，即从仅考虑本企业利益的立场，转变为首先考虑用户和整个社会利益的立场。坚持这一立场，最终会给企业带来巨大的利润。日本推行TQC的汽车、家用电器、集成电路等生产厂家通过增加向世界各地的出口，获得了巨大利润，这是最好的证明。

3. TQC与提高生产效率

提高生产效率是必要的，但需要注意的是，阻碍生产效率提高的首要原因是质量问题。如果没有任何不良品，所有产品都合格的话，那么投入到生产中的劳动力和生产设备所消耗的电力等都是百分之百有效的。由于不良品导致的劳动力和电力等的浪费是完全无用的。即使通过检验后修复不良品再出厂，也无法回收白白浪费的劳动力和电力等资源。

4. TQC与交货期管理

交货拖期的主要原因也是质量问题。例如，修复不良品所浪费的时间，以及为补充浪费掉的材料所需的时间。通过积极推行TQC，可以减少工时，缩短交货期。

5. TQC与产品责任

近年来，缺陷产品问题成为社会的重大问题。使用缺陷产品导致用户受伤或财产损失，在过去可能不会成为问题，但如今已经成为问题。生产厂家面临消费者的索赔要求，需要支付赔偿金。这种问题被称为产品（或制造物）责任问题。在世界各地，因为支付赔偿金而导致企业破产的情况不在少数。因此，可以说不推行TQC的企业不仅涉及利润问题，甚至可能面临破产的风险。

6. TQC与新产品、新技术开发及技术提高

TQC不仅仅对于在生产制造现场消除不良品有用，它还应该将重点逐渐转移到前期阶段，即新产品、新技术的开发和设计阶段上，这种管理被称为源流管理。

无论一个人的技术有多出色，如果只限于个人的能力，其他企业成员就无法充分利用。为了充分利用技术并将其积累起来（称为横向交流），在当今技术飞速进步的时代尤为重要。为此，需要实行技术标准化，将技术以易于掌握和理解的形式记录下来，这样的文件被称为技术标准。操作标准是将操作条件、方法等详细记录下来的标准书。

通过这种方式整理技术资料，并根据技术的进展进行修订，任何人都能理解和掌握技术。为了提高技术水平，TQC的强大工具——统计方法将变得更加有用，尤其是由于电子计算机能够方便地进行统计方法的计算。

7. TQC与业务改进

事务部门负责制作文件、报告、传票和财务报表等产品。事务部门的产品主要是经营信息，其中还包括向营业部门提供无形服务等。对于这类产品，由于无法进行常规检查，即使存在不良品，往往难以察觉，实际上这类产品不符合用户要求的情况非常普遍。

近来，人们对办公室自动化进行了广泛讨论。然而，即使数据和信息通过电子计算机进行了快速处理，如果没有通过TQC明确问题和异常，并研究其原因，弄清楚消除这些因素所需的信息，然后迅速处理这些信息，办公室自动化也无法改善业务工作。需要注意的是，很多人并没有意识到办公室自动化的前提是TQC。

8. TQC与人际关系

无论如何使用电子计算机，无论机械有多自动化，最终操作它们的还是人。TQC也是由人来推行的。因此，在TQC中提高个人素质至关重要，这是不言而喻的。如果像欧美那样，由管理人员制定标准，操作人员只能按指令和标准进行操作，那将无法制造出高质量的产品。操作人员仅仅按照规定的时间和操作进行工作，是无法生产出优质产品的。只有当大家都有高度的工作热情、专注致志时，才能生产出高质量的产品。然而，在如今高度机械化的工厂中，独自工作是难以生产出优质产品的。因此，需要在现场组织小组，成员之间相互交流意见，灵活运用TQC方法进行改进工作，让大家充满激情地参与劳动。这种小组活动在日本近年非常流行，被称为QC小组活动。日本是世界上按职工比例计算QC小组最多的国家。现在，QC小组在业界上发展十分迅速，已遍及五大洲的40多个国家和地区。

QC小组活动是一种自主讨论问题并运用有效方法解决问题的活动。如今，这种QC小组活动不仅在生产现场进行，也在事务部门、银行、旅馆等领域广泛开展，并取得了显著成效。QC小组活动也是日本式TQC的一个重要特点。越来越多的欧美国家的企业来日本学习并引进QC小组活动。QC小组不依赖于单个人的智慧，而是由几个人组成小队或小组，依靠集体智慧进行活动，解决问题。

此外，TQC还可以解决企业部门之间的问题，这被称为职能管理。它强调各部门之间的协作，开展管理活动。在企业的各个部门之间常常存在隔阂，可以通过按职能进行的管理来消除。由于TQC是一种基于事实的管理方法，而不是依靠个人意见，因此可以促进人们之间的直接对话，使部门之间和各级干部之间进行坦诚的交流。据说在推行TQC的企业中，企业成员之间的关系非常良好。可见，TQC是一种尊重人、改善人际关系的良好方法。

9. TQC与其他管理活动

除了QC，还存在许多其他有效的管理技术，如IE(工业工程学)和OR(运筹学)。最好能够学习这些管理技术，并进行有效的管理活动。然而，这些管理技术与TQC不同，它们是专业性的管理活动，并不是整个企业都参与的活动。当然，学习和掌握这些管理技术对改进业务工作非常有用，因此企业中掌握这些具有专业管理技术的人才越多越好。拥有这些专业人才，并充分发挥他们的能力，对于开展管理活动非常有益。

可靠性技术(reliability，RE)是确保质量所必需的技术，最好将其作为TQC活动的一部分引入和应用。

最忌讳的是，在企业内掌握这些管理技术的专家形成派别，各自进行活动。为了解决企业的重要问题，实现企业方针，这些专家应该齐心协力，发挥综合效力。相反，如果企业内优秀的管理技术专家不能很好地合作，而是形成各个派别，那就不能说是在推行TQC。

为了有效地推行TQC，最好能够调动掌握相关TQC特殊技术的专家，例如掌握统计分析、系统设计、行为科学等技术的专家。TQC是灵活运用这些管理技术的基础，也可以说它是建立这些管理技术的基石。例如，在制定、推进和实施企业方针的“方针管理”方面，它应该说是经营的基础。如果没有实施方针管理，即使引进任何先进的管理技术，其管理活动也缺乏基础。

在引进和推行TQC时，有时会遭到原本负责推行方针管理的部门(如规划部、管理部等)的强烈反对。方针管理是由这些部门负责的。但是，他们认为将TQC活动用于推动方针管理在理论上行不通。诚然，作为企业，总是需要实施方针管理，并且原本是由规划部、管理部等部门来推进的。但实际上，如果不理解方针管理的本质，几乎不可能有效地实施。因此，作为TQC活动的一部分，必须实施方针管理。规划部、管理部等部门应该学习TQC中的方针管理，并努力贯彻执行。

TQC是经营的工具，而不是经营本身。正因为它是工具，所以正确运用它才能发挥其威力；不使用或使用不当，它就只是一个无用之物。了解TQC的正确引入和实施方法是最重要的一点。

第8章 工程中的宏观质量技术管理

8.1 概　述

8.1.1 宏观质量技术管理的概念

宏观质量技术管理是通过运用技术（包括管理技术）来推动质量发展的管理方法。

技术是提升质量的基石。以电风扇生产为例，如果没有风叶成型技术，电风扇的制造将变得困难；没有静平衡和动平衡技术，电风扇会出现明显的震动和噪音，使其无法正常使用；如果风叶成型和平衡技术不佳，会导致电风扇产生较大的震动、噪音和磨损，影响风量、寿命、可靠性、安全性和经济性。因此，没有技术就没有质量，高水准的技术是确保质量的保证。技术种类繁多，可以总体上分为专业技术和通用技术，或者分为生产技术和管理技术。

由于世界上存在各种各样的产品，生产这些产品需要应用各种不同的技术。正是因为有了不同的技术，才创造出了形形色色、多样化且丰富的产品世界。因此，不同产品的制造需要相应的专业技术。

专业技术和通用技术之间并没有严格的界限。例如，喷漆和电镀在产品中可能表现为外观功能或辅助功能，许多新产品都需要喷漆和电镀。虽然它们的应用范围比较广泛，但仍然可以称为专业技术。再例如通用设计技术，虽然在化工、纺织、机械、电子、轻工、医药、食品等领域得到广泛应用，但在建筑设计方面应用相对困难，尽管如此，它仍然可以被归类为通用技术。

通用技术是可以广泛应用于多个行业的技术，例如通用设计技术、控制技术、标准化、计量和管理技术等。

生产技术包括设计技术和制造技术。

无论是专业技术还是通用技术，都是人类在利用和改造自然过程中积累和应用的经验和知识，是提升质量或者保证质量的基础。由此可见，技术是质量管理的重要手段之一。

8.1.2 宏观质量技术管理的任务

围绕宏观质量技术管理,主要任务包括:

(1)制定质量技术管理的方针政策、工作计划和技术规章,以符合国家在技术、质量和经济等方面的方针、政策。例如,机械电子工业部致力于加强制造过程的质量管理,并在开发设计和销售服务等领域进行延伸,建立和完善质量管理体系,以提高产品质量、扩大产品种类并提升经济效益。在贯彻执行质量管理和质量保证国家系列标准,以及制定工艺突破口政策等方面他们积极、谨慎、稳妥地进行工作。各级行政技术管理机构应采用国际标准计划,制订修订标准计划、技术攻关计划、质量攻关计划、技术引进计划、质量技术改造计划、质量管理科研计划、计量技术推广计划等,并制定各种检测规程和计量规程。

(2)贯彻执行与提高质量相关的技术方针政策、技术工作计划、技术标准和技术规章。

①进行技术教育和培训,传播新技术、新理论、新方法和新产品,以增进人们对技术和产品发展情况的了解。加强员工的技术理论教育,广泛开展操作技术的培训和岗位练兵活动,不断提高全民族的技术素质。

②制定和修订技术标准和管理标准,建立标准体系,完善标准配套,逐渐缩短标准的制定、修订、贯彻和使用周期,不断提高标准化水平,加快技术进步。

③推行法定计量单位,推广先进的计量和检测技术和方法。

④开发、引进现代管理、设计、控制等技术,以及计量技术、标准化理论和方法。

⑤推广现代技术管理的理论和方法,加强技术管理。

⑥提供技术咨询和技术服务。

(3)通过标准化等手段协调质量发展。

(4)实施技术监督

贯彻执行国家技术监督的方针政策。统一管理全国的标准化、计量和质量监督工作,并对质量管理进行宏观指导。研究制定监督政策和法规。通过技术监督工作,保护国家、集体、个人和企事业单位的合法权益,维护正常的社会经济秩序。在加强政府技术监督的同时,充分发挥行业监督和社会监督的作用,逐步形成统一指挥、分工负责和多层管理的技术监督体系。

8.1.3 宏观质量技术管理的手段

宏观质量技术管理的手段主要包括标准化和计量两种。

1. 标准化

标准化是一种专门的技术方法。制定标准涉及对标准化对象进行深入研究、多次科学试验和实践。在全面掌握标准化对象的内在技术规律的基础上,运用标准化原理和方法进行创造性活动。标准是科学技术研究成果,用于衡量产品质量和工作质量。贯彻标准是标准化过程中的重要阶段,制定和贯彻标准都是有组织的科学技术活动。宣传、贯彻、监督、检查和总结是有计划、有组织、有步骤的技术活动,基于掌握标准化对象的技术规律、标准的技术原理、要求、适用范围及与产品和各单位的技术关系。

标准化是从全局利益出发,以具有重复性特征的事物为对象,以实现最佳经济效益为目标,有组织、有计划地制定、修订和贯彻标准的整个活动过程。其中,“化”是对工作对象不断确定新目标,协调一致,努力达到该目标的科学技术活动。标准化的灵魂在于“化”,其实质是通过制定技术规范并重复利用，从而取得技术经济效果，不断提高标准的水平。标准化技术深度渗透到技术对象的各个方面。例如，必须在对每个技术要素、成分及操作动作进行深入分析的基础上才能制定相应的标准。标准化涵盖了广泛的技术领域。任何一项新技术问世后，一旦确定其具有重复利用的价值，就需要制定相应的标准。为了适应和推动科学技术的发展，必须加强对超前标准化的研究、应用和推广。

标准是衡量产品质量和工作质量的依据，标准化不断为质量管理提供新的管理目标。没有标准，质量管理就失去了控制目标。质量管理的过程就是贯彻标准的过程，是与标准化有机结合的过程，始于标准、终于标准。

专业化协作是适应现代化生产发展要求的先进社会生产组织形式。产品和零部件的标准化是组织专业化协作生产的技术前提。没有标准化，就没有专业化，也就无法实现高质量和高效率。标准化是各工业部门实现现代化有机配合发展的桥梁。引入标准化设计过程更有利于采用新产品、新技术、新工艺和新材料，从而推动产品质量的提高和增强应变能力。

标准化是管理现代化的基础，是科学管理的第一步或先导。20 世纪 50 年代，日本在推行全面质量管理之前，用 3 至 5 年的时间加强了标准化工作，使质量管理得以顺利发展，为日本质量腾飞奠定了基础。以标准为导向，使日本的管理与产品质量蜚声国外，令世人瞩目。

2. 计量

计量是质量管理的技术基础工作。只有在单位制和量值统一的前提下，才能保证产品质量和工作质量，并维持经济秩序的正常运行。计量对于标准的执行至关重要。为确保标准的有效执行，必须确保标准计量器具的精确和统一，以及在使用中的计量器具示值的准确性和一致性。否则，合格的产品可能被误判为不合格，导致经济损失；而不合格的产品可能被误判为合格，引发质量问题。如果不合格的原材料制造零部件(元器件)，或者不合格的零部件(元器件)被用于产品生产，之后进入流通领域或外贸市场，必然引发社会质量问题，影响现代化建设和人民生活，甚至可能导致索赔，造成严重的经济和声誉损失。

计量还关系到零部件(元器件)的互换性。在专业化生产中，特别需要保证零部件的互换性，否则会影响正常生产并增加维修的困难，进而影响质量、生产秩序和经济效益。现代化生产要求各单位既有分工又有协作，既要实现专业化生产，又要保持协调和协作。因此，计量单位的统一和量值的一致是现代化生产的技术前提。

计量还关系到信息的准确性。信息是现代管理的神经系统，如果信息系统出现问题，必然会影响宏观质量管理的效率和效益。首先，信息是决策和计划的基础。质量管理的科学决策和计划必须以全面反映客观过程的准确信息为依据。如果信息不准确，计划就难以准确，决策就容易出错。其次，信息是组织和控制过程的依据和手段。如果原定计划不准确，检查的信息失真，管理者发出的调节和控制指令就失实，质量就无法保证，管理就会混乱。最后，信息是各个工作环节和管理层次之间相互沟通和联络的纽带。如果信息不准确，整个宏观质量管理的有效性和科学性将无法保证。

要提高产品质量，就必须改进质量的计量手段。先进的计量器具、设备和方法是开发新产品和改进质量的技术前提。以加强计量科研，合理配置先进的计量器具和采用先进的测试方法，加强计量管理，是宏观质量管理的重要内容，也是提高宏观质量水平的先决技术条件。

8.1.4 提高社会技术素质

质量水平是技术经济发展的标志。质量是经济腾飞的引擎，而科学技术是提升质量的基石。因此，提高社会技术素质是宏观质量管理的重要任务之一。

为了提高社会技术素质，需要重点抓好以下工作：

(1)广泛开展技术教育和培训

质量的形成与人的素质密切相关。加强全民技术教育和培训，既要树立质量第一的思想，又要掌握现代化的管理方法和熟练的技能，这样才能促进全民素质的提高和质量工作的深入发展，从而确保工作质量和产品质量。

技术教育与培训的主要内容应包括通用技术和专业技术。针对不同岗位和层次，需要选择有针对性的技术内容，并编写相应的教材进行教育和培训。

在教育与培训过程中，需要采用因材施教、循序渐进、分阶段实施、系统学习的原则。同时，运用灵活多样的方式和方法，广泛开展教育与培训活动。要突出重点，充分利用现有条件，并积极采用先进的教学方法。还需要建立严格的考核制度，严禁营私舞弊和形式主义的行为。此外，要明确奖罚分明的激励机制，合理利用人才，充分调动学习技术的积极性。

(2)努力开发并积极引进新技术

致力于新技术的开发，我们应不断扩展技术领域，提升技术水平。在技术开发过程中，应采用多种途径，如独创性、综合性、延伸性、总结性和提高性等方法。同时，我们应积极引进新技术，包括软件和硬件两种形式，并付出努力来消化和吸收这些技术。此外，重视技术改造，加快生产技术的改善，提高生产力水平。

(3)加强“四新”技术的推广，加快更新换代的步伐

(4)重视技术咨询服务，帮助企业进步

技术咨询服务是一种帮助企业解决各类技术问题、提升企业技术素养的有效方法。它起源于美国，目前许多国家都建立了专门的机构来提供此类服务。在我国，管理技术方面的咨询服务也得到了广泛开展，并取得了不少成果。然而，一些机构和单位错误地将咨询服务与检查、评比、发证、授奖等事务联系在一起。例如，某监督中心设在某研究所，在发证检查之前，研究所主动为企业提供咨询服务，然后由中心进行监督检查。这种做法看似是监督中心在提供咨询服务，但实际上却可能涉及权钱交易。这种走形式主义的行为效果较差，败坏风气，损害国家利益，必须引起高度重视并加以解决。

8.1.5 技术监督

1. 技术监督的基本概念

监督是一种检查和督导人们行为的活动，目的是实施制约。技术监督作为其中的一种形式，通过检验技术和方法，依据法律规定，对人们的技术行为进行质量控制的监查和督导，其核心目标是规范和限制技术行为，确保它们符合国家相关技术规范和法律要求。

关于技术监督的概念，我国尚未形成统一的观点。在我国的第一次技术监督内涵研讨会上，提出了以下七种主张：

(1)技术监督是一种制约活动，以技术为手段，对科技、经济和其他领域中的行为和结果是否符合相关技术监督的法律、法规和规范进行制约。

(2)技术监督是以法律为依据,运用科学的检测技术和方法,对科技、经济和其他相关领域中体现质量和数量的行为进行监查和督导活动。

(3)技术监督是以技术为手段,依据相关法律、法规和规范,对社会技术经济活动中与技术质量有关的行为实施制约的活动。

(4)技术监督是依据法律标准和规范,通过计量检定和质量检验手段,对无法满足质量和安全卫生要求的行为进行监查和督导的活动。

(5)技术监督是依据科学技术原理,并根据国家法律、法规及具有法律效力的技术规范,运用专业化的技术手段,由国家或相关授权部门组织实施的一系列有目的的监查和督导活动。共主要目的是解决社会技术经济活动中涉及统一或协调的技术问题,以及技术应用的社会效果问题。

(6)技术监督是以技术为手段,对涉及质量和数量的统一规定性和法制性经济技术活动进行监查和督导的活动。

(7)技术监督主要是在商品和商品生产过程中采取一定技术手段的监督活动。

尽管上述七种说法存在一定差异,但仍有几个共同点。首先,技术监督的对象是科技、经济及其他领域中体现质量和数量的技术行为;其次,技术监督目的在于规范和限制这些技术行为,确保它们符合技术规范和法律要求;再次,技术监督依赖于科学的检测技术和方法;最后,技术监督以法律、法规和技术规范为依据。

2. 技术监督体系

为了解决技术监督中力量分散、机构重叠、相互分割、重复检测及加重企业负担等问题,需要建立一个统一、协调和具有权威性的国家技术监督体系。

在强化国家监督的同时,还应充分发挥行业监督、专业监督和社会监督的作用,形成一个统一管理、分工负责、多层次的全国技术监督管理体系。

由于技术监督涵盖了各类技术监督,而不仅仅是特定的几类或几种形式,因此,国家技术监督部门应与各行业、各专业的质量监督机构保持紧密联系。根据国家规定,全国质量监督工作原则上由国家技术监督局统一管理并组织协调。对于已经建立的行业和专业质量监督机构,必须根据国家技术监督局统一制定的有关产品质量监督的方针、政策和具体实施办法进行分工负责。各行业应主要控制和监督本行业的质检机构。药品、食品卫生、船舶、锅炉、压力容器的检验机构及进出口商品的检验机构,都应按照国家的相关法律和条例各自实施监督,国家技术监督局根据需要进行协调。

为了解决多头和多层次的重复监督检查问题,技术监督部门应加强统一管理和协调工作。在思想上要强调协调思维,工作上应注重协调方法,以进一步发挥技术监督部门的协调作用,逐步形成一个具有统一计划、统一方法、统一行动、统一管理的有权威性的全国自上而下的技术监督体系。

8.1.6 加强新产品开发和技术改造中的质量技术管理

科学技术被视为第一生产力,并且是最为发达和先进的生产力。科学技术的水平直接决定了产品质量的高低。为了促进社会质量水平的迅速发展,我们必须加强科学技术管理,大力发展基础研究、应用研究和发展研究。特别需要重视的是技术开发,因为技术开发是将科学技术的发现和发明转化为社会生产力的全过程。

科学技术管理是一个专门的学科，它涵盖了丰富的内容。从宏观质量管理的角度来看，新产品开发管理和技术改造尤为重要，因为任何产品都必须经过开发设计阶段。开发设计是确定产品质量水平意向的技术工作，它不仅是产品质量产生和形成的起始点，也是采用新技术、新工艺、新材料提高产品质量的关键环节，同时又是节约资源、降低消耗的重要途径。技术改造是将先进技术应用于企业的各个领域，用先进的技术和工艺替代落后的技术和工艺，实现以内涵为主的扩大再生产。显然，提高生产技术的现代化水平是提高制造过程质量水平的关键，也是加强质量控制，稳定生产优质产品，减少废品和次品损失，增加效益的物质技术保证。因此，加强新产品开发管理和技术改造的宏观质量管理，在提高社会必要质量水平方面发挥着重要作用，是宏观质量技术管理的重要方面之一。

8.2 标准与标准化管理

8.2.1 概　述

1. 标准与标准化的基本概念

(1)标准的定义

标准是针对重复性事物和概念所制定的统一规范。它们基于科学、技术和实践经验的综合成果，经过有关方面协商一致后，由主管机构批准，并以特定形式发布，作为共同遵守的准则和依据。

(2)标准的特征

①标准的产生基于将科学技术进步的新成果与实践中积累的先进经验相结合，以促进生产的发展为目标。标准的社会功能在于将社会上积累的科学技术和实践经验成果规范化，通过执行和遵守标准，促进资源的有效利用，为生产的发展创造稳定的基础。

②制定标准的出发点是建立最佳秩序并获得最佳效益。

③标准的本质是统一规范准则。统一规范意味着不同级别的标准在不同范围内实现统一，不同类型的标准从不同角度、不同侧面进行统一。

④制定标准的对象是具有多样化相关性特征的重复事物。只有具有重复性特征的事物才能总结经验，才需要制定标准，从而减少不必要的重复劳动，有效控制失控的无用多样性。

⑤标准的产生特征是通过协商一致并由权威机构批准。协商一致主要考虑各方面的利益，以实现最佳效益，并确保各方自觉遵守标准。标准的严谨性和权威性在这一点上得到体现。

(3)标准化的定义

标准化是在经济、技术、科学和管理等社会实践中，通过制定、发布和实施标准，对重复性事物和概念进行统一，以获得最佳秩序和社会效益。

从上述标准化定义可见，标准化不是一个孤立的概念或事物，而是一个涉及制定、贯彻和修订标准的循环反复的过程。标准化活动的任务是制定、修订和贯彻标准，标准则是标准化活动的产物。标准化活动的核心环节是贯彻标准。标准化的“化”是相对的，不能一蹴而就，而是一个不断提高、发展和完善的过程，在一定时期内达到当时条件下的最佳状态。标准化的范围非常广泛，适用于人类生产和生活的各个领域。在我国，标准化已经从工艺生产标准化扩展到农业、林业、畜牧业、渔业、商业、交通运输业、医药卫生、能源、环境保护、安全、国际贸易、服务行业、金融业等各个领域，在广度和深度上都实现了快速发展。

2. 标准化的目的

标准化的目的是实现最佳秩序和获得全面的经济效益。在社会主义国家中，社会效益是经济效果的综合体现。标准的贯彻执行应当首先考虑对社会的效益，包括保护环境和确保安全卫生，同时也需兼顾企业和个人的效益。因此，促进最佳的全面经济效益是标准化的出发点和目标，也是衡量标准化活动成果和评估标准化水平的基本依据。具体来说，标准化的目的可以总结为以下五点：

(1)促进建立必要的生产技术秩序，为社会生产和经济活动的正常进行提供必要条件。

(2)提供信息传递和交流的手段。

(3)发展产品种类，提高产品质量，满足社会需求。

(4)促进经济的持续发展，实现最佳经济效益。

(5)促进安全、健康和环境保护。

3. 标准化的领域、对象和基础

标准化的领域非常广泛，涵盖经济、技术、科学和管理等社会实践的各个方面。标准化的对象主要是这些领域中的“重复性事物和概念”。这既包括具体的“事物”，也包括抽象的“概念”。例如，管理标准和方法标准是对具体“事物”的规范，而产品标准则是关于具体“物”的规范，名词术语标准则是关于“概念”的规范。然而，并不是所有的“事物”和“概念”都适合进行标准化，只有那些具有“重复性”的“事物”和“概念”才需要制定标准。因为只有在重复性的事务中才能进行比较、选择最佳方案，并据此制定标准。

标准化的基础是科学、技术和实践经验的综合成果。这就要求在制定标准和进行标准化活动时必须注重科学性，需要在认真、广泛搜集并总结科学研究成果和生产实践经验的基础上进行。标准化活动的过程是对现有的科学、技术和经济建设成果及生产实践经验进行分析、比较、综合和选择，并在实践中进行验证、应用和推广的过程。因此，在整个标准化过程中需要注重调查研究和经验总结。

4. 标准化在国民经济发展中的地位和作用

标准化是国民经济中一项重要的综合性基础工作。它是组织现代化生产、实行科学管理、提高产品质量、提高经济效益和降低资源消耗的重要手段。标准化是现代化大规模生产的必要条件，也是实施科学管理和现代化管理的基础。标准化有助于巩固和发展专业化生产，提高经济效益，促进技术壁垒的消除，推动对外贸易的发展。标准化对于国民经济的发展起着重要的促进作用。

8.2.2 标准的分类、分级和标准体系

1. 标准分类

想要正确地理解标准化的目的和作用，弄清不同标准属性之间的相互关系是至关重要的。标准是一个复杂而又庞大的系统，种类极其繁多。当前，我国采用的分类方法有两种：

(1)按照标准化的对象和性质进行分类

一般可以分为三大类：技术标准、管理标准、工作标准。如图8-1所示。

①技术标准

可分为基础标准、产品标准、方法标准、安全标准、卫生与环境保护标准等。

a. 基础标准

它是指在一定范围内，作为其他标准制定的依据，并对标准的制定具有普遍指导意义的标准。

b. 产品标准

它是指为保证产品的适用性，对产品必须达到的某些或全部要求所制定的标准。其内容包括：品种、规格、技术要求（包括内在和外观质量等）、试验方法、检验规则、标志、包装、运输、储存等。

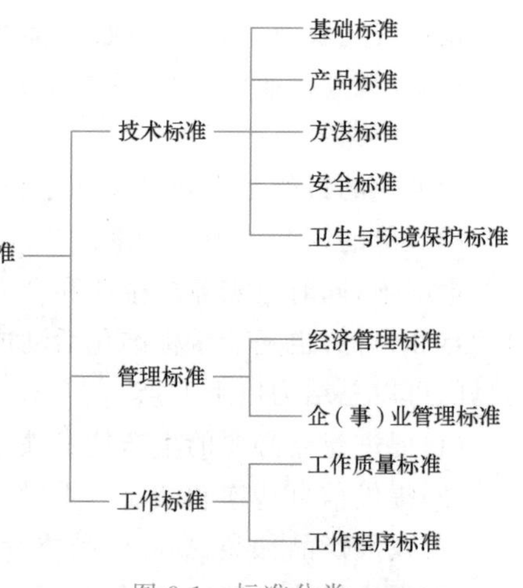

图 8-1　标准分类

c. 方法标准

方法标准的标准化对象是动作、行为。是以各项技术活动，如实验、检查、分析、抽样、统计、计算、测定、操作、检定、设计等各种方法为对象制定的标准。

d. 安全标准

安全标准是指以保护人和物的安全为目的而制定的标准。该项标准具有强制性，必须贯彻执行。

e. 卫生与环境保护标准

卫生标准是指以保护人的健康为标准化对象，根据食品、医药及其他方面的卫生要求而制定的标准；环境保护标准是以保护环境和生态平衡为标准化对象，对大气、水质、土壤、噪声、振动等环境质量，污染源，检测方法、频率，以及其他事项所制定的标准。制定该类标准的目的是为了确保人类的安全生存和自然界的生态平衡。

卫生标准、安全标准、环境保护标准属于强制性标准，必须贯彻执行。

②管理标准

管理标准可分为经济管理标准、企（事）业管理标准。

a. 经济管理规范（国民经济管理规范）

它是一系列针对社会生产总过程中经济活动的调节和管理而制定的规范。这类规范旨在正确处理各种经济关系，遵循分配原则，合理组织国民经济，合理安排消费与积累比例，科学提高经济效益。这是管理经济、保证国民经济稳定发展的重要手段。其内容包括：产品分类编码规范、产品价格规范、生产成本及各项费用规范，不同产品的生产产量（纲领）、建厂规范、工资待遇、奖励及福利规范，自筹、国家投资、引进企业、利润提成和分配规范，税金、利率规范，投资回收期、计划统计、经济核算、经济效果分析计算方法规范等。

b. 企（事）业管理规范

它是针对企（事）业单位管理领域中重复性事物和概念所制定的统一规定，是在总结管理方面的实践经验的基础上，运用现代管理科学和技术科学成果制定的规范。其内容主要涵盖：组织方法、各生产（工作）环节的"期量"要求，生产能力、能源、物资、原材料消耗及储备，劳动力消耗定额，工艺技术文件的管理等。

③工作标准

工作标准是指以工作为对象，按岗位及其工作质量要求而制定的标准。对操作人员（工人)来说,称为"岗位操作标准",对管理人员来说,称为"岗位办事细则"。就性质来说,有技术、经济、行政、法制工作等;就层次来说,有领导决策、业务工作、岗位工作等。其内容主要包括:岗位范围、内容、要求、职责和权限;任务的数量、质量及完成时限;完成岗位任务的程序和工作方法、手段;与有关联的岗位协调配合的方式、方法及期、量、质的要求;维护工作场所的要求,对工作及工作者考核、评价、奖惩的规定等。

(2)按照标准所属专业分类

按照标准所属专业(适用领域)进行分类,在《中国标准文献分类法》中已有明确规定。我国的所有标准被分为24类,每类专业标准在分类法中都规定有固定的标记方式,具体分类见表8-1。

表8-1　企业标准标记方式表

专业类别	代号	专业类别	代号	专业类别	代号	专业类别	代号	专业类别	代号
综合类	A	农业林业类	B	医药、卫生劳动保护类	C	矿业类	D	石油类	E
能源和技术类	F	化工类	G	冶金类	H	机械类	J	电工类	K
电子技术计算机类	L	通讯、广播类	M	仪器、仪表类	N	建筑类	P	建材类	Q
公路与水路运输类	R	铁路类	S	车辆类	T	船舶类	U	航空、航天类	V
纺织类	W	食品类	X	轻工、文化与生活用品类	Y	环境保护类	Z		

2. 标准的分级

标准可以根据其协调统一的范围和应用领域的不同而分为不同的级别,这就是标准的分级。国际级标准的协调统一范围适用于全球。某些地区适用的是区域标准。由于经济、社会制度和条件的差异,各国标准的分级方法也各不相同。有些国家将标准分为国家标准、协会标准和公司标准三个级别。我国的标准根据调整统一的范围分为四级:国家标准、行业标准、地方标准和企业标准,并规定下级标准不得与上级标准相冲突。下面将分别介绍国际标准、区域标准和我国的标准。

(1)国际标准

国际标准是指由国际标准化组织(ISO)和国际电工委员会(IEC)通过的标准。需要明确的是,国际标准通常包括ISO和IEC制定的标准,以及国际标准化组织公布的其他国际组织规定的一些标准。只有经过国际标准化组织认可的标准才是国际标准。

(2)区域标准

区域标准是指某一特定地区的标准化团体通过并在该地区内使用的标准。区域标准化团体可以由地理范围相同的国家组成,也可以由政治和经济因素组成。主要的区域标准化团体制定的区域标准包括:欧洲标准化委员会(CEN)和欧洲电工标准化委员会(CENELEC),它们主要由西欧国家组成;经互会标准由苏联和东欧国家主导;阿拉伯标准由阿拉伯标准与计量组织制定。这些区域标准适用于各自区域内的国家。

(3)我国的标准

我国的标准分为四级,即国家标准、行业标准、地方标准和企业标准。各个标准之间存在相互联系和制约的关系,构成一个标准体系。这些标准共同组成标准系统。标准系统是一个开放系统，与外界的自然条件、经济、技术条件等相互联系和相互影响。从与实践的关系来看，标准系统是一个动态系统，随着时间的变化而不断发展变化。

根据《标准化的目的与原理》提出的标准三维空间概念，可以绘制我国标准的三维空间图，如图 8-2 所示。

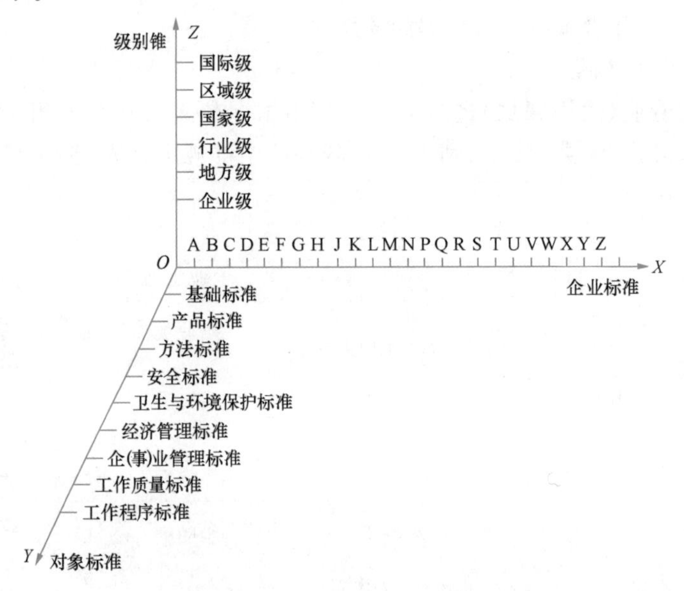

图 8-2　我国的标准的三维空间

3. 标准体系

(1)标准体系的概念

标准体系是指在特定范围内的标准按照其内在联系形成的科学有机整体，也被称为标准系统。

“内在联系”指的是上下层之间的共性与个性之间的联系，以及左右之间的相互统一、协调和衔接配套的联系。

“科学有机整体”是指只有所有对象都制定并贯彻标准，才能发挥出标准化的作用，进而达到最佳秩序和社会经济效益。

由于标准化目标的多样性，标准体系具有多种形式。在“一定范围”内的标准都可以组成标准体系。

(2)标准体系表

标准体系表是指在特定范围内的标准体系中，按照一定形式排列的标准的图表表达形式。标准体系表的组成单位不是产品，而是标准。

标准体系表的内容包括在特定时期内、特定范围内的标准体系所应具备的全部标准。这包括现有的标准、应该增订、重订的标准，以及将来计划制订的标准。

评估一个标准体系表是否科学，主要看它是否正确地反映了标准之间的“内在联系”，是否完整，并能够了解标准制定、修订规划和实施计划的安排。

(3)标准体系表的结构形式

标准体系表的结构形式，应用较多的有两种：一种是层次结构式；一种是序列结构式。

①层次结构式

层次结构式，是指按标准体系内的各个标准级别的高低或共性程度的大小，划分成不同的层次（梯级），按由高到低若干层次编制的标准体系表。这种结构形式，便于统揽全局和进行综合管理。我国已经编出的全国标准体系表、行业标准体系表、专业标准体系表等都采用下面五个层次结构：

第一层次，全国通用综合性基础标准。

第二层次，行业基础标准。

第三层次，专业基础标准。

第四层次，门类通用标准。

第五层次，产品、作业、管理标准。

②序列结构式

序列结构式采取以产品、过程、行业、服务、管理为中心的形式，将其所需全部标准，按其全过程的序列，在各个环节上分别列出。这种结构形式有利于专项或局部的管理。

(4)三种标准体系表的构成

①全国标准体系表

它由三部分构成：全国通用综合性基础标准体系表；各行业标准体系表；企业标准体系表。

②行业标准体系表

行业标准体系表包括四个层次（层次结构式中的第二至第五个层次）：行业基础标准；专业基础标准；门类通用标准；产品、作业、管理标准。

③企业标准体系表

（略）

(5)标准体系表的特征与作用

①标准体系表的特征

a. 目的性

每个标准体系表都是为解决某一个特定的标准化目的而绘制的，因此，它必须满足这一目的需要。

b. 成套性

为实现某一特定的标准化目的，需要各方面、各层次的标准必须齐全。

c. 层次性

标准体系表中每一个标准都是有秩序、分层次排列的，高层次标准对低层次标准具有制约性，不可将高层次的标准（通用性标准）安排到低层次，以免在几个低层次中重复出现。

d. 协调性

一个标准体系内各项标准之间及标准体系表外的相关标准之间存在着互相连接、依存、制约的内在联系，必须协调一致。如产品标准与零部件标准、产品标准与方法标准、产品标准与工艺标准之间都必须协调一致。

e. 适应性

一般来说标准体系表内各项标准只能与一定时期内的科学技术水平和经济发展需要相适应，它随着时间的推移而变化、更新和发展。

②标准体系表的作用

a. 通过标准体系表设计出了标准化活动的发展蓝图，明确标准化的方向和重点。

b. 系统地了解国内、国外标准的情况，为推广、采用国际标准和国外先进标准提供信息。

c. 指导标准化规划、计划的编制，通过对国内外标准化情况的调查、研究、综合分析，找到差距，明确主攻方向，在编制、安排标准化规划、计划时，避免盲目、重复，节省人、财、物，加速标准化工作的进展。

d. 改进和健全现有的标准体系，使标准体系的构成达到全面性、预见性，以及系统化、规范化、科学化。

e. 有助于生产科研工作。由于标准体系表采用国内、国外先进标准，这对试制新产品极为有利。

f. 有利于各级标准化的建设。

8.2.3 标准化原则、方法与应用

1. 简化原则、方法与应用

(1)简化的定义

简化是指在特定范围内减少标准化对象的类型数量，以满足一般需求的标准化形式。

(2)简化的原则

简化的前提是确保标准化对象能够满足一般需求，促使整体构成更加简明合理，达到最佳的功能效果。简化并非仅仅在数量上进行缩减，也不是简单地“简化”，而是在筛选和精练标准化对象的内容和数量的基础上进行。因此，简化是有条件的，是在特定的时间和空间范围内进行的。换句话说，标准化对象的简化应该在合适的时机进行，通常是在事物多样化发展到一定程度后，对事物的类型数量进行精练、筛选和减少。过早进行简化会影响事物类型的发展，而过晚则会导致类型混乱，给质量控制、标准化管理和用户使用维护带来困难。简化并非限制多样化，而是为多样化的合理发展提供支持。

(3)简化的方法

简化的方法包括比较、筛选和提炼。在提炼的过程中，应该剔除多余、重复、粗糙、低效和可替代的内容，使标准化对象的系统结构更加精练、合理、完整，并能够满足一定时期内的实际需求。在进行简化时，首先要正确选择简化对象；其次要选择合适的时机；最后要在简化对象现有的品种和规格基础上进行筛选和简化。例如，公差配合是互换性中的一项，从理论上讲大约有 80 万种配合。这样复杂的配合体系给设计、工艺和工艺设备制造带来了巨大困难。根据我国的实际情况和简化原则，可以简化为 13 种优先配合和 59 种常用配合，以及 13 种基轴制优先配合和 47 种常用配合。这样既保持了整个体系的完整性，又能满足当前一般生产需求；既方便了设计和工艺人员的选择，又大大减少了定值计量器具的尺寸规格品种，从而达到最佳的经济效果。

2. 统一化原则、方法与应用

(1)统一的定义

统一是指在一定时期和条件下，对同一类标准化对象的多种表现形式进行提炼和归并，以实现一致性，并使这种一致性具有功能互换性的标准化形式。

(2)统一的原则

统一的原则在于实现一致性，从多样性中提炼共性。它使标准化对象的形式、功能、概念及相关技术特征在某些方面具有一致性，并通过标准进行确定。

统一可以分为两类,一类是绝对统一,它不允许有灵活性,例如编码、代号、标志、名称、单位和运动方向等;另一类是相对统一,即标准所确定的一致性规范,适用于特定时期和条件,随着时间和条件的变化,新的统一将取代旧的统一,这就需要定期或不定期地修订标准。相对统一的另一种表现是统一中的灵活性,根据情况进行差异化处理,例如产品质量标准对产品质量进行统一,但产品质量的等级划分、指标范围和公差等方面具有灵活性。

(3)统一的方法

①恰当的时机

选择合适的统一时机至关重要。统一的时机选择是否恰当对事物的未来发展具有重大影响。如果统一过早或过晚,可能不利于优秀类型的出现,可能会使低质量产品合法化或重复功能的大量出现,这都不利于统一。因此,我们需要借助预测技术,并结合经济技术的发展规划和趋势进行深入研究和具体分析,以正确判断统一的时机。

②适度

统一需要适度,即合理确定统一的范围和指标水平(数量界限)。在对标准化对象的某些特性进行定量规定时,需要掌握指标的灵活性,包括单向灵活性和双向灵活性。

③等效性

统一并非任意进行,它是有条件的。统一的前提是等效性。等效性指的是在将同一类标准化对象的多种表现形式归并为一种时,所确定的一致性应具有功能互换性。此外,这种一致性应有利于促进生产发展和技术进步,更好地满足社会需求,并有助于提高产品质量。

3. 协调原则、方法与应用

(1)协调的定义

协调是指通过有效的方式,使标准系统内外相关因素相互适应彼此和谐,以确立合理秩序和相适应的匹配关系,从而实现标准系统整体功能的最佳发挥并取得实际效果。

(2)协调的对象

协调的对象可以是标准化大系统,也可以是一个具体标准内的相关因素。如果将标准看作一个"单元",那么各个"单元"构成了专业标准体系(子系统),而各个专业标准体系又汇集成了全国范围的庞大标准体系(母体系),它们之间既相互约束又相互影响。为了充分发挥标准系统的整体功能,必须进行有效的协调。

(3)协调的方法

①全面观点和整体利益是协调的指导思想。在协调过程中,我们不仅要考虑个别利益,更应着眼于整体利益,确保协调方案能满足整体的要求。

②标准与国家经济方针、技术政策的协调。标准应与当前的技术经济水平和国民经济发展方向及远景目标相一致。对于企业而言,其标准应与国家的法令、法规和上级标准相协调。

③把握时机和适应条件。在协调过程中,需要灵活调整标准的内容、特性和指标,以适应变化的条件。标准应在技术上保持先进性,同时在经济上保持合理性。

④标准体系内部的配套协调。标准体系内部各相关标准之间应相互协调并形成配套,确保彼此之间的一致性和互补性。

⑤使用数学模型进行协调方案的理论分析。运用数学模型找出最佳的协调方案,通过理论分析方法进行研究。

⑥通过与相关方面充分协商。在制订协调方案时，需要与相关方面进行充分协商，发扬技术民主，充分考虑各方的不同意见，尊重科学，进行定量分析研究。

4. 优化原则与应用

(1)优化的定义

优化是在特定条件下，以科学、技术和实践经验的综合成果为基础，对标准化对象的结构、形式、规格和性能参数等进行选择、设计和调整，以达到最理想的效果。

(2)优化的对象

优化是针对标准化对象的整个系统进行总体优化，而不仅仅考虑单个标准化对象的优化。由于标准受到系统内外条件和相关因素的制约，因此首先需要明确限制条件。只有在条件允许的范围内，并在与相关因素协调的基础上，优化的结果才是可行的。

(3)优化的方法

①建立数学模型进行分析。通过建立适当的数学模型，对标准化对象进行分析和优化，以获得最佳方案。

②效果分析法。对各种方案进行分析、比较和筛选，确定最佳方案。

③综合定性分析和定量分析。在定性分析和定量分析相结合的基础上，对方案进行比较、评价和选择。

从上述一系列情况可以看出，简化、统一、协调、优化不是孤立的，它们是相互依存、相互渗透的统一体。它们之间的关系可以概括为：通过充分的协调、简化和统一进行优化，以达到标准化工作的最终目的——获得最佳秩序和社会效益。

5. 系列化原则、方法与应用

(1)系列化的定义

系列化是一种标准化形式，它将同一品种或同一类型的产品规格按照最佳数列科学排列，以尽可能少的品种来满足最广泛的需求。

(2)系列化的内容和方法

系列化包括确定产品参数系列、制定产品系列型谱和进行产品系列设计等步骤。

①确定产品参数系列

产品参数是指用于标志一个产品使用特性的变量。一个产品可能有多个参数，其中决定产品使用特性的参数被称为基本参数，例如电动机的基本参数是功率和转速。参数系列指的是基本参数值的分级。针对产品的基本参数，根据社会需求合理地确定参数系列的上下限值并进行分档，从而确定产品的参数系列。

②制定产品系列型谱

产品系列型谱是一种图表表达形式，用于表示产品品种发展规划。它通过图表展示产品的基型和变型之间的关系及产品品种的发展方向，通常采用三维坐标法进行表示。在产品系列中，具有代表性、数量大且适用范围广的产品系列被称为基本系列或基型。通过对基型进行适当的改变，可以产生新形式的产品系列，称为变型系列。

产品系列型谱是产品品种发展规划的重要表现形式，也是基础性标准，对产品的发展具有重要的指导意义。它可以协调同类产品企业间的生产分工，充分发挥系列产品通用性的优势，提高产品专业化生产水平。基于基型产品，通过进行局部设计和补充，可以生成新的系列产品。

③产品系列设计

产品系列设计是以基型为基础，对整个系列产品进行的技术设计或工艺施工设计。产品系列设计是贯彻产品参数系列标准和产品系列型谱的重要环节，也是实现产品系列化和零部件通用化的关键环节。

产品系列设计的程序和内容包括：

第一，选择好基型产品。

第二，在基型产品的设计中，充分考虑系列内部产品之间及变型产品之间的通用性程度。

第三，对基型系列产品的设计，要充分考虑全系列产品结构的典型化、零部件的通用化和组合化，为变型产品的设计提供方便条件。

第四，对于变型产品或变型系列产品的设计，要最大限度地提高与基本系列的通用化程度（重复利用系数），尽量通过增加或改变少量零部件或组件来开发出变型产品或变型系列。

6. 通用化原则、方法与应用

(1)通用化的定义

通用化是指在互换性的基础上，尽可能地扩大同一对象（包括产品、零部件、构配件等）的适用范围。通用化是标准化的一种形式。

通用化的基础是互换性。具备下列条件的零部件称为通用件。

①功能、尺寸上具有互换性。

②在连接要素和使用功能方面具有一致性。

③使用功能的等效性。例如，集成块与电子元器件组成的组件具有使用上的等效功能。

(2)通用化的对象

主要是产品零部件的通用化；系列产品设计中的通用化；产品结构改造的通用化；生产工艺编制和工艺装备设计中的通用化。如工艺规程典型化，成组加工工艺，工艺装备典型零件等。

(3)通用化的方法

在做一项设计时，特别是对产品系列设计时，要全面分析基本系列与变型系列中零部件的共性与个性，从中找出共性零部件作为通用件。经过筛选，有的可成为“标准件”，在企业里可以编制成“图册”供设计人员采用。对现有产品整顿时也要将通用化作为主要内容来对待。

7. 组合化原则、方法与应用

(1)组合化的定义

组合化是按照标准化原则设计和制造具有各种专用功能的组合元件（标准件、通用件），并通过重复利用这些组合元件，根据组合系列对象的需求拼装出具有新功能的新产品。各组合元件之间必须具备使用功能的等效性、连接要素的一致性和尺寸功能的互换性。

(2)组合化的理论

组合化的理论基础源于积木式玩具的概念，它建立在产品系统的分解与组合基础上。组合化是分解与组合的统一过程。

(3)组合化的内容与应用

组合化涵盖了产品设计、生产准备过程、生产过程及产品的使用过程。组合化方法可以应用于工艺装备的设计、制造和使用。然而，主要任务是编制组合型谱和单元系列（标准单元、通用单元）。

8.2.4 标准的制定、修订

1. 制定、修订标准的原则

制定和修订标准是一项涉及政策、技术和经济的重要工作。在这一过程中，应当遵循国家相关方针政策，按照一定的程序，全面应用标准化原则，确保标准的质量。下面是制定和修订标准的基本原则：

（1）以国情为基础，充分考虑使用需求，追求技术先进、经济合理和安全可靠

在制定和修订标准的过程中，必须结合国家的资源状况、自然环境条件、生产和流通等实际情况，符合相关法律法规的规定。例如，在制定低合金钢标准时，国外标准主要考虑镍、铬等元素，而我国拥有丰富的锰、钒、钛、钨、钼、硅等元素资源，因此，我们应以这些元素为基础制定标准。这样做不仅可以充分合理利用我国的资源，促进工业发展，还符合自力更生、立足国内的原则。

考虑到我国广袤的国土和多样化的自然条件，制定标准时应关注产品在不同环境条件下的适应性，以确保其正常工作和设计效能的发挥。要使同一种产品适应各种环境条件的要求是困难且不经济的。可以根据实际情况和使用要求，将其划分为多个等级，并相应地制定标准（例如，将润滑油分为夏季用和冬季用，机械油分为不同的牌号）。

充分考虑用户和消费者的利益，尽量满足使用者的需求，这是生产建设的出发点。通过制定和修订标准，尽可能做到产品品种齐全、适用、性能良好、耐用、可靠使用和便于维修。

技术先进意味着标准中规定的各项指标既要适应国家的技术经济发展水平，又要反映科学技术的先进成果和经验，从而促进生产并指导生产，不断提高产品质量。要求标准技术先进并不是盲目追求高指标，而是要在经济合理的基础上实现。

安全标准和标准中的安全指标是强制性的。制定和修订标准时应特别注意安全性和可靠性。

（2）相关标准之间要统一、协调配套

标准的统一是其基本特征。凡是需要在全国范围内统一的标准，应制定为国家标准，而不是其他层次的标准。专业领域和企业可以制定高于上级标准的内部标准，但不能与上级标准相冲突。总之，上下级标准应保持一致。标准内部也应协调一致、相互配套，以确保生产的正常进行。只有切实贯彻执行标准，才能发挥标准体系的最大效益。

（3）积极采用国际标准和国外先进标准

（4）把握时机，适时制定和修订标准

标准来源于生产和科技实践，同时也指导着生产和科技实践。因此，要把握时机，及时总结生产和科学实践的经验，制定标准，以促进生产和科技的发展。对于一般产品来说，宜在鉴定定型、准备正式投产之前制定标准。

标准制定后，应保持相对的稳定，使企业有一个稳定的生产时期，从而获得标准带来的经济效益。随着生产技术、经济发展和市场需求的变化，为了使产品适应市场需求，标准也应及时进行修订，以充分发挥促进生产技术发展的作用。

2. 制定和修订标准的程序

标准是一项具有法规性质的技术文件，制定和修订标准的程序是从标准化活动中总结

出的经验。只有严格按照规定的工作程序和各个阶段的要求进行操作，才能确保和提高标准的质量水平，并加快标准的制定和修订速度，以使标准具备科学合理性，从而发挥标准化的作用。一般而言，标准的制定和修订程序包括以下步骤：

(1)有关部门下达制定或修订标准项目计划：相关部门确定需要制定或修订标准的项目，并下达相应的计划。

(2)制定或修订部门接到项目后，组织标准制定或修订工作组：负责制定或修订工作的部门组织专业人员组成工作组，开始具体的制定或修订工作。

(3)进行调查研究和科学试验：工作组进行调查研究，收集相关数据和信息，并进行科学试验，以确定标准的技术要求和指标。

(4)编写标准草案，并广泛征求意见：工作组根据调查研究和试验结果，编写标准草案。草案完成后，进行广泛征求相关利益方和专家的意见和建议，包括公开征求意见和专家评审等方式。

(5)编写标准草案报审稿，并报送有关部门审查：根据征求意见的结果，工作组编写标准草案的报审稿，并将其提交给有关部门进行审查和评审。

(6)进行标准草案审查：有关部门对标准草案进行审查，包括技术、法律、经济等方面的审查，以确保标准具备科学性、合理性和合法性。

(7)编写草案报批稿，并报送有关部门审批：在标准草案审查的基础上，工作组编写标准草案的报批稿，并将其提交给有关部门进行审批。审批过程可能包括多个层级的审核。

(8)标准审批：有关部门对标准草案的报批稿进行审批，决定是否批准标准的发布。经过审批通过后，标准进入正式发布的阶段。

(9)发布正式标准：经过审批的标准草案将被发布为正式标准，并通过指定的渠道和平台进行公布，供相关利益方和社会公众使用和遵守。

需要注意的是，地方标准和企业标准的制定工作程序已在国家技术监督局的《地方标准化管理办法》和《企业标准化管理办法》中作出了具体规定。此外，根据标准的级别不同，《中华人民共和国标准化法实施条例》第十二条对从制订计划到发布的整个过程都进行了规定。

8.2.5 国际标准和国外先进标准

1. 国际标准的定义和范畴

国际标准通常包括以下三个方面的内容：

(1)国际标准化组织(ISO)和国际电工委员会(IEC)制定全部标准。这些标准构成了国际标准的主体。

(2)经国际标准化组织确认，并在《国际标准题内关键词索引》(KWIC)中公布的标准，由其他国际机构发布。这些国际机构包括国际计量局、国际合成纤维标准化局、目标食品法典委员会、世界关税合作理事会等27个组织。

(3)经国际标准化组织确认，并在《国际标准题内关键词索引》中公布的标准，由其他国际组织发布。这些其他国际组织包括国际电信联盟(ITU)、国际羊毛局(IWS)、联合国粮农组织(UNFAO)、国际棉花咨询委员会(ICAC)、万国邮政联盟(UPU)等。

2. 国外先进标准的定义和范畴

国外先进标准指的是具有权威性的区域性标准、世界上主要经济发达国家的国家标准，以及其他国际上先进的标准。

(1)具有权威性的区域性标准是指由如欧洲标准化委员会(CEN)、欧洲电工标准化委员会(CENELEC)、欧洲广播联盟(EBU)等区域性标准组织制定的标准。

(2)主要经济发达国家的标准是指如美国国家标准(ANSI)、德国联邦国家标准(DIN)、英国国家标准(BS)、日本工业标准(JIS)、法国国家标准(NF)等国家制定的标准。此外,还包括其他国家制定的一些先进标准,例如瑞士的手表材料国家标准、比利时的钻石国家标准等。

(3)通行的团体标准是指在国际上广泛应用的标准,例如美国石油学会标准(API)、美国试验与材料协会标准(ASTM)、英国劳氏船级社的《船舶入级规范和条例》(LR)等。

3. 采用国际标准和国外先进标准的意义、原则和方法

(1)采用国际标准和国外先进标准的意义

采用国际标准和国外先进标准具有重要意义。对于工业发达国家来说,采用国际标准有助于协调本国标准与国际标准之间的差异,消除贸易上的技术壁垒。对于发展中国家来说,采用国际标准有助于缩小与国际标准之间的差距,促进技术引进和进步,提高经济效益。

采用国际标准也是实施"改革开放"政策的重要手段。随着我国对外开放的推进,产品不仅需要高质量和良好性能,还需要具备广泛的通用性和互换性。国际标准成为桥梁和媒介,有助于提高产品质量、竞争力和在国际市场的地位。

采用国际标准是促进我国标准化迅速发展的有效方法。高标准是高质量的基础。我国现有的国家标准整体水平相对较低,数量较少,制定速度较慢,这些问题影响着产品质量的提升和国民经济的发展。因此,必须积极采用国际标准和国外先进标准,贯彻执行"认真研究、积极采用、区别对待"的方针,提高我国标准水平和加快标准制定速度。

(2)采用国际标准和国外先进标准的原则

①结合我国经济发展和对外贸易需求,考虑我国自然资源、自然条件及相关法律法规,通过分析研究和必要的试验验证,合理确定采用程度,以达到技术先进、经济合理和安全可靠的要求。

②有利于推动我国标准质量提升。国际标准是各国协商制定的,旨在促进国际贸易畅通和技术交流,但并不能完全代表世界最先进水平。因此,在采用国际标准时,应进行研究分析、筛选和补充或结合我国情况提出新的要求,制定更高的标准。只有这样,我国的技术水平和产品质量才能达到甚至超过世界先进水平。

③有利于完善我国的标准体系。采用国际标准时要区别对待,合理安排采用顺序。在采用中应注意协调统一,确保配套标准和各个标准之间的一致性。基础标准、方法标准、原材料标准和通用零部件标准应优先采用,因为这些标准在国际上通行,并且有些是强制性的(如安全、卫生等标准)。要注意与国际标准的协调,使产品具有国际通用性和竞争力,有利于我国标准体系的完善和提高水平。

(3)采用国际标准和国外先进标准的方法

根据被采用的国际标准与我国标准之间的技术内容和编写方法的差异程度,采用程度可划分为三种:

①等同采用国际标准:指国家标准与国际标准的技术内容完全相同,不做或略有编辑性修改。

②等效采用国际标准:指国家标准与国际标准的技术内容存在小的差异,在编写上不完全相同。

③参照采用国际标准:指根据我国实际情况在技术内容上做了某些修改或变动,但性能和质量水平与被采用的标准相当,在通用性、互换性、安全性、卫生等方面与国际标准协调一致。

表示采用国际标准和国外先进标准程度的方法是:

①在标准的引言中说明采用国际标准的程度,并写明国际标准的编号、年份和名称。例如:本标准等同采用(或等效采用、参照采用)国际标准××××-××××《标准名称》。

②对于等同采用国际标准的我国标准,需要在标准的封面和首页上以上下两行的形式标注双重标准编号。例如:

GB××××-××

ISO××××-××××

③为了方便统计和查找,采用国际标准的程度可以在标准目录或清单中用三种符号进行表示。在电报传输或电子数据处理中,可以使用三种缩写字母表示,具体见表8-2。

表8-2 图示符号和缩写字母代号表

采用程度	图示符号	缩写字母代号
等同采用	≡	idt 或 IDT(identical 的缩写)
等效采用	=	equ 或 EQU(equivalent 的缩写)
参照采用	≈	ref 或 REF(reference 的缩写)

④对于采用国外先进标准的程度表示方法,在《采用国际标准管理办法》中规定:"必要时,可以在标准的'附加说明'中加以说明,但封面和引言中不做任何表示"。采用程度的划分与采用国际标准的程度划分相同,包括等同采用、等效采用和参照采用。

8.3 计量管理

8.3.1 概 述

1. 计量的定义

计量是一种特殊的生产力,是国民经济的一项基础工作。作为国民经济横向基础结构的技术组成部分,它是社会经济活动正常进行的基本手段和纽带。计量的形式和含义也在不断地变化和发展。

关于计量的定义,几十年来,原国家计量局多次召开学术会议讨论这个问题,未得到统一认识,大体看法有三种:

(1)计量是利用科学技术和监督管理手段实现测量的统一和准确的事业。

(2)计量是保证测量实现统一和准确的一门科学。

(3)计量是利用技术和法制手段,实现单位统一、量值准确且一致的测量。

大多数专家同意第三种看法。

有人主张从狭义和广义两方面来理解和定义。狭义的定义是,计量是标准化测量(是一种特殊形式的测量);广义的定义是,计量是计量学、计量技术和计量管理的统称。

为了区分计量和测试，我们可以认为测试是带有一定探索（试验）性的计量，即它不严格按照既定的规程或成熟方案进行。而计量则可被视为测试的一种特定形式。

2. 计量管理

（1）计量管理的定义

计量管理是在国民经济管理中，各级政府计量管理部门和其他有关部门的各级计量机构贯彻国家计量法律、法规，运用现代管理科学，保证计量制度的统一和量值的统一、准确、可靠，以提高产品质量和经济效益而采取的一系列措施。

（2）计量管理的范围

计量管理是在充分调查研究当前科学技术发展的特点、规律和先进的生产实践经验的前提下，合理地协调和组织实施计量技术、计量法制、计量组织和计量经济等方面的职责所从事的各项管理工作。

（3）计量管理的特性

从计量的广义概念和计量管理范畴可以看出，计量管理工作不仅具有科学计量和法制计量的特性，而且具有管理科学的特性。归纳起来，计量管理工作具有以下特点：

①统一性

统一性是计量工作的基本要求和核心特性，它确保测量的一致性，包括计量制度的统一和单位量值的一致性。计量单位的统一是实现量值一致性的重要前提。统一性不仅适用于一个单位或部门，而是在全国范围内实现的。此外，统一性还在国际交往中发挥作用，有助于消除技术壁垒。

②准确性

准确性是计量的基本特征，它指计量结果与被测量的真实值之间的接近程度。准确性涉及量值的准确性和可靠性。它是实现统一的基础，只有在准确的基础上才能真正实现统一。计量应当准确地反映被测量值的量值，并提供该值的误差范围（或不确定度），以确保准确性。准确性是计量工作的核心。

③法制性

法制性指计量作为一项社会活动所要求的法律法规管理。计量立法的目的是强化计量监督管理，建立健全的计量法律体系，将计量工作纳入法制管理轨道。法制性是实现统一的手段和保障。在历史和国际上，计量的统一都是通过法制手段实现的。

④溯源性

溯源性是确保统一性和准确性的技术保证和技术追溯。对于一个国家而言，所有的量值都应当追溯到国家基准器具。在国际上，签署国应当将其量值追溯到国际基准器具（或国际原始器具），或者相应的约定标准。溯源性要求任何计量结果都能够通过连续的比较链与原始标准器具（原器）相联系，以确保准确性。溯源情况可以用溯源链图表示：工作用计量器具→次级标准器具（工作用标准器）→企业最高标准器具→社会公用标准器具→国家基准器具（副原器）→国际原始标准器具（国际原器）或约定标准。

⑤社会性

计量与国民经济各个领域密不可分，与人们的生活紧密相关。计量在维护社会秩序、促进生产、贸易和科学技术发展方面发挥着重要的保障作用，以维护社会利益、促进国家利益和消费者利益，确保人民健康、生命财产安全及企业经济效益的提高。

⑥经济性

计量管理是国民经济的组成部分，是国民经济网络中技术结构的横向基础之一，也是国民经济的基础。有人将其称为当代工业企业的三大支柱之一。只有做好计量工作，才能提高国家对经济的宏观控制效果，提高社会效益，维护国家利益、消费者利益、人民健康、生命财产安全及企业经济效益。

(4)计量管理的任务

计量管理的主要任务是保障国家计量单位制的统一和量值的准确可靠，有利于生产、贸易和科学技术的发展，适应社会主义现代化建设的需要，维护国家和人民的利益。具体任务归纳如下：

①制定计量法律、法规和制度：草拟和制定与计量工作相关的法律法规，研究计量政策，贯彻计量法律法规，并起草、审批、上报、发布与《中华人民共和国计量法》配套的各项法规和规定。

②落实计量政策和法规：贯彻执行国家计量工作方针、政策和指示，监督检查计量法律法规的执行情况，发现问题并及时组织解决问题的对策。

③管理计量检定系统：组织起草、审批、颁布各项计量检定系统表和检定规程，组织和管理全国范围内的量值传递工作。

④建立计量基准器：组织研究、建立和审批各项计量基准器，按照《中华人民共和国计量法》的规定，组织对各项计量基准、标准器具的技术考核、审批和发证工作。

⑤规划和组织实施计量事业：通过广泛调查研究，编制和组织实施计量事业的长远规划和年度计划工作，组织协调重要的计量测试任务和计量科研工作。

⑥执行计量仲裁和纠纷调解：负责组织计量技术仲裁检定，调解计量纠纷，根据《中华人民共和国计量法》的规定，对违反计量法律法规的责任者进行行政处罚。

⑦监督管理计量器具：依法监督管理全国范围内的计量器具，审批和管理“制造计量器具许可证”与“修理计量器具许可证”，考核企业和事业单位制造的计量器具样品的计量性能，对制造、修理、销售、进口、使用计量器具进行监督。

⑧计量认证：负责组织管理对相关产品质量检验机构的计量认证。

⑨培训和管理人员：组织管理计量监督员和计量检定员的培训、考核和审批。

⑩计量情报和宣传：管理计量情报和计量宣传工作，负责与国际法制计量组织(OIML)的对接工作，参与国际实验室认证会议(ILAC)的相关工作。

以上是国际计量管理的主要任务，各地区、部门、企业和事业单位可以根据具体情况确定计量管理的具体内容。

8.3.2 计量单位制

1. 量和单位制

(1)量

量是指那些“具有可定性区别且可定量确定的现象或物体的属性”。只能进行定性区别而无法进行定量测定的现象或物体不能称为“量”。例如，酒的味道、气体的香臭只能称为“性质”，而这些性质一旦可以进行测量，就转化为“量”。量可以分为广义的量和特定意义的量(作为名词时没有区别)。广义的量包括长度、时间、质量、温度、硬度、电阻等；特定意义的量则指如杆的长度、导线的电阻等。

计量学主要研究物理量，大部分物理量都是“可测量的量”，也可称为“可计量的量”。但也有少数可计量的量并非物理量，例如硬度、表面粗糙度、感光度等。

（2）单位制

单位制是指一组基本单位及其导出单位的组合。

（3）国际单位制

随着科学技术的发展，计量制度的混乱严重阻碍了生产、科学技术、教育、卫生和经济事业的发展。因此，国际计量大会审定通过了国际单位制，并使用 SI 作为其国际符号。同时，国际单位制还规定了基本单位、辅助单位、导出单位、词头及其使用方法等规范内容。

2. 我国的法定计量单位

（1）法定计量单位

法定计量单位就是政府以法令的形式明确规定出在全国采用的计量单位。

（2）计量单位

大家公认的用以与同类量比较的那个已知的标准量就是计量单位。计量单位的严格定义是：“有明确定义和名称，并命其数值为 1 的一个固定的量。”外国称之为“测量单位”。计量单位分为法定计量单位和非法定计量单位。

（3）法定计量单位的构成及定义

《中华人民共和国计量法》第三条规定“国际单位制计量单位和国家选定的其他计量单位，为国家法定计量的单位。国家法定计量单位名称、符号由国务院公布”。也就是说，我国法定计量单位是由国际单位制和国家选定的非国际单位制构成的，其基本结构如图 8-3 所示。

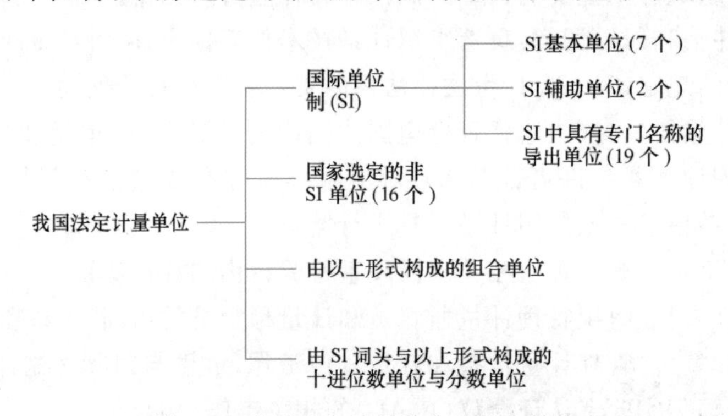

图 8-3　我国法定计量单位的基本结构

①SI 基本单位

在计量制度中，被认为是彼此独立的量称为基本量，基本单位是基本量的计量单位。基本单位具有独立的量纲和严格的定义。SI 基本单位共有 7 个，它们是国际单位制的基础。

②SI 辅助单位

SI 辅助单位是特殊的 SI 单位，它们具有双重性质，既可以作为基本单位使用，也可以作为导出单位使用。

③SI 导出单位

由基本单位通过比例因子为 1 的公式导出的单位称为导出单位，它们是由 7 个 SI 基本单位和 2 个 SI 辅助单位根据定义方程导出的单位，称为 SI 导出单位。换句话说，

SI 导出单位是按照一致性原则导出的。为了方便，其中一些导出单位被赋予了专门的名称和符号。

④国家选定的非 SI 单位

非 SI 单位，又称为“非国际单位制单位”，是指不属于国际单位制的计量单位。某些单位本身具有重要作用并得到广泛使用，而国际单位制未包括它们。这些单位分为三类：

a. 与国际单位制并用的单位

例如，表示时间的单位：分钟、小时、日；表示平面角的单位：度、分、秒；表示体积的单位：升；表示质量的单位：吨。

b. 暂时与国际单位制并用的单位

例如，表示转速的单位：转每分钟；表示长度的单位：海里、公里、英尺、埃等。

c. 具有专门名称的 CGS 制单位

例如，尔格、达因、泊、高斯、奥斯特等。

第一类单位将长期使用，而后两类单位应尽量避免使用，逐渐被国际单位制单位所取代。

我国选定的非国际单位制单位共有 16 个。

⑤法定计量单位的优越性

我国的法定计量单位具有国际单位制的所有优点，是非常先进的计量单位制。它具有统一性、科学性、简明性、合理性、继承性和国际性的优点。

8.3.3 量值传递

1. 概述

量值传递是计量工作的重要环节和基本要求之一，旨在保证量值的准确性、可靠性和一致性。

(1)量值传递的概念

量值传递是通过检定将国家基准所复现的计量单位量值逐级传递到工作用计量器具，以确保被测对象测得的量值准确和一致。量值准确一致指的是在要求的准确度范围内，使用不同的计量器具对同一量值进行计量，结果达到一致。在保证量值准确、可靠一致的前提下，计量结果必须具有“溯源性”。

(2)量值传递体系

国家量值传递体系旨在合理、有效地传递量值，确保量值的统一。根据经济合理和分工协作的原则，采用就地就近的方式组织量值传递网，以城市为中心。在我国，大部分国际计量基准由中国计量科学研究院建立和保存；较高准确度等级的计量标准主要设立在省级计量技术机构和一些高准确度要求的大型企业内；较低准确度等级的计量标准主要设立在地(市)、县计量技术机构和一些具有较高计量要求的大中型企业内。这样构成了完整的量值传递体系。

(3)量值传递的基本方式

量值传递的基本要求是精度损失小、可靠性高、简单易行。基本的传递方式包括直接计量、间接计量、直接比对和间接比对。

①直接计量：适用于传递者和被传递者之间精度差异明显的情况，采用计量法进行传递。

②间接计量：适用于传递者和被传递者精度相近的情况，采用比较法进行传递。

③直接比对：适用于可以直接进行传递的情况，如电压计量中的源和表之间的传递。

④间接比对：适用于无法直接进行传递的情况，如电压计量中的源和源或表和表之间的传递。

通过选择适当的传递方式，可以满足不同精度要求下的量值传递需求。

2. 计量基准与标准的建立

(1)计量基准

计量基准有时被称为“原始标准”或“最高标准”，指的是在特定领域中具备最高计量特性的标准。计量基准可以分为两种：国际计量基准和国家计量基准。国际计量基准是经过国际协议公认的，在现代科学技术能够达到的最高准确度和稳定度上具备的计量标准。国际计量基准为其他定量标准在国际上制定提供了依据。为了追求稳定度，计量基准的发展经历了从“初级人工基准→宏观自然基准→高级人工基准→微观自然基准”的过程。国家计量基准是指经国家正式确认的标准，并在国内作为制定其他所有定量标准的基础依据。换句话说，每个测量参数只能有一个国家计量基准，该基准由国家计量行政部门负责建立。建立的原则是“大集中、小分散”。

(2)计量标准

计量标准是指根据国家规定的准确度等级，作为检定依据的计量器具或物质。换句话说，计量标准是用来将计量基准的量值传递到工作计量器具上的计量器具。根据需要，计量标准可以分为不同准确度等级，例如一等砝码、二等砝码等。但不能简单地认为准确度高的计量器具就一定是计量标准，还需要考虑具体的量值传递实际情况。

①计量标准的分类和权限

计量标准根据其社会地位和实施范围可以分为以下几类：

a. 社会公用计量标准。

b. 有关主管部门的计量标准。

c. 企业和事业单位的计量标准。

②计量标准考核的主要内容和要求

计量标准考核主要包括以下四个方面：

a. 计量标准仪器设备必须配备齐全，技术状况良好，并且必须经过主管考核的计量行政部门指定的计量检定机构进行检定合格。

b. 工作环境必须符合开展检定项目的要求，包括满足计量标准正常工作所需的温度、湿度、防尘、防震、防腐蚀和抗干扰等环境条件，以及适合进行工作的场所。

c. 从事计量检定工作的人员必须持有所从事检定项目的计量检定证件，且人数不得少于 2 人。

d. 必须具备完善的管理制度，包括计量标准的保存、维护、使用制度、周期检定制度和技术规范等。

3. 计量器具检定

(1)计量器具基本概念

计量器具是进行计量工作的物质技术基础。计量器具包括能够直接或间接测量被测对象量值的装置、仪器、仪表、量具，以及用于统一量值的标准物质。根据其结构特点，计量器具可以分为量具、计量仪器、仪表和计量装置。

(2)计量器具检定

①两种检定分类方法

a.按计量器具的管理性质可分为两大类。

第一类是强制检定的计量器具,须同时满足以下两个条件:一是用于贸易结算、安全防护、医疗卫生、环境检测等领域;二是列入国家强制检定的工作计量器具目录。对于这类计量器具,必须按照国家相关规定进行强制检定。强制检定的表现形式包括:

Ⅰ.强制检定的标准器具由主管该项计量标准的相关政府计量部门指定的计量法定检定机构进行强制检定。强制检定的工作计量器具由当地政府计量行政部门指定的计量法定检定机构进行强制检定。

Ⅱ.存在固定的检定关系。对于属于工作用的强制检定计量器具,按照行政区划进行定点送检;对于属于强制检定的计量标准,可以打破行政区划,按照经济和就地就近的原则进行定点送检。

Ⅲ.检定周期由当地政府计量行政部门根据检定规程和实际使用情况确定最大检定周期。

第二类是依法管理的非强制检定的计量器具,指除强制检定计量器具以外的其他计量器具,例如企业、事业单位使用的计量器具,以及除本单位最高标准以外的其他计量标准。非强制检定是指这些计量器具可以由使用单位依法进行定期检定,如果本单位无法进行检定,可以将其送到有权进行社会量值传递工作的其他计量检定机构进行检定。政府计量行政部门按照法律对其进行监督管理。

b.按检定性质分类

Ⅰ.首次检定

对新投入使用的计量器实施周期检定的第一次检定。

Ⅱ.周期检定

按检定规程的规定,对使用中的计量器进行的证实其适用性的定期性检定。

Ⅲ.临时检定

对使用的计量器,在周期检定之外,为证实其实用性进行的检定。

Ⅳ.监督检定

对在用计量器的状态和使用情况进行监督检查时所进行的检定。

Ⅴ.仲裁检定

为解决计量纠纷,以裁决为目的,使用国家计量基准或社会公用计量标准所进行的检定。

②计量检定的目的和依据

计量检定的目的是评定计量器具的计量性能,确定其所进行的全部工作是否合格。开展计量检定的主要依据有国家计量检定系统表(简称检定系统)和计量检定规程。

8.3.4　计量器具管理

1.制造和修理计量器具许可证

计量器具的制造和修理对于量值的准确可靠具有直接影响。根据《中华人民共和国计量法》第十二条的规定,从事计量器具制造和修理的企业和事业单位必须获得相应的许可证，即“制造计量器具许可证”或“修理计量器具许可证”。

(1)申请办理制造和修理计量器具许可证的范围

①符合计量器具定义并列入《中华人民共和国依法管理的计量器具目录》的装置、仪器、仪表和量具，都需要获得制造和修理许可证，但计量基准、不对外销售的计量标准和工作计量器具及其新产品除外。

②从事计量器具制造的企业和事业单位，以及承担面向社会的计量器具修理业务的企业和事业单位，都需要获得制造和修理许可证。

③以下情况可免于申请制造和修理许可证：

a. 企业和事业单位仅用于自制自用，不面向社会销售的。

b. 属于试制的计量器具新产品，在正式批量投产前的试制样机可暂不申请许可证。

c. 根据用户的特殊需求进行非标准加工的。

d. 计量检定机构为计量检定项目进行必要的修理和调试的。

e. 企业和事业单位对本单位使用的计量器具进行修理，为计量检定项目进行调试和修理，不向社会承担修理业务的。

(2)制造和修理许可证的有效范围

①制造和修理许可证仅对批准的项目有效。

②企业和事业单位新增制造和修理项目时，必须另行申请制造许可证或修理许可证。

(3)制造和修理计量器具许可证的监督管理

①获得许可证的单位可以在批准项目的产品铭牌、合格证和说明书上，或修理合格证上，使用国家统一规定的标志和编号。

②获得制造(修理)许可证的单位的主管部门必须加强对所属单位制造(修理)的计量器具质量的管理，相关的政府计量部门要进行监督检查，包括抽查和不定期的监督检查试验。

③许可证的有效期为5年，从批准之日开始计算。在有效期满前3个月，取证单位需要向发证机关申请复查，经复查合格后，许可证的有效期可以延长5年。

④在许可证有效期内，如果经检查发现不能达到原来的考核条件，发证机关可以吊销制造(修理)许可证。

⑤颁发、吊销或注销制造(修理)许可证的决定要以计量公报的形式公布，并报上级政府计量行政部门备案。

⑥未获得制造(修理)许可证而从事制造(修理)计量器具的行为将受到计量法规定的处罚。

⑦许可证仅对企业和事业单位已批准制造或修理计量器具的项目有效。如果取证产品在结构、性能、材质等方面有重大改变，必须另行申请许可证。

2. 制造和修理计量器具

(1)制造范围

制造范围包括杆秤、戥秤、直尺、折尺、角尺、平板、量提等常见计量器具，以及根据各省(自治区、直辖市)特殊情况，并经国家计量行政部门批准允许制造的其他简易计量器具。

(2)修理范围

修理范围包括地秤、台秤、案秤、杆秤、戥秤、人体秤、商业用电子计价秤、天平、压力表、血压计、平板、刀口尺、卡尺、千分尺、百分表、千分表、水平仪、万用表、电流表、电压表、功率表、频率表、相位表、酸度计、比色计、电导仪、秒表、示波器等常见计量器具，以及根据各省（自治区、直辖市）特殊情况，并经国家计量行政部门批准允许修理的其他简易计量器具。

(3)制造和修理计量器具应具备的条件

①具备合法的身份证明。

②拥有固定的经营场所。

③配备与所制造、修理的计量器具相适应的工具和设备。

④具备检定条件或与承担检定的单位合作。

⑤拥有经过考核合格的人员。

⑥具备必要的技术文件和计量规章制度。

3. 标准物质的许可证的发放与管理

标准物质是指在规定条件下具有高稳定的物理、化学或计量学特性，并经正式批准作为标准使用的物质或材料。根据不同的特性，标准物质可分为化学成分标准物质、物理特性或物理化学特性标准物质及工程技术特性标准物质。

对于以下情况使用的标准物质，必须申请颁发许可证：

①用于统一量值的标准物质。

②供应给外部单位的标准物质制造、销售和发放。

③企业和事业单位制造的标准物质的新产品，需要进行鉴定，并在获得标准物质定级证书后，向国务院计量行政部门申请办理相应的许可证。

标准物质许可证分为两类：一级标准物质许可证和二级标准物质许可证。在申请许可证之前，必须先申请定级。然后，根据定级结果，再申请相应级别的许可证。

4. 计量器具的销售、使用和进口

(1)计量器具的销售

①未经国务院计量行政部门批准，不得销售国家规定废除的非法定计量单位的计量器具，以及国务院禁止使用的其他计量器具。对于特殊需要必须销售的计量器具，需要经过国务院计量行政部门的审核和批准。如果与外商签订合同，需要向国外销售计量器具，则由省级政府计量行政部门代表国务院计量行政部门进行审批，但经批准的计量器具不得在国内销售。

②任何单位和个人不得经营销售残次计量器具零配件，也不得使用残次计量器具零配件进行组装和修理计量器具。

③县级以上地方政府计量行政部门对在当地销售的计量器具要实施监督检查。

(2)计量器具的使用

①任何单位和个人不得在工作岗位上使用无检定合格印章或证书的计量器具，以及超过检定周期或经检定不合格的计量器具。

②严禁破坏计量器具的准确度，禁止使用以欺骗消费者为目的的计量器具。

(3)计量器具的进口

①外商在中国销售计量器具，必须向国家技术监督局申请型式批准。外商或其代理商申请型式批准的程序与国内计量器具新产品定型的申请程序相同。

②进口计量器具的审查批准按照原国家有关进口审批的程序进行。凡需要进口计量器具的，首先需要经过主管部门和国务院规定的进口审查部门的批准。进口审查部门应对进

口的计量器具进行计量审查，或者委托当地政府计量行政部门进行计量审查。

计量审查的主要内容包括：计量器具是否采用我国的法定计量单位，是否属于我国禁止使用的计量器具；外商是否获得了型式批准；技术指标是否满足要求，是否超过国家基准的技术指标；其他与计量法规和计量技术相关的审查内容。

③进口的计量器具必须经过省级以上人民政府计量行政部门的检定合格后方可销售。

5. 计量器具新产品的定型

(1)正式型式批准

所有计量器具新产品必须进行定型鉴定。

(2)临时型式批准

临时型式批准是指在特殊情况下，在未进行定型鉴定的情况下先行批准投产，待条件成熟后再进行定型鉴定。适用情况包括：

① 紧急需要使用的计量器具。

② 展览会上需要销售的展品。

③ 销售量极少，不便进行全面试验的产品。

④ 国内暂时没有进行定型鉴定的能力。

6. 计量器具新产品的监督管理

根据《中华人民共和国计量法》及其实施细则的规定，各级政府计量行政部门有权、有责任对本行政区域内的新产品进行监督管理。监督管理的内容主要包括：

(1)未经新产品定型或样机试验合格的，不能获得“制造计量器具许可证”。

(2)未经国家技术监督部门的型式批准的计量器具，不能购买和销售。

(3)对本地区内新产品的质量进行监督检查，如果低于批准技术指标，则应要求停止生产，并按照相关法规给予处罚。

(4)“临时型式批准证书”的有效期一般不超过一年。

(5)对于急需使用而获得“临时型式批准”的产品，在申请“临时型式批准”的同时，必须申请正式型式批准。一旦获得“正式型式批准”后，如果临时批准的型式不符合要求，必须进行修改。

(6)对于销售量极少或国内暂时没有定型鉴定条件而获得临时批准的产品(相关计量行政部门需进行登记)，一旦增加产量或具备“定型鉴定”条件，必须办理正式批准手续。

8.3.5 产品质量检验机构计量认证

产品质量检验机构的计量认证(以下简称为“计量认证”)是指经省级以上人民政府计量行政部门对产品质量检验机构的计量检定和测试能力及可靠性进行考核，证明其在认证范围内具备为社会提供公证数据的资格。

1. 计量认证的对象

“为社会提供公证数据的产品质量检验机构”指的是从事产品质量评价工作的技术机构。目前在我国，属于计量认证的实验室主要包括以下几种类型：①产品质量检验机构；②材料和参数测试实验室；③计量检定机构；④科学研究测试机构。第①种类型和跨越第①和第②种类型之间的实验室必须进行计量认证，而第②③④种类型的实验室可以选择自愿进行计量认证。

2. 计量认证的内容

计量认证的内容按照《产品质量检验机构计量认证管理办法》第五章的规定进行。

3. 单项计量认证

(1)单项认证范围

对于已经通过计量认证的质量检验机构,为了扩大业务范围,可以向计量认证部门申请单项认证。单项认证的范围包括:

①在以前的计量认证中,由于条件不完备,某种产品的某一检测项目未通过,在质量检验机构进一步努力后,已经达到要求。

②某种产品的检验工作经实践发现需要增加某项检测参数。

③同类产品增加新的型号要求检验。

④产品标准发生变化。

(2)单项认证所需文件

申请单项认证的质检机构必须提供以下文件:申请书、与所申请的单项计量测试有关的产品标准、试验规范,以及操作人员和环境条件的情况介绍。同时,必须将新提供的技术标准和实验操作规范纳入质量管理手册中。

4. 计量认证的监督管理

(1)对于通过计量认证的单位,由与其主管部门同级的人民政府计量行政部门负责监督检查。如果不符合原考核条件,必须在限期内进行改进。在改进期间,不得向社会提供公证数据。如果超过改进期仍未达到原考核水平,发证单位将注销其计量认证合格证书,并停止使用计量认证标志。

(2)计量认证合格证书的有效期为5年。有效期满后,经复查合格的可以延长5年有效期。申请复查应在有效期满前的6个月内提出。逾期未提出申请的,发证单位将注销其计量认证合格证书,并停止使用计量认证标志。

(3)计量认证合格的单位,如果转让计量认证合格证书会失去公证地位,发证单位将吊销其计量认证合格证书,并停止其使用计量认证标志。

(4)尚未获得计量认证合格证书的单位(产品质量检验机构)如果为社会提供公证数据,县级以上地方政府计量行政部门有权责令其停止检验,并可处以罚款。

8.4 质量监督

8.4.1 质量监督的概念

质量监督是指由用户或第三方对程序、方法、条件、产品、过程和服务进行连续评价,并按规定标准或合同要求对记录进行分析,以确保满足质量要求。质量监督包括以下几个要点:

(1)质量监督的主体是用户或第三方,国家法定质量监督代表第三方进行监督。关于生产方是否包括在质量监督范围内存在争议。生产方的质量监督是自我约束的一种措施,旨在维护产品质量信誉和自身利益,并在激烈的竞争环境下求得生存,因此生产方越来越重视自身监督。

另一个有争议的问题是，各大行业内的自身质量监督应归属于哪一方。工业主管部门是政府派出的机构，代表国家行使生产资料所有权和政治权力，负责行业企业的管理。从这个角度来看，其质量监督应代表国家和政府。然而，从考核的角度来看，国家和政府对其完成经济指标的情况进行考核，因此工业主管部门的质量监督带有生产方自身监督的缺点。随着部门层级的降低，这种缺点变得更加严重。从质量监督实际效果的角度来看，应该将其划归为生产方的自身监督。

(2)质量监督的目的是确保满足社会对质量的要求，建立良好的质量秩序和经济生活秩序，促进经济发展，维护公众利益。

(3)质量监督的内容不仅限于产品，还包括程序、方法、条件、过程和服务。换句话说，质量监督涵盖了两个方面的质量，即产品质量和工作质量。产品质量还包括劳务质量。

(4)“进行连续评价”表明质量监督的对象不是抽检的样品或一批产品，而是企业本身。监督企业始终生产符合标准或合同要求的产品，换句话说，检验的样品是质量监督的直接对象，而企业是间接对象。这与定义中的监督目的和监督内容是一致的。同时，这也对质量监督工作提出了连续性的要求。从技术角度来看，这与GB/T 2828系列抽样标准中二次抽样方案的加严和放宽的实施是一致的。

(5)对评价对象要求“按规定标准或合同要求进行分析”。这一方面指出了评价的依据，另一方面，“对记录的分析”包括一次检验的记录分析、连续多次检验记录的分析，还包括对企业内部检验记录和其他监督单位的检验记录的分析。通过这些分析，帮助企业查找问题产生的原因、质量波动规律、发展趋势并提出改进措施，深刻体现出质量监督的目的在于促进企业改善质量。

8.4.2 质量监督的必要性

1. 质量监督是生产社会化的客观要求

现代社会发展的基本特征是生产的社会化程度愈来愈高。随着生产社会化程度的提高，社会分工更加细致，协作更频繁，社会经济联系更广泛，因此社会再生产过程中的各个环节在时间和空间上的联系变得更加密切。这就要求我们必须维持一定的秩序，以促进相互配合和协调发展。其中一个重要方面就是质量秩序。如果没有质量监督，社会质量秩序和经济秩序将会混乱，社会生产将无法正常进行。因此，随着生产社会化程度的提高，质量监督的加强势在必行。

2. 质量监督是商品经济发展的必然要求

商品生产者最关心的是商品价值，只有当商品的使用价值对商品价值的实现产生影响时，他们才会关注使用价值。而消费者最关心的是商品的使用价值。由于双方利益的不同，常常会出现质量争议，这是价值形式——货币价值与商品价值不一致的结果，是商品经济内部矛盾的必然产物。在生产力相对较低的商品经济社会，假冒伪劣问题尤为严重。然而，随着生产力的发展和商品经济的进一步发展，人们对商品质量的依赖性越来越大，对质量的需求也越来越高。因此，买方希望有一个公正的第三方来证明商品质量，于是各种形式的质量监督应运而生。因此，质量监督是商品经济发展的必然要求。

3. 质量监督是社会主义多种经济成分并存的要求

在社会主义初期阶段，全民所有制企业仍然是相对独立的经济实体，在根本利益一致的前提下，仍然存在具体利益的差异。因此，他们的经济活动不可避免地受到各自经济利益的影响。集体所有制企业是独立的经济实体，在很大程度上企业利益支配着整个经济活动。此外还有个体经济、中外合资企业等多种经济成分并存，多个利益集团并行。因此，从总体上有效地协调、控制和监督社会经济活动对质量的要求是客观存在的。

4. 质量监督是改革深入发展的要求

实行对外开放、对内搞活是我国经济体制改革的重要方针。对外开放意味着产品的进出口。进出口产品的质量直接关系到国家的信誉和经济利益。对内搞活的核心是增强企业活力，但如果产品质量低劣，企业显然就无法保持活力。在生产力相对较低、商品经济尚不发达的情况下，一些企业由于经营思想不端正，以追求活力为名义，忽视产品质量，甚至以假冒伪劣商品坑害消费者，损害国家的信誉和利益。因而，强化质量监督是改革深入和健康发展的需要。

8.4.3　质量监督的原则

1. 以间接控制为主的原则

宏观质量监督必须坚持以间接控制为主的原则，实现对微观经济运行结果的宏观调节，以更好地发挥质量监督的作用。通过制定、贯彻执行质量监督法规和政策，并借助舆论的作用，推动或阻碍某些产品的销售，形成强大的社会压力。这有助于建立一个充满活力的社会质量经济环境，引导企业进行公平竞争和依法经营。

2. 促进经济发展的原则

社会主义社会的根本任务是发展生产力。质量监督工作的出发点和落脚点在于是否能够促进社会生产力的高速发展，这也是检验质量监督工作的基本标准。要改变我国经济建设中长期存在的产品质量差、物质消耗高、经济效益低等问题，必须加强符合我国国情的质量监督的理论研究，在实践中不断完善制度，坚决贯彻执行，坚持标准，科学检查，认真执法，公正办事，严肃处理，坚守原则。在思想上要树立一种坚决反对违法行为的观念。强化质量监督就是增强企业外在强制力，从而增强企业提高质量的内在动力和自我约束力，促进生产要素质量水平的提高。

3. 全局性原则

监督的目的是从整个国民经济的全局和社会生活的总体出发，维护全体人民的共同利益和长远利益。质量在经济活动中具有极其明显的全局利益和长远利益特征，制定质量监督的一切法规、法令、政策、标准、规范都是从全局利益和长远利益出发的。因此，全局性和长远性必须贯穿于实施质量监督的全过程。

4. 科学性原则

质量监督是自然科学和社会科学相结合的科学管理方法，是多个学科交叉的技术监督内容之一，涉及专业科学技术和基础科学、社会科学。因此，质量监督必须基于科学规律，坚持科学化的监督设施、监督方法和手段、监督管理及监督人员的科学技术专业化，以保证质量监督职能的正确性和科学性。

8.4.4　质量监督的特点

1. 长期性

质量监督是一项持久不懈的工作。因为“一个国家产品质量的好坏，从一个侧面反映了全民族的素质”，同时也是国家生产力水平的标志。提高全民族的素质和发展生产力水平是一个长期而无止境的任务，无法在短期内解决，因为人类的进步和发展是不会停止的。此外，局部生产力发展的不平衡是绝对存在的，实现相对平衡也需要长期努力。这些决定了质量监督的长期性。

2. 艰苦性

我国生产力相对落后，局部生产力发展不平衡，商品经济尚未充分发展，民族素质较低，这决定了质量监督的范围广、内容多、复杂度高，因此质量监督需要进行长期而艰苦的努力。过高或过低、过急或过缓、过细或过粗的监督都会影响质量监督工作的开展，无法达到质量监督的目的。

3. 公正性

公正性指的是遵循国家法律、方针、政策和相关规定，站在生产和需求之间的第三方立场，坚持原则，公正办事，不偏袒任何一方。公正性是质量监督的核心，失去公正性不仅不被接受，也是国家不允许的。失去公正性也就意味着失去了科学性，从根本上讲，这都会给国家、民族和社会带来不同程度的损失，也会失去质量监督的根本意义。

4. 科学性

质量监督的科学性体现在科学的管理、先进的设备、具有代表性的抽查、正确的检验方法、准确可靠的结果，以及及时、恰当的处理。质量监督的科学性是公正性的保证，更重要的是质量监督能够促进质量改进，以质量推动科学技术进步，从而推动生产力的发展。

5. 权威性

质量监督的权威性是在国家法律或行政授权及质量监督本身工作质量的基础上建立的。它是权力、公正性、科学性和努力工作相结合的产物。质量监督若没有权威性，就无法开展工作，它是质量监督得以进行的根本保证。

6. 目的性

质量监督的目的是促进企业提高产品质量，维护国家、消费者和生产者的利益。首先，质量监督检验的数据和评定的结论在宏观和微观层次上提供了改进质量的信息和指导方向。其次，质量监督不仅维护了国家、消费者和生产者的利益，还对企业改进质量提出要求，从而督促企业的质量改进。

7. 灵活性

发放生产许可证、出口质量许可证、质量认证、质量等级评定、日常监督等都属于质量监督的范畴。这些质量监督方式可以分为自愿性和强制性，根据产品特征和需求的不同而灵活运用。抽查方法可分为定期复查和不定期复查。

8. 多样性

质量监督的多样性体现在监督系统的多样化，包括国家质量监督、第二方（用户方）监督、第一方（生产方）监督，以及一些其他监督方法，例如日常质量监督、发放生产许可证、质量认证、质量等级评定等。多样性是保证灵活性和广泛性的基础，也是质量监督有效性的基础。

9. 广泛性

质量监督的广泛性特征非常明显。朱兰博士曾说过一句深刻的名言，即人类生活在质量堤坝后面。这一方面说明了质量对人类生存的重要性，另一方面也表明了质量的普遍存在。质量的普遍存在是质量监督广泛性的客观依据，而质量的重要性则是质量监督必要性的理论基础。人们的生产活动和生活离不开物质条件，任何产品和劳务都存在优劣问题，因此任何产品和劳务都需要受到监督。特别是在生产力相对落后、局部生产力严重不平衡、商品经济尚不发达的情况下，商品生产者往往忽视质量，因此质量监督显得尤为必要，其任务更加繁重。

8.4.5 质量监督的作用

1. 维护国家和消费者的利益

强化质量监督，健全质量监督网络，是防止低质产品进入市场，损害国家和消费者利益的重要手段。质量监督在维护国家和消费者利益方面发挥以下几个作用：首先，抑制低质产品的销售和再生产；其次，防止不合格产品流入市场；最后，促进企业建立质量自我约束机制，完善市场机制，严格控制进出口产品质量，捍卫国家权益，维护国家声誉和消费者利益。

2. 为质量和经济决策提供依据

质量监督所获得的数据是宝贵的质量信息。真实的数据能客观定量地反映现状。通过科学方法对质量监督数据进行收集、整理和分析，可以推断出总体质量水平，解释质量波动的客观规律，为质量管理和经济决策的改进提供依据。

3. 促进管理水平和技术素质的提高

质量监督利用行政和法律的强制性手段，促使企业和主管部门领导人强化质量意识，形成对质量的危机感和紧迫感。这有助于提高他们对自身劳动成果质量的要求，将提高质量的外部压力转化为内在动力，并积极主动地在提高自身管理水平和技术素质方面下足功夫，自觉地建立健全质量保证体系。

当人们对提高产品质量抱有期望时，对自身素质的要求也增强了。他们会自觉地学习管理知识和技术知识，勇于实践，大胆开拓，奋发进取，从而不断提高思想素质、管理素质和技术素质。

8.4.6 质量监督的职能与形式

1. 质量监督的职能

社会主义制度的建立为生产力的发展创造了前提条件。然而，社会主义制度对生产力发展的促进作用并非自发产生，而是通过政府对国民经济进行领导、计划、组织、协调、监督和控制等一系列管理活动来实现的。监督在国民经济管理活动中扮演着非常重要的角色，其目的是确保党的方针、政策、法律、法规、技术规范及社会主义道德和公正原则的执行，维护社会主义经济的正常运行，预防和排除任何失调和偏差，促使社会主义商品经济按照客观规律顺利发展。监督的目的决定了质量监督的职能，总结起来，质量监督具有以下职能：

(1)预防职能

提前排除问题和潜在危险，查明原因，防止在实现质量目标的过程中出现重大问题。

(2)补救职能

排除引起质量缺陷的因素并弥补其后果。

(3)完善职能

发现和利用提高质量的潜力，协助企业完善质量保证体系，积极为改善整个社会经济活动作出贡献。

(4)参与解决职能

指导企业的生产检验工作,协助相关单位进行质量监督活动,促进产品质量和企业管理水平的提高。

(5)评价职能

确认和评估取得的质量成果和存在的问题,并进行奖惩或仲裁。

(6)收集和提供情报职能

收集相关情报信息,向决策部门提供质量决策所需的信息情报。

(7)教育职能

宣传社会主义经济和质量工作的方针、原则和目标,提高全民族的质量意识,推广经验并吸取教训。

2. 质量监督的形式

质量监督工作是国家对质量进行宏观控制的主要手段。根据其性质、目的、内容和处理方法的不同,可以大致分为三种基本形式,即抽查型、评价型和仲裁型。这三种基本形式密切相关,又各具特点,并包含着丰富的内容。

(1)抽查型质量监督

①抽查型质量监督的特征

质量监督机构通过在市场或企业中随机抽取样品,按照技术标准进行监督检验,判断其质量是否合格,并对不合格产品采取强制措施,要求企业改进不合格产品,直至达到技术标准要求。国家各级技术监督实施的季度质量监督抽查和各级质量监督机构进行的日常监督检验都属于抽查型监督。其特征主要有以下三点:

a. 监督抽查的目的是了解某一时期产品质量的状况,为政府加强对产品质量的宏观控制提供依据,促进产品质量的提高,追求经济效益,使国民经济保持稳定的正常发展速度,使国家、企业和广大消费者都获得经济效益。

b. 监督抽查要求反映真实的质量情况,通常采取突击性的随机抽样方法,以确保抽样样品的真实性和代表性。

c. 监督抽查注重实际效果,必须做好事后处理工作。对于在监督检验中发现不合格的产品,企业必须认真分析原因,制定整改措施,并按照国家相关法律法规的规定认真进行整改,以在规定期限内达到标准要求。

②抽查型质量监督的方法

a. 监督性抽查

与评选优质产品和日常监督检验不同,监督性抽查是在各企业、各行业的生产检验和政府各级质量监督机构的日常监督检验基础上进行的。这种方法对企业来说具有突然性和保密性,可以真实地反映产品质量的状况。对于各企业、各行业的生产检验和政府各级监督机构的日常监督检验工作质量也是一次重要的考核。国家通过这种形式在宏观上监督重要产品的质量动态,同时对企业、行业和地方的质量管理进行督导,促使质量法律、法规和技术标准的贯彻执行。

监督性抽查的对象包括重要的生产资料、市场上供不应求的消费品及涉及安全和健康的重要产品。

监督性抽查的主要特点如下：

Ⅰ.抽查的重点突出。抽查目录由各级技术监督部门与主管部门会同提出，并报政府主管部门批准(如经委)。受检企业事先不得被通知，负责检验的单位也不得泄露信息。

Ⅱ.随机抽样，抽样地点不限。可以在生产企业、市场或用户入库的产品中进行随机抽样。

Ⅲ.检验工作要求严谨认真，强调科学性和公正性，由法检单位、站点或中心负责执行抽检任务。这些单位必须具备符合标准要求的检测手段和相应技术水平的检测人员。检测应按照统一规定的质量指标进行，力求科学公正地判定产品质量。

Ⅳ.质量检验结果可以公之于众。对于抽查中发现的质量问题，不得手软、徇情或不予处理。对于不合格的产品，企业必须按照相关要求执行相应措施，例如停止生产、停止出厂，商业部门不得收购和销售。已经出厂的产品要坚决实行“三包”(包修、包换、包退)。对于有使用价值且不涉及安全和健康问题的不合格产品，经过有关部门的批准后，可以打上相应标志进行降价销售。对于发现的假冒伪劣产品，必须对其生产企业和销售单位明确责任进行处罚，并追究有关人员的经济、行政和法律责任。相关结果将由技术监督部门或经委公布。

b.周期监督检验

周期监督检验也称为日常监督检验，是指承检单位按照一定周期和标准对受检企业的产品进行抽样检验，以确定其是否合格。对于那些生产不合格产品且未认真改进的企业，政府质量监督管理部门将按照相关法律法规进行处理，以达到质量监督管理的目的。各级地方质量监督管理部门根据当地产品质量情况、存在的问题及监督检验能力，重点安排监督检验，并制定“受检产品目录”。该目录包括受检产品、受检企业、承检单位、检验周期和依据等内容。在进行监督检验时，需注意监控范围，将主要产品质量置于有效监控之下。对于检验周期和项目，可以根据质量的稳定程度进行灵活掌握。由于周期监督检验的对象相对稳定，资料具有系统性和可比性更为显著，因此它是质量统计分析的主要信息来源。

c.商品质量抽查

商品质量抽查的监督对象首先是经销者，因为经销者是产品的第一用户，经销和储运是连接生产和消费的中间桥梁和纽带。为了遏制伪劣产品的流通、建立经销者自觉抵制伪劣商品的机制，以达到断源截流的目的，维护社会主义商品经济秩序，生产者和经销者都应遵守有关质量责任的法律法规，相互制约、相互监督，为最终消费者和国家的权益负责。

商品质量抽查的重点是假冒伪劣商品，包括失效变质、危及人身安全和健康、冒用标志及掺杂使人误认为真的商品。一旦发现，应当明确质量责任，对经销和生产的责任方依照相关法律法规严厉制裁。

市场商品监督抽查的内容主要包括：根据市场商品质量状况、人民群众的举报和相关方面的反馈，确定抽查商品的品种。质量监督管理部门组织监督抽查，并对发现的问题进行处理；对于一些季节性商品，在销售旺季可能出现质量问题的情况下，进行监督抽查，以防患于未然。加强对商品的宏观控制，促使企业确保商品质量，起到预防警示的作用。

(2)评价型质量监督

评价型质量监督对企业而言是一项外部质量保证活动，有助于提升产品竞争能力和经济效益。对消费者和用户而言，它是一种可信赖的质量信息，为他们提供指导和选择产品的依据。对国家而言，评价型质量监督是一种宏观控制重要产品质量的有效手段，督促企业不断提升产品质量和管理水平。

评价型质量监督由政府质量管理部门通过对企业的产品和质量保证体系进行检查和验证来实施，进行综合质量评价，并通过证书、标志等方式向社会提供质量信息。同时，对获得证书、标志的产品和企业进行必要的事后监督，以确保质量的稳定。

我国的评价型质量监督形式包括产品等级评定、生产许可证的发放及质量认证。

(3)仲裁型质量监督

仲裁型质量监督是指政府质量监督管理部门组织法定的质量检验机构，通过对涉及质量争议的产品进行检验和质量调查，明确质量责任，做出公正和科学的仲裁结论，处理质量争议，维护经济活动的正常秩序，确保标准的严肃性。对于受理委托的质量仲裁、执法部门(如工商、法院等)委托的仲裁检验及消费者的质量投诉，都属于仲裁型质量监督。

仲裁型质量监督的特点包括：

①监督对象是涉及质量争议的产品。

②仲裁质量检验的依据是经济合同中的要求。如果合同中没有质量指标要求，则应依据该争议产品的现行标准；如果合同中既没有要求也没有现行标准，则一般不予受理。

③在进行仲裁检验之前，需要对涉及质量争议的产品进行相关的现场调查，以便明确责任。

④仲裁结论做出后，如果质量争议双方对质量监督部门提供的仲裁数据不服，可以在规定的期限内逐级向上级技术监督部门申诉，直至国家技术监督局。

⑤仲裁检验的费用由委托单位(如工商、法院)或质量责任方支付。

8.4.7 产品质量监督抽查重点

质量监督的内容包括所有商品和提供的劳务，以及国家发布的与质量相关的法令和政策的执行情况。

虽然所有商品都是质量监督检查的对象，但重点应放在与国计民生有重大关系的产品上。这些产品通常涉及人们的身体健康，关系到国民经济的发展，影响国防建设和国家声誉，或者具有大规模和广泛影响的敏感性。这些产品是人民生活和国民经济的基础。在产品质量监督方面，应加强以下产品的监督检查：

1. 实行生产许可证的产品

生产许可证制度是国家的重要法令，旨在防止不具备基本生产条件的企业制造不合格产品。必须加强对这类产品的监督，严禁无证生产和销售，并按时进行证照更换复查，同时加强有效期内的突击监督检查。

2. 国家规定的淘汰产品

淘汰产品是指落后的产品，其设计落后，质量低劣。在淘汰这些产品的同时，国家已经有替代产品出现，如果继续生产淘汰产品，将不可避免地影响先进的节能新产品的推广和使用，导致产品更新换代的延迟。

3. 进出口产品

进出口产品涉及国家和消费者的权益，出口产品还涉及国家的声誉。应加强对出口产品的质量监督检查，提高出口产品的竞争能力和质量信誉，以满足外贸发展的需求。对于实行出口质量许可证的产品，要坚决执行无证不接受报验的规定。

4. 优质产品

应加强对优质产品的质量监督检查，并按时进行复查，以防止质量下滑。

5. 与人民生活密切相关的产品

与人民生活密切相关的产品包括粮油、煤炭、酱油等。

8.4.8 质量监督体系

质量监督体系由法定质量监督系统(第三方)、生产方(第一方)质量监督系统和使用方(第二方)质量监督系统组成。法定质量监督系统起主导作用，生产方质量监督为基础，使用方质量监督为根本，社会舆论监督为辅助，形成了多层次的质量监督体系。这些监督体系相互交叉、联系、配合、协作，共同实现对质量的制约和保障。

质量监督体系具有预防产品缺陷、全面监督产品和正确实施质量监督的功能。预防性体现在法定质量监督系统对生产方质量监督系统的监督上，以确保生产系统努力保证最终产品质量。尽管质量检验是质量控制的重要环节，但产品质量是在生产过程中形成的。因此，对生产过程的质量监督检验具有保证最终产品质量的功能。例如，某电机厂在生产过程中剔除了一根不合格电动机轴，这不仅预防了这根轴装到电机上形成不合格产品，而且起了生产者的重视，减少了今后由于轴质量问题导致电机不合格的可能性。

全面性体现在生产方系统自身质量监督和使用方质量监督的功能。因为每种产品、每个产品都有一个生产过程，质量检验是其中重要的环节。因此，生产方自身的质量监督不仅对每种产品、每个产品具有监督性，而且对整个生产过程进行监督。改革和完善生产方系统的质量监督体制是提高和保证产品质量的基础。使用方质量监督是指用户对产品质量进行的监督。生产产品的目的是使用，使用也是对产品质量进行检查的一种形式，因此生产方和使用方质量监督具有全面性的功能。

正确性体现在法定质量监督、生产方质量监督和使用方质量监督之间的相互作用上，从而保证监督工作的质量。由于生产方质量监督是自我监督，往往会出现报喜不报忧的情况。因此，需要借助法定质量监督和使用方质量监督对生产方自身质量监督进行监督，以保证生产方质量监督工作的质量。当企业和用户在产品质量上存在争议时，必须由法定质量监督机构进行仲裁。使用方质量监督是维护用户利益的监督，而且用户往往缺乏检验设备、仪器和手段，因此需要借助生产方监督和法定质量监督，以定量、准确地反映实际情况。

1. 法定质量监督系统

法定质量监督的地位和权威由法律确定。在我国，技术监督局和商检局是法定质量监督单位，他们对生产方质量监督和使用方质量监督的工作质量具有监督权，对因质量引起的纠纷具有仲裁检测权，以确保质量监督的集中统一、正确可靠、及时准确、积极预防、全面把关。

法定质量监督具有以下优点：

(1)由于其法定地位，赋予了其特有的权威性。

(2)作为独立于生产和使用双方的监督机构，具备公正性。

(3)拥有先进设备、完备手段和雄厚的技术力量，保证了检测数据的正确性。

其缺点是：

(1)机构本身的局限性限制了产品监督的全面性，包括品种和批次的全面性。

(2)采用的计数抽样标准的规定性，使得使用方和生产方都存在一定的风险。

(3)监督检测的是最终产品，预防性较差。

2. 生产方质量监督系统

为了克服上述缺点，必须加强生产方质量监督系统的自身质量监督。改革和完善生产方质量监督体制是加强生产方质量监督的重要步骤。

要做好生产方质量监督系统的质量监督，除了建立相应级别的专业检测中心外，更关键的是由主管部门任命并直接领导企业的质量检查科长，然后由质量检查科长向企业内聘任检查员和其他工作人员。换句话说，检查科长是上级主管部门委派到企业的驻厂质量监督代表，其工资由企业负担。这样才能适应主管部门由政府机构向经济体转变，以及指挥和领导机关向指导监督和服务机构的转变，从而保证质量监督的真实性和有效性。

生产方质量监督具有以下优点：

(1)质量监督范围广，监督生产的所有品种规格和批次，以及质量形成的全过程。

(2)通过对质量形成全过程的监督，具有预防性功能，能够预防最终产品质量缺陷和未来批次的质量问题。

(3)与目前体制相比，驻厂代表制生产系统质量监督能发挥更好的监督职能，提供更准确和真实的检测数据。

其缺点是：

(1)生产方质量监督仍然是生产方自身的监督，只有在法定质量监督和使用方质量监督条件下，才能确保质量监督的质量。

(2)法定质量监督和生产方质量监督都无法消除使用方的风险和实施实用性检查，因此，强化使用方质量监督变得十分必要。

3. 使用方质量监督系统

实践是检验事物的最终标准，对产品进行检验和进行科学的检测是实践检验的一种形式；而使用检验则是实践检验的另一种形式，因为使用是产品的最终归宿。因此，使用检验是具有最强社会性、最实际和最客观的一种检验形式。

使用方质量监督系统是以使用检验为主要形式的用户方监督。建立以用户委员会和消费者协会为代表的质量监督系统是对整个质量监督组织体系的完善和补充。使用方质量监督是群众性监督，根据用户反映的问题，并借助于法定质量监督或生产方质量监督的检测，首先判断产品质量是否合格。若不合格，可以与生产单位或生产方主管局联系，按照“三包”原则进行协商解决。此外，可以通过广播、电视、报纸杂志等媒体形成社会舆论，推动或阻碍产品销售，以进行质量监督。在必要时，还可以通过法定质量监督机构进行仲裁、检测和调解,直至以法律形式解决问题。

使用方质量监督具有以下优点:

(1)质量监督的范围广,任何产品都无法避免使用方的质量监督。

(2)使用是质量的最终归宿,使用条件下的质量监督具有实际的目的意义,可以检验生产目的和使用目的是否统一。

其缺点是:

(1)缺乏检测手段,导致定量判别能力较差。

(2)由于是群众性质的质量监督,解决问题通常需要借助于法定质量监督和生产方质量监督机构。

从质量监督的性质来看,法定质量监督是强制性监督,生产方质量监督是保证性监督,使用方质量监督是维护性监督。从产品所处的不同阶段来看,生产方质量监督是生产性监督,法定质量监督是流通性监督,使用方质量监督是使用性监督。从时序上来看,生产方质量监督是前期监督,法定质量监督是中间监督,使用方质量监督是最终监督。

三大质量监督(法定质量监督、生产方质量监督、使用方质量监督)既存在对立的一面,又具有统一的一面。由于它们各自所处的地位局限性,导致它们相互对立,形成相互制约的关系。然而,由于它们的目的是统一的,即维护国家、企业和用户的利益,因此它们又相互配合、互相协助。生产方质量监督是法定质量监督和使用方质量监督的基础和前提;法定质量监督是生产方质量监督和使用方质量监督的后盾和保证;使用方质量监督是法定质量监督和生产方质量监督的延续和补充。三者有机地结合为一体,通过组织网络的方式充分发挥质量监督职能,防止企业在竞争中质量越出“跑道”,确保竞争规则的执行。

8.4.9　质量监督工作的完善与改革

提高质量监督工作的有效性是质量监督工作完善与改革的核心。为此,我们需要分工协作、协调配合,充分发挥三大质量监督系统的优点,克服它们自身的缺点。同时,也要充分利用质量监督的特点,发扬其长处,避免其短处。为了充分发挥质量监督的功能和作用,我们应注意以下几个方面的完善与改革。

1. 实行分工合作,相互监督

通过分工合作,我们可以减少不必要的重复检查,并在现有条件下扩大检查范围,从而增加质量监督的广泛性和有效性。分工的关键是将法定质量监督的重点由企业内产品的监督转移到对生产方自身质量监督工作质量的监督上,以及从生产领域产品的监督转移到流通领域产品的监督上,并加强仲裁与调解工作。这种分工转移的目的是加强市场商品质量的监督管理,打破地方本位主义,形成地方之间相互监督和市场对生产的约束机制。

2. 切实抓好后处理工作

后处理的目的不仅仅是为了进行处理本身,而是通过抽查的方式对被监督者进行教育,使其转变和提高对质量的观念,将压力转化为动力,促进整改。为了切实抓好后处理,我们必须遵照相关法令、规定和政策,保持协调一致,共同执法。例如,对于没有生产许可证的产品,监督检查单位应向社会发布公告,并通知相关单位和部门停止下达计划、停止供应原材料、停止提供电力和其他能源、停止提供流动资金贷款、停止接受宣传报道和广告刊播业务，并责令停止销售等。

3. 要提高质量监督的科学性

为了达到这一目标，首先需要按照抽样标准逐层随机抽取样本。这包括按产品类别、品种、企业产品等层次，按照抽样标准随机抽取类别样本、品种样本、企业样本和产品样本。其次，在检验过程中，我们要使用先进的仪器和设备，采用科学的检查方法，以实事求是的工作态度进行检验。然后，需要采用科学的统计分析方法，并严肃认真地进行后处理。只有这样，我们才能推断出总体的客观质量水平，解释内在的质量波动规律，从而做出科学决策。

8.5 新产品开发及其质量管理

新产品开发是提高产品质量水平的重要途径。产品的固有质量取决于设计质量和制造质量。设计是新产品开发阶段的一部分，是确定产品质量水平或质量等级的必不可少的重要技术工作。它是产品质量产生、形成和实现过程的起点，是创造质量新水平、实现产品更新换代、提高国民经济水平和加快国民经济发展的重要途径。如果产品质量设计存在先天不足，导致本质性的质量缺陷，无论在制造过程中如何加强质量控制，生产出来的产品即使百分之百合格，也只能是百分之百低水平的产品。因此，新产品开发是提高产品质量的关键环节。当前，世界上大多数国家都认识到设计开发是提高产品技术含量和质量水平的关键，非常重视产品开发和加强产品开发的宏观管理。

科学技术是第一生产力。产品质量的好坏反映了产品技术含量的多少，质量的优劣关系到生产力水平的高低。因为相当一部分产品将成为生产力要素中的劳动工具和劳动对象，为再生产打下技术物质基础。要使粗放型经济转变为集约型经济，就必须使生产从老技术基础转向先进的技术基础。这就要求不断开发新产品，提高产品质量水平，加快更新换代、升级换代和推陈出新，为经济各部门提供先进设备、仪器、仪表和新材料，因为新技术往往与采用新的劳动工具、劳动对象和工艺相关。因此，新产品的质量水平决定了新技术的水平，采用新技术的水平决定了新增生产力的水平和生产力的发展水平，即决定了国民经济的发展水平。

8.5.1 新产品的分类

新产品是与老产品相比，在原理、功能、性能、结构、材质等技术特征的某一方面或几方面有明显改进、提高或独创，并具有先进性、实用性和良好经济性的产品。总体上，新产品可以分为两大类：一类是独创性产品；另一类是在某个地区范围内首次试制成功并具有推广价值和经济效益的新产品。然而，根据新产品具有新质的程度、新产品开发地域范围和新产品开发决策方式，可以进行具体细分。

1. 按照新产品具有新质的程度划分

(1)改进新产品

指采用改进技术制成的产品，其性能有所提高，使用维修方便，体积小、重量轻，成本有一定下降,或在几个方面兼具改进的新产品。例如,相对于JO2电动机而言,Y系列电动机在性能上有所提高。

(2)换代新产品

指采用新材料或元件与新技术制成的产品,其性能有重大提高,使用维修方便,体积小、重量轻,成本低,或在几个方面兼具特点的新产品。例如,集成电路的电子产品相比分立件电子产品具有一般可靠性强、重量轻、维修方便的特点,而且如果集成块制造技术过关,成本也较低。

(3)新用途新产品

指为适应新用途或市场需求而制成的产品,其性能具有特殊要求。例如,苹果分级机根据苹果分级的特殊要求进行设计制造,仅用于苹果级别分选。另一个例子是一氧化碳含量报警器,适应家庭取暖安全的需求。

(4)全新新产品

指采用新原理、新结构、新材料、新技术制成的独创产品。例如,851口服液等。

2. 按照新产品所在地域划分

(1)国际新产品

指在全球范围内首次试制成功的独创产品。针对这类新产品,国家应采取保护措施。对于目前社会需求中具有益处的产品,应采用专利保护;对于目前社会暂不需要的产品,可以采取绝密措施,进行储备保护。

(2)国家新产品

指其他国家已经试制成功,而国内首次试制成功的产品,填补了国内空白。开发这类新产品有不同的目的:一是追赶世界先进水平;二是减少、替代进口,发展本国工业;三是开拓国内新的需求,拓宽市场领域。开发这类新产品可以采用引进、消化、吸收的方式,即软件引进、硬件引进或软硬件同时引进的方法。此外,还可以通过索取、收集情报,结合本国能源、原材料等实际情况,在国内基础上进行自主研制。

(3)省、自治区、直辖市新产品

指其他省、自治区、直辖市已经试制成功,但在本省(自治区、直辖市)尚属首次试制成功的产品。开发省(自治区、直辖市)新产品的目的:一是满足国内市场需求;二是扩大出口创汇;三是同时满足两个市场。开发这类新产品纯粹是为了满足市场当前的需求。因此,在充分调研市场的基础上,进行科学分析和预测,并制订周密计划,确保产品具有效益,才能立项。防止在产品生产能力形成时,已经进入衰退期或淘汰期,造成重大损失。

(4)地、市新产品

指其他地、市已经试制成功,但在本地(市)尚属首次试制成功的产品。其开发目的和立项注意事项与省、自治区、直辖市新产品相同。

3. 按照新产品开发的决策方式划分

(1)自主调研开发

是根据市场需求信号,以及本企业、科研单位的开发设计和生产能力,并通过对市场的调查、需求现状分析(包括潜在需求),预测社会需求的发展趋势、数量和新增供给能力,进而决策开发产品。这通常是面向社会需求而不是特定的用户群体。

(2)用户订货开发

指企业根据用户提出的具体产品方案进行开发设计,并根据合同签订的购置数量进行生产的产品。这种方式多用于大型或成套且订货数量较少的机电产品。

(3)上级指令开发

指根据上级下达的指令性开发计划和产品方案进行设计开发的产品。通常由科研单位或企业承担,产品一般由国家统购统销。

8.5.3 新产品开发的主要阶段与程序

自立调研新产品开发的主要阶段与程序为:

(1)调研阶段。

(2)构思创意阶段。

(3)创意筛选阶段。

(4)开发决策。

(5)新产品设计。

(6)样品试制与鉴定。

(7)小批试制与鉴定。

(8)新产品市场开发。

从以上新产品开发的主要阶段与程序来看,没有将先进的设计理论与方法纳入程序,仍然停留在仅利用专业设计技术的旧框架内。这样新产品的质量水平很难有明显突破。因此,需要将质量设计程序与其结合起来,形成一个新产品开发的新程序,以提高新产品开发的成功率和质量水平。其程序应为:

(1)调研阶段

市场是企业生产经营活动的出发点和落脚点,也是质量循环的起始点。在这一阶段,需要对国内外同行、科学技术发展、已试制成功的同类产品质量水平及用户进行调查分析,为预测和新产品创意和决策提供依据。调研是一个长期的经常性工作,是一个信息、资料长期积累的过程,不能仅视为临时性、突击性的工作。

(2)预测阶段

预测是根据掌握的信息、情报和有关历史资料,运用科学的方法进行分析、计算,探求事物发展的内在规律,对事物的未来在一定时间、一定范围内的发展方向和趋势做出定性或定量的估计、测算和判断。如果预测不准和不可靠,一方面给新产品开发带来困难,造成开发方向的错误;另一方面给经营带来被动,导致新产品层出不穷,经济效益却不断下降的局面。因此,现代管理的重点在于经营,经营的中心在于决策,决策的基础在于预测。

(3)创意与筛选

新产品开发创意是根据新产品开发调研和预测的各种资料,有针对性地在一定范围内首次提出开发新产品的初步设想。它包括开发什么新产品、新产品的基本原理、基本功能、质量水平、期望产量、成本等内容。

新产品开发创意筛选是从许多创意方案中选择出若干个较为适宜的方案，然后对选出的方案进行先进性、可行性、经济性等方面的分析论证，以便提供给领导层进行决策。

创意方案对比可采用创意评级表进行评估，见表8-3。

表8-3 创意评级表

创意评分因素	相对权数	创意评分等级(B)											评级
	(A)	0	1	2	3	4	5	6	7	8	9	10	A×B
对国家的贡献	0.20												1.20
销售情况	0.20												1.80
研究开发难易	0.20												1.40
劳动力安排	0.15												0.90
财务状况	0.10												0.90
生产能力利用	0.05												0.40
设备需要状况	0.05												0.15
原材料供应状况	0.05												0.45
总计	1.00												7.20

(4)新产品开发决策

新产品开发决策是在创意筛选出若干个方案后进行再对比和抉择的过程。决策内容一般包括新产品采用的原理、主要功能和性能、寿命、可靠性、价格、成本等参数，以及新产品的用途、使用环境、使用范围、规格、系列化、开发费用预算、开发周期、现有生产条件的利用程度、实施方案、计划等内容。

新产品开发设计方案确定后，就要组织力量编制设计任务书。设计任务书经过必要的手续后下达给设计部门进行开发设计。

(5)新产品设计

新产品设计包括初步设计、技术设计与系统设计、参数设计和允差设计与工作图设计。

① 初步设计

又称为“先行设计”，是为下一步设计做准备的阶段。主要任务是确定产品的必要功能、结构方案、组成整机的零部件、连接形式和原理、设计规范、设计计算方法等内容，以及新工艺专题试验研究、模拟试验，并取得一些必要的技术参数，为下一步设计铺平道路。

②技术设计与系统设计

包括专业技术设计和质量指标体系设计两个方面的工作。专业技术设计是新产品的定型设计阶段，在这个阶段要确定产品各个部件、组件的详细结构、尺寸及其配合关系、技术条件和特性输出指标、计算结构和零件的强度、刚度等；画出产品总图、部件和组件的结构装配图，然后进行质量指标体系设计。质量指标体系设计是根据给定产品的质量经济指标，按原理系统图、功能系统图、结构系统图，以科学的设计分配方法，确定出性能指标体系、可靠性指标体系、安全性指标体系和成本指标体系。

③参数设计

用于找出因素水平的最佳组合，即目的特性值既要满足目标值，又要使其波动范围满足要求，同时具有良好的经济性。常用的方法包括正交试验、方差分析或信噪比分析等。

④允差设计与工作图设计

允差设计根据目的特性的波动范围确定各原因特性的波动范围，包括设计满足目的特性波动范围要求的原因特性波动范围，以及满足目的特性波动范围的最低成本的原因特性波动范围的最佳组合。工作图设计是为试制、生产和使用提供所需的全套图纸和技术文件，包括绘制总图、部件图、零件图及编制明细表和说明书等。

(6)样品试制与鉴定

样品试制的目的是检验产品的设计质量和质量水平，考察产品的结构、性能和主要工艺，并验证设计(包括产品结构和工艺)以修正设计图纸，使产品设计基本定型。

样品鉴定主要对产品的结构、性能和质量水平进行评估，评价其先进性、工艺性、适用性和经济性，并提供改进建议。

(7)小批试制与鉴定

小批试制的重点在于工艺准备，主要验证工艺、工装和所有工艺文件，评估产品的工艺性。换句话说，小批试制需要确保所有工艺文件、工装和产品图纸能够保证在批量生产过程中的质量稳定。

小批试制鉴定主要评价产品的工艺性及工艺文件和工装是否满足批量生产的质量要求。评价鉴定内容通常包括：检查产品是否符合已批准的文件和技术标准；对关键零部件和成品的质量进行鉴定；评估产品的一般性能、可靠性、安全性、使用性能、经济性、工艺性和环境适应性；检查工艺文件和工艺装备是否先进合理，能否满足大批量生产的质量要求。

(8)新产品的市场开发

在社会主义市场经济条件下，市场是生产与消费的纽带，也是产品开发的终点和更新换代的起点。任何企业要生存和发展，必须以产品畅销为前提，因此开发新产品的市场是实现新产品开发目标的最后一步。

开发新产品市场既可以了解新产品满足用户需求的程度，又可以为实现新产品的效益提供服务；既可以收集改进新产品的情报，又可以为开发新产品做准备；既可以检验新产品开发工作的质量，又可以奠定提高新产品开发水平的基础。因此，新产品市场开发是实现产品更新换代和提高产品质量水平的重要环节。

8.5.3 新产品的宏观质量控制

新产品的质量水平决定着未来工业的质量水平，也决定着国民经济的发展水平。加强新产品的宏观质量控制对于加速提高社会必要质量水平具有重要意义。

从新产品开发程序来看，加强新产品的宏观质量控制必须抓好立项、评价鉴定和新产品市场开发这三个关键环节。

要把握住新产品的开发方向和质量水平，首先要抓好新产品立项工作。把好新产品立项关是避免新产品层出不穷、经济效益不断下降的重要措施。如果一个新产品不适应社会需求，那么该新产品就没有效益可言，而投入到新产品开发的人力、物力、财力和时间就会白白浪费，影响质量水平的提高速度。如果新产品的质量水平不高，在制造过程中也难以改变先天不足，也不会取得良好的效益，从而延缓质量水平的发展。

要把好新产品立项关，就要对调研报告、预测报告、创意报告及筛选资料、新产品开发决策报告以及以上四方面的原始资料进行认真核对和审查，组织专家进行可行性分析。在此基础上，将开发方向正确、具有较高质量水平或具有社会效益和经济效益的产品纳入计划，并视不同情况，在人力、财力、物力方面给予一定的支持。

在立项审查中，对于国际新产品最好委托国家专利局进行审查。凡适宜申请专利的，在一定时间内必须申请，以获得法律保护。这样做对国家和发明者都有利。

通过评价鉴定，能够及时发现存在的问题，采取措施加以改进，提高质量水平，避免造成损失。如果将未成熟的产品投入批量生产和市场，会因先天不足而给生产和用户带来无穷的后患。这不仅会使企业的生产难以正常进行，还会影响用户的正常使用，给用户增添麻烦，同时也损害国家、企业和用户的利益。

应该清楚，召开产品鉴定会并非一定通过，更不能仅仅取决于管理者的意志。我们应该尊重客观事实、尊重科学原则和专家意见。有些地方和部门，凡是鉴定都要通过；如果不能通过，就会组织单位甚至上级领导来进行游说。这样做，就失去了评价鉴定的真正意义。为了解决这个问题，我们应该实行立项与鉴定的分离。也就是说，立项由新产品开发部门负责，评价鉴定由质量部门主持，并且新产品开发部门参与其中。这样可以使新产品开发部门的主要精力集中在可行性分析、方案论证、产品设计及新理论和方法的推广应用上，同时切实发挥鉴定的职能作用，提高鉴定工作的水平。

对于所有批量生产的新产品，都应进行批试鉴定。省、自治区、直辖市的新产品及地、市级别的新产品中，如果是引进来自其他单位试制成功的产品，可以不进行样机鉴定，但批试鉴定是不可或缺的，以确保批量生产的质量稳定。

在鉴定过程中，要重点审查新产品设计中初步设计、系统设计、参数设计、允差及工作图设计的原始记录、原始材料、计算分析、图纸和其他资料。同时按照抽样标准进行随机抽样，并严格按照技术标准进行检验，实事求是地评判试制批的质量水平、生产的工艺水平和产品水平。

判断新产品是否满足不断增长的社会需求，首先要考虑其是否适销；其次是关注其质量水平；最后是价格是否适宜。为了使新产品尽快发挥效益，促进新产品在社会中的应用，我们需要对新产品进行批量鉴定后一段时间内的生产经营情况进行跟踪考核，作为分配和奖惩的依据。

从宏观角度抓好新产品开发的三个关键环节的控制，是一种动态管理方式。这有利于促进新产品的开发，提高开发新产品的质量水平和实现新产品的效益，也是新产品开发工作发展的需要。

8.6　技术改造中的宏观质量管理

技术改造是指在现有基础上，通过采用先进技术替代落后技术、新产品替代老产品，以及采用先进工艺和装备替代落后工艺和装备，来改变企业落后的生产技术状况，实现提高产品质量、扩大生产规模、全面提高经济效益的目标。

技术改造项目是国家计划内固定资产投资的重要组成部分，管理和实施这些项目是实现国民经济发展规划、实施质量效益型发展道路的重要步骤。这些项目对于开拓国际市场、扩大出口创汇、增强国防建设，以及不断满足人民日益增长的物质和文化生活需求，推动国民经济快速转型为基于新的物质技术基础的发展，具有重要作用。因此，加强对技术改造的宏观质量管理是非常必要的。

8.6.1 技术改造中的宏观质量管理的对象

凡是需要通过上级主管部门立项的技术改造项目都属于技术改造的宏观质量管理对象。需立项的技术改造项目主要包括以下几个方面：

(1)全行业范围的工艺改革、设备更新换代和产品更新换代。

(2)针对国有企业和重要集体企业的全面改造、改建和设备更新改造。

(3)针对行业中的骨干企业、重点企业进行的设备更新改造、工艺改革和产品更新换代。

(4)针对国民经济中具有大规模和广泛影响的重要产品的更新换代。

(5)针对燃料、原材料综合利用及废水、废气、废渣治理等重大项目。

(6)针对国民经济中薄弱环节的改造、改建和设备更新，及工艺改革。

(7)针对重点出口创汇企业的改造、改建和设备更新改造。

8.6.2 技术改造中的宏观质量管理的工作方针

技术改造应遵守稳、准、好、省、快的原则，有计划、有步骤、协调配套地改造落后技术，采用先进技术，提高生产技术能力，提高产品质量和经济效益。具体而言，有以下几点需要注意：

(1)技术改造要始终依靠技术进步，坚持不断改进。要在改造一项技术、成功一家企业、改造一整个行业的过程中，实现企业由速度效益型向质量效益型的转变。

(2)坚持以内涵为主、扩大再生产的原则。通过改造落后的产品、技术装备和工艺，改善生产要素的质量，以扩大生产规模和提高产品质量，使生产向深度和集约化方向发展，而不是简单地追求规模的扩大。

(3)进行全面规划。要平衡当前利益和长远利益的关系，处理好企业利益和国家利益、局部利益和整体利益之间的关系，确保重点项目的技术改造。

(4)量力而行。根据财力、物力和人力的可行性，量力而行，综合平衡，分阶段进行改造。特别要注意选择好首批重点技术改造项目和实施单位，避免盲目跟风，重复改造和引进。

(5)注重协调配套。以产品生产为主体，工艺技术为基础，设备工装为保证。统筹组织产品质量提升、技术攻关、新产品试制投产、新工艺采用、先进设备使用、新技术引进、消化和推广等一系列工作，确保各项工作有机衔接。

(6)坚持正确的技术选择原则，合理选择适用的技术。这包括正确处理先进技术与适用技术的关系、转移技术与自主创新的关系，以及硬技术与软技术的关系。工艺改进和设备更新应根据产品技术质量要求、生产批量和经济性制订相应的方案。

(7)符合国家产业结构和产品结构调整方向，贯彻国家的技术装备政策，积极采用国际先进标准

(8)综合考虑技术先进性、生产适用性和经济合理性。在条件允许的情况下，尽可能采用先进技术，努力在较短时间内缩小我国与世界先进水平的差距。然而，鉴于我国基础薄弱、资金短缺，不同企业和行业的具体情况不同，盲目追求先进技术可能导致欲速则不达。

因此,有时需要采用适用于生产的技术,特别是对于小型企业和乡镇企业,大部分技术改造项目应采用生产适用技术,避免过度依赖高投入的资金密集型技术。

8.6.3 宏观质量管理的主要要求

1. 实行质量目标管理

各部门和行业应根据国家技改政策和计划确定技术改造的质量目标。地方应根据各部门和行业的目标制定本地区的技改目标。企业则应根据部门、行业和地区的目标制定本企业的技改目标,以建立完整的宏观质量目标管理体系。

2. 制定良好的技术改造规划,确保规划的质量

(1)总体规划

总体规划应包括与国民经济整体相关的重大技术改造项目,重大基础设施的技术改造项目,主要部门、主要行业和关键企业的技术改造任务的协调和衔接,以及资金、物质和技术力量的平衡等。总体规划应提交国务院批准,并由国家计委统筹管理。

(2)行业规划

行业规划是根据总体规划的要求和国家的技术改造方针政策制定的。它包括行业的技术发展方向和技术装备政策,改造后达到的战略目标,改造的重点项目,首批改造项目,以及具体实施方法等。行业规划应提交国务院批准,并由国家计委备案,国务院各部门负责具体管理,实行首长负责制。行业规划的质量要符合总体规划的要求,同时也要符合工业改组、产业政策、产品结构和规模经济的要求,促进专业化协作的发展,并妥善处理好当前生产任务和技术改造之间的关系。须立足全局,全心全意为其他行业服务。

(3)地区规划

地区规划根据国家的技术改造方针政策,参照总体规划要求,结合本地区特点,充分发挥优势、避免短板制定而成。地区规划应包括对本地区经济整体影响较大的重大技术改造项目,本地区主要行业和重点企业技术改造任务的协调和衔接,以及本地区财力、物力和技术力量的平衡等。地区技术改造规划应与城市改造和发展规划相结合。在制定地区规划时,要妥善处理好地方企业和中央企业的关系,处理好整体利益和局部利益的关系,并实行地方首长负责制。地区规划制定过程中的质量要求与前述相同。

(4)企业规划

企业规划是在总体规划的指导下,根据行业和地区规划的要求,结合企业具体情况而制定的。它应包括企业技术发展的方向,一定时期内技术改造应达到的目标,技术改造的具体项目、规模、投资额、内容和方法,各项目之间的协调和衔接,技术改造所需设备、原材料和技术力量的来源,具体负责单位和人员,以及改造后的经济效益等。在制定技改规划时,企业应征求上级主管部门和贷款银行的意见,并邀请他们参与规划论证。在起草规划前,应收集足够的市场调研材料和同行业情况,为论证做充分准备。在论证过程中,应邀请同行业的多位专家参与,虚心听取他们的意见。对于上级部门立项的技改项目,企业应采取法人全权负责制,由企业总工程师或技术副厂长负责技术改造工作。企业技改规划应纳入企业目标管理,技改中与技术改造质量相关的内容应纳入企业质量目标管理。对于重大技术改造规划,必须采取措施保证并提高产品质量,确保项目完成后产品质量能达到优质水平。

3. 做好技改项目周期的质量管理工作

(1)技术改造项目周期的质量概念

技术改造项目周期的总体质量要求包括质、量、期、资、效五个方面。其中,质指技改项目本身的质量要求,包括设计和施工质量;量指项目的工作量要求,包括项目内容和工程规模;期指根据技改项目的客观条件要求,为了达到理想目标和经济竞争需要,确定最佳完成日期;资指每个具体项目的投入资金;效指技改项目完成后实际实现的经济效益。

(2)投资前期的质量要求

投资前期包括项目机会研究与初选、项目可行性研究、项目评估与投资决策三个阶段。下面主要介绍前两个阶段的质量要求。

①项目机会研究与初选阶段

项目机会研究是对投资机会进行初步质量鉴别,可分为一般机会研究和特殊项目机会研究两种类型。一般机会研究通常由国家机关和公共机构进行,其任务是在特定地区和部门内,根据经济发展战略、产业结构和产品结构调整的要求,研究投资方向,明确投资意向。这种研究应与技改的总体规划、行业规划和地区规划相结合。其主要工作质量要求包括充分收集国内外技术数据,进行科学地分析和预测,力求找出一些发展趋势的规律性。

特殊项目机会研究一般由企业进行。为了企业的生存和发展,除了搞好日常经营管理外,企业还应制定企业发展战略和技术改造规划,并在此基础上抓住投资机会,提出具体项目设想和初步方案,并对其进行概略分析。这些工作是机会研究的具体深入,技术改造规划和企业发展战略应不断充实或修正。对这些工作的质量要求是,要从企业实际情况出发,实事求是,克服企业盲目争投资而夸大分析结果的错误行为。

经机会研究认定有前途的技改项目可进入项目初选阶段。这个阶段的主要任务是判断项目的可行性程度,确定是否需要进行进一步的可行性研究;对项目方案进行审查和筛选;决定哪些关键问题需要进行进一步的辅助研究,如市场调查、实验室试验和工业试验等。研究内容主要包括项目背景、必要性和企业概况,市场和规模;原材料、改建地理位置、环境条件;技术和设计,项目实施和经济分析。

按照我国目前的项目管理程序,经过项目初选认为可行的技术改造项目需要编写项目建议书和初步可行性研究报告,并提交主管部门审批。主管部门将企业申请立项的项目汇总,形成“备选项目库”。此时,主管部门可根据社会经济发展战略、产业政策、产品结构调整,以及对技术、经济和社会效益的综合考虑,对备选项目进行质量评估和排序,确定优先推进的项目。

②项目可行性研究阶段。

经主管部门审查通过立项的项目,可以进入可行性研究阶段。该阶段的目标是为投资和决策提供可靠的技术、经济和财务依据,以便做出最终的项目投资决策。这是决定性的前期投资阶段,比项目初选阶段更加详细和深入。项目可行性研究报告主要包括以下内容:

a. 总论:包括项目背景和企业现状,投资的必要性和经济意义,研究的范围和依据,产品与国家政策的关系等。

b. 需求预测和拟建规模:包括市场需求预测,国内生产能力调查,产品价格预算和竞争能力评估,市场占有率和销售预测,出口创汇的可能性。

c. 原材料、燃料和公用设施的可获得性及其评价。

d. 选比条件和方案。

e. 设计方案:包括项目的构成范围,主要技术工艺装备的选择,引进技术和设备的来源、国别,布置方案和土建工程估算,公用辅助设施和内外运输方式的选择和说明,新增产品质量特性值,初步确定的质量标准,新增质量检验工序的设置,以及检验手段和检验设备的确定,关键工种和工序的确定。

f. 环境保护现状、影响以及三废治理方案。

g. 企业组织、劳动定员和员工培训要求,特别是关键工种和工序的人员培训及工程技术人员的培训。

h. 实施进度和工程施工单位选择的建议。一般应选择几个施工单位,进行能力和工程质量的比较,以选择最佳的。

i. 投资估算、资金筹措和成本估算。

j. 财务评价、国民经济评价及社会经济效益和企业经济效益的评价。

对可行性报告的质量要求是:内容应全面具体,一般应包含上述十项内容,并符合技术改造的质量方针政策;反映的各种情况要实事求是,数据可靠;分析要系统全面、正确;措辞明确,不能模棱两可或含糊不清;字迹应清晰。对于有条件的大中型企业,可行性研究可以自行进行。对于不具备条件的企业,应由国家承认的科研所、设计院校与企业共同合作完成。

贷款银行在可行性研究报告的基础上,应进行项目评估,对可行性报告的真实性和科学技术性进行判断,并提出补充修改意见。同时还应通过实地调研,判断项目的必要性及技术、财务和经济上的可行性,最后提出评估报告和是否予以贷款的结论。对于银行在选择贷款时的工作质量要求是:必须遵照国家技术改造方针政策,遵守国家信贷政策,认真听取行业主管部门和地区主管部门的意见,始终贯彻以经济杠杆促进生产力发展的原则。

(3)投资时期的质量要求

投资时期是指项目的执行阶段,从银行决定贷款(或企业自主投资)和主管部门下达设计任务书开始,直到项目投产为止。在这个阶段,需要进行初步设计、施工图设计、设备和物资采购、施工、安装、调试、试运转、员工招聘和培训、生产前的物质技术准备、工艺工装设计、制造,以及专用设备的设计和制造、产品质量特性值的设计计算和分析、工艺标准和质量标准的定量化,设置新增的质量控制点和设计质量控制文件,以及进行产品售前准备和售后服务规划等工作。对于初步设计和施工图设计,企业如果没有具备条件,可以委托国家认可的设计院(所)进行。对于这些工作的质量要求是:符合技改质量方针的要求,技术选择要合理,设计参数要先进,设计图纸要正确、完整、统一和清晰,同时要在保证设计质量和工程质量的前提下降低工程造价。

在这个阶段,企业负责项目的执行,企业法人具有执行义务和权力。应该成立项目执行和管理机构,根据分工原则和要求落实质量职能,为施工单位提供良好的技术服务,履行施工合同中的责任。贷款银行应根据贷款协议制订分年度(季度)的贷款计划,按计划提供贷款,并履行银行财务和金融职责,及时了解项目进展情况并检查贷款协议的履行情况。如果项目执行情况与最初设想有差异,银行应与企业和主管部门一起找出变化的主要原因,并商讨解决方案。施工单位应根据施工合同履行施工任务，并选择和确定技改项目工程的质量保证模式，撰写完善的质量保证文件。在施工过程中，施工单位还需落实质量职能，明确质量责任，完善质量保证体系，以在保证投资质量和工程质量的前提下，尽量缩短工期，降低工程造价。设计单位应与企业合作，派遣相关技术专业人员为施工单位提供技术服务。

(4)生产时期的质量要求

项目完成设备安装、经过试车运转并验收交付使用后，即进入生产时期。项目能否取得预期的经济效益最终体现在这个阶段的生产和销售情况上。因此，可以说投资决策的正确程度和项目的经营管理水平决定了项目的成败。在这个阶段，项目的经营管理和生产应纳入企业正常的产品质量保证模式和质量管理体系中。如果企业的经营管理水平很差，无法满足项目现代化生产的要求，就会导致有潜力的项目无法取得良好的经济效益。这种情况在我国一些管理相对落后的地区经常出现。同时，由于可行性研究工作的偏见、投资决策的失误或设计水平的低下，有些项目本身就不是好项目，即无法符合质量、数量、时间、资金和效益等方面的要求，给国家和企业都造成了较大损失。

在项目完成后至生产阶段的初期(通常在投产后的头一两年内)，企业应对项目进行总结评价，并编写项目完成报告。在项目总结评价中，对于涉及产品技改项目的内容，应包括项目的质量效益。

8.6.4 质量效益计算

技术改造项目的质量效益，应是提高工作质量、降低废品量带来的效益和提高产品的适用性质量带来的效益，以及因提高产品质量而提高产品质量信誉带来的效益，这三者之和，其计算公式分别如下：

1. 提高工作质量、降低废品量带来的直接质量效益(A)

$$A=G\cdot N \tag{8-1}$$

$$G=(C-W)\times\left(\frac{r_0}{1-r_0}-\frac{r_1}{1-r_1}\right) \tag{8-2}$$

式中 N——表示技改后合格品产量；

G——表示由于产品合格品率提高，单位产品节约额；

C——表示单位废品平均成本；

W——表示单位废品残值；

r_0——表示技改前的废品率；

r_1——表示技改后的废品率。

若 $r_1>r_0$，则发生废品效益损失。

2. 提高产品的适用性质量带来的效益(B)

$$B=\left(\frac{F_1}{C_1}-K_A\right)\overline{N}_1(D_1-D_0) \tag{8-3}$$

式中 F_1——技术改造后的单位产品的使用价值；

C_1——技术改造后产品的单位成本；

D_1——技术改造后产品的出厂单价；

D_0——技术改造前产品的出厂单价；

N_1——技术改造后每年(季、月)的平均销售量；

K_A——同行业平均价值余数。

$$K_A=\sqrt{\frac{\sum_{i-1}^{m}n_i\left(\frac{F_i}{C_i}\right)^2}{\sum_{i-1}^{m}n_i}} \tag{8-4}$$

式中　m——表示全国(省、市、地区)同行业的企业数，

n_i、C_i、D_i——同行某一企业同一类商品(产品)的销售量、单位成本、单位出厂价。

若与本企业技改前的适用性质量进行比较，则

$$K_A=\frac{F_0}{C_0} \tag{8-5}$$

式中　F_0——表示技改前单位产品使用价值；

C_0——表示技改前单位成本。

在实际计算时，可用产品出厂单价表示产品使用价值。

3. 产品质量信誉效益(E)

$$E=K_B\overline{N}_1(D_1-D_0) \tag{8-6}$$

$$K_B=\frac{P_1-P_0}{P} \tag{8-7}$$

式中　P_1——表示企业技改后产品销售量；

P_0——表示企业技改前产品销售量；

P——表示全国同行业企业销售总量。

D_1、D_0、$\overline{N}_1$、mm 与适用性质量效益的计算符号相同。

从 K_B 值可以看出，若 $K_B=0$，则质量信誉效益为零；若 $K_B<0$，则质量信誉效益损失；若 $K_B>0$，则有质量信誉效益收入。

第9章 工程中的服务质量管理

本章主要讨论服务和服务质量的概念和基本理论，以及服务企业如何通过建立完善的服务质量体系，控制服务的市场开发过程、设计过程和服务提供过程来保证服务质量。

9.1 服务的定义、特征和分类

9.1.1 服务的定义

20世纪70年代，随着服务业的发展，学术界开始重视对服务的研究。典型的服务行业包括维修、娱乐、餐饮、酒店、旅游、医院、会计服务、法律服务、咨询、教育、房地产、批发零售、物流、金融、保险、租赁等多个领域。然而，由于服务范围难以精确定义，迄今为止还没有一个被广泛接受的定义。例如，确定IBM究竟是制造企业还是服务企业时，会面临很大的困扰。尽管IBM制造计算机等电子设备，具备制造企业的基本特征，但同时它也提供计算机维修、数据和咨询服务，因此具备服务企业的基本特征。特别是在过去二三十年中，制造业和服务业的界限变得越来越模糊。未来，这种趋势还将继续发展。

以下列举了对服务定义影响较广泛的几种观点：

(1)美国市场营销协会(AMA)于1960年将服务定义为“用于出售或者销售与产品有关的活动、利益或满意”。然而，这个定义并没有充分区分服务和有形产品之间的差异。

(2)美国学者斯坦顿在1974年将服务定义为“可被独立识别的不可感知活动，旨在为顾客或工业用户提供满足感，但不一定与某种产品或服务捆绑销售”。

(3)希尔在1977年给出了“变化”的服务定义，认为“服务是指由某一经济单位同意后，由其他经济单位实施的，隶属于某一经济单位的个人或物品状况的变化。服务的生产和消费同时进行，这种变化是同一过程的变化。服务一旦生产出来，必须由顾客获得，这意味着服务无法储存。服务的不可储存性与其物理特征无关，只是逻辑上的不可能，因为储存同一过程的变化是矛盾的。”

(4)美国学者菲利普·科特勒在1983年对服务的定义是“服务是一方能向另一方提供的，基本上属于无形的，并不产生任何影响所有权的一种活动或好处。服务的生产可能与物质的生产相关,也可能不相关。”

(5)芬兰学者格隆鲁斯在1990年将服务概括为“一种或一系列活动,通常具有不完全的无形特征,解决顾客问题时与服务提供者及其有形资源、商品或系统相互作用。”

(6)英国学者A.佩恩将服务定义为“一种涉及某些无形因素的活动,包括与顾客或他们拥有的财产的相互作用,但并不涉及所有权的转移。服务的条件可能发生变化,服务的提供可以与物质产品紧密相关,也可以不相关。”

(7)根据ISO 9004:2018标准的定义,服务指的是“为满足顾客需求,供方与顾客之间的接触活动以及供方内部活动所产生的结果。”这个定义指出,在接触面上,供方或顾客可能由人员或设备代表;对于服务提供来说,在与供方接触的过程中,顾客的活动可能是至关重要的;有形产品的提供或使用也可能成为服务的一部分;服务可以与有形产品的制造和供应相结合。

(8)根据ISO 9000:2015标准的定义,服务通常是无形的,是在供方和顾客接触面上至少需要进行一项活动的结果。服务的提供可以涉及多种情况,例如在顾客提供的有形产品(如汽车维修)上所进行的活动;在顾客提供的无形产品(如准备税款申报表所需的财务报表)上所进行的活动;无形产品的交付(如知识传授方面的信息提供);创造适宜的环境氛围(如在宾馆和餐厅中)等。

9.1.2 服务的特征

尽管对服务的定义至今仍有争议,但对一般服务共有特征的研究有助于认识服务的本质。

1. 无形性

无形性是服务的最主要特征。首先,与有形产品不同,服务无法被触摸或看到,它具有许多无形的要素。其次,服务不仅本身是无形的,甚至消费服务所获得的利益也可能很难察觉或只能以抽象的方式表达。因此,在购买服务之前,顾客很难品尝、感受或触摸到“服务”,购买服务必须依赖于许多意见、态度等方面的信息。例如,当家用电器出现故障时,用户将其送到维修公司修理,但修理完成后,用户往往很难仅从外观上准确判断维修服务的质量。

然而,真正的、纯粹的“无形”服务非常罕见。大部分服务都包含有形的成分,许多有形产品与服务一起销售,例如餐饮服务中的食物,客运服务中的汽车,维修服务中的配件等。对顾客而言,更重要的是这些有形载体所包含的服务或效用。反过来,提供服务也离不开有形的过程或程序,例如餐饮服务需要厨师加工菜肴,绿化服务需要园艺师设计和修剪花草等。

2. 生产和消费不可分离性

有形产品从设计、生产到流通、消费的过程需要经过一系列中间环节,生产和消费之间存在明显的时间间隔。而服务的生产和消费具有不可分离的特征,服务人员在向顾客提供服务的同时,也是顾客消费服务的过程。例如,在教育服务中,教师和学生之间,在医疗服务中,医生和病人之间,只有当它们相遇时(相遇的方式可以多种多样),服务才能实现。

1983年日本学者江见康一将服务的这一特征导致的社会组织现象概括为服务的供给和时间的调节。他认为,由于服务的生产和消费不可分离,调节服务供需一致的工具只能是时间。作为社会化的组织方式，在医疗部门中体现为预约系统。同样，学校的上课时间表、音乐会的演出时间表、火车的时刻表等都规定了服务的时间。无论是服务提供者还是服务顾客，都必须在特定的时间内共同行动。然而，如果服务供给或需求在同一时间过于集中，就会出现供过于求或供不应求的现象，这也解释了为什么公共汽车在高峰时段会拥挤和春运时铁路运输会面临压力过大的问题。

3. 服务是一系列的活动或过程

服务不是有形产品，它是通过一系列的活动或过程由服务企业提供给服务的买方的。服务企业无法像传统的产品制造企业那样完全控制服务质量。服务的生产过程大部分是不可见的，顾客只能看到整个服务过程中的一小部分。因此，顾客需要特别关注他们能够看到的服务生产过程，并仔细体验和评估这些活动和过程。

4. 差异性

服务业是以人为中心的产业，涉及服务决策者、管理者、提供者和顾客等各方，而人的个性差异使得对服务质量的评价难以采用统一的标准。一方面，服务提供人员自身的因素会影响服务质量，即使是同一服务人员在不同时间提供的服务质量也可能有所不同，而在相同环境下，不同服务人员提供的同一种服务质量也会有差异。另一方面，由于顾客直接参与服务的生产和消费过程，顾客在知识、素养、经验、兴趣、爱好等方面存在差异，这直接影响到服务的质量和效果，即使是同一顾客在不同时间消费相同质量的服务，也可能有不同的消费体验。

5. 不可储存性

由于服务的无形性和生产消费的同时性，服务无法像有形产品那样被储存以备未来销售。顾客也无法一次性购买大量服务以备未来需要。例如，一旦飞机离开跑道，航班的收入就已确定，即使航班上还有空座位，也无法再从该航班获取收入。同样地，宾馆的空床位只能在当晚利用，过了当晚就无法再利用，该项生产能力所带来的盈利机会也会消失。

由于服务的不可储存性，服务能力的设定非常重要。如果服务能力不足，就会失去盈利机会；而如果服务能力过剩，就会浪费许多固定成本。尽管服务没有及时消费，例如电影院的座位、游轮的舱位、电信公司的通信容量等，并不会增加服务企业的总成本，但实际上这种闲置对服务企业的盈利影响非常大，因为每个顾客的消费成本会增加，最终可能导致服务价格低于服务成本。

服务的不可储存性还意味着对服务需求的管理至关重要。服务企业必须研究如何充分利用现有资源，包括人员和设备，提高使用效率，解决供需矛盾。例如，在公共交通客运中，上下班高峰期的乘客数量远远超过低峰期，旅游区在淡季游客数量很少，但在节假日则过于拥挤，这要求服务企业尽量增加服务供给的弹性，以适应不断变化的服务需求。

6. 服务是不包括服务所有权转让的特殊形式的交易活动

与有形产品交易不同，服务是一种经济契约或社会契约的承诺与实施的活动，而不是有形产品所有权的交易。服务缺乏所有权是指在服务的生产和消费过程中，没有涉及任何东西的所有权转移。服务是无形的，并且一旦交易完成，服务就消失了，顾客并没有实际拥有服务。例如，乘客乘坐汽车从一个地方到另一个地方，除了拥有车票外，乘客没有获得任何其他东西的所有权，同时客运公司也没有将任何东西的所有权转让给乘客。当然，在享受商业服务时，顾客可能会购买相关商品并获得商品所有权。

由于服务交易不涉及所有权转移，顾客在购买时可能会感受到较大的风险。如何克服这种消费心理,促进服务销售,是服务企业管理面临的重要问题。目前,一些商店、高尔夫俱乐部等采用会员制形式,银行采用发行信用卡等方式来维系与顾客的关系。当顾客成为企业的会员后,他们可以享受某种优惠,从心理上感受到确实拥有企业提供的服务。

一般来说,有形产品的价格最终由市场供求关系决定,但主导价格的是有形产品的成本,即生产有形产品所投入的所有费用。然而,服务定价需要考虑到顾客愿意接受的价格水平。例如,在航班上,商务舱或头等舱的定价及火车上的硬卧或软卧的定价都需要考虑顾客愿意支付的价格水平,以获得满意的服务。

9.1.3 服务的分类

服务具有一定的共性,但同时也表现出广泛的差异性。从简单的行李搬运到太空旅行,从家电维修到网上购物,不同的服务都有其独特的特点。随着科技的发展和人类文明的进步,新的服务不断涌现。尽管可以根据不同的因素对服务进行分类,但仍然存在两个主要缺陷。首先,由于服务产品的创新和技术进步,新的服务行业不断涌现,因此服务的分类必须是开放的,以便随时增加新的服务类型,这给服务的理论研究带来了相当大的不确定性。其次,关于服务行业的分类是从不同的角度对服务进行认知,带有明显的主观性,并且缺乏统一且被广泛认可的分类标准。

以下是西方学者提出的几种分类方案:

(1)根据服务的对象特征进行分类。

① 经销服务,例如运输和仓储、批发和零售贸易等服务。

② 生产者服务,例如银行、财务、保险、通信、不动产、工程建筑、会计和法律等服务。

③ 社会服务,例如医疗、教育、福利、宗教、邮政和政府服务等。

④ 个人服务,例如家政、修理、理发美容、宾馆饭店、旅游和娱乐业等服务。

(2)根据服务存在的形式进行划分。

① 以商品形式存在的服务,例如电影、书籍、数据传递装置等。

② 对商品实物具有补充功能的服务,例如运输、仓储、会计、广告等服务。

③ 对商品实物具有替代功能的服务,例如特许经营、租赁和维修服务等。

④ 与其他商品不发生联系的服务,例如数据处理、旅游、旅馆和饭店服务等。

(3)按服务企业的性质进行分类。

① 基本上以设备提供为主:包括自动化设备,例如洗车等;由非熟练工操作的动力设备,例如影院等;由技术人员操作的动力设备,例如航班等。

② 基本上以提供服务为主:包括由非熟练工提供的服务,例如园丁等;由熟练工提供的服务,例如修理工等;由专业人员提供的服务,例如律师、医师等。

9.2 服务质量的概念、内容及其形成模式

9.2.1 服务质量的概念

1. 质量的定义

正如前文所述,质量被定义为"一组固有特性满足要求的程度"。服务质量则是反映服

务满足一组固有特性的程度。然而,在建立服务质量体系时,服务企业还应理解和运用其他质量术语,根据上述定义的内涵,以加强服务满足需求能力的质量改进和质量管理。

2. 服务质量环

服务质量环(图 9-1)描述了形成服务质量的流程和规律。图 9-1 展示了从需求识别到评价这些需求是否得到满足的各个阶段中,影响服务质量的相互作用活动的概念模式。该模式也是全面质量管理的原则和基础,包括了服务质量体系的所有基本过程和辅助过程。其中,市场开发、设计和服务提供是三个最基本的过程。

服务质量环是设计和建立服务质量体系的基础。只有对本企业的服务质量环进行清晰地分析,准确地确认,才能有针对性地选择服务质量控制要素,确保本企业的服务达到质量目标。只有通过正确管理服务质量环,企业才能实现对服务质量的动态识别和适时控制。

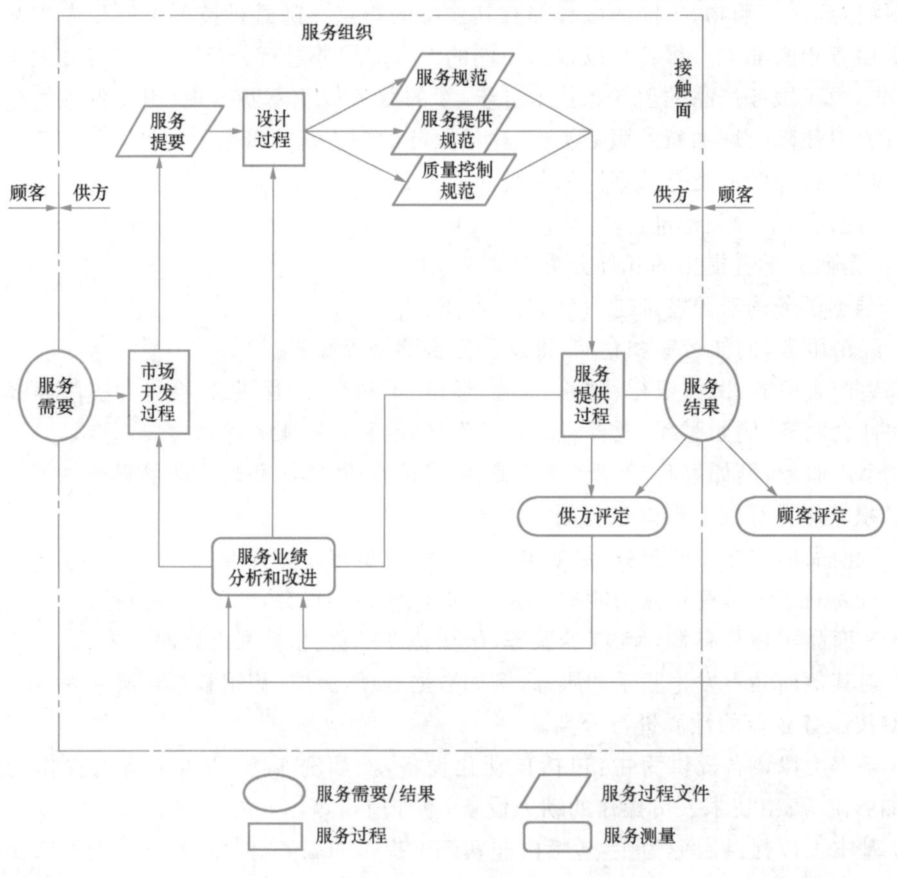

图 9-1 服务质量环

3. 受益者

在服务活动中,顾客、员工、合作伙伴、服务企业和社会都是服务的受益者。建立服务质量体系和确保服务质量以满足顾客需求是最直接也是最表层的目标,而最根本的目标应该是使整个社会受益,其中包括企业和员工。如果没有建立这种观念,将无法真正做好质量保证。我们应该认识到,社会的每个个体和组织都是服务的使用者、加工者、供应者和受益者。管理服务质量的责任应由每个个体或组织共同承担。

4. 现代服务质量观

为了实现持续竞争优势，服务企业不能仅仅依赖成本优势或技术优势，还需具有现代服务质量观。现代服务质量观可以总结如下：

(1)市场竞争已从价格竞争转向服务质量竞争，对于服务业而言，21世纪将成为一个以服务质量为核心的时代。

(2)服务质量的关键是满足需求，首先是顾客的需求，同时也要兼顾其他受益者的利益。过去的符合性质量观念已经演变为全面满足顾客需求的质量观念。

(3)服务质量是服务企业生存和发展的首要因素。要实现生存和发展，服务企业必须提供有市场价值、能被顾客接受的服务。而决定顾客是否接受服务的关键因素就是服务质量。

(4)提高服务质量是最大的节约措施，在某种程度上，优质的服务质量等同于降低成本。

(5)服务企业不能仅从服务提供者的角度看待服务质量，而是应该站在顾客和其他受益者的立场来看待服务质量，只有这样才能提供满足需求的服务。

(6)提升服务质量主要依赖科技进步，包括科学管理。服务企业只有不断开发和利用新技术、提供新的服务，为顾客提供更多附加价值，才能提高服务质量。

由于对服务质量内涵的深入理解，服务企业在质量战略的广度和深度上与以往有了较大变化。质量战略即优质服务战略，服务企业的竞争力取决于其为顾客提供优质服务的能力。采用优质服务战略的企业与顾客建立并发展长期互惠关系。服务企业的质量战略并不排斥成本和技术，相反，通过科学的质量效益分析，依靠技术创新和注重服务质量，为顾客提供更高的消费价值，可以大大增加对企业服务的需求，并通过规模经济效应降低成本，形成技术—质量—成本的良性循环。

9.2.2　服务质量的内容

一般来说，服务的生产和消费是同时进行的。顾客通过与服务企业接触来完成服务消费。从顾客的角度来看，对服务质量的认知可以归结为两个方面：一方面是顾客通过消费服务所获得的结果，即服务的技术质量；另一方面是顾客对服务的消费过程的体验，即服务的功能质量。服务质量既包括服务的技术和功能的统一，也包括服务的过程和结果的统一。

可以通过许多例子来说明服务的技术质量。例如，快递公司将商业信函或包裹从一地运送到另一地，银行向企业或个人提供贷款，网络用户通过互联网下载软件或购买商品，顾客在餐馆就餐享用菜肴等。同样，投资银行提供资产重组方案或理财建议书，会计师事务所通过审计向客户提供审计报告，律师作为顾客的代理人通过诉讼使顾客(委托人)获得金钱、财物等适当的补偿。以上这些例子都说明顾客通过消费服务获得了一定的结果，即服务的技术质量。

技术质量一般可以通过某种方式进行度量。例如，客运服务可以用运行时间作为衡量服务质量的依据，教育服务可以用考试成绩、竞赛成绩或升学率作为衡量服务质量的依据。一般来说，顾客非常关心通过消费服务所获得的结果，这在顾客评价企业的服务质量中占有相当重要的地位。

然而，对顾客来说，消费服务除了感受到服务的结果(技术质量)之外，还非常敏感于服务的消费过程。实践证明，顾客明显受到所接受服务的技术质量方式及服务过程的影响。例如，到超市购买相同的商品，如果超市内的商品陈列整齐、清晰，顾客所需商品容易找到，或者即使顾客找不到,但一个服务员提供礼貌帮助并迅速引导顾客找到所需商品,顾客的满意度可能会很高。相反,如果超市内商品陈列混乱,顾客很难找到所需商品,并且当顾客寻求帮助时,服务员可能不够礼貌,或者不清楚而向其他服务员咨询,最终顾客费了很大力气才找到所需商品,这必然会给顾客留下不好的印象,尽管最终购买到所需商品的结果并没有改变,但对该超市的服务质量评价会较差。

顾客对服务质量的评价还受到顾客自身知识、能力和素养的影响。顾客的知识广度越大,就越能够接受和操作先进的服务设施,从而享受科技进步带来的便利,对服务质量的评价也会更高。例如,自动取款机对于一般知识水平的人来说是方便的,但对于文化程度较低甚至文盲的人来说,在需要使用取款机时可能会感到不便。此外,其他顾客的行为也会影响顾客对服务质量的感受和评价。例如,在快餐店就餐时,如果有其他顾客拿着已购买的食物站在旁边等你吃完,你可能会感到不自在,从而降低对服务质量的评价。相反,在某些会员制俱乐部,顾客可以通过与其他顾客交流发现商业机会,这会使顾客对服务质量有很高的评价。

技术质量是客观存在的,而功能质量是主观的,它是顾客对服务过程的主观感受和认知。顾客对服务质量的评价是基于所获得的服务效果和所体验的服务感受两个方面综合形成的完整印象。

由于不同的服务具有差异,服务的技术质量和功能质量的比重也有所不同。例如,货运服务、仓储管理、技术服务、培训服务和法律服务等活动都提供附加价值,但在不同的服务中,功能性活动所占比重不同。即使是相同类型的服务,如果服务过程存在差异,技术质量可能保持不变,但功能质量会有所差异,二者的比例也会相应变化。例如,对于法律诉讼代理服务,如果诉讼过程顺利,技术质量和功能质量都会较高。相反,如果诉讼过程复杂且时间长,顾客的情绪可能受到影响,甚至超出耐心的限度,导致非常不满意。尽管最终问题解决了,顾客所获得的技术质量相同,但整个诉讼过程给他留下了糟糕的印象,严重影响了服务的功能质量。因此,后一种服务的整体质量较低。

一般而言,如果一家企业能够始终保持在技术方面的领先地位,通过不断开发新技术将竞争对手远远甩在身后,那么侧重技术质量的竞争战略就能够取得成功。然而,高新技术在全球范围内的传播和扩散速度越来越快,尤其是新型服务缺乏像产品专利权那样的法律保护,新服务很快就会被竞争对手模仿。新服务的垄断优势时间将变得越来越短。此外,随着技术创新的难度增加和技术淘汰步伐的加快,企业要想长期保持技术优势将变得越来越困难。基于这些观点,西方管理学家建议,即使企业持续拥有高新技术,最好将侧重于功能服务的战略作为侧重技术的战略的补充。而对于没有高新技术或无法持续拥有高新技术的企业,最好采用侧重于功能服务的战略,集中资源管理服务过程,以提高服务的功能质量作为竞争优势。

9.2.3 服务质量的形成模式

北欧学派的两位服务管理学家,瑞典的古默森教授和芬兰的格龙鲁斯教授,分别对产品和服务质量的形成过程进行了深入研究,并在 20 世纪 80 年代发表了各自的研究成果。古默森提出的理论被称为 4Q 模式,即质量的形成有四个来源:设计来源、生产来源、供给来源和关系来源。然而,考虑到服务的生产和消费不可分割的特性,我们将服务质量的来源综合为设计、供给和关系三个方面。服务企业如何认识和管理这三个方面的来源，将会影响顾客对整体服务质量的认知。

设计来源指的是服务的优质性，首先取决于独到的设计。供给来源指的是将经过设计的服务通过服务提供系统实施，并以满足顾客期望和希望的方式运作实际服务过程，将理想中的技术质量转化为实际的技术质量。关系来源指的是服务过程中服务人员与顾客之间的关系。服务人员越关心体贴顾客，解决顾客实际问题，顾客对服务质量的评价就会越高。

服务质量的这三个来源与两个方面的内容是相互关联的。设计服务时需要考虑现有顾客和潜在顾客。首先将顾客的需求和喜好总结为一定的特征或要素，然后通过设计过程尽可能满足顾客的需求和喜好。通过精心设计的服务，不仅能反映出技术质量，顾客也会感受到企业为满足他们需求所做的努力，从而提高服务的功能质量。

在参与服务提供的过程中，顾客会接触和认识到服务企业的有形资源，如设备和设施。这些有形设施会给顾客留下深刻的印象，并影响其对服务感受与预期是否一致所作出的判断，进而影响服务的技术质量。此外，服务人员的设备操作熟练程度、对顾客关怀的程度，以及对顾客投诉和要求的处理方式等，都会在顾客心中留下深刻的印象，影响服务的功能质量。

服务质量的关系来源强调企业与顾客之间相互关系的重要性，这是形成服务质量的一个关键来源，主要表现为功能质量。服务过程中，顾客与服务企业之间的关系是形成服务功能质量的最重要来源，也是评价服务质量优劣的重要依据。企业如何培养和发展与顾客之间的长期关系是当前服务企业提高服务质量最困难且最关键的环节。发展这种相互关系必须深入了解顾客的需求和期望，引导并满足顾客需求，并不断开发新的服务项目。

上述关于服务质量的内容和来源的理论可以总结为古默森-格龙鲁斯质量形成模式。考虑到服务的生产和供给过程的一致性，我们将其综合在一起来分析服务质量的形成和实质。服务质量的形成模式如图 9-2 所示。

设计来源
供给来源
关系来源

技术质量
功能质量

企业形象、预期质量、
体验质量发生综合作用

顾客感知的服务质量

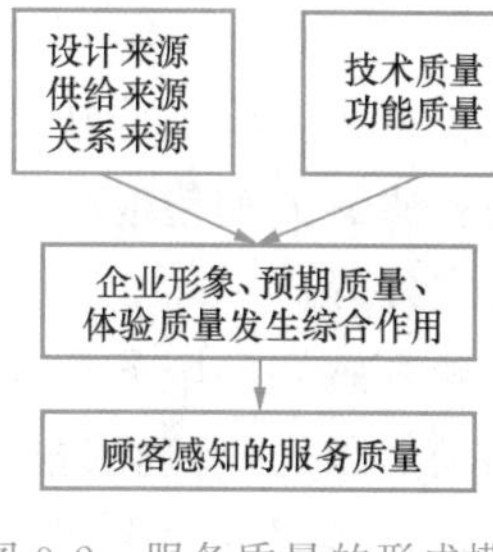

图 9-2　服务质量的形成模式

如图 9-2 所示，顾客对服务质量的感知受到三个方面的综合影响，即企业形象、预期质量和体验质量。

(1)在购买和消费服务之前，顾客受到企业的广告或宣传影响，可能还会受到其他顾客口碑传播的影响，同时根据之前消费服务的经验，主观上初步形成对企业形象的认知，特别是对即将消费的服务质量有了具体的预期。

(2)在消费服务之前，顾客带着对这种服务的具体预期进行消费，而在服务提供过程中，顾客体验到了该企业的服务质量。在这个过程中，顾客的体验可以分为两个方面：一是顾客获得了什么，二是顾客如何获得，即服务的技术质量和功能质量。

(3)在消费服务之后，顾客会不自觉地将自己在消费服务过程中的体验与预期的服务质量进行比较，从而对该企业的服务质量给出优、良、次、劣等评价。

(4)顾客对服务质量的最终评价还会受到顾客心中企业形象的调节。如果该服务企业的市场形象一直较好，顾客很可能会原谅在服务过程中企业的失误，并提高对服务质量的评价；相反，如果服务企业形象不佳，就会放大服务过程中的失误或不足，使顾客对服务质量产生更大的不满。

9.3 服务质量差距分析模型

9.3.1 服务质量差距分析模型的介绍

1985 年，Parasuraman、Zeithaml 和 Berry 提出了服务质量差距分析模型，该模型区分了导致服务质量问题的 5 种差距即 GAP，这 5 种差距专门用于分析服务质量问题的根源，从而帮助管理者研究如何改进服务、采取措施提高服务质量。该模型的提出奠定了进行服务质量评价的理论基础，如图 9-3 所示。

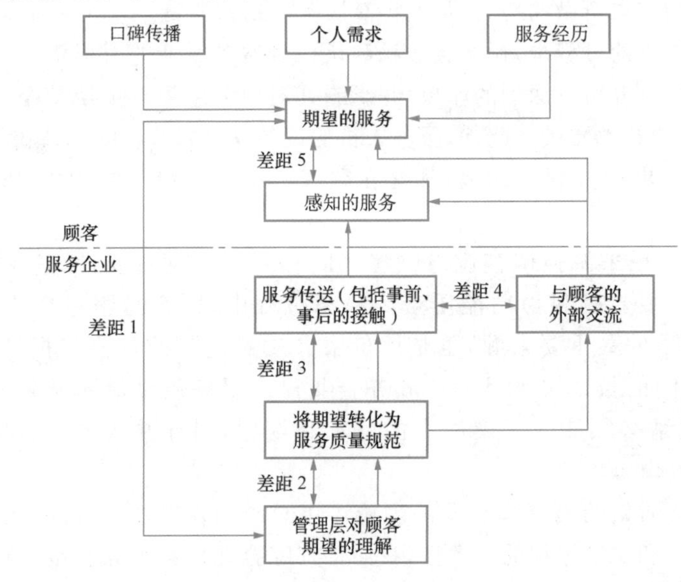

图 9-3 服务质量差距分析模型

模型的上半部分涉及与顾客相关的内容，下半部分涉及与服务企业相关的内容。顾客对服务质量的期望取决于多个因素，包括顾客个人需求、口碑传播、服务经历及服务企业的市场宣传等。

顾客感知的服务质量实际上是顾客对服务的体验，它源自服务企业一系列的内部决策和活动。首先，管理层根据对顾客期望的理解制定服务质量规范，然后整个服务企业按照这些规范进行服务的生产和提供。服务质量规范是服务组织在服务传递过程中必须遵循的准则。顾客通过体验这种生产和提供过程，感知服务的技术质量和功能质量，然后将这种体验和感知与自己心中的预期质量进行比较。在比较过程中，还受到企业形象的调节作用，最终形成对服务质量的整体感知和认知，这就是顾客感知的服务质量。该模型分析了导致服务质量问题的可能根源，即图 9-3 所示的 5 种服务质量差距，这些差距是由于质量管理过程中的偏差和缺乏协调一致造成的。当然，最终的差距（差距 5），即期望的服务质量与实际感知的服务质量之间的差距，是由整个过程中其他差距的综合作用引起的。下面将详细讨论服务质量的这 5 种差距。

(1)管理层认识差距(差距 1)

管理层认识差距指的是服务企业的管理层没有准确理解顾客对服务质量的预期。这种差距可能由以下因素引起：

①管理层获取的市场调查和需求分析信息不准确。

②管理层对市场调研和需求信息的理解存在误差。

③服务企业未对顾客需求进行充分分析。

④一线员工向管理层反馈的顾客信息不准确、不充分或不及时。

⑤服务企业内部机构重叠、组织层次过多，妨碍了一线员工向管理层传递信息。

这些因素可以归纳为职场调查、向上沟通和管理层次三个方面。为减少管理层认识差距，服务企业应重视市场研究，改进市场调查方法，将市场研究集中在提高服务质量上，并合理运用市场研究结果。管理层还需克服客观限制，加强与顾客的沟通，采取必要措施改善和完善管理层与一线员工之间的信息沟通渠道，减少管理层层次。

(2)服务质量规范的差距(差距 2)

服务质量规范的差距是指服务企业制定的服务质量规范未能准确反映管理层对顾客期望的理解。造成这种差距的因素包括：

①企业对服务质量规划不善或规划过程不完善。

②管理层对企业的服务质量规划管理不善。

③服务企业未设定明确的目标。

④最高管理层对服务质量规划缺乏支持。

⑤企业对员工任务的标准化不够。

⑥对顾客期望的可行性认识不足。

服务质量规范的差距源于管理层认识差距。管理层认识差距越大，服务质量规划偏离顾客期望的程度也就越大。即使服务企业对顾客的质量预期有充分准确的信息，上述因素仍会导致质量标准规划失误。确立服务目标可以帮助提供服务的员工真正理解管理者希望提供的服务内容。因此，服务目标必须具备可接受性、可衡量性、挑战性和全面性，包括具体的服务质量标准或规范，以降低服务质量规范的差距。

一线员工也应认识到自己有责任严格按照服务规范操作。制定服务规范的人员也应明确，没有充分听取一线员工的意见，制定的服务规范必定不完善。同时，要注意服务规范过于具体和细致会限制一线员工的主观能动性，从而影响服务质量。理想的做法是，服务规范不仅应得到企业管理者和规划者的认同，还应得到服务的生产和提供者的认同，并具有一定的柔性，不限制员工的灵活性，以尽可能降低差距 2 对服务质量的影响。

(3)服务传递的差距(差距 3)

服务传递的差距是指在服务的生产和供应过程中，服务质量未能达到服务企业制定的标准要求。造成这种差距的主要因素包括：

①服务质量规范过于复杂或过于具体，难以有效实施。

②一线员工对这些具体的质量标准缺乏认同，或者觉得按照规范执行需要改变自己的习惯行为。

③新的质量规范与服务企业现行的企业文化、价值观、规章制度和习惯做法不一致。

④服务的生产和供应过程管理不完善。

⑤新的服务规范在企业内部宣传、引导和讨论不充分，导致员工对规范的理解不一致，即内部市场营销不完善。

⑥企业的技术设备和管理体制不利于一线员工按照服务规范执行操作。

⑦员工的能力不足，无法胜任按照服务质量规范提供服务。

⑧企业的监督控制系统不科学，不能有效引导和激励员工按照服务规范和标准工作。

⑨一线员工与顾客及上级管理层之间缺乏协作和合作。

综合以上各种因素，可以大致归纳为以下三类：管理与监督的失误、技术和营运系统的不支持及服务人员与管理人员对规范或标准及顾客的期望与需求的认识不一致。

首先，在管理和监督方面存在多个问题。例如，管理者的方法可能无法有效鼓励优质服务行为，或者企业的监督机制与重视服务质量的活动发生冲突，甚至服务规范中存在自相矛盾的情况。企业的控制和奖惩机制通常反映了企业文化，展示了企业管理层的态度。当质量标准对服务的要求与现有的控制和奖惩机制发生冲突时，如果顾客提出合理的要求且服务人员有能力满足，一线员工作为服务提供者，会因违背企业制定的服务质量规范或标准而感到困扰。如果这种情况频繁发生且服务企业不能及时修正服务质量标准或规范，将不仅失去顾客，还会损害员工为顾客提供良好服务的动机。要解决这些问题，既需要改变营运系统，使其与质量规范或标准保持一致，又需要加强员工培训，让员工意识到他们的权责范围，即在企业允许的范围内独立思考、自主判断，以提供最大的顾客服务灵活性。

其次，引起服务传递差距的原因可能是服务企业的技术设备和经营体制不支持提供优质服务。技术设备不支持企业提供优质服务意味着企业的硬件设施无法满足质量规范或标准的要求。而经营体制指的是企业的软件环境，包括内部机构设置、职责和职能的分工以及规章制度等。如果企业的经营体制无法支持提供优质服务，可能是内部分工不明确或各职能部门之间缺乏有效的衔接，导致质量规范或标准难以执行。解决这类问题需要进行技术更新，适当改革营运体系，以支持正确执行质量标准，或者加强员工培训和内部营销管理，以缩小服务传递差距。

最后，服务传递差距的原因还可能是由于员工无法胜任。一方面，这可能是因为企业没有将可以提供优质服务具有的专业技能和工作态度的员工安排到服务企业的前线，这需要改革现有的人事制度，并对现有人员进行适当调整。另一方面，员工可能没有正确对待服务工作，未将解决顾客实际问题视为自己的工作职责。解决这类问题的方法包括制定严格的操作规程和服务项目细则，并加强对员工的培训，尽可能提高企业内部运作效率，以确保顾客获得满意的服务体验。

(4)市场信息传播的差距(差距4)

市场信息传播的差距是指企业在市场传播中关于服务质量的信息与企业实际提供的服务质量不相一致。造成这种差距的因素包括：

①企业的市场营销规划与营运系统之间未能有效地协调。

②企业向市场和顾客传播的信息与实际提供的服务活动之间缺乏协调。

③企业向市场和顾客传播了自己的质量标准，但在实际提供服务时未能按标准执行。

④企业在宣传时夸大了服务质量，或做出了过多的承诺，导致顾客实际体验的服务与宣传的质量存在差距。

为了解决上述问题，需要在服务企业内部建立一套有效的机制，加强服务企业内部的沟通，使各部门和人员之间相互协作，实现企业的既定目标。只有企业内部的沟通畅通无阻，才能提供顾客所需的服务质量，并帮助顾客形成合理的质量预期。此外，应对市场信息传播进行计划管理，并严格监督，选择思维稳健的人来管理广告策划，避免盲目向市场和顾客做出过多承诺。同时，企业的管理层要负责监督信息传播，一旦发现不适当的信息传播，要及时纠正，以减少负面影响。

例如美国假日酒店的“不要惊讶”广告，它的失败彰显了市场信息传播差距导致的服务质量问题。在顾客调查后，假日酒店盲目地迎合顾客的喜好，决定推出“No Surprise”（不要惊讶）的电视广告活动。然而，一些执行经理认为这样做不妥，因为对于像假日酒店这样一个庞大的服务机构来说，无法完全符合顾客的期望是不可避免的。尽管经过一番争论，假日酒店最终还是决定推出这个过于离奇的广告活动。结果，在广告宣传的热潮下，顾客的期望被极大地激发起来，他们心中充满了一厢情愿的美好幻想，然而实际上他们所获得的服务与广告中所宣传的相差甚远，顾客纷纷表示不满。最终，这项广告活动不得不逐渐销声匿迹。

（5）服务质量感知差距（差距 5）

服务质量感知差距是指顾客在实际体验中感受到的服务质量与其预期的服务质量不符合，这是由前述四类差距引起的。通常情况下，顾客的实际体验和感知的服务质量较预期的服务质量要差。服务质量感知差距可能导致以下结果：

①顾客认为实际体验和感受到的服务质量较差，无法满足其对服务质量的预期，因此对企业提供的服务持否定态度。

②顾客将自己的体验和感受向亲友等传达，导致服务口碑较差。

③顾客的负面口碑传播破坏企业形象并损害企业声誉。

④服务企业将失去老顾客，并对潜在顾客失去吸引力。

当然，顾客对服务质量感知的差距也可能对企业产生正面影响，使顾客感觉到他们获得了优质服务，从而保留了老顾客，并吸引了潜在顾客进行消费。

通过使用服务质量差距分析模型，可以找出导致服务质量问题的根源和关键问题，从而根据问题的原因制定相应的发展战略，并采取适当的措施来缩小差距，提高顾客的满意度和服务质量。这样有助于企业对症下药，针对不同的问题采取正确措施，并有效改善服务质量。

9.3.2　服务质量差距分析模型的应用

1985 年，Parasuraman、Zeuthaml 和 Berry 提出了服务质量差距分析模型，发现顾客在评价任何形式的服务时，基本上都会使用以下 10 个方面来评估服务质量：

（1）接近性（access）：易于请求，易于联系。包括服务容易接近、等待时间短、时间和地点的便利性等。

（2）沟通性（communication）：使用顾客听得懂的语言进行交流，愿意倾听顾客的意见。包括清晰说明服务内容、重视顾客问题、解释服务费用、解释服务协议等。

（3）胜任性（competence）：具备执行服务所需的技能和知识。包括服务人员和支持人员的知识和技能。

（4）礼貌性（courtesy）：服务人员的礼仪、尊重、体贴和友好程度。包括服务人员对顾客的理解、友善及服务人员的仪表等。

(5)信赖性(credibility):信任感、诚实度和可靠性,即对顾客的最佳利益负责。包括公司声誉、服务人员的特质及与顾客接触时的态度。

(6)可靠性(reliability):绩效和可信度的一致性。包括第一次提供正确的服务、遵守服务承诺、保持准确的记录和按时完成服务等。

(7)反应性(reactivity):员工提供服务的意愿和敏捷性。

(8)安全性(security):免受危险、风险和担忧。包括人身安全、财务安全和隐私权等。

(9)有形性(tangibility):提供服务时的实体设备和人员。

(10)了解性(understanding):全心全意地了解顾客的需求。包括了解顾客的特殊需求、熟悉顾客并给予个别关注。

根据 1988 年 Parasuraman、Zeuthaml 和 Berry 的研究基础,进一步发展了一组具有良好信度、效度和低重复度的因素结构,形成了一种衡量服务质量的模型,即 SERVQUAL 量表。该量表由 22 个项目组成,涵盖了以下 5 个认知构面:

(1)有形性(tangibility):包括实体设施、工具、设备、员工的仪态及服务人员的口气和用语等方面。

(2)可靠性(reliability):指服务人员能够准确、可靠地履行承诺的能力。

(3)反应性(reactivity):指服务人员对于提供服务的敏捷度和愿意程度。

(4)保证性(assurance):指服务人员具备执行所需服务的知识,并能赢得顾客的信任。

(5)关怀性(empathy):指服务人员能够给予顾客特别的关心和关注。

Parasuraman、Zeuthaml 和 Berry 提出了 SERVQUAL 量表的理论模型,具体如图 9-4 所示。

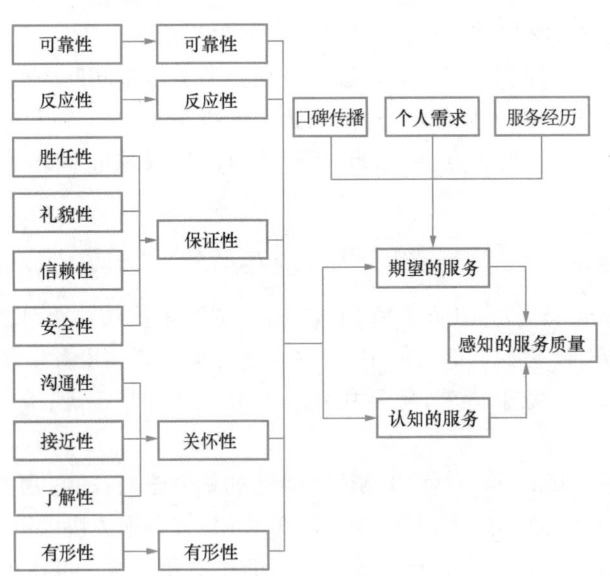

图 9-4　SERVQUAL 量表的理论模型

Carman(1990 年)、Cronin 和 Taylor(1992 年)等学者对 SERVQUAL 量表进行了实证研究,并发现 5 个构面和 22 个问题无法完全涵盖所有服务行业所表现出的服务质量。因此,根据不同的服务类别进行了调整,并提出了其他测量量表。Parasuraman、Zeuthaml 和

Berry（1991 年）在针对银行、保险业和电话维修业进行大规模实证研究后，改进了 SERVQUAL 量表，并指出采用何种量表应根据使用者的情况而定，各种方法并没有绝对的优劣。

一般情况下，评估的步骤如下：

①进行问卷调查，由顾客进行评分。问卷内容涵盖了五个属性（构面）及与之相关的 22 个项目（问题）。顾客根据自身情况对每个问题进行评分，评分范围设计为 7 到 1（最同意＝7，最不同意＝1）。

②计算服务质量的分数。使用简单平均方法计算 SERVQUAL 分数（其中 P_i 代表顾客对第 i 个问题的感受，E_i 代表顾客对第 i 个问题的期望值）

$$SQ=\frac{1}{n}\sum_{i=1}^{n}(P_i-E_i) \tag{9-1}$$

(3)结合服务质量差距分析模型，寻找问题根源，制定改进措施。

表 9-1 所列是某剧院观众 SERVQUAL 评价的汇总数据，供参考（分析从略）。

表 9-1　某剧院观众 SERVQUAL 评价的汇总数据

属性	条目内容	期望	感知	差距
可靠性	剧院承诺在某时做到某事，确实如此	6.68	6.32	－0.36
	当观众遇到问题时剧院会尽力帮助解决	6.61	6.24	－0.37
	剧院会自始至终提供好的服务	6.56	6.30	－0.26
	剧院会在承诺的时间提供服务	6.57	6.24	－0.33
	剧院会向观众通报开始提供服务的时间	6.33	6.21	－0.12
	平均值	6.55	6.26	－0.29
反应性	剧院员工提供迅速及时的服务	6.60	6.38	－0.22
	剧院员工总是乐意帮助观众	6.37	6.50	0.13
	剧院员工无论多忙都及时回应观众要求	6.73	6.22	－0.51
	平均值	6.57	6.36	－0.21
保证性	剧院员工的举止行为是值得信赖的	6.63	6.43	－0.20
	剧院是观众可以信赖的	6.64	6.48	－0.16
	剧院员工总是热情地对待观众	6.78	6.45	－0.33
	剧院员工有充足的时间回答观众的问题	6.41	6.18	－0.23
	平均值	6.61	6.38	－0.23
关怀性	剧院能对观众给予个别的关照	5.97	6.03	0.06
	剧院会安排员工给予观众个别的关注	5.96	6.06	0.10
	剧院了解观众最感兴趣的东西	6.26	6.04	－0.22
	剧院员工了解观众的需求	6.49	6.09	－0.40
	平均值	6.17	6.05	－0.12
有形性	剧院设备是现代化的	6.75	6.60	－0.15
	剧院设备外观吸引人	6.62	6.58	－0.04
	剧院员工穿着得体、整洁干净	6.84	6.58	－0.26
	与所提供的服务有关的资料齐全	6.48	6.12	－0.36
	剧院有便利的工作时间	6.63	6.20	－0.43
	平均值	6.66	6.42	－0.25
总平均		6.52	6.30	－0.22

9.4 服务质量体系

9.4.1 服务质量体系的概念

服务企业必须将服务质量管理视为企业管理的核心和重点，将不断提高服务质量、更好地满足顾客和其他受益者需求作为企业管理和发展的宗旨。因此，任何一个服务企业要实现自己的质量战略，都必须建立一个完善的服务质量体系。

服务质量体系是指为实施服务质量管理所需的组织结构、程序、过程和资源。在理解服务质量体系时，需要注意以下三个方面：

(1)服务质量体系的内容应以满足服务质量目标的需求为准。

(2)服务企业的质量体系主要是为满足服务企业内部管理的需要而设计的。它比特定顾客的要求更广泛，顾客仅仅评价该服务质量体系的相关部分。

(3)可根据要求对已确定的服务质量体系要素的实施情况进行验证。

服务质量体系的作用是使服务企业内部相信服务质量达到要求，使顾客相信服务能够满足他们的需求。服务质量体系是服务企业实施质量管理的基础，同时也是服务质量管理的技术和手段。

9.4.2 服务质量体系的关键方面

如图 9-5 所示，服务质量体系主要由以下三个关键方面组成：管理者的职责、资源和质量体系结构。而顾客则是这三个关键方面的核心。只有当管理者的职责、资源和质量体系结构之间相互配合相互协调时，才能确保顾客的满意度。

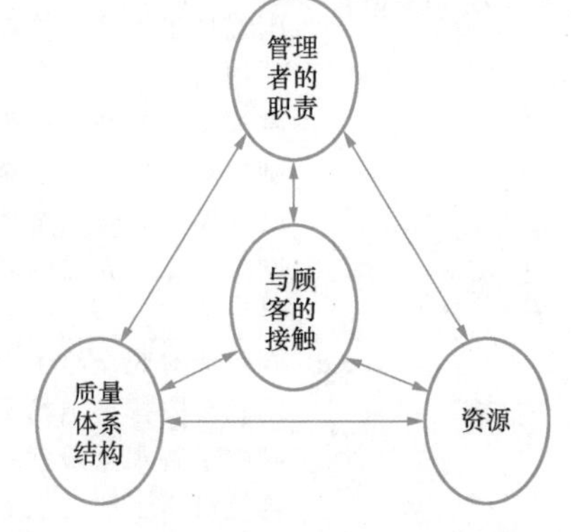

图 9-5　服务质量体系的关键方面

1. 管理者的职责

服务企业的管理者负有制定和实施服务质量方针的职责，以确保顾客满意度。成功实施这一方针取决于管理者对服务质量体系的发展和有效运行的支持。

(1)服务质量方针

在设计和建立服务质量体系时，每个服务企业都应制定和发布自己的服务质量方针，并通过服务质量体系的实施来确保该方针的实现。服务质量方针是服务企业的总体质量目标和方向，涉及服务等级、企业的质量形象和声誉、服务质量目标、保证服务质量的措施、员工的角色等内容。服务质量方针应是整个企业总方针的核心组成部分，引导企业在日益激烈的服务市场竞争中以服务质量取胜，以服务质量获取效益，并以服务质量优势确保企业的生存和持续发展。

服务企业的最高管理层应高度重视并亲自主持制定本企业的质量方针，并通过正式文件进行颁布。企业领导者应采取必要措施，使全体员工能够理解并自觉地执行。

(2)服务质量目标和服务质量活动

为了实现服务质量方针，服务企业首先需要建立服务质量目标并确定相关的质量活动。

建立服务质量目标时应考虑以下因素：明确定义顾客需求，采用适当的质量测量方法，如产品评估、过程评估和顾客满意度评估；采取预防和控制措施，以避免顾客不满意；优化质量成本，实现要求的服务绩效和水平；定期衡量服务需求和绩效，确保与改进服务质量的时机相符；预防服务企业对社会和环境的不利影响。

质量活动指的是与服务质量直接或间接相关的所有活动，涵盖了从服务市场开发、设计到提供全过程的各个环节。服务质量体系要素体现为一系列过程，每个过程都包含一定的服务质量活动，因此确定服务质量活动是建立组织结构的前提。

①确定直接服务质量活动

直接服务质量活动是指与服务质量设计、实施和实现直接相关的活动。确定直接服务质量活动的主要依据包括：服务质量环境、服务类别和质量特征、市场竞争形势的变化及服务企业的经济规模等因素。

②确定间接服务质量活动

间接服务质量活动是指通过组织、计划、协调、控制和反馈等方式对服务质量形成和实现产生间接影响的活动。间接质量活动一般包括质量改进、质量信息管理、质量培训、质量审核、质量奖惩及群众性的质量活动等。

服务企业在确定直接或间接服务质量活动后，应采取以下措施：

①明确规定一般和具体的质量职责。

②明确规定每项活动对服务质量的影响，并规定相应的职责和权限。通过赋予充分的职责、组织独立性和权限，确保按照期望的效率达到规定的质量目标。

③规定不同活动之间的接口控制和协调措施。

④重点关注潜在或实际的服务质量问题，并采取预防或纠正措施。

(3)质量职责和权限

管理者应明确规定所有影响服务质量的人员的一般和特定职责和权限。只有在明确和合理的分工下，一线员工才能在规定的权限范围内最大限度地满足顾客的要求。其他员工也可以通过承担规定的职责与一线员工有效合作，以持续改进服务质量，确保顾客满意。

在设计或确定质量活动时，应根据分解和细化的质量职能将其分配给各部门和岗位，并最终落实到每个员工。落实职权意味着分配或承担职责和权限。虽然每个员工都有自己的职责和权限，但明确规定关键人员的职责和权限能够有利于确定、分配和落实职能部门和全体员工的质量职责。这些关键人员通常是高层管理人员，通过明确并有效地行使自己的职权，可以解决其他问题。

2.资源

资源是服务质量管理体系的物质基础、技术基础和支撑条件，是服务质量体系赖以存在的根本和有效运行的前提和手段。资源包括人力资源、物质资源和信息资源三部分。

(1)人力资源

服务企业最重要的资源是人力资源，几乎所有的服务都需要依靠企业的员工来提供。对于顾客来说，他们通常将第一线员工视为服务的代表。由于服务工作具有情绪性，管理好服务体系中的人力资源必须满足以下几个要点：

①招聘适合提供良好服务的个性类型的人员

在服务企业中，大部分职位需要与顾客密切接触，并且工作过程中充满了不确定性——

顾客的需求和期望各不相同。服务企业的员工在执行任务时无法完全按照标准操作来进行。他们必须自行判断如何解决顾客的问题,并采取主动服务的方式,才能为每个顾客提供个性化的服务。然而,在许多服务企业中,当员工需要自行判断解决顾客面临的实际问题时,员工的服务质量通常较差。因此,服务企业应该充分重视对员工,尤其是第一线员工的招聘。

由于服务是一种无形的体验,顾客对服务质量好坏的评价主要根据他们与服务人员的互动体验来评判。一些研究发现,即使服务系统发生故障导致服务效率降低,只要顾客认为服务企业的员工仍然关心他们、了解他们的需求,并尽力弥补问题,顾客仍然会感到同情和理解。传统的制造企业需要在所有环节都保持控制,并将整个制造过程防止于干扰之外。但优质的服务相反,它欢迎顾客提出要求,并具备灵活处理的能力。许多服务质量卓越的企业,例如麦当劳,都列出了优秀服务人员应该具备的能力和个性特征,以便评估应聘者是否拥有这些素质。在服务企业中,员工的开朗个性可能比经验和技术能力更加重要。

②培训

为了有效实施服务质量体系,不断、密集、全面的培训是至关重要的。花旗银行对17家服务领先的公司进行了研究,这些公司将1%至2%的营业收入用于一线员工、管理人员和高层主管的培训经费。当然,培训的内容应根据不同职位和职务而有所差异,但所有的培训都应包括如何处理内部顾客(一线员工或其他服务企业的工作人员)的后勤支持。

除了正式培训外,服务企业还可以通过非正式途径来培训员工。例如,通过同事和上司示范工作技巧,传授价值观和服务态度等。无论采用正式还是非正式方式,对所有员工的培训都必须前后一致,并符合公司的发展战略、经营策略、文化和人事政策,并得到服务企业相关部门的支持。

如果培训仅针对直接提供顾客服务的一线员工,而不涉及同样需要此类培训的监督和管理人员(后勤支持人员);如果培训仅关注与外部顾客的关系,而忽视与内部顾客的关系和团队合作的重要性,那么这样的培训对于服务企业提高服务质量并没有长远效果。

由于服务质量包含技术质量和功能质量两个方面,因此服务培训可以分为技术培训和功能培训两种。要提供卓越的服务,必须确保每个员工都对如何履行自己的工作有深入的了解,而不仅仅是直接接触顾客的员工。服务质量体系要求将服务作业过程分解为具体步骤,并通过各种语言、文字和形象等传播方式向员工灌输服务规范的内容。通过垂直或横向的交叉培训,可以使公司在服务能力上具有较大的灵活性,并提高员工的自尊心和工作积极性。更重要的是,交叉培训能确保每个员工都具备解决顾客面临问题的能力,并在顾客与服务企业内部作业之间扮演桥梁的角色。

提高服务质量的培训可以采用多种具体方案。例如,现场面对面培训、角色培训小组、在岗培训、研讨会、针对不同岗位的培训班,如经理培训班、主管人员培训班、一线员工培训班等。

迪斯尼公司对员工的培训非常独特。他们将一线员工称为"演员",人事部门称为"分配角色"。有一对兄弟曾被奥兰多市的"迪斯尼世界"雇佣来收门票,这看起来可能是一个普通的工作,但在被允许上岗之前,他们每人接受了4天,每天8小时的培训。他们需要了解"贵宾"(Guest)的含义,其中"G"是大写字母,而不是"顾客"(customer),它以小写字母"c"开头,不能混淆。为什么要花费4天的时间学习收门票呢?他们回答说:"如果有人问洗手间在哪里，游行表演何时开始，返回营地应该乘坐哪路公交车等，我们必须知道如何回答，或者知道在哪里可以获得最快的答案。总而言之，我们在前台上演出，我们的工作是让每一个客人在游园时感受到快乐。”

③适当的激励

员工与顾客接触越多，就越需要在情绪上投入。激励是一种正式的鼓励和赞美，可以鼓舞所有员工。通常情况下，很多激励方式因为缺乏公正、次数太少或缺乏心理意义而最终失败。只有挑选获胜者的过程严肃认真、大公无私，并与顾客心目中的服务质量密切相关，这样的激励才有意义。要让员工保持长期的动力，不能仅仅依靠赞美和奖赏，还需提供给员工可以展望的发展前景。许多服务企业的员工，特别是第一线员工，他们不仅薪资较低，而且很难出人头地，导致服务企业的人员流动率较高。如何通过最佳的激励方式调动这些能直接影响企业形象和服务质量的员工的积极性，是完善服务企业质量管理体系的重要课题。

美国运通公司每年都会评选“伟大表现奖”。各分公司和办事处首先进行“伟大表现奖”准决赛，然后将获胜者的事迹送往公司总部参加决赛。运通公司总部主管评审各参选者的事迹，然后选出年度“伟大表现奖”的得主。获奖员工可以到纽约度假一周，获颁一枚“伟大表现奖”白金奖章，参加颁奖宴会，并获得 4 000 美元的旅行支票。在 1988 年的评选中，26 个获奖员工中有一个名为贝鲁特的业务代表，他在一班飞机被劫持时核准机长支付了 50 000 美元，为乘客安顿食宿。还有一个亚利桑那州收款处的职员，他发现一名持卡人的购买方式不正常，因而协助警察逮捕了这位诈骗犯。公司员工对参与评选该奖表现了极大的热情，都将获得“伟大表现奖”作为自己的工作目标。许多顾客对运通公司的员工追求质量、尽力为其解决问题的精神深感动容。

(2)物质资源

物质资源包括技术和装备。只有拥有先进的物质资源，并建立完善的服务基础设施，才能保证顾客享受到高质量的服务。然而，由于服务产能与服务需求很难准确匹配，服务企业的物质资源需要具备一定的弹性，才能够适应需求变化较大的服务。

服务业对人力资源需求巨大，但为了提供服务必须建立的基础设施和设备也使得服务企业的资本密集度相当高。即使是纯粹的服务企业，从餐厅到电力公司，其资本密集程度也不亚于制造企业。这是因为公用事业、航空公司和其他一些需要昂贵设施来提供服务的行业，以及主要依靠人力提供服务的行业，如餐厅、零售店、保险公司等，也都需要大量的资本投资，并且其中绝大部分是通过科技来替代人力。

建立完善的服务质量体系需要将大量资金投入基础设施和设备建设，这些基础设施和设备包括基本的装修和服务工具、与顾客相关的信息系统、管理的通信网络、备用物资的储备等。对基础设施和设备的投入与对人力的投入是相互关联的。基础设施和设备的投入可以提高服务员工的生产力，减少新员工的招聘需求，节约了挑选和培训新员工的时间和费用，并避免了损失未来的销售额和公司的发展机会。

一些服务行业具有规模经济，可以在较低的边际成本下提高服务质量或增加新的服务品种。如果服务企业在竞争者之前，对服务质量体系中的基础设施和设备投入适当的规模，产生的规模效应可以形成有力的垄断优势，甚至构成竞争壁垒，在保证提供的服务质量基础上排斥新的竞争者的出现。

(3)信息资源

在竞争日趋激烈的今天,信息资源将是服务企业最终能在竞争中获胜的关键之一。拥有信息基础的服务企业,可以根据自身的信息资源,提供个性化的服务,根据顾客偏好适时调整服务,以提高服务效率和效益。

服务企业获取信息资源的主要渠道包括以下几个方面:企业一线员工、企业管理层、供应商、社会公众。服务企业可以针对不同来源设计特定的调查方式,以获取与服务质量相关的信息资源。

1984 年,沃尔玛公司投资 2 400 万美元发射了自己的卫星。到 1990 年 1 月,沃尔玛的卫星系统成为全球最大的交互式、高度整体化的私人卫星网络。卫星网络向所有商店同时广播通信,不仅加快了信息传输速度,还降低了电话费用。该卫星系统为公司提供了交互式的音像系统,便于库存控制数据传输,能够在结账柜台上进行快速信用卡授权,并增强了 EDI 传输功能。该系统是沃尔玛“迅速反应”项目的一部分,确保商店一旦库存紧缺,能够及时订货。与此同时,沃尔玛的付款方式也比其他零售公司更为优惠。平均而言,沃尔玛在 29 天内付款,而竞争对手平均在 45 天内付款。通过利用这些信息资源,沃尔玛提高了服务效率,获得了竞争优势,并通过快速增长逐渐成为零售业的世界巨人。

3. 质量体系结构

服务企业的质量体系结构包括组织结构、过程和程序文件三个部分。

(1)组织结构

组织结构是组织为行使其职能按照某种方式建立的职责、权限及其相互关系。服务质量体系的组织结构是服务企业为行使质量管理职能而建立的组织管理框架。其重点是将服务企业的质量方针和目标逐级展开,并将其转化为各级、各类人员的质量职责和权限,明确它们之间的相互关系。由于人是整个管理过程中最活跃和最关键的因素,规范人员行为的组织结构成为管理的核心。

组织结构可以被视为服务质量体系的静态描述。在静态条件下,它考虑了管理框架、层次结构、部门职能分配及职责、权限和相互关系的协调和落实,形成了服务质量管理的组织系统。对于服务业而言,由于服务的特殊性,其组织结构的设立主要体现在一线员工的职责和权限、管理者的职权以及管理层次等方面。

(2)过程

对于服务企业而言,过程的输出即为无形的服务。每个服务企业都拥有自己独特的过程网络,服务企业的质量管理通过对内部各种过程进行管理来实现。

根据服务质量环,服务可以划分为三个主要过程,即市场研究和开发、服务设计和服务提供过程。市场研究和开发过程指的是服务企业通过市场研究和开发来确定和提升对服务的需求和要求。服务设计过程是将市场研究和开发的结果,即服务要求的内容,转化为服务规范、服务提供规范和服务质量控制规范的过程,同时也反映了服务企业对目标、政策和成本等方面的选择方案。服务提供过程是将服务从服务企业提供给服务顾客的过程,也是顾客参与的主要过程。

(3)程序文件

对于服务质量体系而言,程序是指对服务质量全过程中的所有活动进行规定,确立适当而连贯的方法,以使服务过程按规定的方式运作,达到系统输出的要求。程序文件是服务质量体系可操作性的具体体现，也是服务质量体系有效运行的可靠保证。制定文件的程序应根据服务企业的规模、活动的具体性质及服务质量体系的结构采用不同的形式。

服务工作程序是服务企业为确保所提供的服务满足明确和隐含需求，实现质量方针和质量目标而制定和颁布的所有影响服务质量的直接和间接活动的规定。根据性质，它可以分为管理性程序和技术性程序两类。对于影响服务质量的每项质量活动，服务质量体系的程序具有以下作用：

①各部门、各岗位严格执行程序，能够对服务质量活动进行适当而连贯的控制，确保服务质量始终处于受控状态。

②通过程序文件事先安排预防措施，能够降低服务质量问题的风险。

③由于事先进行作业安排，在发生服务质量问题时能够及时做出反应并迅速进行纠正。

程序文件是执行质量活动的相关人员的依据。程序文件的基本内容是阐述影响服务质量的管理、执行、验证或评审人员的职责、职权和相互关系，并说明如何执行各种活动、使用文件以及进行控制。其详细程度应满足对相关服务质量活动进行适当而连贯控制的需求。在编写程序文件时，需要注意可操作性，尤其是在详细规定服务质量活动时，需要逐步列出开展该活动的工作流程和细节，明确其与其他活动的接口和协调措施。程序文件应规定开展服务质量活动时，应具备的物资、人员、信息和环境等方面的条件，明确每个环节内各种因素的转换，包括哪个部门或岗位参与、具体任务内容、达到何种程度、要求达到何种水平、如何进行控制，以及形成何种记录和报告等。同时，还应涉及可能出现的任何例外情况，规定预防服务质量问题的措施，以及一旦发生服务质量问题时应采取的补救措施。

4. 与顾客的接触

顾客是服务质量体系中最关键的因素，只有当服务质量体系的其他要素相互沟通、共同发展，并和谐地为顾客提供服务，才能使服务质量体系有效运行。管理者应采取有效措施，在顾客和服务企业之间建立畅通的信息沟通渠道。直接接触顾客的员工是企业获取服务质量改进信息的重要来源。以下几点是服务企业与顾客接触时应具备的必要要素：

(1)理解顾客。

(2)发现顾客真实的需求。

(3)提供满足顾客需求的产品和服务，并使顾客理解所提供的服务。

(4)尽最大努力提供令顾客满意的服务。服务企业需要创造性地思考自身的产品和服务，有时还可以引入新的相关产品或服务项目，例如，在书店中设立茶座或咖啡厅；在加油站为加油的汽车提供免费清洗服务等。

(5)使顾客成为回头客，并促使顾客为公司的服务进行口碑传播。

9.5 服务过程的质量管理

9.5.1 服务市场研究与开发的质量管理

1. 市场研究与开发的质量管理的意义和内容

服务企业无法仅仅依靠扩大现有服务的地理范围或进行一些表面性的改动来保持持续

的成功。为了保持竞争力、维持现有服务并满足市场竞争的需求，服务企业需要通过替代处于衰退期的服务品种，利用超额服务能力来抵消季节性波动、降低风险并探索新机会。

服务市场研究通常包括以下四个方面的内容：

(1)确认和测量各种市场。

(2)对各种市场进行特征分析，包括顾客对各种服务的需求、各种服务的功能、理想的服务特征、顾客寻找服务的方式、顾客的态度和行为、竞争状况、市场份额、装备和竞争趋势等。

(3)对各种市场进行预估，包括成长或衰退的基本动力、顾客趋势和变化、新的竞争性服务行业类型、环境变化(社会、经济、科技、政治等)等。

(4)个体服务市场的特征和重点发展项目，包括确定顾客对提供的服务的需求和期望、各种辅助性服务、收集到的顾客要求、服务合同信息的分析和评审，以及为满足服务质量要求的承诺而应用的服务质量控制等。

通过市场研究和分析，一旦服务企业决定提供一项服务，就应将市场研究和分析结果以及服务企业对顾客的义务纳入服务提要。服务提要规定了顾客需求和服务企业相关能力，以及作为服务设计工作的基础要求和细则。服务提要应明确包含安全措施、潜在责任及使人员、顾客和环境风险最小化的适当方法。

对服务市场的研究与开发进行质量控制，首先需要识别对服务质量和顾客满意度有重要影响的关键活动，并对这些关键活动进行分析，明确其质量特性。然后，需要确定评价这些特性的方法，并建立必要的手段来影响和控制这些特性，以确保服务质量。

在 1988 年，瑞典的联网租车公司开始开发一项新的服务项目。通过深入的市场调查和研究，公司确定了新服务项目的服务内容：

①提供租车信息给顾客。

②接受顾客的预约并准备好车辆。

③主动将车辆送到顾客指定的地点。

④让顾客享受公司的车辆。

⑤顾客归还车辆。

⑥核对费用。

⑦开具发票。

⑧收取租车费用。

⑨处理投诉。

经过精心设计、充分准备和大规模市场宣传，该服务项目于当年 9 月推出，当月营业额增长了 15%。到次年年中，全公司的营业额比当年同期增长了 23%，取得了良好的效果。

2. 广告的质量管理

服务行业的广告宣传过于夸大其效果可能会适得其反，而太过平淡则可能缺少冲击度。为了使广告取得适当的效果，广告的质量管理需要注意以下几个方面：

(1)与员工直接沟通

尽管广告旨在吸引企业现有和潜在顾客，但服务是由企业全体员工共同努力提供的。因此，在广告的创意和制作过程中，应充分听取不同岗位员工的意见，进一步激发员工提供优质服务的热情。

(2)提供有形的说明,使服务被人理解

由于服务多少是无形的,顾客很难理解。因此,在广告中创造性地运用可感知的有形证据,尽可能使广告具体、可信,使顾客更容易了解服务的内涵。例如,美国西南航空公司曾经有一次出色的广告策略。在1990年,该公司开通了伯班克至奥克兰的航线,并宣称如果乘客支付其他航空公司的186美元票价,到达奥克兰后将返还给乘客127美元。其主要竞争对手美国西部航空公司对此进行了嘲笑,在其广告中描绘了乘客登上西南航空公司飞机时因贪图便宜而含羞的形象。西南航空公司立即进行反击,他们的广告中,公司董事长头上戴着一个大口袋,广告词是"如果你因乘坐西南航空公司的飞机而感到害羞,我们给你这个袋子套在你的头上;如果你不觉得尴尬,就用它装着你省下来的钱。"

(3)持续推进广告宣传

由于服务相对抽象,必须持续进行广告宣传。一般来说,如果广告能够长时间持续下去,可能会使顾客逐渐认同广告的内容和实质。

(4)注意广告的长期效果

过多许诺会导致顾客产生不切实际的期望。尽管在短期内可能会有较好的效果,但当顾客了解到服务的真相时,会因为失望而不再光顾。因此,广告必须注意长期效果,进行长期规划,以维护企业的形象和声誉。

9.5.2 服务设计的质量管理

服务设计是服务质量体系中预防质量问题的重要保证。一旦系统中有一个缺陷,它将被连续不断地重复。戴明认为94%的质量问题是设计不完善而导致的,而仅有6%是由于粗心、忽视、坏脾气等原因造成的。更重要的是,设计的缺陷使服务质量的源泉——企业员工受到伤害。由设计而造成的系统缺陷不断地使员工和顾客之间、员工和员工之间处于不能融洽相处的状况。

设计一项服务的过程包括把服务提要的内容转化成服务规范、服务提供规范和服务质量控制规范,同时反映出服务企业的选择方案(如目标、政策和成本)。

1. 服务设计的职责和内容

(1)服务设计的职责

服务设计的职责应包括策划、准备、编制、批准、保持和控制服务规范、服务提供规范和质量控制规范;为服务提供过程规定需采购的产品和服务;对服务设计的每一阶段进行设计评审;当服务提供过程完成时,确认是否满足服务提供的要求;根据反馈或其他外部意见,对服务规范、服务提供规范、服务质量控制规范进行修正;在设计服务规范、服务提供规范及服务质量控制规范时,重点是设计有关服务需求变化因素的方案;预先采取措施防止可能的系统性和偶然性事故,以及超过企业控制范围的服务事故的影响。

(2)服务规范

服务规范应该对所提供服务进行完整阐述。在设计服务规范之前,需要确定顾客的主要和次要需求,其中主要顾客需求指的是基本需求,例如旅游是顾客的基本需求。如果选择飞机旅游,就会涉及一些其他问题,比如订票、前往机场和从机场到目的地等,这些属于次要需求,由不同的选择产生。

服务规范应该规定核心服务和辅助服务,核心服务是满足顾客主要需求的服务,而附加的支持服务则满足顾客次要需求。高质量的服务包括一系列相关且适当的支持服务。服务企业的服务质量优劣主要取决于支持服务的范围、程度和质量。顾客认为某些支持服务是理所当然的，是服务企业必须提供的，因此在设计服务规范时，定义和理解次要服务的潜在需求是必要的。

图 9-6 所示为顾客需要与服务规范之间的关系。

服务规范对提供服务的阐述要包括每一项服务特性的验收标准，如等待时间、提供时间和服务过程时间、安全性、可靠性、保密性、设施、服务容量和服务人员的数量等。

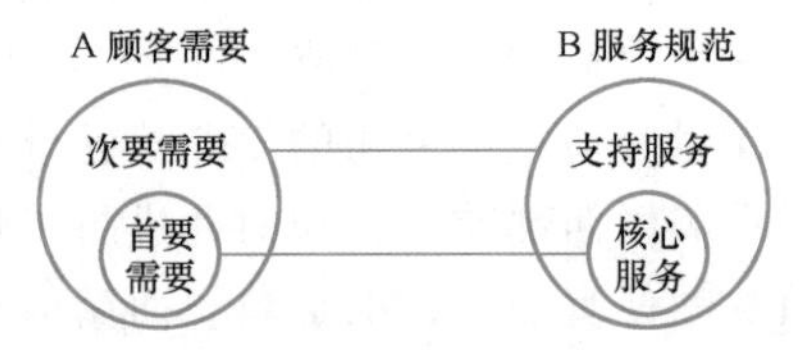

图 9-6 顾客需要与服务规范之间的关系

(3)服务提供规范

服务企业在设计服务提供过程中应考虑到服务企业的目标、政策和能力，以及其他诸如安全、卫生、法律、环境等方面的要求。在服务提供规范中应描述服务提供过程所用方法的服务提供程序。对服务提供过程的设计，可以通过把过程再划分为若干个以程序为支柱的工作阶段来有效地实现，这些程序的描述包括了在每个阶段中的活动。具体包括：对直接影响服务业绩的服务提供特性的阐述；对每一项服务提供特性的验收标准；设备、设施的类型和数量的资源要求必须满足服务规范；规定人员的数量和技能；对提供产品和服务的供应商的可信任程度等。

(4)服务设计的内容

①员工

对于一些顾客来说，单个员工在本质上就是服务。员工不仅仅是一种“资源”，而且是服务的基本组成成分，也是决定服务质量的关键要素。服务设计不仅要对员工进行详细要求，根据体系和过程，还必须考虑员工个人和整体如何能够对他们的工作和设计思想做出最大贡献。服务体系是一个社会一技术系统。设计应包括人员选择、培训/教育和发展，以及与激励系统相适应的工作内容和工作设计的分析。

②顾客

服务质量很大程度上是顾客与各种要素相互作用的结果，如顾客之间、顾客与员工之间、顾客与有形环境之间及顾客与组织之间的作用。因此，设计服务应考虑到顾客在不同时间对生产服务的作用，以及他们与体系中其他要素和其他顾客接触的方式。在设计中考虑潜在的顾客有助于区分顾客在服务过程中的参与程度和性质。服务体系需要经过精心设计，以使顾客，尤其是初次使用者，能够理解。

③组织和管理结构

服务的组织和管理部门必须与服务体系的其他要素相配合，尤其是以下几个主要方面：首先，通过清晰定义服务概念，授权和分配责任，确保在控制和自由之间取得平衡，这种平衡对于员工以及他们处理重要事件的能力和热情至关重要；其次，确保组织内的非正式结构(如质量团队、质量项目组)与执行不同任务的员工所在的部门之间能够自动协调。

④有形/技术环境

顾客往往对服务的有形环境和技术环境产生最初的印象。办公设备、技术系统、服务价格、旅馆地理位置、建筑外观设计、大堂布局及客房内家具的摆设都属于有形/技术环境。高质量的有形/技术环境对员工和顾客都至关重要，它们传递着无形服务的线索和信息，同时也是服务质量体系的一部分。

新加坡航空公司在其推出的部分经济舱航班中增设了“银刃世界”，这是一个个人专用客舱娱乐系统，提供 60 多种娱乐项目，让乘客随意选择。无论是当前最热门的故事片、热门电视剧、紧张激烈的互动游戏、曲目丰富的音乐还是不断更新的卫星新闻,都应有尽有,甚至还配备了专用电话!此外,新航还配备了脚踏板和有翼头枕,使座位更加舒适,并提供免费香槟和其他精美菜肴。所有这些都清晰地传递了优质服务的信息,让乘客感受到新航卓越的服务。

(5)质量控制规范

质量控制规范应能够有效地控制每一个服务过程,以确保服务符合服务规范和顾客需求质量控制的设计应包括以下方面:识别对规定服务有重要影响的关键活动;对关键活动进行分析,明确其质量特征,通过测量和控制来确保服务质量;对所选特征规定评估方法;建立影响和控制特征的手段,以确保在规定的界限内。

2. 注重质量的服务设计技术——服务蓝图

蓝图是一种系统的图示方法,用于分析服务过程的不同阶段。蓝图技术使用不同符号标记事件、活动和决策,并按时间顺序详细描述服务的提供过程。通过将服务视为一个流动的过程,我们可以更好地理解人员、资金、设施与服务体系及其他组成部分之间的相互依赖关系,并有助于确定潜在的服务缺陷。这种方法可用于设计新的服务、评估和重新设计现有服务,并作为评估服务体系的工具。

在所有服务中,时间是影响质量和成本的重要因素。蓝图技术使得计算顾客可以接受的时间在服务过程的不同阶段成为可能。一般而言,所需时间与服务的复杂程度有关。

在服务蓝图中,通过一条"视野分界线"将服务过程中顾客可见的部分与顾客不可见的部分分隔开来。在可见线以上,顾客与员工、不同类型的有形环境之间进行交互,但一般而言,蓝图的大部分位于可见线以下。大部分的过程顾客是无法看到的,被视野分界线分隔开来。这条隔离线有助于服务企业在顾客视野之外集中控制过程中最困难的部分,减少服务质量的风险。

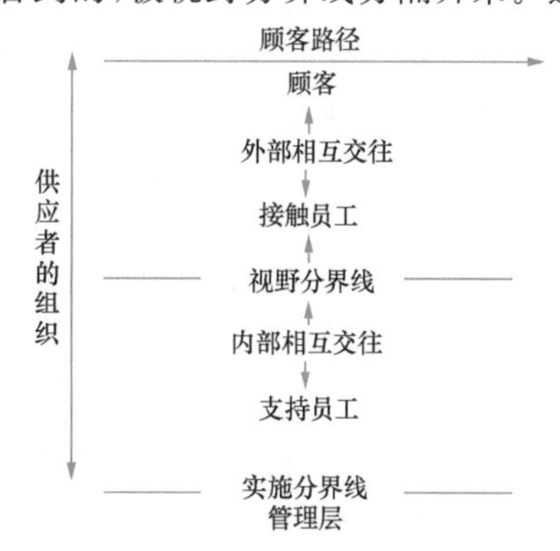

图 9-7 服务图的基本结构

Skostack(1984 年)指出蓝图技术能够帮助服务企业在质量问题发生之前发现潜在的问题隐患,她总结了以下 4 个步骤:绘制事件过程、发现潜在的缺陷、建立时间框架、分析获利能力。

Kingman-Brundage 将蓝图发展为"服务图",可以显示出服务过程的所有活动,如图 9-7 所示。服务图强调 4 个群体:顾客、接触员工(前台人员)、支持员工(后台人员)和管理层(经理人员)。实施分界线将管理层和运营系统分隔开来,视野分界线将顾客与服务后台分隔开来。

通过运用蓝图技术,以及对服务过程时间的控制,可以提高服务系统的服务能力弹性,使服务企业能够根据需求的变化适当调整其供给状态。例如,纽约市的花旗银行在其大厅地毯下铺设电线,用于测量顾客排队等待时间。当顾客等待时间过长时,该行会采取增加柜台等措施。诺顿百货公司在其零售服务系统的设计中,在每个旺季都雇用大量临时工。这样,当其他百货公司在淡季为辞退员工而感到困扰时,诺顿公司则能够始终保持员工较高的工作热情。

9.5.3 服务提供过程的质量管理

服务提供过程是顾客参与的主要过程。服务提供过程有两大基本特征:服务提供者与顾客之间的关系十分密切;服务生产过程和消费过程是同时的。

1.服务提供过程模型

根据服务提供过程模型,如图 9-8 所示,服务的提供被视野分界线划分为两个部分,一部分是顾客可见的或能接触到的;另一部分是顾客看不见的,由服务企业辅助部分提供的,但又是为顾客服务不可缺少的。

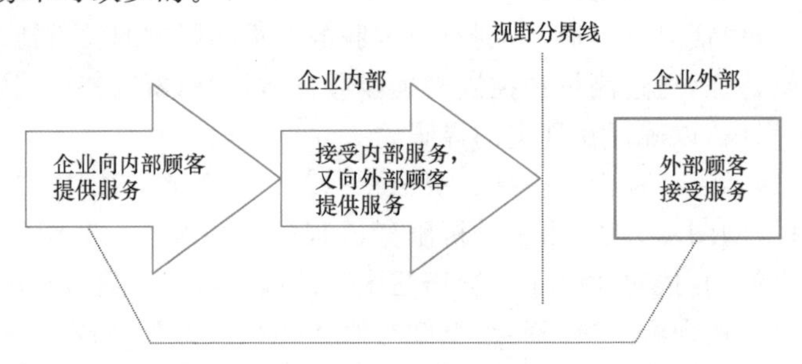

图 9-8　服务提供过程模型

(1)相互接触部分

外部顾客通过相互接触部分接受服务。在相互接触过程中,影响服务质量的资源包括介入过程的顾客、企业的一线员工、企业的经营体制和规章制度、企业的物质资源和生产设备。

(2)后勤不可见部分

在服务提供过程中,顾客很少有机会看到视野分界线后面发生的事情。后勤不可见部分可分为两部分:一部分是直接为顾客提供服务的一线员工接受企业后勤人员的服务;另一部分是企业后勤人员向其他内部顾客提供后勤支持服务。内部后勤支持服务是企业向顾客提供服务必不可少的条件,但由于视野分界线,顾客不一定能了解,因此无法意识到那部分服务提供过程对整体服务质量的贡献。顾客只关注相互接触阶段,即使内部服务非常优异,但如果接触过程的服务质量低劣,顾客就会认为企业的服务质量不高。其次,由于顾客未见企业在可见线之后所做的工作量,他们可能无法理解各种服务所标示的高价格。通常,服务企业可以采取适当的直接传达或扩大顾客与企业的接触范围的方式,使顾客理解服务的全部内涵,但扩大了相互接触部分可能会增加服务质量控制的难度。

辅助部门在服务提供过程中扮演后勤支持的角色,这种支持体现在管理支持、有形支持和系统支持三个方面。

2.服务企业的评定

服务企业要保证服务质量,就需要监督服务提供过程是否符合服务规范,并在出现偏差时进行检查和纠正。特别是要对服务过程中的关键活动进行测量和验证,以避免不符合顾客需求并导致顾客不满意的情况。此外,应将企业员工的自查作为过程测量的一部分。

服务企业可以将使用服务流程图作为一种方法进行过程质量测量,该图显示工作步骤和任务,并确定关键时刻,找出服务流程中难以控制的管理部分和不同部门之间的衔接等薄弱环节,分析各种影响服务质量的因素,并确定预防性和补救性措施。

由于服务是无形的,结果需要通过顾客的主观判断,因此考核难以量化。此外,服务企业的管理人员也很难量化服务质量的经济价值。

服务过程质量控制涉及服务业中的每个人,包括可见和不可见的员工。各种质量控制制度应该能够发现质量缺陷并奖励质量成功,同时协助改善质量工作。在某些情况下,可以考虑使用机器代替人力，尤其是替代那些例行的服务。

例如，华为技术有限公司简称华为，面向“5类用户”构建一站式的体验服务，用数字化的手段做深联接，确保客户和用户的满意。华为共有5类用户——行业和企业客户、广大消费者、合作伙伴、供应商和内部员工，其目标是能够为所有客户/用户连接业务、连接团队、连接装备、连接知识，为客户提供一站式体验。以运营商客户为例，以往华为主要是自行开发移动应用，并要求客户安装我们的移动应用，并没有考虑客户实际的使用体验。现在，华为通过构建“零”门槛接入华为，为不同客户提供了差异化体验，让每个客户登录的页面、看到的内容都不一样；同时，提供线上数字化渠道，针对不的同客户进行多渠道内容的精准推送；此外，华为还围绕唯一的客户ID，将客户在售前、售后各阶段的数据打通，同时引入了智能分析，更实时地感知客户需求，实现了1＋1＞2的客户服务。后续，华为将从客户自己的使用习惯和操作习惯出发，让客户无打扰地感知华为。另外美国一家航空公司通过研究以下事项来执行服务过程质量标准：顾客取得飞机票所需时间；卸下飞机上的行李所需时间；电话来电应该响几下才能不接听。而备受赞誉的麦当劳公司则用以下注意事项作为其质量标准：汉堡包翻面的时间间隔；未售出的汉堡包保存的时间；未售出的炸薯条保存的时间；收银员需要与每位顾客目光接触并微笑等。这些例子阐明了在服务提供过程中建立质量控制标准是可行的。然而，服务业在制定和执行标准时通常需要经历多次试验和失败。另一方面，许多提高生产率的方法也可以用来改善服务质量，如采用机器设备、时间和动作研究、流程图、专业化、标准化、流水线作业等原则和措施。服务承诺可被视为一种特殊的质量标准。例如，美国联邦快递公司承诺在24小时内将包裹送达。服务承诺可以采取多种形式，例如未达到标准可退款给顾客、下次提供免费服务、提供其他补偿性服务等。服务承诺通过激励顾客主动确认和投诉未达到标准的服务，来促进反馈，迫使企业思考产生不合格服务的原因，并采取措施以避免类似问题再次发生。

3. 顾客评定

顾客评估是对服务质量的基本衡量，它可能是及时的，也可能是滞后的或回顾性的。很少有顾客愿意主动提供对服务质量的评价，不满意的顾客通常在停止消费服务之前不会明示或暗示任何意见，导致服务企业失去了补救的机会。因此，单纯依赖顾客评估作为衡量顾客满意度的指标可能会得出错误的结论，导致服务企业做出错误的决策。

将顾客评估与服务企业自身评估相结合，可以克服自我评估中的自负问题，同时也可以弥补顾客评估的随机性和滞后性。对于服务企业来说，这是一种有效的管理方法，可以避免质量问题，持续改进服务质量。

华为公司对准业务的操作场景进行服务编排，实现全球“等距服务”，灵活快速地支持业务作战。并做到即时与全球顾客沟通交流，收集顾客对服务的评估。同时，根据顾客评估持续改进服务质量。原来，华为即便是想要改变一个简单的业务流程也需要花费很长时间。为此华为确立了转型方向，将公司的各个业务场景全部地图化，对每一个场景的服务要求其相对独立、接口开放，且能支持业务人员的灵活编排。现在，华为已经总结构建了全公司的场景地图，涵盖200多个业务场景，将平台提供的标准IT服务按业务场景编排，形成场景化的标准IT服务，这样全球任何地方新增一个场景需求，用户都可以线上提交订阅服务，IT按标准快速部署服务，改变IT提供服务的方式，也避免出现服务提供“锣齐鼓不齐”的问题。而且通过使用标准化IT装备服务，全球不同地方的用户还能实现“等距离”的访问使用体验。例如手机门店场景，华为现在已经可以提供标准化IT装备服务来实现全球快速开店，这些服务一部分是放在数据中心的IT应用服务(门店进销存、货物盘点等),其已经提前进行了全球分布式部署(部署了15个Region),确保用户在任一地点打开操作响应时间小于3秒;还有一部分是现场IT装备服务(提供12种标准化服务)。通过标准化IT装备服务,德国Ingram、Vodafone和苏宁易购等第三方伙伴的开店周期从3～6个月缩短到1～2周。

美国运通公司自1986年开始每年追踪约12 000笔交易。他们在与顾客有过接触后进行访谈,了解他们对柜台服务的满意程度,以及这是否会影响他们将来对信用卡的使用。一位高层主管解释说,顾客满意度调查可以做到其他方法无法做到的事情。这种调查能够使我们与信用卡持有人更加接近,更重要的是,调查报告并不是被束之高阁,这些报告最终提供了改进服务质量所必需的具体行动和加强服务的新观念。这种调查是最佳的质量保证工具。

4. 不合格服务的补救

没有任何服务质量体系能够绝对保证所有的服务都是可靠的、无缺陷的,不合格的服务在服务企业中仍然是不可避免的。识别和报告不合格的服务是每个员工在服务企业内的义务和责任。服务质量体系应明确规定对不合格服务的纠正措施的职责和权限,并鼓励员工在顾客受到影响之前尽早识别潜在的不合格服务。

不可避免存在不合格服务,并不意味着追求无失误服务目标不值得努力,当然不是这样。服务企业应该像制造业一样实施“零缺陷服务”和统计过程控制(SPC),以不断提高服务质量的可靠性。

许多服务企业对不合格服务的反应不恰当,甚至没有任何反应。他们不能对服务中出现的问题给出令顾客满意的解释,也不能采取及时有效的补救措施来使顾客满意,结果让抱怨的顾客感到更加糟糕。当出现不合格服务时,顾客对服务企业的信任可能会动摇,但并不会完全丧失,除非出现以下两种情况:过去的缺陷反复出现,或者不合格服务的补救措施没有使顾客感到满意,反而加重了缺陷的程度,而不是纠正了缺陷。

第一种情况意味着服务可靠性可能存在严重问题。由于可靠性是优质服务的基础和核心,当一个企业的不合格服务连续不断出现时,再好的服务补救措施也无法有效地弥补持续的服务不可靠对顾客的影响。

第二种情况是当出现不合格服务时,紧随其后却采取了毫无力度的服务补救措施,服务企业就是让顾客失望两次,错失了两次关键时刻,这将极大地降低顾客对服务企业的信任。即使最终采取了绝佳的纠正措施,对于恢复顾客对企业的信任和对服务质量的评价也不会产生太大效果。当服务企业拥有较高的服务可靠性记录时,对不合格服务的纠正措施不仅不会降低顾客对企业的评价,甚至可能增强顾客心目中的服务质量,使顾客对该企业更加信任。换句话说,完善的服务质量体系要求具备高度的服务可靠性,以及在偶发的不合格服务发生时,采取完备超越顾客期望的纠正措施。

服务质量体系针对不合格服务的补救应有两个阶段:

(1)识别不合格服务

要识别不合格服务,成功地将服务问题揭示出来,就必须建立一个有效的系统来监测、记录和研究顾客的抱怨。

①监测顾客抱怨

大多数经历不合格服务的顾客虽然并不向服务企业投诉和抱怨,但会向许多人诉说他们消费不合格服务的经历。对于向服务企业直接投诉和抱怨的顾客,其不合格服务的补救就较容易安排,只需采取必要的外部行动,向顾客道歉,承认服务企业确实存在让他们不满意的地方，而且将纠正措施及时通知他们。但对不进行抱怨的顾客，纠正不合格服务就较困难。唯一的办法是通过顾客研究，将不合格服务找出来，采取改进措施，以免影响更多的顾客。

②进行顾客研究

进行顾客研究的目的是识别不合格服务，可以是按计划的常规活动，也可以是计划外的特殊活动。以顾客身份亲身经历是识别一项服务可能存在缺陷的有效途径。几乎每种类型的服务，从飞机旅行到汽车修理，从娱乐业到通信业都可以通过实地观察和亲身经历来了解其中的问题。

③监测服务过程

通过对服务过程的详细流程图（如服务蓝图）进行细致的检查，找出其中的缺陷和失败点，及服务中存在潜在问题的地方，然后进行重点监测，形成文件记录，并且对过去的不合格服务进行系统的追踪和分析。一旦找出了潜在的缺陷，就必须对出现不合格的环节进行细致的观察，制订应付不合格服务的计划，以便问题再一次发生时，能进行有效的处理。

(2)处理不合格服务

在顾客看来，不积极处理不合格服务往往是比出现基本的服务问题更为严重的缺陷。如果服务企业不能解决已经发生的不合格服务，顾客往往更加无法容忍。企业应采取积极的措施来满足顾客的要求。在服务质量体系中，可以通过以下几点来保证：

①对员工进行必要的培训

不能让员工毫无准备地面对服务问题并做出反应。即使是平时对顾客服务较好的员工，在处理服务问题时也可能感到有些棘手。在服务质量体系中，通过对员工的沟通能力、创造能力、应变能力和对顾客的理解能力等方面进行培训，使员工有准备地面对不合格服务，这是取得良好补救效果的重要保证。

②给第一线员工授权

几乎所有的不合格服务都发生在顾客和第一线员工之间，第一线员工可以最早、最真切地感受到顾客的不满。仅仅培训员工而不给予员工充分的授权将无助于解决顾客问题。给予员工一定的权限，使其能够灵活处理顾客的不满，并培养员工解决不合格服务的能力，两者同样重要。在服务质量体系中，应明确规定相关事项，如无条件退货、免收车费或免费提供食品和饮料等。

③奖惩员工

服务质量体系应明确规定适宜的奖惩制度。对于能正确识别并在授权范围内采取积极措施处理不合格服务以满足顾客需求的员工，应给予适当的鼓励或奖励。同时，对那些对不合格服务麻木不仁、听之任之、掩盖事实的员工，以及对不满意顾客无所作为、推诿责任甚至进一步冒犯顾客的行为，应进行批评教育，甚至予以惩处。

5. 关键时刻管理

服务的功能质量水平取决于服务买卖双方的相互接触。在这种相互接触中，服务的技术质量被转移到顾客身上。这种顾客与服务企业各种资源相互接触的时空环境被称为“关键时刻”。每个关键时刻都是服务企业展示其服务质量给顾客的机会。如果在关键时刻出现服务质量问题，要采取补救措施往往为时已晚。即使想办法去补救，也只能设法主动创造新的关键时刻，才有机会展示企业的服务质量。

服务过程由一系列关键时刻组成，要对服务过程进行管理，必须确定服务过程的关键时刻。

(1)服务圈

服务圈是描述顾客经历不同关键时刻的模型。以顾客为中心,根据顾客在服务过程中的各个阶段,列出顾客与企业相接触的所有关键时刻。如图 9-9 所示,是一个顾客在零售店中经历的服务圈模型。

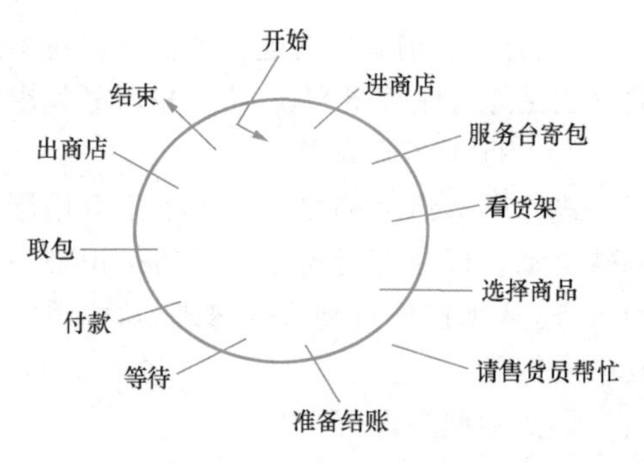

图 9-9　服务圈模型

(2)重要的关键时刻

在服务圈中有极少部分的关键时刻特别重要,对重要的关键时刻的管理和控制是服务过程质量控制的关键。重要的关键时刻随行业、产品和服务对象的不同而不同。例如图 9-9 中,可能某些顾客认为等待时间是重要的关键时刻,对另外一些顾客而言,可能售货员的帮助和商品的陈列是重要的关键时刻。顾客在重要关键时刻的感受对于他们对企业服务质量的评价会产生重要影响。

(3)关键时刻模型

为更好地分析关键时刻,一些学者建立了关键时刻模型,它包含两个部分,如图 9-10 所示。

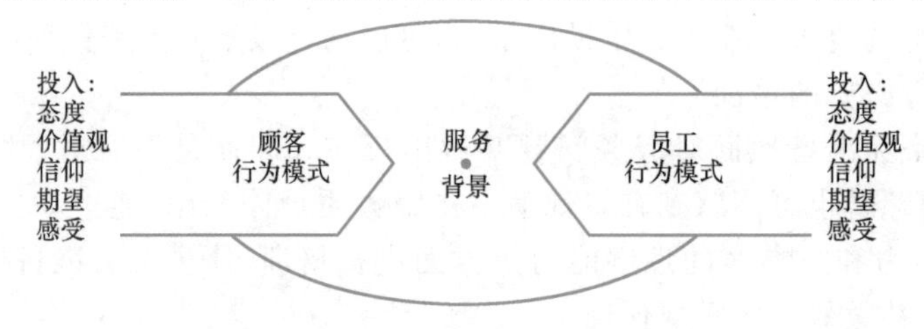

图 9-10　关键时刻模型

①服务背景

在服务企业中,与顾客相关的所有部分都构成了服务背景。服务背景包括在关键时刻发生的社会、生理和心理层面上的交流和冲突。

②顾客和员工的行为模式

顾客和员工的行为模式对关键时刻产生强烈的影响。行为模式由多个要素组成,包括态度、价值观、信仰、期望和感受等。这些要素可能对顾客和员工的行为模式产生一致的影响,但有时也可能相互抵消。行为模式在某种程度上是不确定的,可能会在某一瞬间发生改变。例如,顾客因对服务满意而决定购买时,由于员工的偶然不恰当行为或听到其他顾客对服务的抱怨,可能会对服务质量产生怀疑而改变主意,放弃购买服务。同样地,当热情洋溢的员工面对多疑挑剔的顾客时,可能会感到厌烦,失去热情,从而导致服务质量下降。并不是所有的关键时刻都需要员工直接参与,例如当顾客开车进入停车场时,就会经历一些关键时刻,比如停车场是否有空位、路标位置是否明显等,这些都是潜在的关键时刻。在这些关键时刻,服务企业的员工并没有直接参与其中。

当服务背景、顾客行为模式和员工行为模式相互协调一致时,意味着员工和顾客对关键时刻的服务持有相同的看法,服务企业就能赢得顾客的信任,顾客对企业的服务质量评价也会相应提高。相反地,当服务背景、顾客行为模式和员工行为模式不一致时,就可能严重影响关键时刻,导致顾客对服务质量的评价降低。

第10章 质量的经济性与质量成本管理

10.1 质量经济性概述

10.1.1 质量效益与质量损失的关系

在企业经营活动中，将提高经济效益作为主要目标已成为企业界人士的共识。企业的经济效益受许多因素影响，其中产品质量和质量管理水平是关键因素之一。实际上，有许多世界级企业运用质量效益型管理模式并取得成功的经验。如果以提高经济效益为目标，产品质量则成为最基础的要素。很难想象一个产品质量低劣的企业能够获得良好的经济效益。

专家们的观点“产品质量中蕴藏着提高经济效益的巨大潜力”已被世界上许多企业的成功经验所证实。只有减少与质量相关的损失，才能为效益作出贡献，损失与效益是相互对立的。目前，这种观念正逐渐被企业和整个社会所接受。许多国家和地区正在努力进行减损活动，并取得了良好的效果。根据国家统计局于每年8月所发布的国民经济和社会发展统计公报——《中国统计年鉴》的统计分析，我国工业企业目前仍存在较大的不合格品损失，约占工业产值的10%左右，甚至更高。按照上述比例计算，全国每年的不合格品损失超过2 000亿元。其中，产品抽查不合格率约为30%，市场抽查商品不合格率超过40%。根据有关质量监督部门的初步统计，我国同类工业产品的原材料消耗比发达国家高出30%至50%。国外一些专家根据调查统计结果认为，工业企业的不良品损失占制造成本的20%至30%。朱兰在他所主编的《质量控制手册》一书中形象地说：“次品上发生的成本等于一座金矿，可以对它进行有力的开采。”我国的实践也充分证明了这一说法的正确性。某市在1991年对500多个企业进行的调查统计表明，通过开展减损活动，使企业的合格品率和等级品率都有了一定提高，损失减少了约1亿多元，充分挖掘了“矿中黄金”。自20世纪80年代以来，全球众多企业都致力于挖掘“矿中黄金”。例如，摩托罗拉提出了以下“改进10倍方案”：

①按销售额的百分比计算，每年减少质量成本10%。

②将内外损失成本从1∶4降低到1∶2。

③消费者满意度从96%提高至98%等。

不良品损失是生产过程中属于企业内部的质量损失范畴，它就像水中的冰山，暴露在水面上的部分比例很小，而大部分隐患和损失潜藏在水面下，如图10-1所示。实际上，质量损失应该包括在产品整个生命周期中，由于质量不满足规定要求而对生产者、使用者和社会造成的全部损失。它存在于产品的设计、制造、销售、使用和报废等企业经营活动的全过程中，涉及生产者、消费者和整个社会的利益。

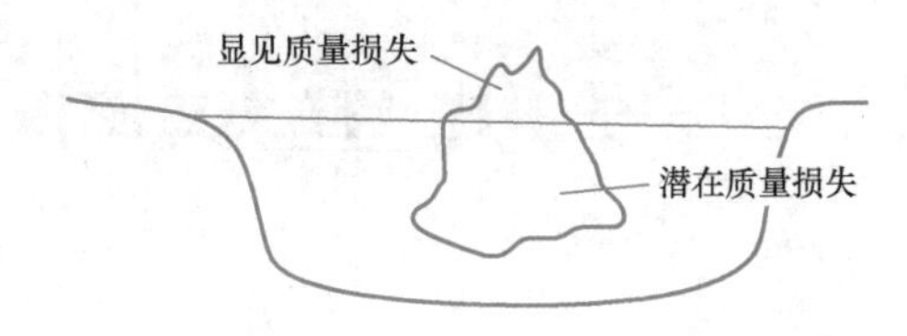

图10-1　企业潜在质量损失

(1)生产者的损失

生产者的质量损失包括两个方面：出厂前和出厂后的质量不符合要求。其中包括有形损失和无形(隐形)损失。

①有形损失

有形损失是指可以通过价值计算的直接损失，例如废品损失、返修损失，销售中的包装修理、退货、赔偿、降级降价损失，以及辅助生产中的仓储、运输和采购中的某些损失等。据有关资料统计，生产和销售中的损失约占总损失的90%，其中废次品、返修、返工、包装不良等是主要因素。自20世纪80年代以来，全球范围内推行的“无缺陷生产”、“零公差生产”、“ppm级”等管理方法在减少生产者损失以及最终减少消费者损失方面取得了很大成功。进入20世纪90年代，摩托罗拉、ABB和通用电气(GE)等世界级企业积极推行六西格玛方法，在减少过程波动、减少缺陷和增加产出方面取得了显著成效。

②无形损失

除了上述有形损失，生产者损失还包括另一部分无形损失。例如，由于产品质量不佳，影响了企业的信誉，导致订货量减少，市场占有率降低。这种损失巨大且难以直接计算，对于企业的影响可能是致命的，甚至会导致企业破产的严重后果。

另外，还存在一种无形损失，即对过高质量的片面不合理追求，不考虑用户的实际需求，制定了过高的内部控制标准，通常称为“剩余质量”。这种“剩余质量”无疑会使生产者花费过多成本，造成不必要的投入和损失。为了减少这种损失，在产品开发设计阶段必须进行认真的调查，制定合理的质量标准，应用价值工程理论，进行深入的价值分析，减少不必要的功能，使功能与价格相匹配，以提高质量的经济性。事实上，提高质量水平可能需要增加投入，这必然会导致成本增加，进而导致价格上升。而价格的提高可能会使产品失去市场竞争力。

在无形损失中，通常存在着机会损失。机会损失是指在质量管理范畴中追求最优解的概念。在质量形成的各个阶段都存在着质量优化的机会，例如寻求设计中的最佳寿命周期、最佳产品性能质量水平，寻求制造中的“零缺陷”、最佳工序能力指数及产品的最佳保修期等。上述类似最佳值会带来最佳效益，而实际效益与最佳效益之差被称为机会损失。

(2)消费者(或用户)的损失

消费者损失是指产品在使用过程中由于质量缺陷而给消费者带来的各种损失，例如对人身健康、生命和财产的损害，能耗和物耗的增加，以及对人力的浪费等。在使用过程中，由于产品质量缺陷而导致停用、停工、停产、延迟交付或增加大量维修费用等损失，都属于消费者的质量损失。此外，假冒伪劣产品无疑也会给消费者带来不同程度的损失。我国《产品质量法》、《消费者权益保护法》等法律法规规定了对消费者损失的全部或部分赔偿，旨在避免或减少消费者的质量损失，保护消费者的权益。

需要指出的是，消费者损失中也存在无形损失和机会损失，其中最典型的一种是功能不匹配。我们在生活或工作中常常有这样的经历：购买一双鞋后，穿了一段时间鞋面破损，而鞋底仍然完好；或者购买一件衣服，穿了一段时间后，前后身仍然完好无损，但领子和袖口破损。在其他类型的工业产品中，这种情况也很常见。例如，仪器的某个组件失效，但无法更换，而仪器的其他部分功能正常，最终不得不丢弃或销毁整个仪器，给消费者或用户造成经济损失。这是由于产品各组成部分功能不匹配所导致的。从质量的经济角度出发，在设计一辆寿命为25年的汽车时，理想状态是所有零部件的寿命都是25年或接近25年，但实际上这是不可实现的。因此，通常的设计原则是尽量使易损零部件的耐用期与整车的寿命或大修周期相等，或者使整车寿命与零部件的耐用期成整倍数的关系，以减少功能不匹配的无形损失。需要注意的是，这类无形损失是相当普遍存在的，只是很多人尚未意识到或忽视了这一点。

(3)社会的损失

生产者和消费者损失广义上都属于社会损失。反过来说，社会损失最终也对个人造成损失，如图10-2所示。

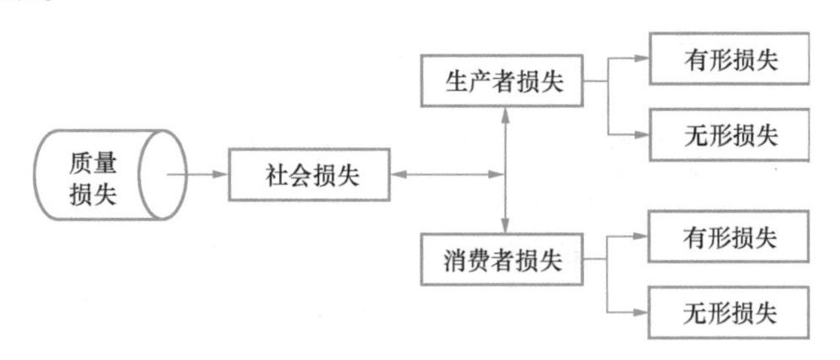

图10-2 质量损失构成

我们所说的社会损失指的是由产品缺陷引起的公害和污染对社会造成的影响，包括对环境和社会资源的破坏和浪费，以及对社会秩序和社会稳定的不良影响。例如，交通运输设备（如飞机、汽车、轮船）每年由于质量缺陷（排除非质量缺陷原因）造成大量人身伤亡事故，工厂设备不符合标准而引起的污染导致动植物受害，甚至造成庄稼树木枯死，以及严重破坏生态平衡的工程设施等。当然，由于产品质量不佳而导致的社会资源破坏和浪费的损失更为巨大。例如，轴承是常用的机器零件，其寿命是一个重要的质量指标。假设某种规格的汽车轴承原设计的实际使用寿命为1 000小时，现在，通过采用质量改进的新工艺，使轴承寿命达到了2 000小时，这本身就是一种巨大的节约。各方面的投入，包括人力、财力和物力，由于产品质量的提高而显著减少。产品在用户使用过程中集中反映了所发生的社会损失，例如大量能源的消耗，这可能比提高轴承寿命所需的成本更大。举例来说，现在有A、B两家轮胎厂，计划年产200万个轮胎。经年终统计，A厂生产了210万个，完成总产量的105%，超产了5%。劳动生产率完成了103%，超额完成了3%。经检验，A厂的轮胎平均可行驶约35 000千米。相应地，B厂生产了200万个轮胎，总产量和劳动生产率都按计划完成了100%。然而,B厂的轮胎质量更好,经检验,平均可行驶40 000千米。如果不考虑质量的社会效益,显然,A厂比B厂在经济效益上更好,因为它多生产了10万个轮胎。但是,如果考虑到耐用性这一质量指标,事实上少生产10万个轮胎的B厂更成功,因为B厂的社会效益更好。我们稍加计算和分析就会发现,A厂生产的210万个轮胎可行驶7.35×10^9千米,而B厂生产的200万个轮胎可行驶8×10^9千米。表面上看,B厂比A厂少生产了10万个轮胎,但实质上,B厂不仅节约了生产10万个轮胎的投入,而且与A厂相比,还多行驶了6.5×10^8千米。如果按照A厂轮胎的平均寿命3 500千米进行计算,在上述条件下,相当于B厂比A厂多生产了185 000多个轮胎,并且节约了相应的材料、能源和劳动成本。这个例子充分说明了质量对于人类资源利用和社会效益的贡献。很明显,如果以相同的资源消耗生产出高质量的产品,就相当于工厂超额完成了生产任务,不仅提高了经济效益,而且造福于人类。对于企业来说,提高产品质量、降低消耗、增加效益是一个统一体。

10.1.2 质量的波动与损失函数

1. 质量特性的波动性质

从生产者出发,最终用来描述产品质量好坏的是质量特性。质量特性的测量数值被称为质量特性值。不同产品具有不同的质量特性,如功能、寿命、精度、强度、可靠性、可维修性、经济性、物理特性、化学特性、机械性能等。即使是由同一操作者,在相同环境下,使用相同材料、设备和工具制造的同一批产品,其质量特性值总会有所差别,不可能完全一致。通常情况下,即使制造出一批差异很小的产品,在使用过程中,尤其是使用一段时间后,它们的性能也会发生变化,这就是我们在第五章中讨论过的质量波动。

2. 质量波动的损失

如前所述,质量波动是客观存在的事实,我们只能采取措施来减小它,而不能完全消除。通常合格品或优等品仅是具有较小误差的产品,但仍然存在一定的误差。无论波动的原因是什么,它都必然会给生产者、使用者或社会带来损失。例如,如果在制造过程中,质量特性值的波动幅度超过了规定的公差限度,就可能导致返修、返工或报废,甚至引起停工、停产,从而给生产者带来损失。如果不合格产品已经到达用户手中,可能会引起索赔甚至法律制裁。同样,如果产品在使用过程中或使用一段时间后,质量的波动幅度超过使用规格限度,就需要进行维修或更换,从而给用户或消费者带来损失。当然,如果波动的原因或责任属于生产者或供应商,根据《产品质量法》或《消费者权益保护法》,生产者或供应商必须承担全部或部分损失。然而,无论如何,消费者都会或多或少地遭受损失,至少会浪费时间和精力,而时间和精力也是人类宝贵的资源。

关于质量波动的原因和规律,在第五章已经进行了介绍。不管是使用时的内部干扰或外部干扰,还是制造时的偶然原因或异常原因,我们总可以将它们归纳为规律性原因和随机性原因两种。根据数理统计学的基本原理和方法进行识别,一旦找出原因,就可以采取措施来消除这些原因。例如,如果图纸尺寸标错,可以进行纠正;如果配方配料错误,可以重新配料;如果设备或工装调整错误,可以重新进行调整;如果刀具磨损,可以更换或根据磨损曲线的规律设计补偿装置进行调整等。

3. 质量波动的损失函数

正如前文所述,质量波动会给生产者、消费者和社会带来损失。接下来,我们将进一步讨论波动与损失之间的关系,并找出它们之间的规律。众所周知,在产品的设计和制造过程中,对于各种质量特性总是要分别规定合适的中心值作为理想的目标值,达到这个目标值时,损失最小。假设理想的质量目标值为 m,在制造和使用中,不可能正好达到 m 值,总是有一定偏差,这就是所说的波动。偏离 m 值时,就会有损失,损失的大小同偏差的大小有一定关系。即使制造时未超过允许的公差,属于合格品,但偏差越大其波动的幅度就越大,超过其使用规格界限而造成的损失也越大。日本的质量专家田口玄一通过研究,提出了损失函数的数学表达式,即

$$L(y)=k(y-m)^2=k\sigma^2 \tag{10-1}$$

式中　$L(y)$——当质量特性为 y 时的波动损失;

y——实际的质量特性值;

m——理想的目标值,($y-m$ 为偏差);

σ——质量波动(或变异时)的标准差;

k——比例常数。

此式的几何意义代表了对称的二次曲线,如图 10-3 所示。图中 Δ 为偏差,此处假定 $y=m$ 时,损失最小,并令其为零。

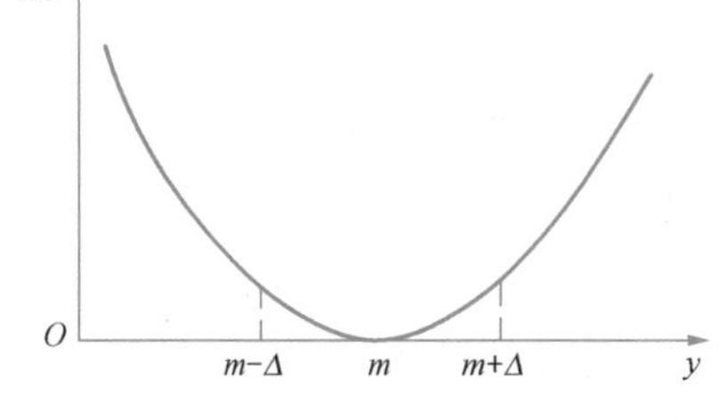

图 10-3　损失函数曲线

【例 10-1】 在加工某一零件,若规定尺寸偏差 Δ 超出 5(μm)时要求返修,其损失为 A=600 元,求损失函数 $L(y)$。

解　根据式(10-1)有

$$600=k(y-m)^2$$

整理得

$$k=\frac{600}{(y-m)^2}=\frac{600}{25}=24$$

故得损失函数为

$$L(y)=24(y-m)^2$$

【例 10-2】 设计一个电源装置,规定输出电压的目标值为 $m=200$ V,当实际输出电压超过±15 V 时,电源则不能使用,将造成用户损失 3 200 元,求 $L(y)$。

解　常数 k 为

$$k=\frac{3\ 200}{(y-m)^2}=3\ 200/15^2=14.2$$

故损失函数为

$$L(y)=14.2(y-m)^2$$

10.2　质量经济性的改进

改进质量经济性有很多途径,例如,提高产品或服务的总体质量水平、节约原材料、降低消耗、改进设计和工艺等,这些都是人们所熟知的。然而另有一些普遍存在的深层次问题,

人们往往不甚了解，因此，容易被忽视。

10.2.1 企业标准的质量经济性

通常，国外不少公司在制造中所规定的公差标准(称为内控标准)比行业标准，甚至国际标准还要严格，这是否必要，是否经济合理呢？回答是肯定的。因为公司所采取的策略，企业提高了产品质量，使其产品更具竞争的优势，同时，带来了显著的社会效益。现在借助图 10-4 对上述结论加以分析。

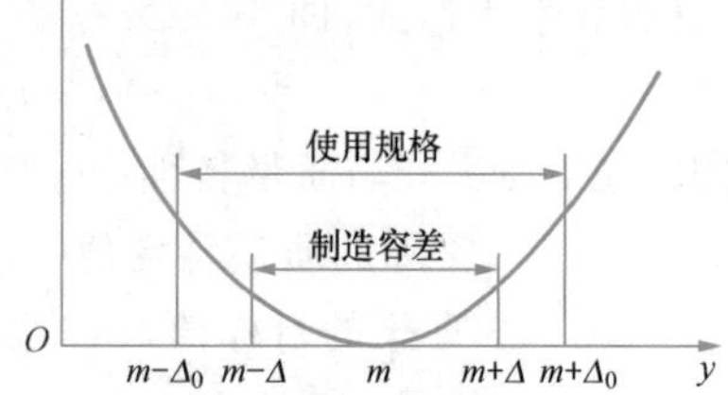

图 10-4 制造容差与使用规格

图 10-4 中，Δ_0 为使用规格界限，Δ 为制造时允许容差界限，显然有 $\Delta<\Delta_0$。

由例 10-2 知，损失函数为

$$L(y)=14.2(y-m)^2$$

假设在电源制造中，发现输出电压只有 190 V，比目标电压低 10 V，此时制造厂为达到 200 V 的要求，则要进行修理。假定发生的修理费为 100 元，此时可求出制造时的允许容差为

$$y=m\pm\sqrt{\frac{L(y)}{k}}=200\pm\sqrt{\frac{100}{14.2}}=200\pm2.65\ \text{V}$$

如果制造商为了节省 100 元返修费，允许此目标值低 10 V，按合格出厂，则对用户造成的损失为

$$L(y)=k(y-m)^2=14.2\times10^2=1\ 420\ 元$$

结论是生产者为了节约 100 元的修理费，给用户造成 1 420 元损失，相差 14.2 倍，从社会效益考虑，显然是不合理的。由此可知，一般说，制造时的允许容差比使用时的允许容差要小，它们的关系应该是

$$\Delta=\sqrt{\frac{A}{D}}\Delta_0$$

式中 A——工厂制造时出现的不合格损失；

Δ_0——产品使用时失去机能的允许容差(或规格界限)；

D——产品失去机能时对用户造成的损失；

Δ——制造时的允许容差。

如例 10-2，$A=100$ 元，$\Delta_0=15$ V，$D=3\ 200$ 元。故

$$\Delta=\sqrt{\frac{A}{D}}\Delta_0=\sqrt{\frac{100}{3\ 200}}\times15=2.65\ \text{V}$$

故制造时的允许容差为 200±2.65 V，它比使用界限 200±15 V 要小很多。

10.2.2 特性值服从正态分布的质量经济性

前面已经提到，如果工序或生产系统处于统计控制状态，即消除了异常因素的影响，而只受偶然因素的作用，则质量特性值(主要指计量值)大多服从正态分布。当质量特性值服从正态分布时，能使产品具有更好的经济性。

设有 A，B 两个工厂，按同一标准设计、制造同种产品，由于生产条件及控制程度不同，所以 A 厂和 B 厂生产出来的产品质量特性值的分布性质不同，如图 10-5 所示。

图 10-5 中实线表示 A 厂的质量特性值分布，其形状基本上是服从以目标值 m_0 为中心的正态分布，标准差为 $\sigma_A=10/6$。当制造公差为 $m_0 \pm 5$ 时，则工序能力指数为

$$C_p=\frac{2\Delta}{6\sigma_A}=\frac{10}{6\times\frac{10}{6}}=1$$

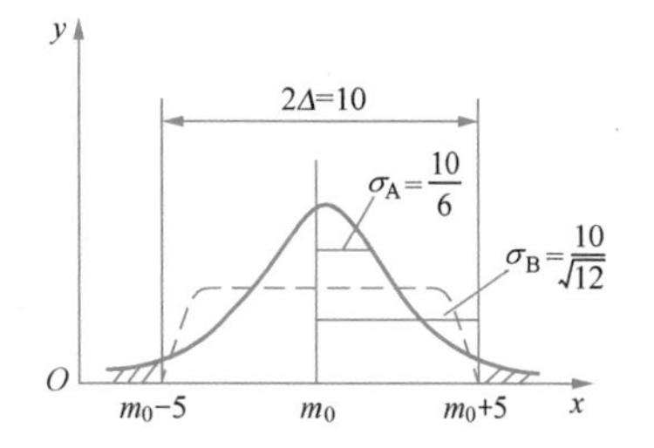

图 10-5　不同分布的经济性

由"3σ"原则可知 A 厂产品的不合格率大致为 0.27%。如图 10-5 所示，质量特性值落在 $m_0 \pm 5$ 范围内的概率为 99.73%。

图 10-5 中虚线表示的为 B 厂的产品质量特性值分布，可以看出，此分布呈均分布形状，根据数理统计学原理，其分布的标准差为 $\sigma_B=10\sqrt{12}$，其产品不合格率几乎等于零。

如果将 A 厂和 B 厂的产品做一比较，尽管 B 厂的不合格率比 A 厂小，但从质量水平来看，A 厂却优于 B 厂。一个内行的购买者，如果想购买一批产品(而不是一个产品)，一定会购买 A 厂的产品，因为 A 厂的产品误差比例比 B 厂高，其原因在于 A，B 两厂的质量特性值分布有本质不同。A 厂的产品测量值是正态分布，因此有更大比例的产品接近理想的目标值 m_0，因此在使用中其损失较小。远离目标值 m_0 的质量特性值大致为 0.27%，而 0.27% 的产品还可以通过检验筛选后去除。因为 m_0 是理想的目标值，所以越接近目标值 m_0 的产品，质量当然越好。由正态分布的特点可知，A 厂产品的质量特性值离理想目标值的距离及其相应的比例分别为

$m_0 \pm \sigma_A = m_0 \pm 10/6$ 者　　68.27%

$m_0 \pm 2\sigma_A = m_0 \pm 10/3$ 者　　95.45%

$m_0 \pm 3\sigma_A = m_0 \pm 10/2$ 者　　99.73%

为了进行比较，对 B 厂未均匀分布的产品进行上述类似计算，其结果为

$m_0 \pm \sigma_B = m_0 \pm 10/\sqrt{12}$ 者　　33.33%

$m_0 \pm 2\sigma_B = m_0 \pm 20/\sqrt{12}$ 者　　66.66%

$m_0 \pm 3\sigma_B = m_0 \pm 30/\sqrt{12}$ 者　　100%

对比后，可明显看出 A，B 两厂产品质量水平，就其与理想目标值 m_0 的接近程度来说，差距极其明显。如果 B 厂不是正态分布，也不是均匀分布，而是其他分布，也可得到同样结论。因此，只有在正态分布情况下，才具有最好的经济性。当然前提是其他边界条件要相同。

概括说来，通过上述分析说明以下三个问题：

①实际中，质量特性值服从正态分布的 A 厂产品质量水平比较高。

②质量特性值服从正态分布的产品具有更好的经济性。

③企业在生产过程中要加强管理，消除异常因素的影响，使生产过程处于统计控制状态。

10.2.3　分散程度的质量经济性

从损失函数公式(10-1)可以看出，其他条件相同的情况下，标准差 σ 越小，损失就越小。根据正态分布的特点，正态分布有两个主要参数：平均值 μ(作为 m_0 的数学期望)和标准差 σ。标准差反映了质量特性值的分散程度，标准差越小表示精度越高，产品质量特性值越接近目标值。如图 10-6 所示。

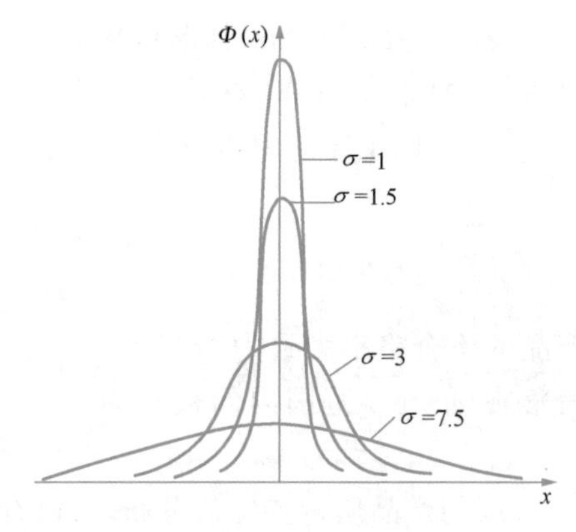

图 10-6 标准差不同的分布曲线

如图 10-7 所示,分散程度即总体标准差对质量损失的影响,由图 10-7 可以明显地看出,当标准差 σ 变小时,质量损失按二次曲线规律变小。

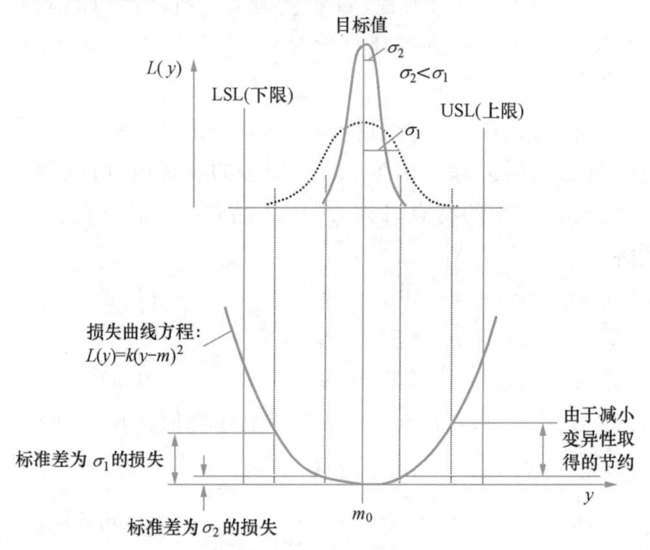

图 10-7 标准差 σ 对质量损失的影响

10.2.4 目标值的质量经济性

从图 10-7 可以看出,如果保持目标值 m_0 稳定不变,不断地进行质量改进,特别是加强对工序质量的管理和控制,减小偶然性因素的影响,使质量特性值的离散性变小,则质量的经济性将不断提高,从图 10-8 中可明显地看出这个过程。

如图 10-8 所示,企业想要实现质量的不断改进,从位置 A 到达理想的位置 B,则应做好以下几项工作。

(1)在设计时合理确定 m_0 的大小

确定 m_0 的大小实际上是产品质量特性参数的优化设计问题。这个优化设计不仅考虑产品的使用和技术要求,还要考虑其经济性。根据前面的论述,产品质量的经济性是指在整个寿命周期内,使生产者、消费者(或用户)以及整个社会所遭受的总损失最小化。因此,在确定 m_0 的大小时,需要进行可靠的经济分析和论证,以选择最佳的 m_0 值。例如,对于产品的寿命(或耐用度),其考虑原则可能因产品而异。有些产品要求长寿命和耐用性,寿命越长

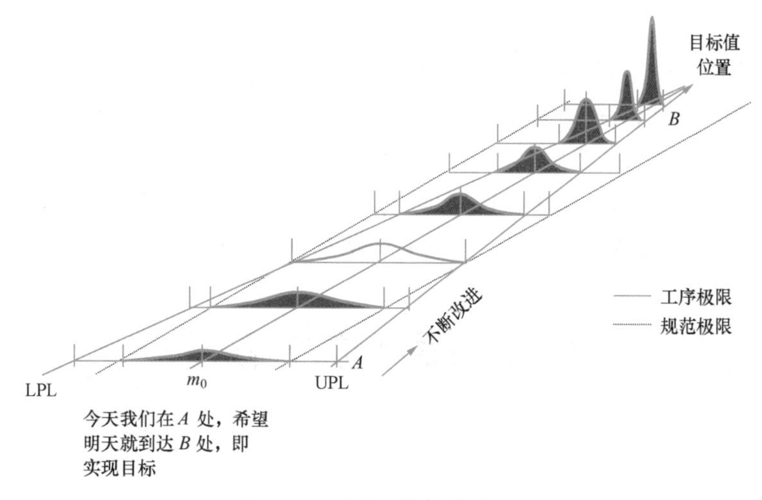

图 10-8　质量经济性提高过程

越好；而有些产品要追求经济寿命，既要考虑制造成本和使用成本的平衡，还要考虑技术进步的影响，如同类新产品的出现周期和技术更新的速度。此外，还有一些产品属于一次性使用寿命范畴，例如熔断器等。还存在更复杂的情况，即在确定某一质量特性值的 m_0 时，与其他特性值相互影响和关联，因此它们的确定涉及最佳组合问题，通常需要应用统计理论和正交设计等更复杂的试验和数学方法进行解决。田口玄一提出的"三次设计"理论为解决这类问题提供了有效的方法和工具。

(2)在制造时保持 m_0 值的稳定

为了保持 m_0 值的稳定，必须在生产前做好准备工作。这包括加强工序管理，控制生产过程，保持技术状态的稳定，将设备和工具调整到最佳状态，使质量特性值的分布中心 μ 达到或接近 m_0 值。特别是要使用控制图，及时报警异常因素的出现，以便及时采取措施消除异常。只有这样，才能保持 m_0 值的稳定。

(3)改善 4M1E，减小 σ

标准差 σ 的大小主要受偶然性因素的影响。要减小 σ，必须强化对人、机、料、法、环(4M1E)的管理和控制。这样可以防止异常因素的干扰，并减小偶然性因素的影响程度。例如，加强操作者培训，提高操作的稳定性；加强设备的维护和修理，提高运转精度，减小振动幅度；保持材料性能和环境条件的一致性；采用先进的工艺方法等。总之，通过不断进行质量改进，改善质量的变异性，以达到减小标准差 σ 的目标。

10.2.5　质量——经济变量

质量损失函数的提出对质量管理尤其是质量的经济性分析具有重要的价值。这一函数的提出不仅使质量的含义更加完善，而且还将质量与社会的成本联系起来。田口玄一认为在满足规定的使用要求下，能够给社会带来最小耗费或损失的产品就是质量最好的产品。

因此，实际上质量成了一个经济变量，质量损失函数在理论上对质量的含义进行了拓宽。此外，作为对质量的技术经济分析函数，损失函数提供了方便且易于操作的工具，具有良好的实用价值。这个公式通过一个二次方程将财务上的损失与质量规格联系在一起，基于此提出了一套产品和工艺的优化设计方法。通过产品和工艺的优化设计，可以以较低的成本实现质量改进的目标。此外,通过损失函数,工程师们学会在技术工作中注意经济分析。正如朱兰所说,日本的工程师们通过损失函数变成了"能够用两种语言交流的人",既能用技术语言交流,也能用货币语言交流,并将二者结合起来。他还认为,损失函数的真正意义在于它对我们思维方式的影响,它改变了我们对提高质量、降低成本和积累资金的思考方法,而传统方法无法满足这种需求。因此,人们认为损失函数使得质量管理在观念和方法上发生了重大变革,使质量管理进入了一个以成本为导向的新阶段。

10.3 质量成本概述

10.3.1 质量成本的由来

在 20 世纪 50 年代,朱兰和费根堡姆等人首次提出了质量成本的概念,并将产品质量与企业的经济效益联系在一起。这对于深化质量管理的理论、方法以及改变企业经营观念产生了重要影响。人们开始意识到产品质量对企业经济效益的关键影响,尤其是从长远来看。因此,必须从经营的角度评估质量体系的有效性,而质量成本管理的重要目标正是为评估质量体系的有效性提供手段,也为企业制订内部质量改进计划和降低成本提供重要依据。随后,质量成本管理在世界上许多国家,特别是欧美国家的公司中迅速发展起来。例如,美国的商用机器公司、通用电气公司、国际电报电话公司等纷纷建立了质量成本管理系统,欧洲的许多公司也是如此。我国在 20 世纪 80 年代初引进了质量成本管理,并在企业中推行。目前,全世界有数以万计的企业推行质量成本管理,其中大部分取得了良好的效益。一些企业或整个行业建立并不断完善了质量成本管理的制度和标准,同时积累了丰富的经验。

通常情况下,质量成本管理的实施可分为两个阶段。

(1)建立质量成本测量系统

①结合本企业的实际情况,普及宣传质量成本的含义和管理内容,并强调其重要性。

②建立质量成本项目,明确各组织的职能,按照质量成本项目收集质量费用数据,将质量成本的资料进行归纳和汇集,得出各分类科目和质量总成本的数值。

③将得出的结果与预定的质量成本(计划成本)进行比较,找出差距,并查明原因,编写分析报告和改进建议,为领导和相关部门提供决策依据。

(2)建立质量成本管理的组织体系

①建立质量成本管理工作系统

质量成本管理是一项复杂的系统工程,涉及企业的多个部门和人员。它需要与质量成本相关的各个部门共同努力和协作。因此,建立质量成本管理的组织体系是顺利进行质量成本管理的必要条件。通常,该组织体系是由最高管理者领导,由主要业务主管(包括总工程师或总质量师)、总会计师、总经济师等主要负责人组成领导小组,同时,由质量管理部门协调,以财务部门为主,有关部门和单位参与的工作系统。

②明确各主要部门和人员的职责范围

最高管理者(或经理)对企业(或公司)开展质量成本管理负主要责任;其他业务主管、总工程师或总质量师协助最高管理者负责质量成本管理的具体领导工作;总会计师负责质量成本核算的领导工作;总经济师负责将质量成本指标纳入计划和经济责任制考核;质量管理部门负责质量成本管理的组织、协调、监督、控制和综合等管理职责;财会部门负责归口核算,从财务角度进行质量成本分析,并提出分析报告;质量检验部门负责按期填报内部损失报表和鉴定成本报表,提供内部损失的主要信息;销售部门负责填报外部损失成本报表,提供外部损失的主要情况;其他部门如工艺技术部门、计划部门、基层生产单位等,根据其工作特点和性质,制定各自的职责范围。

③制定统一协调的工作程序网络

制定统一协调的工作程序网络以确保各种数据、报表和活动按照一定程序有条不紊地进行,使各个环节之间的关系清晰明确,理顺各部门之间的关系,以便顺利开展质量成本管理工作。

10.3.2 质量成本的含义

质量成本,也称为质量费用,至今存在两种理解方式。第一种理解是质量成本是实现质量所需的成本;而第二种理解则是质量成本是由不良质量而引发的额外成本。本书着重强调后者。实践证明,对于第二种理解下的成本项目进行评估,对于成本降低和效益增加有明显的改进作用。

成本的概念并不新鲜,每个企业都需要进行成本管理和核算。常见的成本类型包括生产成本、销售成本、运输成本、设计成本等等。它们还可以分为工厂成本、车间成本,或者可变成本、不变成本等类别。然而,质量成本与其他成本概念不同,具有其特殊的含义,许多人对其仍不熟悉,甚至根本不了解。过去存在误解,认为一切与保持和提高质量直接或间接有关的费用都应计入质量成本,结果导致管理混乱,成本项目设置不规范,使得企业间缺乏可比性。例如,某些企业将技术改造、设备大修、员工一般培训、新产品开发设计,甚至托儿所费用都计入质量成本,因为总能找到这些费用与保持和提高质量之间存在着直接或间接的关系。实际上,这样计算出的质量成本与生产总成本几乎没有区别。

10.3.3 质量成本的费用组成

质量成本是由两部分构成,即运行质量成本和外部质量保证成本。而运行质量成本包括:预防成本、鉴定成本、内部故障成本、外部故障成本。其构成如图10-9所示。

1. 运行质量成本

(1)预防成本

是预防产生故障或不合格品所需的各项费用。大致包括:

①质量工作费(企业质量体系中为预防发生故障,保证和控制产品质量,开展质量管理所需的各项有关费用)。

②质量培训费。

③质量奖励费。

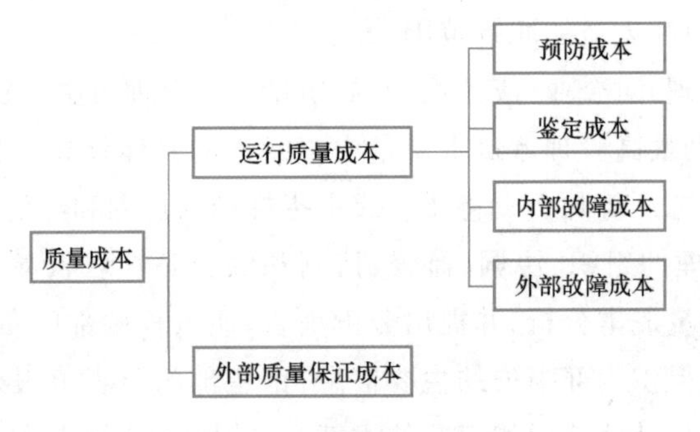

图 10-9 质量成本的组成

④质量改进措施费。

④质量评审费。

⑤工资及附加费(针对从事质量管理的专业人员)。

⑦质量情报及信息费等。

(2)鉴定成本

鉴定成本是评定产品是否满足规定质量要求所需的费用,是鉴定、试验、检查和验证方面的成本。一般包括:

①进货检验费。

②工序检验费。

③成品检验费。

④检测试验设备的校准维护费。

⑤试验材料及劳务费。

⑥检测试验设备折旧费。

⑦办公费(由检测、试验产生的费用)。

⑧工资及附加费(针对专职检验、计量人员)等。

(3)内部故障成本

内部故障成本是在交货前,产品或服务未满足规定的质量要求所产生的费用。一般包括:

①废品损失。

②返工或返修损失。

③因质量问题发生的停工损失。

④质量事故处理费。

⑤质量降等、降级损失等。

(4)外部故障成本

外部故障成本是交货后,由于产品或服务未满足规定的质量要求所发生的费用。一般包括:

①索赔损失。

②退货或退换损失。

③保修费用。

④诉讼费。

⑤降价损失等。

2. 外部质量保证成本

在合同环境下，根据用户提出的要求，为提供客观证据所支付的费用统称为外部质量保证成本。该项目包括以下内容：

(1)为提供特殊附加的质量保证措施、程序、数据等所支付的费用。

(2)产品的验证试验和评估费用，例如经认可的独立测试机构对特殊安全性能进行检测所产生的费用。

(3)满足用户要求而进行的质量体系认证费用等。

质量成本没有权威性的定义，只存在于国际范围的认同。美国质量管理专家 H. 詹姆斯·哈林顿博士认为，为了避免人们错误地认为高质量产品需要高质量成本，建议将质量成本改名为“质量不良成本”。此外，国内已习惯将故障成本称为损失成本。本书统一采用国家技术监督局发布的 GB/T 19000-2016《质量管理体系 基础和术语》的术语和概念。

根据以上对质量成本定义及其费用项目的构成的说明，有必要对现行质量成本做以下说明，以明确质量成本的边界条件。

①只针对产品制造过程中的合格质量。换句话说，在设计已完成、标准和规范已确定的条件下，才开始计算质量成本。因此，它不包括重新设计、改进设计及为提高质量等级或水平而支付的费用。

②质量成本是指在制造过程中与不合格品直接相关的费用。例如，预防成本是预防不合格品的费用；鉴定成本是评定是否出现不合格品的费用；而内部和外部故障成本是因产品不合格而在厂内或厂外阶段产生的损失费用。可以这样理解，假设存在一种理想的生产系统，不可能出现不合格品，那么其质量成本为零。实际上，这种理想式生产系统是不存在的，由于人、机、料、法、环等各种因素的波动影响，或多或少都会出现一定数量的不合格品，因此质量成本是客观存在的。

③质量成本并不包括制造过程中与质量有关的所有费用，而只是其中一部分。这部分费用是与质量水平(合格品率或不合格品率)最直接、最密切、最敏感的费用。例如，工人的工资或材料费、车间或企业管理费等不计入质量成本，因为这些是正常生产所必需的条件。计算和控制质量成本的目的是用最经济的方式实现规定的质量目标。

④计算质量成本并不仅仅为了得到结果，而是为了分析，在差异中寻找质量改进的途径，以达到降低成本的目标。

需要明确的是，质量成本属于管理会计范畴，因此对企业的经营决策具有重要意义。

10.3.4　质量成本项目的设置

通常我们根据质量成本的定义来设置质量成本项目的原则。基于前述质量成本费用项目的构成，企业根据实际情况及质量费用的用途、目的和性质确定质量成本项目。不同行业的企业生产条件具有不同特点，因此具体的成本项目可能会有所不同，但基本上是相似的。同时，在设置具体的质量成本项目时，还需要考虑核算的便利性和正确归集质量费用，使科目设置与现行会计核算制度相适应，符合成本开支的范围，并与质量成本责任制相结合，以实现针对性强、目的明确、易于实施的效果。

1. 国外质量成本项目设置情况

为便于大家参考，根据国外的实践经验，在表 10-1 中列举了国外几种具有代表性的质量成本项目设置情况。

表 10-1　　国外几种具有代表性的质量成本项目设置情况

项目	美国 （费根堡姆）	美国 （丹尼尔·M·伦德瓦尔）	瑞典 （兰纳特·桑德霍姆）	法国 （让·马丽·戈格）	日本 （市川龙三氏）
预防成本	1. 质量计划工作费用 2. 新产品的评审评定费用 3. 培训费用 4. 工序控制费用 5. 收集和分析质量数据的费用 6. 质量报告费	1. 质量计划工作费用 2. 新产品评审费用 3. 培训费用 4. 工序控制费用 5. 收集和分析质量数据的费用 6. 汇报质量的费用 7. 质量改进计划执行费用	1. 质量方面的行政管理费 2. 新产品评审费 3. 质量管理培训费 4. 工序控制费 5. 数据收集分析费 6. 推进质量管理费 7. 供应商评价费	1. 审查设计 2. 计划和质量管理 3. 质量管理教育 4. 质量调查 5. 采购质量计划	1. 质量管理计划 2. 质量管理技术 3. 质量管理教育 4. 质量管理事务
鉴定成本	1. 进货检验费 2. 零件检验与试验费 3. 成品检验与试验费 4. 测试手段维护保养费 5. 检验材料的消耗或劳务费 6. 检测设备的保管费	1. 来料检验 2. 检验和试验费用 3. 保证试验设备精确性的费用 4. 耗用的材料和劳务 5. 存货估价费用	1. 来料检验 2. 工序检验 3. 检测手段维护标准费 4. 成品检验费 5. 质量审核费 6. 特殊检验费	1. 进货检验 2. 制造过程中的检验和试验 3. 维护和校准 4. 确定试制产品的合格性	1. 验收检查 2. 工序检查 3. 产品检查 4. 试验 5. 再审 6. PM（维护保养）
内部损失成本	1. 废品损失 2. 返工损失 3. 复检费用 4. 停工损失 5. 降低产量损失 6. 处理费用	1. 废品损失 2. 返工损失 3. 复检费用 4. 停工损失 5. 产量损失 6. 处理费用	1. 废品损失 2. 返工损失 3. 复检费用 4. 降级损失 5. 减产损失 6. 处理费用 7. 废品分析费用	损失成本 1. 废品 2. 修理 3. 保证 4. 拒收进货 5. 不合格品的处理	损失成本 1. 出厂前的不良品（报废、修整、外协中不良设计变更） 2. 无偿服务 3. 不良品对策
外部损失成本	1. 处理用户申诉费 2. 退货损失 3. 保修费用 4. 折价损失 5. 违反产品责任法所造成的损失	1. 申诉管理费 2. 退货损失 3. 保修费用 4. 折旧费用	1. 受理消费者申诉费 2. 退货 3. 保修费用 4. 折扣损失		

从表 10-1 可以明显地看出，不同国家的质量成本项目设置确有差异，但本质上相同。

表 10-2 所示为美国一家轮胎制造商对年度质量成本进行的统计分析。得出以下结论：

（1）年质量损失约 990 000 美元。

（2）大部分（70.33%）的质量成本集中在质量失败成本。

（3）质量失败成本大约是鉴定成本的 3 倍。

（4）预防成本只占总质量成本的小部分（3.82%）。

（5）有些不良质量成本不易被量化，例如"消费者不满意"。

表 10-2 轮胎制造商某年度质量成本统计分析

项目	金额/美元	比例/%
质量失败成本——损失		
库存不良品	3 276	0.33
产品的修补	73 229	7.39
废品的收集	2 288	0.23
废品的浪费	187 428	18.90
消费者的诉怨处理	408 200	41.17
降级的产品	22 838	2.30
消费者不满意	不计	
消费者政策的调整	不计	
合计	697 259	70.33
鉴定成本		
进料检验	32 655	3.29
检验 1	32 582	3.29
检验 2	125 200	12.63
现场查核的检验	65 910	6.65
合计	256 347	25.86
预防成本		
当地工厂质量控制工程	7 848	0.79
公司的质量控制工程	30 000	3.03
合计	37 848	3.82
总计	991 454	100.00

经验证明，企业有必要将总质量成本与高层管理者所熟悉的数字相联系，这样有助于理解和重视。对高层管理者有“重大打击”的相关数字有：

(1)质量成本占销售额的百分比。

(2)质量成本与利润相比较。

(3)上市股票每股的质量成本。

(4)质量成本占销售成本的百分比。

(5)质量成本占制造成本的百分比。

(6)质量成本对盈亏平衡点的影响。

2. 国内质量成本项目设置情况

表 10-3 列举了国内五种行业的企业质量成本项目设置情况，具有一定代表性。

表 10-3 国内企业质量成本项目设置情况

项目	有色冶金企业	电缆企业	机械企业	机械部门行业	航空仪表企业
预防成本	1. 培训费 2. 质量工作费 3. 产品评审费 4. 质量情报费 5. 质量攻关费 6. 质量奖励费 7. 改进包装费 8. 技术服务费	1. 质量培训费 2. 质量管理办公及业务活动费 3. 新产品评审费 4. 质量管理人员工资等费用 5. 固定资产折旧及大修理费用 6. 工序能力研究费 7. 质量奖励费 8. 提高和改进措施费	1. 培训费 2. 质量工作费 3. 产品评审费 4. 质量奖励费 5. 工资及附加费 6. 质量改进措施费	1. 质量培训费 2. 质量审核费 3. 新产品评审费 4. 质量改进费 5. 工序能力研究费 6. 其他	1. 质量培训费 2. 质量管理人员工资 3. 新产品评审活动费 4. 质量管理资料费 5. 质量管理会议费 6. 质量奖励费 7. 质量改进措施费 8. 质量宣传教育费 9. 差旅费(质量原因)

（续表）

项目	有色冶金企业	电缆企业	机械企业	机械部门行业	航空仪表企业
鉴定成本	1. 原材料检验费 2. 工序检验费 3. 半成品检验费 4. 成品检验费 5. 存货复检费 6. 检测手段维修费	1. 进货检验和试验费 2. 新产品质量鉴定费 3. 半成品及成品检验和试验费 4. 检验、试验办公费 5. 检测房屋设备折旧及大修理费 6. 检测设备、仪器维修费 7. 检验、试验人员工资、奖励费用	1. 检测试验费 2. 零件工序检验费 3. 特殊检验费 4. 成品检验费 5. 目标鉴定费 6. 检测设备评检费 7. 工资费用	1. 进货检验费 2. 工序检验费 3. 材料、样品检验费 4. 出厂检验费 5. 设备精度检验费	1. 原材料入厂检验费 2. 工序检验费 3. 元器件入厂检验费 4. 产品验收鉴定费 5. 元器件筛选费 6. 设备仪器管理费
内部损失成本	1. 中间废品 2. 最终废品 3. 残料 4. 二级品折价损失 5. 返工费用 6. 停工损失 7. 事故处理费	1. 材料报废及处理损失 2. 半成品、在制品及成品报废损失 3. 超工艺损耗损失 4. 降级和处理损失 5. 返修和复试损失 6. 停工损失 7. 分析处理费	1. 返检复检费 2. 废品损失 3. 车间三包损失 4. 产品降级损失 5. 工作失误损失 6. 停工损失 7. 事故分析处理费	1. 返修损失 2. 废品损失 3. 筛选损失 4. 降级损失 5. 停工损失	1. 产品提交失败损失 2. 综合废品损失 3. 产品定检失败损失 4. 产品折价损失 5. 其他
外部损失成本	1. 索赔处理费 2. 退货损失 3. 折价损失 4. 返修损失	1. 保修费用 2. 退货损失 3. 折价损失及索赔费用 4. 申诉费用	1. 索赔损失 2. 退货损失 3. 折价损失 4. 保修损失 5. 用户建议费	1. 索赔损失 2. 退货损失 3. 折价损失 4. 保修费	1. 索赔损失 2. 退货损失 3. 返修费用 4. 事故处理费 5. 其他

从国内外质量成本设置的情况可以看出，运行质量成本一般均包括预防成本、鉴定成本、内部故障（或损失）成本、外部故障（或损失）成本四个二级科目，下设二十多个三级细目作为通用科目，各企业对三级细目可根据行业特点和实际情况做适当增减。根据需要可设外部质量保证成本，使二级科目增加到五个。

10.3.5 质量成本费用的分类

为了进行有效的管理和控制，对质量成本费用项目进行科学分类非常必要。质量费用的分类可以根据不同的标准进行，通常可以按以下方法进行分类：

1. 控制成本和故障成本（或损失成本）

根据其作用，可以将其分为控制成本和故障成本（或损失成本）。

控制成本是指用于产品质量控制、管理和监督的预防成本和鉴定成本。这些费用具有投资性质，旨在保证质量。由于这些投资是可以预先计划和控制的，因此称为控制成本或投资性成本。

故障成本（或损失成本），也称为控制失效成本，指的是内部故障和外部故障的总和。这些费用是由于控制不力导致的不合格品（或故障）而产生的损失，因此通常也称为损失成本。

控制成本和故障成本密切相关。在一定范围内，增加控制成本可以减少故障成本，从而提高企业的经济效益。然而，如果不适当地增加控制成本，反而可能导致质量总成本增加，降低企业的经济效益。因此，质量成本管理的一个重要任务是合理把握控制成本的大小，找到控制成本在质量总成本中的适当比例，使质量总成本达到最小值。

2. 显见成本和隐含成本

根据其存在形式，可以将其分为显见成本和隐含成本。

显见成本是实际发生的质量费用，是需要在成本核算中计算的部分。质量成本的大部分费用属于显见成本。

隐含成本是一种实际上并未发生但确实会减少企业效益的费用。这些费用所减少的收入并不直接反映在成本核算中。例如，由于质量问题导致的产品降级降价损失，由于质量原因导致的停工损失等都属于隐含成本。

区分显见成本和隐含成本对于进行质量成本管理非常重要，因为这两类成本的核算方法不同。显见成本是成本正式支出范围的费用，可以通过会计成本系统根据原始记录、报表或相关凭证进行核算。而隐含成本不属于成本正式支出范围，不直接计入成本。然而，从质量的角度来看，隐含成本与企业的销售收入和效益密切相关，必须加以考虑。因此，需要根据实际情况进行补充计算。具体而言，显见成本采用会计核算方法，而隐含成本通常采用统计核算方法。

3. 直接成本和间接成本

根据与产品的关联性，可以将其划分为直接成本和间接成本。

直接成本指的是直接与某种产品的生产和销售直接相关的费用，这些费用可以直接计入该产品的成本中，例如故障成本等。间接成本指的是与多种产品的生产和销售共同发生的费用，这些费用需要采用适当的方法分摊到各种产品中。因此，正确区分直接成本和间接成本对于准确计算产品质量成本具有重要意义。一般来说，预防成本和部分鉴定成本多属于间接成本，而内部故障和外部故障多属于直接成本。

4. 阶段成本

根据形成过程，可以将其划分为设计、采购、制造和销售等不同阶段的成本类型。按照形成过程对质量成本进行分类有利于实施质量成本控制。在不同的形成阶段制订质量成本计划，实施质量成本目标，加强质量成本监督，以便最终实现整个过程的质量成本优化目标。

此外，质量成本还可以按照发生地点或责任单位进行分类，以明确单位（如车间、科室）和个人的质量责任制，将质量成本的计划目标和措施逐级分解和落实，严格进行控制和核算。只有这样，才能使质量成本管理真正产生效果。

前面已经说明了有关质量成本科目的设置和费用的分类，这些都是质量成本核算的基础。为了有效地进行质量成本核算，还必须严格划定以下五个方面的费用界限：

(1)质量成本中应计入产品成本和不应计入产品成本的费用界限。

(2)各种产品质量成本之间的费用界限。

(3)不同时期（如各月份）之间的费用界限。

(4)成品与在制品之间的费用界限。

(5)质量成本中显见成本与隐含成本的费用界限。

通过费用归集分类后，将数据综合填写在关系简表中，见表 10-4。

表 10-4　　几种分类方法的关系简表

质量费用要素	间接费用		直接费用		合计
	预防成本	鉴定成本	内部故障成本	外部故障成本	
外购材料					
工资					
提取的员工福利基金					
折旧费					
提取的大修基金					
其他支出					
合计					
设计过程	A 单位				
采购过程	B 单位				
制造过程	C 单位				
销售过程	D 单位				

10.4　质量成本管理

10.4.1　质量成本的预测和计划

1. 质量成本预测

为了编制质量成本计划，需要对质量成本进行预测，这是编制质量成本计划的基础，也是企业质量决策的依据之一。预测的主要依据包括企业的历史资料、企业的方针目标、国内外同行业的质量成本水平、产品技术条件和产品质量要求、用户的特殊要求等。结合企业的发展情况，采用科学的方法，通过分析研究各种质量要素与质量成本的依存关系，对一定时期的质量目标值进行研究，制定短期、中期和长期的预测，使其符合实际情况和客观规律。预测的目的是发掘潜力，指导方向，为提高质量、降低成本、改善管理、制订质量改进计划、质量成本计划和增产节约计划提供可靠的依据。

(1)质量成本预测的目的

①为企业提高产品质量，发掘降低成本的潜力，指明发展方向和采取措施。

②利用历史的统计资料和大量观察数据，对一定时期的质量成本水平和目标进行分析、测算，以制定具体的质量成本计划。

③对企业各单位和部门所进行的生产和经营管理活动明确要求和进行控制。

(2)质量成本预测的方法

①经验判断法。

②计算分析法。

③比例测算法。

(3)质量成本预测的步骤

①调查收集信息资料和相关数据。

②对收集的信息资料和数据进行整理、分析和计算。

③通过对信息资料的整理、分析和计算,找出问题,分析原因,并提出改进措施和计划。

在此基础上,做出尽可能可靠的预测,进而编制具体的质量成本计划。

2. 质量成本计划

如前所述,质量成本计划是基于预测,在质量与成本的依存关系上,以货币形式确定生产符合产品质量要求所需费用的计划。该计划包括质量成本总额及降低率、四项质量成本项目的比例及保证实现降低率的措施。质量成本计划根据时间可划分为长期计划和短期计划,长期计划通常为3到5年,短期计划通常为年度(或季度、月度)计划。根据管理范围,质量成本计划可分为企业成本计划和部门成本计划。质量成本计划由财务会计部门编制,提交综合计划部门进行下达。一旦确定,质量成本计划将成为质量成本目标值,用于检查、分析、控制和考核质量成本管理。编制质量成本计划的目的是力求实现最佳的质量成本。

(1)质量成本计划的主要内容

①主要产品单位质量成本计划。

②全部商品产品质量成本计划包括:计划期内可比产品和不可比产品的单位质量成本、总质量成本,以及可比产品质量成本降低额的计划。

③质量费用计划。

④质量成本构成比例计划,即计划期内质量成本各部分的结构比例与各种基数(如销售收入、总利润及产品总成本等)相比的比例情况;

⑤质量改进措施计划,它是实现质量成本计划的关键保证。

(2)质量成本计划编制和计算方法

质量成本计划的编制通常由财务会计部门直接进行,或由各车间(科室)分别编制,然后交由财务会计部门进行会审和归总,最后提交计划部门下达。编制成本计划必须依据以下几点:

①企业的历史资料,包括某一时期的平均质量成本水平、按时间序列的质量成本变动情况和趋势分析,以及质量成本的构成分析等。

②企业产品结构及生产能力的变化情况。

③企业的方针目标,并参考国内外同行业的质量成本资料。

在掌握企业上述情况的基础上,确定预防费用和鉴定费用的增长率或降低率;然后,根据上级主管部门或质量计划部门对各产品的综合合格品率要求,计算出每单位产品的预防、鉴定、内部损失成本(或故障成本)的大小,最后编制商品产品质量成本计划。

具体计算方法如下:

计划期单位产品预防成本计划额=上期预防成本单位产品实际发生额×(1+计划投资

的增长率或降低率）

计划期单位产品鉴定成本计划额＝上期鉴定成本单位产品实际发生额×（1＋计划投资的增长率或降低率）

计划期单位产品内部损失计划额＝上期单位产品内部损失实际额×（1－计划降低率）

计划期单位产品外部损失计划额＝上期单位产品外部损失实际额×（1－计划降低率）

将上述四项成本计算结果相加，即可得到各单位产品的质量成本计划。

10.4.2 质量成本分析和报告

1. 质量成本分析

质量成本分析是质量成本管理的重点环节之一。通过对质量成本进行核算的数据进行分析和评价，可以找出质量成本的形成和变动原因，识别影响质量成本的关键因素和管理上的薄弱环节。

(1)质量成本分析的内容

①质量成本总额分析

计算本期（年度、季度或月度）的质量成本总额，并与上期质量成本总额进行比较，以了解其变动情况，并找出变化原因和发展趋势。

②质量成本构成分析

分别计算内部故障成本、外部故障成本、鉴定成本及预防成本在运行质量成本中的比例，以及运行质量成本和外部保证质量成本在质量成本总额中的比例。通过这些比例分析运行质量成本的项目构成是否合理，以便寻求降低质量成本的途径，并确定适宜的质量成本水平。

③质量成本与比较基数的对比分析

a. 将故障成本总额与销售收入总额进行比较，计算百元销售收入的故障成本率，以此反映出产品质量不佳所导致的经济损失对企业销售收入的影响程度。

b. 将外部故障成本与销售收入总额进行比较，计算百元销售收入的外部故障成本率，从而反映企业为用户提供服务的支出水平及企业给用户带来的经济损失情况。

c. 将预防成本与销售收入总额进行比较，计算百元销售收入的预防成本率，从而反映出预防质量故障和提高产品质量的投入在企业销售收入中的比重。

此外，也可以采用产值、利润等作为比较基数，以反映产品质量故障对企业产值、利润等方面的影响，从而引起企业各部门和各级领导对产品质量故障和质量管理的重视。在实际生产中，企业应根据实际需要选择适当的比较基数。

在进行质量分析时，建议注意以下两点：

①围绕指标体系进行分析，以反映质量成本管理的经济性和规律性。

②运用正确的分析方法，找出造成质量损失的重要原因，以便针对重点问题找出改进点，并制定相应措施进行解决。

(2)质量成本分析的方法

质量成本分析方法分为定性分析和定量分析两类。

定性分析可以加强质量成本管理的科学性和实效性。如企业领导和员工质量意识的提高情况；为领导提供正确信息进行决策的情况；帮助管理人员找出改进目标的情况；加强基础工作提高管理水平的情况等。

定量分析是计算出定量的经济效果，以此作为评价质量体系有效性的指标。其方法主要有以下几种。

①指标分析

a. 质量成本目标指标

质量成本目标是指在一定时期内质量成本总额及其四大构成项目（预防成本、鉴定成本、内部故障成本、外部故障成本）的增减值或增减率。设 C, C_1, C_2, C_3, C_4 分别代表质量成本总额及预防成本、鉴定成本、内部故障成本、外部故障成本在计划期与在基期的差额，则

$$C=\text{基期质量成本总额}-\text{计划期质量成本总额}$$

$$C_1=\text{基期预防成本总额}-\text{计划期预防成本总额}$$

$$C_2=\text{基期鉴定成本总额}-\text{计划期鉴定成本总额}$$

$$C_3=\text{基期内部故障总额}-\text{计划期内部故障总额}$$

$$C_4=\text{基期外部故障总额}-\text{计划期外部故障总额}$$

其增减率分别为

$$p_1=\frac{\text{预防成本差额}}{\text{基期预防总成本}}=\frac{C_1}{\text{基期预防总成本}}\times 100\%$$

$$p_2=\frac{\text{鉴定成本差额}}{\text{基期鉴定总成本}}=\frac{C_2}{\text{基期鉴定总成本}}\times 100\%$$

$$p_3=\frac{\text{内部故障成本差额}}{\text{基期内部故障总成本}}=\frac{C_3}{\text{基期内部故障总成本}}\times 100\%$$

$$p_4=\frac{\text{外部故障成本差额}}{\text{基期外部故障总成本}}=\frac{C_4}{\text{基期外部故障总成本}}\times 100\%$$

b. 质量成本结构指标

质量成本结构指标是指预防成本、鉴定成本、内部故障成本、外部故障成本各占质量总成本的比例。

设 q_1、q_2、q_3、q_4 分别代表上述四项费用的比例，则：

$$q_1=\frac{\text{计划期预防成本}}{\text{计划期质量成本总额}}\times 100\%$$

$$q_2=\frac{\text{计划期鉴定成本}}{\text{计划期质量成本总额}}\times 100\%$$

$$q_3=\frac{\text{计划期内部故障成本}}{\text{计划期质量成本总额}}\times 100\%$$

$$q_4=\frac{\text{计划期外部故障成本}}{\text{计划期质量成本总额}}\times 100\%$$

c. 质量成本相关指标

质量成本相关指标是指质量成本与其他有关经济指标的比值指标，这些指标有

$$\text{百元商品产值的质量成本}=\frac{\text{质量成本总额}}{\text{商品产值总额}}\times 100\%$$

$$\text{百元销售收入的质量成本}=\frac{\text{质量成本总额}}{\text{销售收入总额}}\times 100\%$$

$$百元产品成本的质量成本=\frac{质量成本总额}{产品成本总额}\times 100\%$$

$$百元产品销售利润的质量成本=\frac{质量成本总额}{产品销售利润总额}\times 100\%$$

根据需要，还可以用百元销售收入的内外部故障成本、百元总成本的内外部故障成本等指标进行计算分析。

②质量成本趋势分析

质量成本趋势分析就是要掌握质量成本在一定时期内的变动趋势，可分短期趋势与长期趋势两类。短期趋势如一年内各月变动趋势，如图10-10所示；长期的如五年内每年的变动趋势，如图10-11所示。

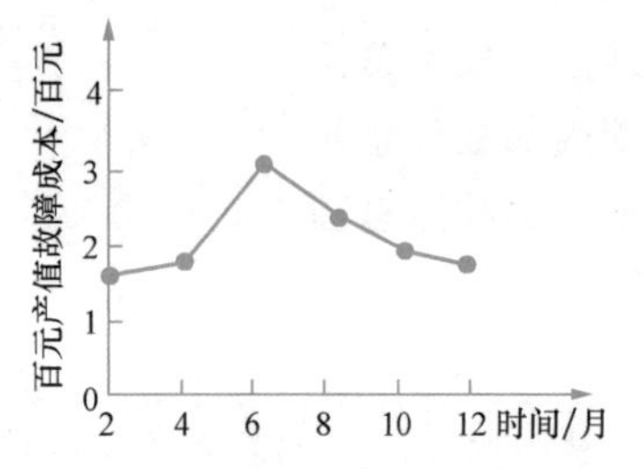

图10-10 某公司某年百元产值故障成本趋势图

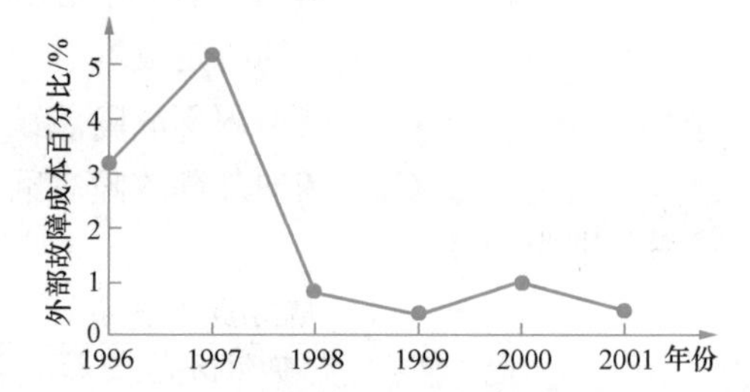

图10-11 某公司1996—2001年外部故障成本趋势图

③排列图分析

排列图分析是一种应用全面质量管理中排列图原理对质量成本进行分析的方法。当质量成本类型位于质量改进区域内，而工作重点应放在改善产品质量和提高预防成本上时，特别是应用这种方法，其效果更为显著。图10-12展示了某化工厂各车间质量成本的分布情况，从图10-12中可以看出，炼胶车间占质量成本总额比率最大，其次是硫化车间和成型车间。同时，图10-13展示了该厂基于内部故障成本分析得出的排列图，该图显示废品损失和降级损失是内部故障成本的关键项目。

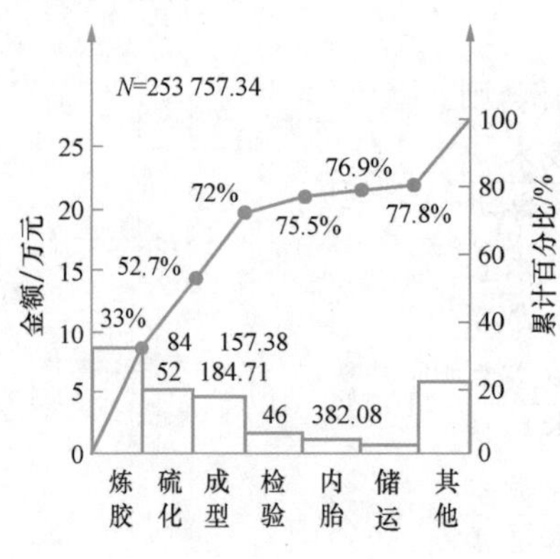

图10-12 某化工厂各车间质量成本排列

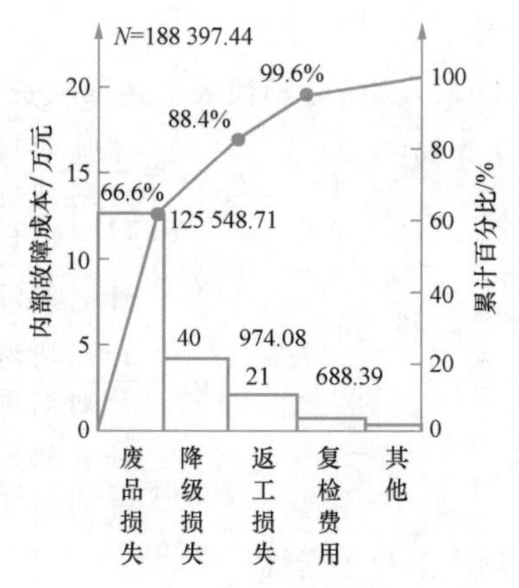

图10-13 某化工厂内部故障成本排列

采用排列图进行分析，不仅可以找出主要矛盾，而且可以层层深入，进行连续追踪分析，以便最终找出真正的问题。例如上例，采用排列图找出影响内部故障成本的关键项（A类因素）为废品损失；然后，继续采用排列图分析各部门（如车间）所发生的废品损失金额在废品损失总额中所占的比率，找出关键项，再根据这个关键项继续采用排列图，一直分析到一个产品、一道工序、一个工位、一个操作者，最后到能采取措施为止，这个过程可以用图10-14加以说明。

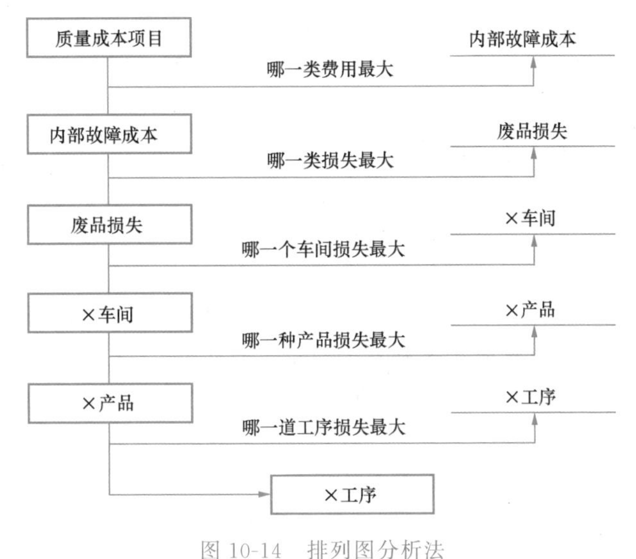

图10-14　排列图分析法

④灵敏度分析

灵敏度分析是指质量成本四大项目的投入与产出在一定时间内的变化效果或特定的质量改进效果，用灵敏度a表示：

$$a=\frac{\text{计划期内外故障成本之和}-\text{基期相应值}}{\text{计划期预防成本与鉴定成本之和}-\text{基期相应值}}$$

关于用质量成本特性曲线进行分析将在后面进行专门讨论。

2. 质量成本报告

质量成本报告是将质量成本分析的结果向领导及相关部门提交的书面陈述。质量报告可作为制定质量方针目标、评估质量体系有效性和进行质量改进的依据。质量成本报告也是企业质量管理部门和财务部门对质量成本管理活动或特定事件进行调查、分析和建议的总结性文件。

质量成本报告的内容根据报告受众的不同而有所差异。向高层领导提交的报告应简洁明了，使用文字和图表说明企业质量成本计划的执行情况和趋势，重点强调报告期间改善质量和降低成本方面的效果以及进一步改进的潜力。向中层部门提交的报告可以根据部门或车间的实际需要提供专题分析报告，使他们能够找到本单位的主要改进项目。质量成本报告的频率通常对高层领导较少，每季度提交一次较为适宜；对中层或基层单位，每月一次较为适宜，甚至可以每旬提交一次，以便及时为相关领导和部门的决策和控制提供依据。编制报告应由财务部门和质量管理部门共同承担，既保证了质量成本数据的可信度，又有助于质量趋势的分析。

(1)质量成本报告的内容

①质量成本计划执行情况与基准期的对比分析。

②质量成本四个组成项目构成比例变化的分析。

③质量成本与相关经济指标的效益对比分析。

④典型案例和重点问题的分析与解决措施。

⑤效益评估和建议。

(2)质量成本报告的分类

①按时间分为定期报告(月度、季度、年度)和非定期报告(典型案例和重点问题)。

②按报告对象分为向领导和相关部门提交的报告。

③按报告形式分为陈述式、报告式、图表式(如排列图、波动图)和综合性报告等。

质量成本分析和报告应纳入经济责任制进行考核。

10.4.3 质量成本控制和考核

质量成本控制旨在降低成本,并将影响质量总成本的各个项目控制在计划范围内,是质量成本管理的重点活动。质量成本控制依据质量计划设定的目标,通过多种手段以达到预期效果。因此,质量成本控制是实现质量成本计划、优化质量目标和加强质量管理的重要手段。

质量成本考核是定期评估质量成本责任单位和个人完成情况的过程,以考核结果评价质量成本管理的成效,并与奖惩挂钩以鼓励和推动共同提高。因此,质量成本考核是质量成本管理的关键之一。

为了实施质量成本的控制和考核,企业应建立质量成本责任制,形成质量成本控制管理的网络系统。这包括将构成质量成本费用项目分解并落实到相关部门和个人,明确责任、权力和利益,实行统一领导、部门归口和分级管理系统。

1.质量成本控制

(1)质量成本控制的步骤

质量成本控制贯穿质量形成的全过程,通常应遵循以下步骤:

①事前控制

事先确定质量成本项目的控制标准,以质量成本计划中设定的目标为依据。将这些目标分解并下达到单位、班组和个人,采用限额费用控制等方法作为各单位控制的标准,以对费用支出进行检查和评价。

②事中控制

按照生产经营的全过程进行质量成本控制,即根据开发、设计、采购、制造、销售和服务等阶段提出质量费用的要求,并进行相应的控制。对日常发生的费用与计划进行对比检查,以便发现问题并采取措施。这是监督控制质量成本目标的重点和有效手段。

③事后控制

查明实际质量成本与目标值偏离的问题和原因,并提出切实可行的措施,以进一步决策改进质量和降低成本。

(2)质量成本控制的方法

通常有以下几种质量成本控制方法:

①限额费用控制方法。

②围绕生产过程重点提高合格率水平的方法。

③利用质量改进区、控制区、高鉴定成本区(图 10-17)划分的方法进行质量改进和优化质量成本。

④运用价值工程原理进行质量成本控制的方法。

企业应根据自身情况选择适合的质量成本控制方法。

2. 质量成本考核

质量成本的考核应与经济责任制和"质量否决权"相结合。换句话说,考核应以经济尺度衡量质量体系和质量管理活动的效果。一般由质量管理部门和财务会计部门共同负责,并与企业综合计划部门的考核指标体系和监督检查系统相结合进行考核奖惩。因此,企业应在分工组织的基础上制定详细的考核奖惩办法。对车间、科室根据其性质和职能的不同下达不同的考核指标,使指标更具经济性,并具备可比性、实用性和简明性。在质量成本开展初期,还应考核报表的准确性和及时性。建立科学完善的质量成本指标考核体系是企业质量成本管理的基础。实践证明,企业建立质量成本指标考核体系应坚持以下七个原则:

(1)全面性原则

产品质量的形成贯穿于开发、设计、制造到销售服务的全过程。因此,需要一个完备、科学且实用的指标体系,以全面反映质量成本状况,进行综合实际的评价和分析。强调全面性,同时要力求指标简洁、综合性强。最终产品质量是各方面工作质量的综合体现,质量的效用性是质量的主要方面,也是质量的物质承担者。因此,质量成本考核指标应以产品的实物质量为核心。

(2)系统性原则

质量成本考核系统是质量管理系统的一个子系统,而质量管理系统又是企业管理系统的一个子系统。质量成本考核指标与其他经济指标相互联系、相互制约。分析子系统的状况可以促使企业不断降低质量成本,起到导向作用。

(3)有效性原则

质量成本考核指标体系的有效性需要指标具有可比性、实用性和简明性。

(4)可比性原则

质量成本考核指标可以在不同范围、不同时期内进行横向动态比较。

(5)实用性原则

考核指标可查找,有可计算的数据,可定量考核,并相对稳定。

(6)简明性原则

考核指标应简单易行,定义简明精练,考核计算简便易行。

(7)科学性原则

企业质量成本考核对改进和提高产品质量,降低消耗,提高企业经济效益具有重要的实际意义,是企业开展相关工作的依据。因此,质量成本考核指标体系必须具备科学性。科学性主要体现在考核指标项目的定义范围应明确,有科学依据,符合实际,真实反映质量成本的实际水平。

10.4.4 质量成本的构成、特性曲线及优化

质量总成本的各部分费用之间存在一定的比例关系,探讨其合理的比例关系是质量成本管理的重要任务。实际上,在质量成本的四大项目(预防、鉴定、内部故障、外部故障)中,不同行业的构成比例存在差异,甚至在同一个企业的不同时期,比例关系也可能有所不同或发生变化。然而,通过对历史资料的对比,例如同行业、企业之间的比较和同类产品情况的

分析,可以发现存在的问题,揭示提高产品质量和降低产品质量成本的潜力和途径。

1. 质量成本的构成

四大项质量成本费用的比例关系通常如下:

(1)内部故障成本约占质量总成本的25%~40%。

(2)外部故障成本占质量总成本的20%~40%。

(3)鉴定成本约占10%~50%。

(4)预防成本约占0.5%~5.0%。

这四项成本之间并不是相互孤立和毫无联系的,而是相互影响相互制约的。例如,对一些企业来说,内部与外部故障成本之和可以达到质量总成本的50%~80%;但对于一些生产精度较高或产品可靠性要求较高的企业,预防和鉴定成本就占较高的比例,有时甚至超过50%。可以设想,如果产品不经过检查就出厂,鉴定成本可以很低,但可能会有很多不合格品出厂。一旦用户在使用中发现问题,就会产生明显的外部故障,导致质量总成本上升。相反,如果在企业内部严格检查并加强质量控制,鉴定成本和内部故障成本会增加,而外部故障成本会减少。然而,在一定范围内,如果增加预防费用并加强工序控制,则内、外部故障和鉴定成本都可能降低,从而导致质量总成本大幅下降。根据我国目前企业的情况来看,普遍存在预防成本偏低的情况,从而使得质量总成本过高,这是需要注意的。在质量成本管理中,要清楚和掌握四大项质量成本合理的比例关系,以及它们之间的变化规律,以便在采取降低质量成本的措施时做出正确的决策。根据长期实践经验的摸索和总结,质量成本各项目之间相互作用和影响的情况如表10-5所示。

表10-5　质量成本各项目之间的相互作用和影响

质量成本项目	降低质量成本的措施			
	A. 降低评价与预防成本	B. 提高评价成本(加强检查筛选)	C. 加强工序质量控制	D. 提高预防成本
预防成本	1/24	1/24	1/24	2/24
筛选检验	1/24	3/24	2/24	1/24
工序控制	1/24	1/24	4/24	2/24
内部故障	1/24	12/24	8/24	4/24
外部故障	20/24	3/24	2/24	1/24
合计	24/24	20/24	17/24	10/24

根据表10-5,采取措施A即降低评价与预防成本会导致较高的外部故障。由于预防成本较低,会产生大量不合格品,而这些不合格品未经严格检查,大部分会流入用户手中,因此外部故障必然很大。相反,采取措施B即加强检查筛选和严格把关,可以阻止大量不合格品流入市场和用户手中,从而降低外部故障。然而,这样做会导致内部故障增加,但总体损失仍比采取措施A时有所降低,即从24降至20。一般认为,从内部和外部故障的角度来看,即使两者损失相同,也更倾向于增加内部故障而减少外部故障。因为发生外部故障会导致企业信誉下降,进而给企业带来无形的潜在附加损失,这通常是非常严重且无法估量的。采取措施C即加强工序控制,努力防止不合格品的产生,虽然会导致一些内部故障的增加,但整体质量成本会大幅下降(降至17)。最后,采取措施D即增加预防费用,虽然数量有限,但效果最好,使总体质量成本显著下降(降至10)。

在20世纪60年代初期,美国工业企业尚未广泛采用质量成本管理,质量专家费根堡姆进行了一项分析。一般企业的内部和外部故障约占质量总成本的 70%，鉴定成本占 25%，而预防成本最多不超过这种管理模式，这必然会导致较低的经济效益。因为 70%的故障成本完全是由于质量缺陷造成的。因此，为了挽回信誉，工厂会尽量剔除有缺陷的不合格品，因此付出了 25%的鉴定费用。这导致预防费用持续降低。这样一来，缺陷品将继续增加，进而使检查筛选费用增加，形成一种失控的恶性循环。费根堡姆进一步指出，如果实施以预防为主的全面质量管理，着眼于降低不合格品的产生，实行合理的抽样检查，不仅可以降低鉴定成本和外部故障成本，而且内部故障成本也会显著下降。根据他的研究结果，假设预防成本增加 3%～5%，总体质量成本可以下降 30%。

2. 质量成本特性曲线

质量成本中的四大项目的费用大小与产品合格质量水平（合格品率或不合格品率）之间存在一定的变化关系。这种变化关系在质量成本特性曲线中得到体现，如图 10-15 所示。曲线 C_1 代表预防成本和鉴定成本之和，随着合格品率的增加而增加；曲线 C_2 代表内部故障和外部故障之和，随着合格品率的增加而减少；曲线 C 是四项成本之和，即质量总成本曲线，也就是质量成本特性曲线。

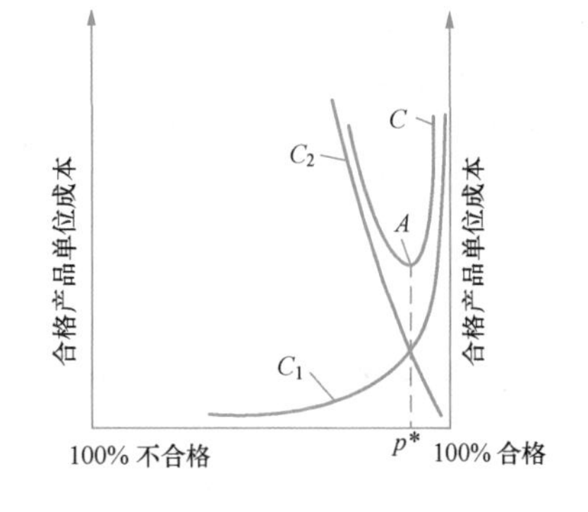

图 10-15 质量成本特性曲线

从图 10-15 可以看出，质量成本与制造过程的合格性密切相关，或者说，它是合格品率（或不合格品率）的函数。假设不合格品率为 p，合格品率为 q，则有 $p+q=1$。根据图 10-15 可知，当合格品率为 100%时，不合格品率为零，反之亦然。质量成本曲线 C 在左右两端（合格率为零或 100%时）质量成本费用都很高（理论上为无穷大），而在中间有一个最低点（A 处），对应的不合格品率为 p^*，称为最适宜的质量水平，A 处的质量成本也被称为最佳质量成本。

曲线 C 所展现的规律是很清晰的。在曲线 C 的左端，不合格品率高，产品质量水平低，内部和外部故障都很多，因此质量总成本 C 也很高；随着逐步增加预防费用，不合格品率下降，内部和外部故障及质量总成本都会减少。然而，如果继续增加预防费用，直到实施 100%的预防，即不合格品率为零，如图 10-16 所示，内部和外部故障趋近于零，但预防成本本身会非常高，导致质量总成本 C 急剧增加。C 的变化从大到小再从小到大，中间出现一个最低点（图 10-16 中的 A）。例如，以鉴定成本为例，如果不合格品率为 5%，即平均每检查 20 个产品才能发现一个不合格品，这还相对容易；但如果质量提高，不合格品率达到万分之一，那么为了筛选和剔除一个不合格品，平均需要检查一万个产品，检查成本将变得非常高昂。

图 10-16 清楚地说明了质量成本费用的变化关系，并在图中添加了两条虚线，分别为基本生产成本 C_3 和生产总成本 C_4。虚线 C_3 代表一个确定的值，它由产品结构、工艺设计等条件所决定，包括基本生产工人的工资、原材料、燃料或动力费用及管理费用等。尽管产品的合格品率（符合性质量水平）会因各种原因而有所

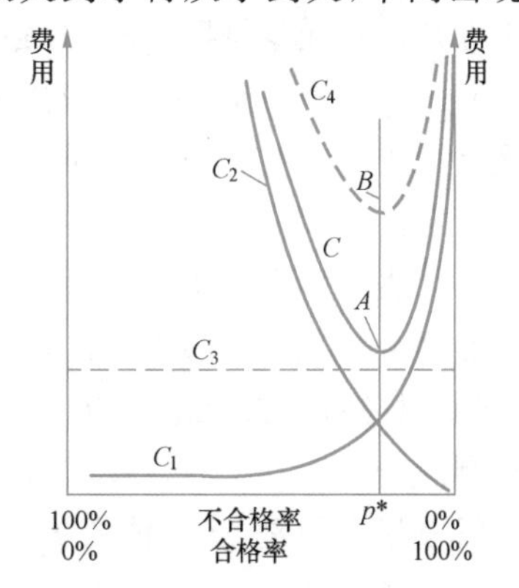

图 10-16 各项费用同合格率的关系

变化，但在一定条件下，基本生产成本大致是一个固定值。将其与质量总成本 C（曲线 C）相加，得到虚线所表示的生产总成本曲线 C_4。如图 10-16 所示，生产总成本的极小值 B 和质量总成本的极小值 A 都对应着产品的不合格率值。结论是当质量总成本达到最低值时，产品的生产总成本也将达到最低值。

从图 10-16 还可以观察到，在符合性质量水平较低（不合格率高）时，采取的预防和鉴定成本措施效果显著。也就是说，稍微增加预防和鉴定费用就可以大幅度降低不合格品率，这在曲线 C_1 的左段表现为平缓的上升。然而，当符合性质量水平提高到一定程度后，情况发生了较大变化。此时，为了进一步提高质量水平，即使要求稍微降低不合格品率，也需要付出巨大的预防和鉴定成本代价，这在曲线 C 的右端呈急剧上升的趋势。

接下来考虑曲线 C_2，如果生产中没有任何不合格品，就不会有内部或外部故障成本，因此曲线 C_2 必然与不合格率为零的横轴相交。随着不合格品率的增加，故障成本以几乎线性的方式上升，上升速度之快是由于产品信誉下降对销售利润的影响。在这方面的损失往往比材料报废和保修损失大得多。

为了更好地分析质量总成本的变化规律，将图 10-16 曲线 C 在最低点 A 处进行局部放大，放大后的图形如图 10-17 所示。该图可以分为三个区域，分别是Ⅰ、Ⅱ和Ⅲ，对应着不同成本比例。

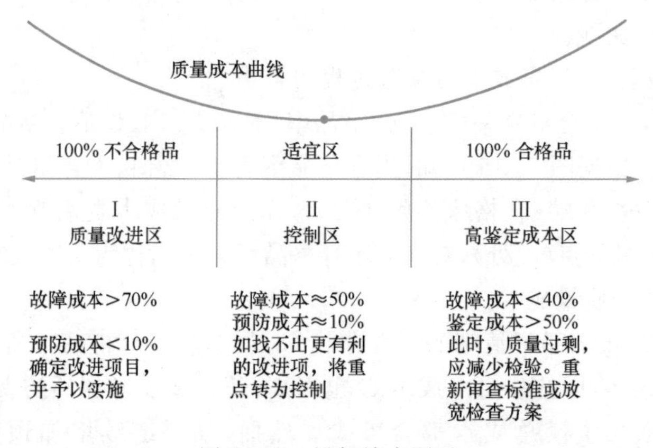

图 10-17　局部放大图示

Ⅰ区是故障成本最大的区域，它是影响达到最佳质量成本的主要因素。因此，质量管理的重点是加强质量预防措施、加强质量检验和提高质量水平，因此被称为质量改进区域。

Ⅱ区表示在一定的组织和技术条件下，当难以找到降低质量总成本的措施时，质量管理的重点是维持或控制现有的质量水平，使质量成本保持在最低点 A 附近，因此被称为控制区或稳定区。

Ⅲ区表示鉴定成本比重最大，它是影响质量总成本达到最佳值的主要因素。质量管理的重点是分析现有的质量标准，减少检验程序并提高检验效率，甚至放宽质量标准或检验标准，使质量总成本接近最低点 A，也被称为最佳点。因此，该区域被称为高鉴定成本区或质量过剩区。

需要指出的是，从整体变化规律来看，各个企业的质量成本变化模式基本相似，但由于不同企业的生产类型、产品形式和结构特点、工艺条件等不同，质量总成本的最低点位置以及对应的不合格品率 p^* 的大小也各不相同。同样，三个区域（Ⅰ、Ⅱ、Ⅲ）对应的各项费用比例也不相同,因此无法将图 10-17 中的数值作为通用比例。朱兰博士列出的各类成本占质量总成本的一般比例(表 10-6),可供读者参考。

表 10-6　　各类成本占质量总成本的一般比例

质量费用	占质量总成本的比例/%
内部故障	25～40
外部故障	25～40
鉴定费用	10～50
预防费用	1～5

3. 质量成本的优化

质量成本的优化,即确定各项主要费用在质量成本中的合理比例,以达到最低的质量总成本。为此,可以利用质量成本特性曲线进行分析。从图 10-16 可以观察到,在曲线 C_1 的最佳点 A 左侧,随着预防成本和鉴定成本的增加,质量总成本迅速下降。然而,一旦超过最佳点 A,进一步增加预防和鉴定成本将导致质量总成本的增加。这说明增加预防和鉴定成本所带来的效益已经小于成本的增加量。基于这一规律,可以采用逐步逼近的方法来达到最佳质量水平。

首先,可以采取某种质量改进措施,如增加预防或鉴定成本。如果此时质量总成本下降或呈下降趋势,说明质量成本的工作点位于最佳工作点 A 的左侧。可以增加该措施的强度或采取类似的改进措施,直到质量总成本停止下降,表示已接近最佳工作点,然后应转向采取控制措施。

相反地,如果在采取某项质量改进措施后,质量总成本上升或呈上升趋势,说明质量工作点在最佳点的右侧。此时,应撤销该措施或采取反作用的"逆措施",朝着与原措施相反的方向接近最佳点。

需要注意的是,进行观察分析或采取措施本身也需要投资,因此通常无须找到绝对的最佳工作点,只需确认处于"适宜区"即可。在适宜区,不论采取正向措施还是逆向措施,质量总成本的变化都很小。

根据以上讨论,可以得出以下三个结论:

(1)在最佳点 A 的左侧,应增加预防费用并采取质量改进措施,以降低质量总成本。在最佳点 A 的右侧,若增加预防费用会导致质量总成本上升,应撤销原有措施或采取逆向措施,即降低预防费用。

(2)增加预防费用可以在一定程度上降低鉴定成本。

(3)增加鉴定成本可以降低外部故障,但可能会增加内部故障。

10.5　全面质量成本

10.5.1　问题的提出

质量成本的概念自 20 世纪 50 年代提出以来,已有七十余年的历史。然而,在企业中推行质量成本管理仍然是一个相对较新的领域。无论是从概念、定义、内容还是管理模式和方法来看,质量成本都在不断发展和完善中。正如前面所提到的,质量成本具有特定的含义。例如，它由五个主要费用组成，包括预防、鉴定成本、内部故障成本、外部故障成本和外部质量保证成本。显然，质量成本并未包括与质量相关的所有费用，而只涉及与不合格产品直接相关的部分费用，这常常引发疑问。在质量成本特性曲线分析中提出了“最佳质量成本”的概念，然而企业是否能够真正确定或衡量最佳质量成本仍然是一个难题。另一个重要的问题是与最佳质量成本相对应的不合格品率（如图 10-15 或图 10-16 中的 p^*），意味着企业可以接受适当的不合格品率，这对企业是有利的。然而，这与现代全面质量管理（TQM）的不断改进思想存在矛盾。现代质量管理的一个重要观点是质量竞争已经进入“ppm”（百万分之几）和“零缺陷”的阶段。朱兰也承认，他的“经济平衡点”模型在接近“零缺陷”生产的产品上具有局限性，因此并不适用。然而，朱兰的质量成本模型已经在企业中广泛采用并取得了良好效果，完全否定或拒绝它显然是不现实的。因此，人们将其称为一种反应性的传统质量成本模型，并需要新的模型来解决传统模型未解决的问题，包括：

（1）质量投资与其收益之间的时间差。

（2）提供评估现有质量状况和预测改进效果的方法。

（3）更好地理解质量、成本、生产率和利润率等概念，以及它们之间的相互关系。

（4）构建一个多目标模型，更清楚、准确地显示质量与效益之间的关系。

（5）找到一种预测长期效益的方法，以克服追求短期效益的倾向。

（6）引入一些非财务方面的要求。

10.5.2 全面质量成本的构成

根据上述分析，质量成本可以分为两类基本要素：反应型要素和进攻型要素。传统的“预防－鉴定－故障”质量成本模型属于反应型要素，对这三项成本的监督和管理是对企业内部各种过程实际操作的反应。这种反应型要素在新的质量模型中可以单独归类为反应型成本要素。另一类更为重要的是进攻型成本要素。将这两类要素结合起来，形成新的质量成本模型，即全面质量成本。

如前所述，全面质量成本由反应型要素和进攻型要素组成，如图 10-18 所示。

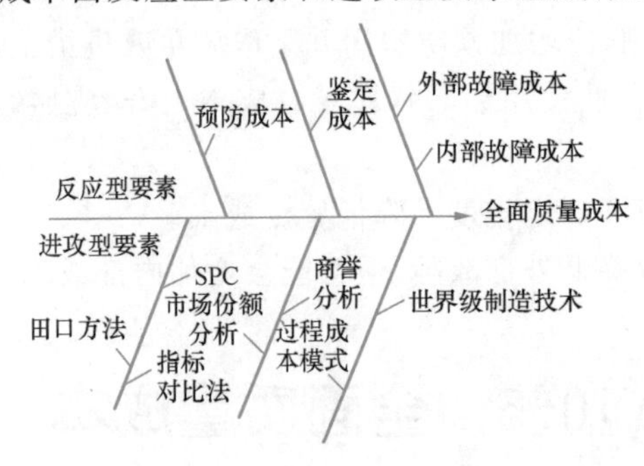

图 10-18　全面质量成本的反应型要素和进攻型要素

关于反应型要素，不再赘述。下面介绍进攻型要素包括的主要内容。

（1）过程成本模式

为了使质量成本理论与 TQM 原理协调一致，提出了一种称为“过程成本模式”的新质量成本模式。过程是将输入转化为输出的活动。过程成本将质量成本划分为合格质量成本和不合格质量成本两大部分。合格质量成本是指以100%的有效方法提供产品和服务所固有的成本;而不合格质量成本则包含各种浪费,即在各种规定过程中存在的低效能和不必要的开支。过程成本模式是一种重要的进攻型模式方法,因为它与TQM不断改进的思想相一致。注重过程本身是进攻型最重要的问题,因为它为设计一个组织内的各项活动提供了新思路。

(2)指标对比法

将指标作为竞争的连接器,不断将本企业提供的产品或服务与最强劲的竞争对手和世界一流水平进行对比,找出差距。为企业制订新的目标,目标既要追求高水平,又要实际可行,能够实现。

(3)世界级制造技术

从实际出发,积极采用计算机辅助设计(CAD)、计算机集成制造(CIM)、计算机数字控制(CNC)、物料需求计划(MRP)、制造资源计划(MRP2)、优化生产技术(OPT)及准时生产制(JIT)等一系列现代生产技术。现代企业应根据规模和条件,增加上述诸方面的必要投资,以便通过获得高质量的产品而争取市场的高份额。然而,在增加这方面的投资时,也不能忽视其风险,必须认真确定和采用对自身能带来最大效益和机会的最新技术。

(4)市场份额分析

研究表明,具有高质量的产品其市场份额也高,而投资回报将比低质量产品高出约6倍。即使市场份额不佳,高质量至少也能部分地抵消其对投资回报的影响。因此,企业必须努力克服质量低劣,做出生产优质产品的长远战略性决策。大量研究结果证明,质量投入的增加必然带来相对更大的市场份额。研究结果还表明,质量与生产率存在正相关关系,即使仅考虑对生产率的影响,在质量上的投资也是值得的。

另外,应指出,产品质量的提高不仅导致销量上升,还可以降低单位成本。因此,在评估提高质量的效益时,应计算企业市场份额的增加对公司利润和企业长期效益的影响。因此,市场份额分析构成了进攻型质量成本模式的重要组成部分。

(5)商誉分析

商誉是企业重要的无形资产。根据国外的统计分析表明,不满意的顾客平均会向9到10人告知他们发现的某公司产品质量问题。而13%的不满意顾客会向20人以上传达这一信息。这种口碑传播具有重要的宣传效应,其影响难以估量。据经济学家的调查分析估计,一位完全满意和忠诚的顾客平均每年能为汽车商带来14万美元的销售额。因此,对企业而言,失去顾客的商誉可能是一种难以察觉但非常可怕的危机。在质量成本分析中忽视商誉是极端错误的。一旦你的老顾客尝试竞争对手的产品,你将面临永远失去他的风险,甚至可能失去一批顾客。总之,由于失去顾客的信任所带来的损失无法估量,在企业经营管理中,对商誉的贡献研究具有重要的实际价值。

(6)统计过程控制(SPC)

从过程成本模式的概念出发,统计质量控制是企业各个“转化”过程中不可缺少的决策手段。而SPC是以数据和信息为基础的,因此质量成本管理是一种基于数据和信息的企业经营活动。其理由如下:

①若没有收集可靠的数据,就无法进行分析。

②没有分析就无法获得有用的信息,也就无法了解过程。

③若没有相应的行动，信息就无法发挥作用，过程也无法进行控制。

在实际运作的各种过程中，SPC能够阻止人们在没有充分依据的情况下对过程做出决策，从而保持过程的稳定性。统计质量控制是应用统计方法对生产过程进行控制的过程。常用的统计方法包括控制图、工序能力分析、方差分析、相关分析等。自20世纪80年代以来，由于国际市场竞争激烈，质量成为竞争的焦点。因此，西方发达国家特别重视和强调统计质量控制，将其视为一项重要的新技术。采用质量控制手段和方法已成为各国公司质量管理的新课题。因此，计算SPC的投入和取得的效益成为质量成本管理的进攻型要素。统计质量控制实质上是一种预防性管理活动，其控制重点是生产现场，而生产现场的关键是工序。选择对质量影响重大的工序作为控制点，严格进行工序的统计控制是确保质量、防止故障和缺陷、减少损失的重要手段。这是因为SPC能够帮助人们在缺陷发生之前就发现问题并采取措施予以消除。

就质量成本而言，SPC具有反应型要素和进攻型要素的双重性。从反应型要素的角度来看，有的学者甚至将SPC视为“预防—鉴定—故障”质量成本模式中的第五项构成因素。从主动进攻的角度来使用SPC意味着企业要利用它来提高工作绩效，而不是仅仅应付顾客的要求。SPC已经在制造业广泛采用，特别是在TQM的推动下，在量改进的进攻型意识推动下，SPC越来越成为一项不可或缺的质量改进工具。

(7)田口方法

田口玄一是日本和世界上广为人知的质量管理专家。尽管当前质量界对田口的理论和方法存在不同的观点和看法，但大家不得不承认他的质量思路已经大大改变了质量控制的方法。他创造的线内线外质量控制理论，特别是“三次设计”的优化方法，在世界许多企业中得到采用并取得了良好效果。田口建立的质量损失二次方程和对质量设计方法的简化尤为显著。近年来，美洲电报电话、福特、通用汽车公司、国际电报电话和施乐等许多知名公司都在他们的质量改进计划中采用了田口方法。

田口将“质量”定义为产品交付后对社会造成的相关损失，这给质量赋予了新的含义。田口方法的另一个观点是在产品开发的设计阶段就必须认真考虑和妥善设计质量，他强调设计质量可以获得产品稳定可靠的运行状态。为此，田口发展了试验设计技术，并提出了利用信噪比进行试验设计的概念和方法。他将质量与经济紧密联系起来，根据质量特性值对目标值的偏离大小，利用质量损失函数来计算损失的数量。他还提出了“系统设计、参数设计和容差设计”的三次设计方法，大大提高和优化了设计质量，并建立了《质量工程学》的理论。因此，利用田口方法设计和制造的产品不仅质量好，而且能为社会带来显著的节约。

10.5.3 全面质量成本的实用性与功能

全面质量成本如图10-18所示，具有良好的灵活性，有利于概念和要素的完善和发展。因为新的概念和要素可以更方便地以新的鱼刺形式增加。

此外，目前的构架形式还具有以下特点：

(1)与TQM的原理相一致

全面质量成本增加了进攻型要素，使质量成本范围扩大，包含更全面和完整的内容，也更符合实际情况。它体现了TQM不断改进和质量改进没有止境的哲学思想，形成了一个连续发展和提高的过程。

(2)边缘要素

客观上,进攻型要素之间的交叉形成了“边缘要素”,这可能导致重复计算。因为进攻型要素项目的发生并非都是互斥事件,常常存在复杂的“和”或“积”的关系。例如,SPC 和田口方法之间、商誉和市场份额之间等等。有时甚至出现三者之间的交叉和重复发生的情况。如何明确质量成本项目的界限成为质量成本管理研究的新课题。

(3)时滞

正如前面所述,进攻型要素带来的效益计算比较复杂,没有科学的理论和方法作为依据,很难进行准确的计算和评估。而且,时滞是质量成本的突出特点,在传统模式中矛盾还不太明显,可以在相对较短的时间内看到效果。然而,进攻型要素产生效果的时限较长,可能需要每隔一年以上的时间才能观察到变化。这促使生产者或使用者从长远的战略和 TQM 的角度来思考质量,可以长期系统地积累质量成本数据资料,并不断提高对质量成本管理的复杂性和长远意义的认识。

(4)目标的多样化

质量成本管理可以分步骤进行。对于最初开始实施质量成本管理的企业或公司,可以从图 10-18 上半部分的反应模式(预防—鉴定—故障)开始。然后,在企业已实现 TQM 管理的条件下,再将进攻型要素引入运营,根据实际情况确定最适合的质量成本模式。因此,参照图 10-18 构建的质量成本模式具有适应多样化目标和灵活性的特点。

总之,为了更好地利用全面质量成本这一有效工具,必须研究和弄清产品质量与市场份额、利润、生产率、SPC 等各种要素之间的关系。

第11章 基于质量成本的质量管理

11.1 概　述

本章将介绍一种基于质量成本的质量管理过程，即运用质量手段和技术来管理成本的方法。我们定义这种方法为基于质量成本的质量管理。下文介绍的框架是市场及行业领导者们为了通过质量改进提高财务业绩和顾客满意度而提出的综合方法。基于质量成本的质量管理并不是通过大幅度削减成本来表达对质量的优先重视，相反，它侧重于采用质量改进方法和技术来提高顾客满意度和获得高收益率。

本章的主要研究内容包括：①利用最新的不良质量成本管理方法来鉴别和量化无附加值的活动以及因劣质产品而产生的浪费；②将不良质量成本的测量作为管理变革的手段；③强调财务和非财务指标在日常质量改进过程中的重要性。通过对基于质量成本的质量管理进行综述，特别是对不良质量成本评估、成本控制分析、方案选择、质量改进的监控和测量及管理反馈的综合讨论，得出相关结论。

11.2 基于质量成本的质量管理的意义

为了不断提高在国内外市场上的竞争力、改变顾客的期望值并持续提高利润，各大公司一直在寻找更有效的参与竞争的方式。尽管质量改进手段和技术为问题解决、团队建立与部署及过程分析提供了坚实的基础，但常常缺乏一些区分质量成果和战略上沟通的手段。

在协调成本管理和收益率战略与顾客要求之间存在困难时，公司和顾客的需求可能会发生冲突。然而，为了取得成功，公司意识到在日常质量过程中必须同时兼顾顾客和公司的需求。很多公司即使在质量基础方面很坚实，但在质量管理过程中适应战略挑战方面仍然缺乏或根本没有经验。

每个公司都有自己独特的观点来平衡顾客与公司的意见。Westinghouse 将平衡顾客要求与公司要求视为公司全面质量过程的一部分。

从全面质量的观点来看，任何事情都是从顾客及其价值取向开始的。顾客满意度要求我们提供符合或优于国际竞争水平的价值价格比。同时，全面质量的实施要求我们通过超过平均价值成本比来获得更好的财务绩效。

市场的实际情况和财务要求确定了产品和服务的需求，同时也确定了提供产品和服务的过程需求。这些是构建全面质量标准的基础。

这些方式需要在比较价值的基础上进行竞争。竞争成本和价格非常重要，但并非是主要的竞争驱动因素。

每个公司在通过质量改进获得竞争优势方面都有自己独特的战略。在研究的案例中，我们可以看到每个公司的重点都放在顾客满意度和收益率上。Baxter Healthcare 和 USCO of Xerox 这两家公司都意识到采用质量改进来获得竞争优势的有效性，它们是利用不良质量成本控制来提高顾客满意度和收益率的典型代表。

(1)Baxter Healthcare

质量优先过程(QLP)能够帮助我们了解质量耗费的成本，并识别可优化质量成本的关键因素，从而保证我们可以采取恰当的措施来减少不必要的成本。

(低)质量成本不仅仅是一种衡量尺度。如果能够正确理解和恰当使用，它还可以产生动力，帮助我们减少并提前消除问题。

以货币形式进行测量，这赋予了质量新的意义，给质量概念一个有形的价值。(低)质量成本通过账本底线将质量与收益率直接联系起来。

(2)USCO of Xerox

(低)质量成本是一个财务指标，它为我们鉴别和更好地抓住机会以满足顾客需要提供了最有效的手段。理解和应用(低)质量成本可以在以下四个方面对我们有所帮助。

①顾客满意度

通过减少面对顾客要求时所采用的方式上的错误，促进国外顾客对公司理解和提高顾客满意度。

②人力资源管理

通过消除不合格品成本带来的返工和其他不必要的活动，提高员工的工作满意度和生产力。

③经营效果

通过赢得商机(更多的收益)和减少不合格品成本(更低的开支)，(低)质量成本活动可以提高资产回报率。

④领导才能

(低)质量成本作为一种质量手段和目标，还会促使我们使用其他的质量手段。通过质量改进和问题解决的过程，我们可以以合理有效的方式寻求(低)质量成本的商机。

我们将在公司的每个环节、每个合作伙伴以及各个层次上寻求(低)质量成本的商机。

上面两家公司的高层管理层都认识到运用质量过程来提高财务绩效这一策略的重要性。不良质量成本的测量为质量过程与强调的收益率之间架起了桥梁。通过不良质量成本管理，这两家公司的高层管理者都将质量过程视为与财务目标完全一致的竞争手段。正如 Baxter Healthcare 董事会主席 Karl Bays 所说："成功的企业已经一次又一次地证明质量问题是可以完全管理的。他们的行动不仅仅是一时冲动，而是将其作为优先发展的战略……它是衡量竞争成功的标准之一。"

不良质量成本促进了更广泛和更健全的质量过程，兼顾了顾客和公司的意见。通过积极评估和分析不良质量成本，将购买股权引入质量过程，并将基础工作放在纠正措施以提高利润和顾客满意度的方面。

11.3 基于质量成本的质量管理方法及措施

整个公司所强调的基于质量成本的质量管理过程的一个关键因素是不良质量成本的测量，它是为了提高顾客满意度和收益率而进行质量改进的方式之一。从高层管理到工厂车间，已经在正确理解质量与收益率之间因果关系的基础上达成了共识。

基于质量成本管理有助于公司进行管理变革和促进职能交叉问题的解决，通过调整和沟通贯穿整个组织的质量改进需求。作为一种绩效测量，基于质量成本的质量管理提供了一种贯穿企业组织的财务导向的质量策略，并在实施策略的过程中评估组织的进展。

案例中采用的不良质量成本测量与确立主要质量的出发点是一致的，这是受到不断增加的国际竞争和其他公司施加的竞争压力所引发的。对于习惯于采取措施和做出积极反应的公司来说，这种新的质量优先理念意味着在哲学上的重要变化。在本案例中，质量董事以哲学的观点描述了这种变化。

质量必须成为企业运作中至关重要的一部分，并在企业各个领域中被赋予最高的优先发展权，这将带来一场渗透整个企业文化的变革。这种文化变革使得企业中的每个人都认识到质量的重要性，了解质量并承担质量改进的责任。这种文化变革的成就进一步推动了质量业绩的发展。这种对质量意识的文化变革需要人们打破一系列旧习惯并适应采用新习惯。

改变这些关于质量的旧习惯和常规思维方式是促进质量改进的有力推动力。这是一场巨大的变革，成功的组织将经历这样一场“文化革命”。

当将以质量为核心的新型组织与传统制造业环境中的要素进行比较时，这种变革的重要性就凸显出来。传统的制造业环境倾向于将质量控制和过程改进视为员工的职责，并通过全面检查将优质品与劣质品分离，而新的质量改进哲学体系强调持续改进、产品的首次质量以及在各级组织中解决问题的能力。传统的制造业环境依赖自上而下的程序，其特点是职责分明，管理者比工人更了解将要完成的任务及如何完成，而新的质量哲学体系则倡导弱化组织之间的界限，在所有雇员（包括生产工人）中营造团队工作的氛围，将每个人的贡献看作是整个集体的，每个人的奉献都是平等的。传统的制造业体系强调产量和销售目标，而新的质量方法要求每个管理人员以质量为中心的目标。

在大多数案例研究中，明确表示不良质量成本的测量对于财务导向的管理和推动质量改进至关重要。正如行为学家经常提到的那样，员工在接受新变革之前需要明确现有方式的不可取之处。因此，变革管理的第一步是围绕变革创造紧迫感，将变革定位于符合战略需求的基础上，使组织成员与公司的繁荣联系在一起，以便更容易被接受。对于那些以核算结果来衡量绩效的公司来说，不良质量成本的测量可以将质量改进原则与组织部门传统的价值核心——财务利润联系在一起，从而创造必要的紧迫感。

德州仪器的经验表明，不良质量成本可以促进文化转变。TI 生产从半导体到自动化生产系统的一系列电子产品。在 20 世纪 70 年代，TI 强调强有力的财务控制和质量理念，希望有一定数量的有缺陷产品从顾客手中退回，但并未正式提出。到了 20 世纪 80 年代初，激烈的国际竞争和对美国厂商半导体质量的质疑促使TI的管理层认识到,想要获得长期的竞争优势,公司在质量方面需要更大的投资。

基于此,TI的全面质量推进原则如下:

(1)质量和可靠性(Q&R)是管理的职责。

(2)Q&R是所有组织的责任。

(3)管理者在Q&R方面的业绩将成为其绩效评估的重要依据。

(4)管理者对于Q&R的承诺不仅仅基于结果评估。

(5)在Q&R方面的唯一目标是始终具有超越TI最强竞争对手的水平。

作为全面质量推进的一部分,公司的管理层指导各部门实施质量测量体系,以补充公司的财务指标系统。TI通过每月发布的财务指标蓝皮书来评估每个公司的盈利和损失。自1981年起,公司开始制定质量蓝皮书,其中包括多个质量标准,如产品可靠性、次品率和顾客满意度等。蓝皮书被仔细交给管理者,使质量业绩与财务绩效在同一标准下进行评估。与结构严谨的财务蓝皮书不同,质量蓝皮书通常由负责盈利的主管经理决定,并允许其制定报告以反映每个公司的经济指标。

在每本质量蓝皮书中,质量成本是必须填写的标准。质量成本标准旨在凸显错误和缺陷带来的成本。TI主席在一次员工讲话中解释道:有些人认为质量会增加成本,因为他们看到了新的测试设备、增加了新的检查人员等等。但这些成本是由第一次错误所带来的。如果我们能在第一次就准确设计产品、制造完美产品,我们将能够节省重新设计、返工、废料处理、重新检测、维修、修理和保修等工作的所有成本。请思考一下你花费多少时间在重复工作上,有多少资产被浪费在返工、重复检测、修理和制造废料上,有多少原材料在TI浪费掉。如果我们在首次生产时就能做好这些事情,消除这些成本,我们就能拥有忠诚的客户、高效的资产和不断提高的收益率。

这段引述表明,质量成本的测量将全面质量改进策略与利润增长计划相结合,从而与公司的财务目标保持一致。一个部门经理提道:“激励高级管理层并不是问题,因为他们已经认识到质量的重要性。对于中层管理人员来说,质量成本是最有帮助的,它可以让他们看到质量对总收入的影响。”

另一位部门经理评价道:“质量成本将质量过程与我们成为盈利的世界级制造商的愿景紧密联系在一起。不良质量成本的数字已经让管理者感到震惊。最初,我们提供的质量成本占销售额的10%,甚至在利润中所占的比例更高。现在,这个比例已经降低到4%~5%。管理者们声称他们没有列出所有的成本,但总体而言是正确的。然而,今天较低的百分比并不能令管理者们满意,因此必须进行一场“文化变革”。

不良质量成本的测量在推动组织变革方面发挥了重要作用,TI的经验是具有代表性的。在我们研究的公司案例中,明确表示不良质量成本的测量在以下两个方面考虑到了组织变革的需求和与公司财务目标的联系。下面引述的这段话总结了我们在实际操作中经常听到的观点:“我们必须改变我们对质量的态度,这不仅仅是冷酷的变革,而是我们看到了质量对收益率的提升。”

通过采用基于核算的质量报告,提供可靠的信息。正如这位经理所说:“人们已经看到各种各样的方案。在采用全面质量的第一个方案时,人们会思考‘它将持续多久?’我们需要确保他们相信质量体系将一直存在。这种可靠性源于通过核算职能产生的质量成本报告。”

有人说:“我们认为使用会计学来确保质量成本的可信性非常重要。我们正在努力将质量制度化。会计学总是可以追踪重要的事情,因此我们认为它对于追踪质量成本也非常重要。”正如引述中提到的,会计核算系统可以客观地反映公司中的重要事项。通过应用核算职能来实施不良质量成本报告,高层管理者强调,质量问题不是短期内会消失的“月计划”。

作为企业范围内的绩效评估,不良质量成本在沟通战略和管理层意图及提出优先发展质量改进过程方面起到了作用。通过绩效评估来激励员工实施“管理高层的战略”,使员工的行为更容易响应公司的战略需求。

错误的绩效评估可能在组织策略、不同文化和奖励机制之间产生障碍,如图 11-1 所示。例如,如果一个买家的报酬是基于从供应商那里购买的价格,那么他可能不会在货源选择过程中考虑供应商的质量等级。这使得包含多个标准的质量等级是否有益变得不再重要,人们只关注他们所支付的那部分费用。如果公司为不当行为买单,顾客也就不会在意所遭受的损失。

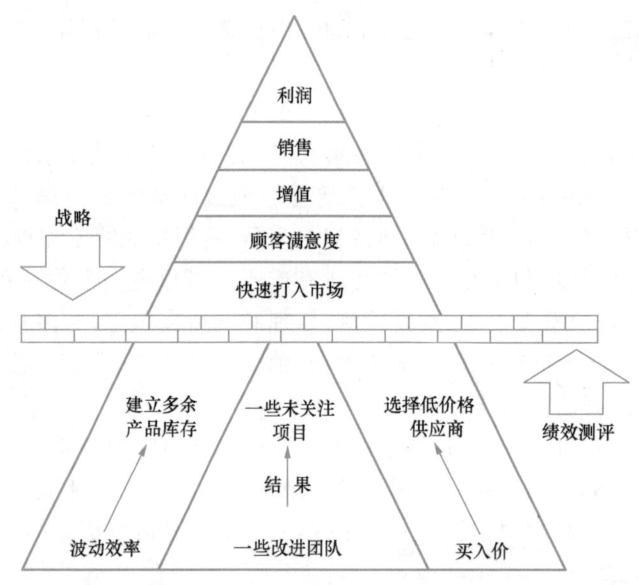

图 11-1　错误的绩效测评制造的障碍

如果一家公司希望在质量和成本方面参与竞争,该如何追踪和测量团队的数量,以及如何提高质量或降低成本呢？唯一的方法是通过发展绩效评估来调整质量改进效果,鼓励员工识别、优化、筛选和实施改进方案,以实现更高的质量和更低的成本。最常见的策略是“多多益善”,即通过配置更多的团队来提高利润。然而,许多公司发现,一些局部改进方案没有关注整体目标,实际上是适得其反的。例如,Xerox 曾经在缩短周期方面培训了大量生产工人,这些工人开始实施局部的周期缩短方案,但在整个周期缩短方面效果甚微。后来,Xerox 意识到单个部门的改进并不能确保整个企业范围内的周期突破。

类似地,在 20 世纪 80 年代初,Westinghouse 生产力和质量中心培训了 2 500 多名质量周期领导者,这些领导者实施了 3 000 多个方案,涉及公司五分之一的员工。质量周期取得了一系列显著的成功,但这些成功只局限于一些孤立的部门。结果是,虽然局部表现良好,但整个系统并没有像期望的那样得到改进。为了解决更重要的问题,质量周期方案被多个方面的质量改进团队所取代。

如图11-2所示,良好的绩效测评可以完成两个重要任务:

(1)将管理战略目标与组织联系起来。

(2)将战略目标的实现与管理者联系起来。

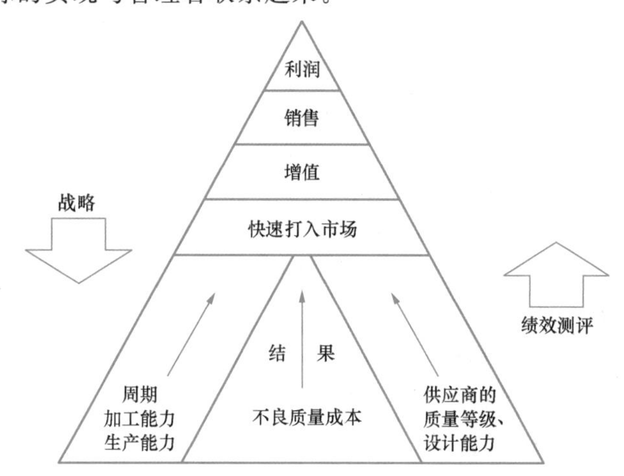

图11-2 联系战略和组织活动的良好的绩效测评

利用不良质量成本来部署公司战略和评估目标的一般过程如下:

(1)作为公司和质量策略的一个要素,高层管理层制定了特定时期内降低不良质量成本的目标。

(2)确定质量改进的优先级,并根据不良质量成本的期望值选择方案。

(3)上层管理者部署战略,并负责在给定时间内完成指定的质量成本减少额,有效配置资源以支持质量改进团队。例如,管理者需定期报告不良质量成本缩减的绩效,并冻结部分薪水以提醒高层管理者对整个组织的责任和义务。战略部署使日常活动朝着实现战略目标的方向发展。

(4)质量改进团队根据其降低不良质量成本目标的实现程度进行评估。优秀的团队将获得奖励,同时提供一种有效的管理方式来减少不良质量成本。

这一突破表明,通过实施有利于整个企业的解决方案,可以获得竞争优势。很多公司已经发现,增加整个企业竞争力的关键是解决职能交叉的问题。然而,大多数公司发现,克服企业壁垒,实现职能交叉部门的合作与协调是十分困难的。

在解决职能交叉问题时,各公司主要面临两个问题。

第一个问题是需要获得高层管理者的支持,因为只有他们手中的权力和资源才能促使职能交叉部门进行合作。一种解决方法是提供关于低质量对企业的负面影响的准确评估。这些评估可以为管理者提供可靠的信息,以衡量解决职能交叉问题的潜在利益。

第二个问题是部门间合作的阻力。不良成本的测量和分析有助于识别和突出这些职能交叉问题。将竞争和由劣质产品引起的经济情况传达给公司的每个人,使他们认识到职能交叉部门之间的合作和参与是必要的。通过指导和监控不良质量成本团队,可以建立一种在公司内部协调解决问题的机制。高层管理者的支持和批准为跨部门或跨区域解决不良质量成本问题提供了一种超越部门限制的方法。

11.4 基于质量成本的质量管理指标

在对最优方法进行研究时，我们发现许多公司已经发展了使用质量过程管理成本的组织方法。图 11-3 为基于质量成本的质量管理过程的要素。基于质量成本的质量管理方法通常包括以下要素：

(1)不良质量成本的评估

评估不良质量成本可以量化由劣质产品在组织中产生的财务影响。评估结果随后用于特定领域，并根据其潜在的反馈信息进行进一步调查。

(2)成本控制分析

成本控制分析在评估每个领域的目标时起着重要作用。成本控制分析的目标是：

①确定目标成本因素与潜在根本原因之间的因果关系。

②消除根本原因以评估净财务回报。

(3)方案选择和实施

根据成本控制分析中确定的潜在回报率和公司在其质量计划中建立的战略需求，选择改进方案。正式的计划方案为选择方案提供策略，为方案的目标以及与组织成功的关系提供证明，同时可以确定方案的参与者和所需资源，并调整实际目标和时间进度。

(4)监控和测量过程

监控和测量改进方案的进展是根据计划方案中建立的财务目标和非财务目标进行的。每个方案组的结果随后向上级部门汇报。通过将当前劣质产品成本的评估与最初不良质量成本评估的基线相比较，从中减去劣质产品成本的减少量，为提高财务绩效的质量计划提供一个指标。

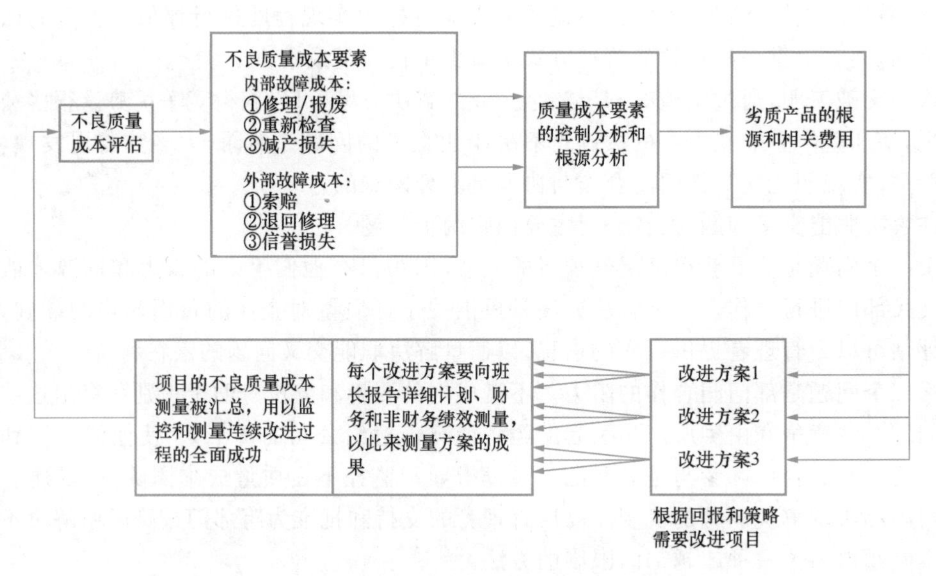

图 11-3　基于质量成本的质量管理过程

下面举例说明一个公司如何通过基于质量成本的质量管理将财务指标纳入质量过程中。正如我们研究的许多公司一样，其质量管理过程通常受到不断减少的市场份额和利润空间的影响。相应地，使用不良质量成本评估来量化劣质产品及其相关费用所带来的影响。通过对内部和外部损失成本进行间接脑力劳动和直接体力劳动的研究，我们发现不良质量成本占销售额的26%。在这个数字中，内部损失成本占79%，而外部损失成本占21%。

表11-1显示了经过评估得出的最大不良质量成本因素。在这些研究中，评估显示最大的六个劣质产品成本因素占全部损失成本的72%。更重要的是，这些因素中的三个因素——不可控的库存流失、退货和因交货问题而向顾客支付的罚金已经明确，因为管理阶层的作用已被包含在评估范围内。

表11-1 最大不良质量成本因素

因素	占全部损失成本的比例
主要内部故障成本	
100%检查	23%
不可控的库存流失	17%
废品	13%
实施纠正行为	5%
主要外部故障成本	
退货	9%
罚款	5%

仅用四个星期，公司完成了评估并选择了成本控制系统中最大的不良质量成本因素。对于成本因素中的送货赔付问题，如图11-4所示，最初的调查显示了罚款的三个原因：分批装运、错误装运、延期送货，其对财务影响程度要在成本控制和根本原因的百分比确定后得出。首先，在根本原因之间分配主要成本，其次，把共同根本原因进行分类并确定其财务影响。

成本控制的进一步分析揭示了罚款潜在的根本原因。其中，最大的原因是原料缺陷。根据成本控制中获得的信息，公司组建了一个团队来修订原材料规范以消除原材料的缺陷。由成本控制分析所引出的其他不良质量成本的关键因素显示由原材料缺陷所产生的问题是很普遍的。

通过基于质量成本的质量管理，公司能够注意到问题的来源而不仅仅是关注表面情况。还有质量方案中遗漏的一些财务信息，也可以帮助公司优化其改进效果并实施有效的成本解决方案，进而提高财务绩效和顾客满意度并将质量和利润完全联系起来。

11.5 整合基于质量成本的质量管理

基于质量成本的质量管理是一种强大的工具。在我们研究的公司中，发现当它与其他

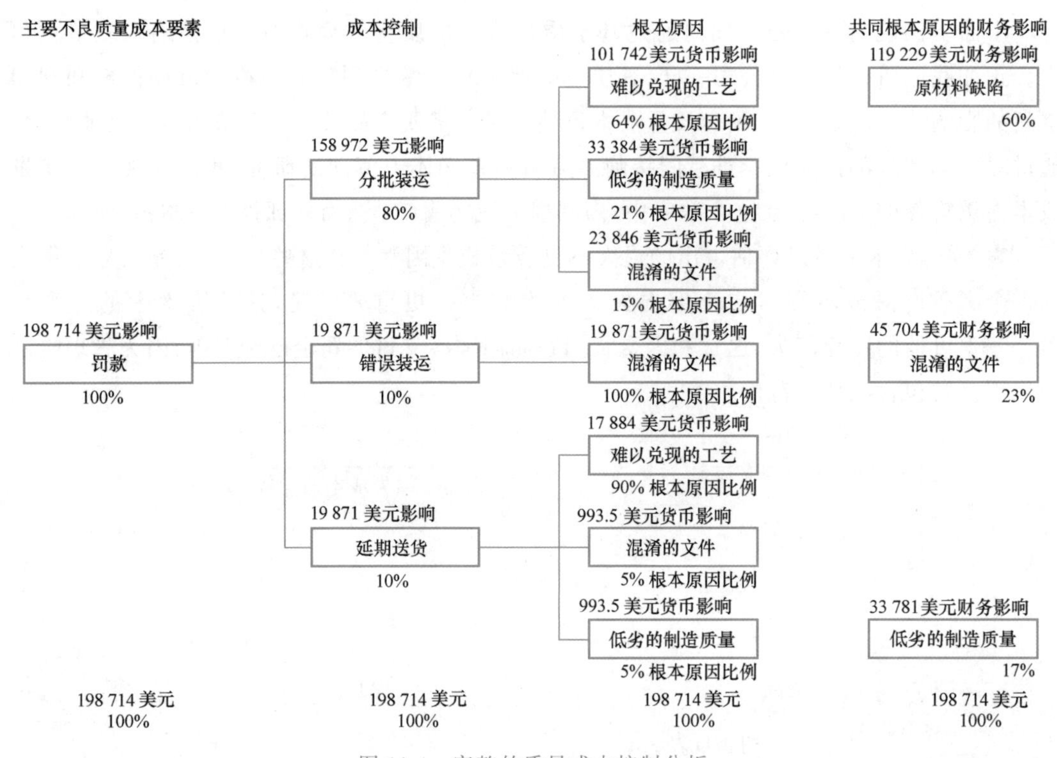

图 11-4　完整的质量成本控制分析

改进方法如过程革新、过程价值分析和过程再设计相结合时，质量成本管理变得更加强大。在每种技术的要点中，一个共同的方法是要求公司将相同的挑战与有效的质量改进管理方法联系起来。

图 11-5 描绘了战略质量计划和基于质量成本的质量管理的各个阶段，并将它们作为公司过程再设计的组成部分。基于质量成本的质量管理原则可以应用于过程改进和再设计，就像它们在质量改进中一样，旨在提供有关提高财务绩效的有用信息。公司已经发现基于质量成本的质量管理能够提供关于实现最大利润的过程再设计的新思路所需的信息。通过利用基于质量成本的质量管理，企业能够在企业过程再设计中扩大经济效益。

高层管理人员必须通过质量现象和长期质量目标来理解质量过程是如何实现竞争战略以及如何提高收益的。公司参与最佳实践的研究回应了这一需求，通过开发新方法将质量过程的优先级和目标与公司的优先级和目标联系在一起。

基于质量成本的质量管理将不良质量成本信息的应用扩展到各级组织——从改进团队成员到高层管理人员。量化和评估改进过程的能力使公司能够将质量调查与利润联系起来。理解质量和竞争之间的因果关系使企业能够根据市场份额和收益率评估质量改进的效果。通过将财务评估与因果框架相结合，公司能够管理和计划质量改进，就像管理和计划市场、财务、产品、销售、采购和其他职能一样。

最终的结果是，信息的有效性需要在一个方面达成共识，那就是为什么质量起作用，并且开发管理质量过程和提供财务结果的有效方法。

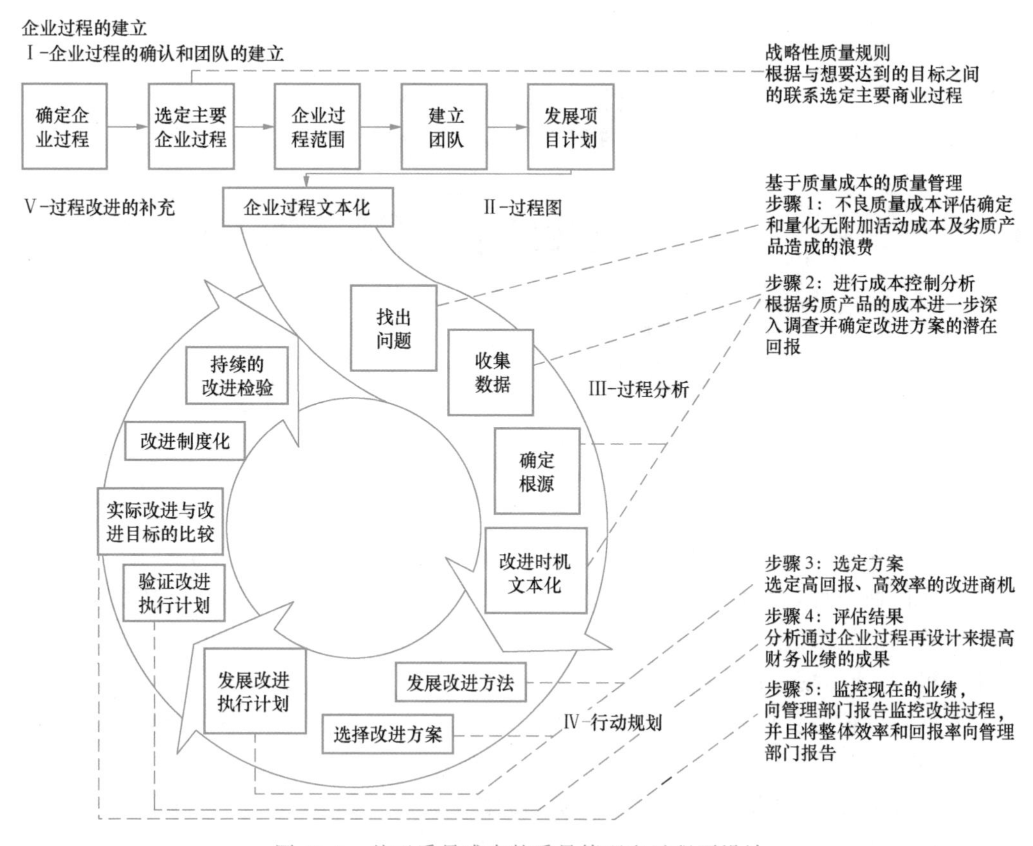

图 11-5　基于质量成本的质量管理和过程再设计

第12章 六西格玛基本原理

六西格玛在统计学中称为标准差，用来表示数据的分散程度，一般企业的缺陷率大约是三西格玛或四西格玛，以四西格玛为例，其相当于每一百万个机会里有 6 210 次误差。如果企业不断追求品质改进，达到六西格玛的程度，绩效就几乎完美地达到顾客要求，即在一百万个机会里，只能出现三四个缺陷。

六西格玛的核心目标是改进过程的性能。核心目标的基本原理是锚定公司的收入报告，并且是双重的。首先，削减成本，对底线有贡献。其次，增加收入，对顶线有贡献。在达到这两个目标方面，六西格玛注重措施和实际方法，得到了公司董事会的认可。了解详细的底线和顶线基本原理，有助于弄清六西格玛是什么和不是什么。

12.1 底线基本原理

底线是公司在给定时期内的净收益或利润，等于收入减去费用。费用一般分为两部分：一部分是出售货物和服务的成本，通常包括直接材料成本、直接人力成本和制造营业间接成本。另一部分是周期性成本，包括销售费用、一般管理支出、利息支出和所得税支出等。

在商业领域，削减成本的工作通常只依靠减员和重组，而六西格玛提供了一种全新的方法，即通过减少直接成本和周期性成本来实现目标。它不仅仅是一项单纯的成本节约改进项目，也不仅仅是一项没有成本削减的培训课程。这种方法使所有成本都被削减，甚至包括人力成本，其实现是通过改进过程绩效而不是减少雇员数量。

由于实现了大量的成本节约，收益报告中的费用会下降。这正是六西格玛在企业中如此受欢迎的关键原因。仅 1999 年，通用电气(GE)公司就通过实施六西格玛改进项目节省了 5 亿美元的成本。为了实现潜在的巨大成本节约，我们需要了解过程的机理和业绩度量，以及改进三角形——波动、周期时间和产出。

12.1.1 过 程

个人和组织消费的每一个产品，无论是货物还是服务，都是供应链的结果。任何一个过程都可以分为子过程、亚子过程等。六西格玛的促进作用更多地体现在过程的性能和改进，这一点与许多组织已经通过其他活动进行了明确区分。

过程广义的定义是在连续的流程中将输入转化为输出的一个或一系列活动(图12-1)。对于企业来说，输出主要是产品，包括硬件产品及其相关服务和独立服务。输入可以是各种各样的东西，从人力、材料和机器到决策、信息及对流、温度和湿度的测量。输入可以是控制因素，即从物理上可控制的因素，也可以是噪声因素，即那些被认为无法控制、不希望控制或成本过高的因素。六西格玛的实用而简单的概念模型是"y 是 x 的函数"：

$$y=f(x) \tag{12-1}$$

式中：y 代表结果变量(过程或产品的性能)；x 代表一个或多个输入变量(控制因素)。各个 x 是主要变量，是独立因素，而 y 是从变量，是非独立变量。这个方程的含义是找出可以改进 y 值的各个 x 值。

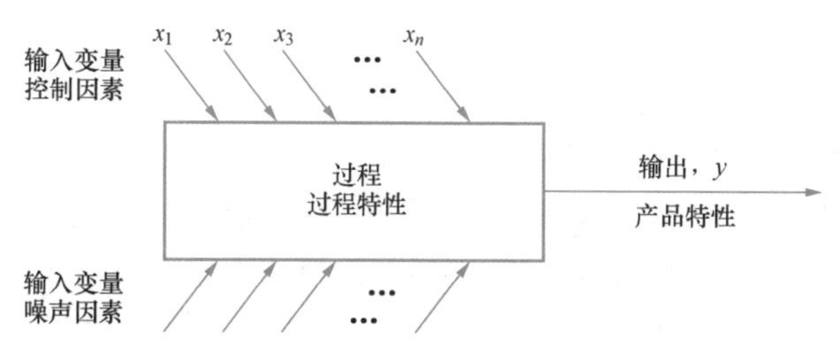

图12-1 过程及其输入和输出

任何给定的过程或产品都有一个或多个特定特性可以收集数据。值得注意的是，正是这些特性(至少其中最重要的)用于衡量过程性能。对于反映过程性能的产品特性，我们需要从多个单元中获取数据，也可以使用同一特性的历史数据。例如，仅通过测量一辆轿车车体上的喷漆厚度无法说明过程的性能。但是，通过对轿车车体样本的测量，以及统计数据推断出过程的性能。对于同一喷漆线的典型过程特性，可能包括压力、温度、电压、不同模型之间的转换时间及单个机器人操作的周期时间。特性分为两种类型：连续特性和离散特性。连续特性可以取连续坐标上的任何值，提供连续数据，而离散特性基于计数，提供属性数据。长度、时间和温度是连续数据的例子，而通过/失败、接受/拒绝或良好/不良的计数是典型的属性数据。

所测特性总会存在波动，因此在确定特性时必须考虑这一点。无论是针对产品还是过程，特性的实际规范要么是双边的，包括上规范限(USL)和下规范限(LSL)，即容差，目标值(T)位于USL和LSL之间。目标值规定了特性的理想值，即额外成本最小的值。单边规范特性要么只有上规范限，要么只有下规范限。在这种情况下，目标值位于远离规范限的某个理想点。波动说明了过程和产品特性的这三个规范限的重要性。

12.1.2 波 动

六西格玛通过追踪过程性能并采用系统化的改进方法，提供了实用的减少波动的解决方案，并帮助组织理解和利用性能改进的关键领域。

在任何过程中，由于波动的存在使得无法制造出两个完全相同的产品。这是一个普遍规律，即没有克隆的过程存在。产品和过程的特性之所以会变化，是因为所有输入因素中包含的波动被视为过程的一部分，并影响输出结果。无论是控制因素还是噪声因素，它们都是输入中的波动因素(图 12-2)。

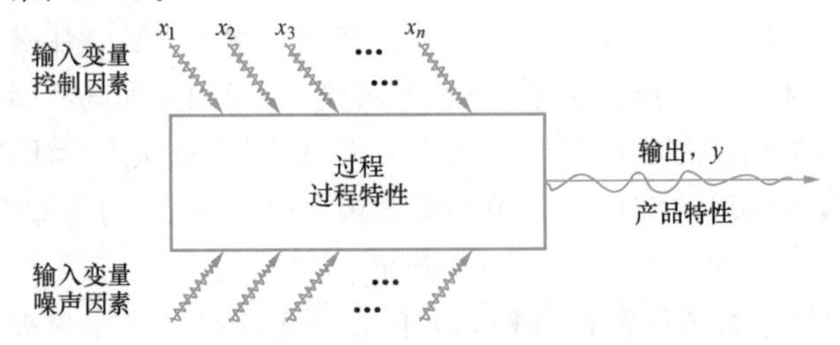

图 12-2　在不同的输入因素中具有波动的过程

无论是过程还是产品特性，其数值在测量时始终处于变化之中。通过将波动用最符合观测值的分布进行可视化和统计分析，可以了解到波动的情况。

过程和产品特性的波动有无数个来源。一般将其分为两种类型：普通原因和特殊原因。普通原因是过程内在的，是无法避免的随机波动，除非改变该过程或产品的设计。许多小幅度的波动源贡献到了这种类型的波动中。特殊原因是非随机的，相对较小，但对波动的贡献较大，并且带来时间和结果的不可预测性。通常，将特殊原因与普通原因分离并消除特殊原因可以带来改进，而要减少普通原因波动，则通常需要改变整个系统。

特殊波动是不同供应商提供的材料质量差异、制造设备差异、不良的测量体系和不适当的培训等原因引起的对过程的干扰。通过应用简单的统计工具和问题解决技术来确定特因并采取纠正措施的同时，还需要更先进的方法来减少分散性。

过程性能波动的改进，可以有三种不同的形式——达到可预见性、减少分散性和改进集中度，如图 12-3 所示，其中 T 表示时间。如果过程含有特殊原因引起的波动，就是不可预见的，即其未来的表现不能够预见。因此应当找出特殊原因并加以消除，以便达到可预见的性能。特征值的大波动对应于大的分散性。通过识别主要的特殊原因波动，并剔除或减小其影响，可以减小分散性。

如果过去性能的平均值不接近测量特性的目标值，可以通过集中过程来改进性能。运用过程的工程知识足以进行这种改进工作，但有时候，必须增加过程的知识。

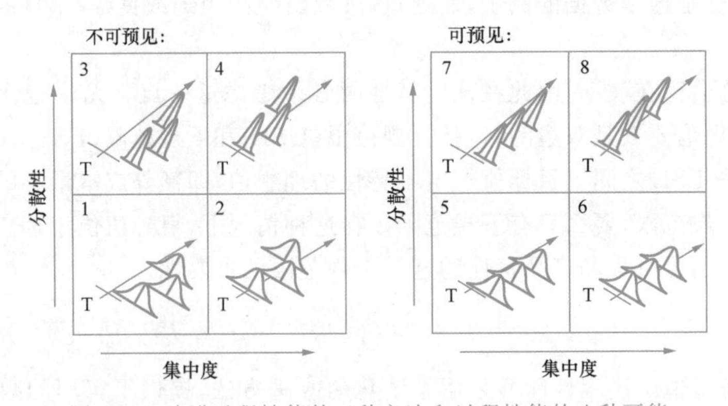

图 12-3　改进过程性能的三种方法和过程性能的八种可能

如图12-3所示，过程性能存在八种可能的情况。分散性和集中度上的箭头表示改进方向，因而第2象限比第1象限的集中度要好。第1象限（不可预见的性能、大分散性和不良集中度）是最不可取，而第8象限（可预见的性能、小分散性和良好的集中度）是最可取的。可预见性一般也称为"统计受控"。熟练运用六西格玛中的质量管理七种工具和析因实验，可以达到这种最可取的情况。

六西格玛中波动改进的基本理念是，达到第8象限过程性能的高水平，这就有必要持续开展改进项目。并不仅仅是由于第8象限在第一个改进项目中不能达到，还由于第8象限的分散性可以进一步改进。六西格玛中标准的改进顺序是，(1)剔除特殊原因波动，(2)减小分散性，继之集中到目标值。最后，问题的创造性解决也可能展现出一个改进的目标值，甚至一个完全不同的带来更高顾客满意度的过程。正如中国古代哲学家庄子（前369—前286年）在一篇广为人知的著名论述中所阐述的："一尺之锤，日取其半，万世不竭。"

1. 波动的度量

在性能和改进三角的度量中，六西格玛优先运用波动作为过程性能的衡量尺度。周期时间和产出也都可以通过波动来衡量。例如，一个过程的周期时间确定后，周期时间围绕其目标值的波动可以展示出过程的性能。产出也是如此。

前面已经注意到，特性的波动可以用分布进行图示。理论上来说，一种特性的分布可以有很多种形式，但在六西格玛中，假设连续特性在大多数情况下服从正态（或高斯）分布，而离散特性服从泊松分布。在一定条件下，离散特性也可以用正态分布进行处理。

确定正态分布的两个统计量是均值和标准差。均值表征在连续坐标上分布的位置，而标准差表征分散性。对于考察项目的总体即总体，和总体项目的一个样本即样本，使用不同的度量符号：μ 为总体均值；σ 为总体标准差；$\overline{x}$ 为样本均值；s 为样本标准差。

需要注意的是，样本统计量可以作为总体统计量的估计。这可以通过一个国家内18岁以上人的身高来说明。可以假设这一身高符合正态分布，并测量该国家所有人的身高，从而得到总体均值和标准差。但是，也可以测量包含1 000人的一个样本，并使用样本的均值和标准差对总体进行估计。统计学的核心概念是利用样本数据对总体进行推断。

当特性偏离目标值的偏差达到规范限以外时，就有可能产生与产品或过程相关的缺陷。在现在的组织中，高缺陷数是一种普遍且被接受的情况。六西格玛的技术含义是使过程性能达到 6σ，这指的是在一个较长的时间段内，某个过程和产品的特性在每一百万次机会中产生的缺陷数不超过3.4个（图12-4）。需要注意的是，如果一个过程或产品有许多可测特性，这被称为复杂系统，整个过程或产品的缺陷数可能显著较高。如果尽最大努力控制，规范限仍偏离目标值 6σ（标准差），并允许特性平均值随时间漂移达到 1.5σ，那么缺陷数即为每一百万次3.4个。工业实践表明这是一个合理的值，并被实施六西格玛概念的公司共同作为假设。这导致在正态曲线 4.5σ 之外的单边积分，形成一个约为3.4/1 000 000的面积。接近每一百万次3.4个缺陷或 6σ 的过程性能即使在世界顶级公司中也是极其罕见的。六西格玛正是为实现这样的性能水平提供了框架、方法和工具。

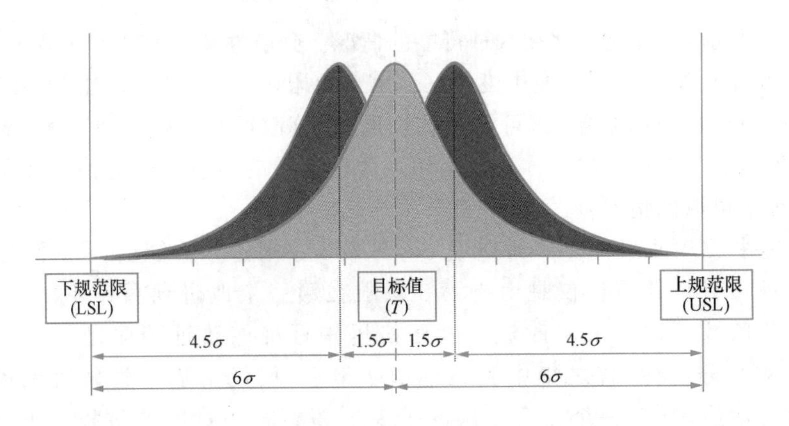

图 12-4　六西格玛战略中包含的过程特性 1.5σ 长期漂移假设

图 12-4 中，浅灰色分布表明某一特性围绕目标值集中时的分布。如果观察该特性随时间的变化，可以发现其均值随时间漂移。这种漂移通常取为 $\pm1.5\sigma$（标准差），以深灰色分布表示。六西格玛中所有的长期测量都包含这个假设，这说明了为什么六西格玛的技术意义对应于每百万次 3.4 个缺陷数。

在衡量过程性能时，可以使用多种标准，例如能力、每百万次缺陷数、西格玛值和不合格百分比。在六西格玛方法中，优先使用每百万次缺陷数（dpmo）作为衡量标准。这一标准简单、易懂，并且能够清晰地指示改进情况。由于许多过程在可测量的一定时间内很少能够产生百万个产品，我们使用统计方法来计算每百万次的缺陷数。尽管使用的是相对较小的观测值，但统计计算可以对过程性能进行估计。使用 dpmo 的另一个优点是它包括了波动的分散性和集中度。

需要注意的是，如果出现特殊原因引起的波动，未来的 dpmo 值将变得不可预测，因此从过程的历史计算的 dpmo 值就失去了预测意义。然而，有人可能会辩称，如果许多过程的 dpmo 值累积起来，平均 dpmo 值仍然会回到可预测的取值范围内，至少在不存在一个主导总体结果的不可预测过程的情况下是如此。

2. 波动的额外成本和不良过程性能成本

六西格玛的一个重要观点是，需要认识到任何过程或产品特性的波动都会导致额外的成本，这些成本被称为不良过程性能成本。这些额外成本由公司本身、顾客或社会来承担。然而，在主流的企业实践中，只有当过程或产品的特性超出规范限时，才会记录相关的额外成本（图 12-5）。这种观点在实际生活中缺乏意义。例如，为什么只有在规范限范围内的产品特性没有缺陷，额外成本为零，而一旦超出规范限，就会产生全部额外成本？

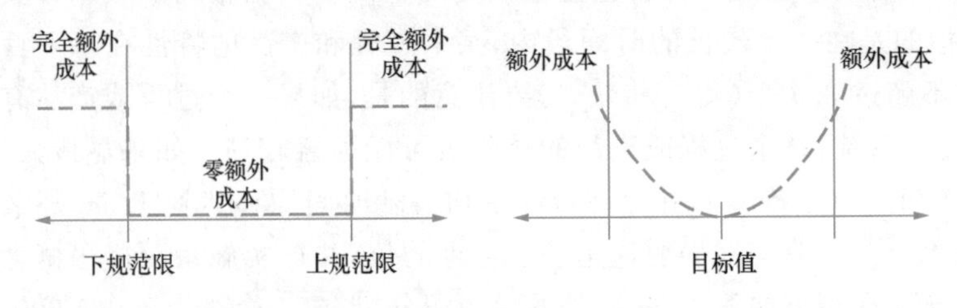

图 12-5　预期额外成本的直观表示

图 12-5 中左侧是主流企业观点，认为额外成本与容差有关；而右侧涉及波动，任何偏离

目标值的都会导致额外成本。后者是基于 20 世纪 60 年代由日本工程师田口原一提出的“损失函数”的概念。

六西格玛正在组织中灌输这样的认识,即任何特性目标值的偏离都会导致额外成本。因此,在六西格玛的公司中经常引用这样的说法:“波动是企业的头号敌人。”因此,我们必须战胜波动。不良过程性能成本的典型例子包括检验费用、迟到的估计、材料延迟提供、废料和高库存。摩托罗拉、ABB 和其他六西格玛公司的经验表明,过程性能的波动与不良过程性能成本密切相关(图 12-6)。他们证明了减少过程波动具有巨大的成本节省潜力。“不良过程性能成本”还有一个常用术语,即“不良质量成本”。

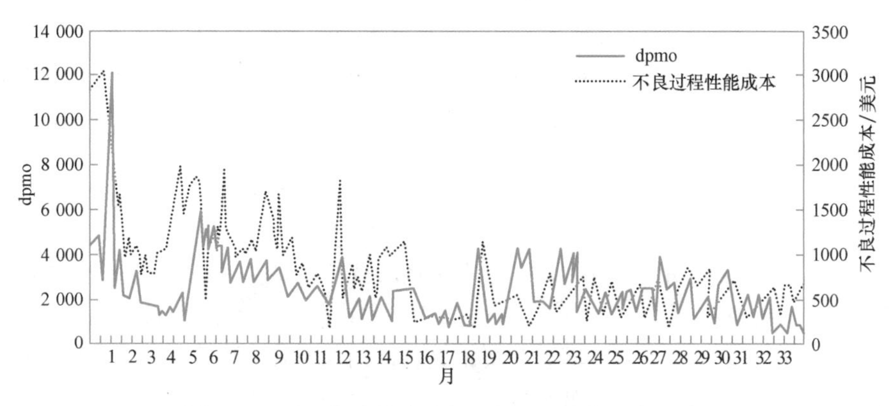

图 12-6 过程特性的波动与不良过程性能成本的关系

12.1.3 周期时间和产出

所有的过程都具有周期时间和产出。过程的周期时间是指完成所有输入因素转化为输出所需的平均时间。每个过程都有自己的周期时间。过程的产出是指与时间或数量相关的输出数量。有效地将输入因素转化为产品无疑会带来更好的产出。因此,周期时间和产出涵盖了广泛的实际运营方面,包括设备和资源的利用、组织时间和支付周期、能力和生产效率等。

在六西格玛改进项目中,改善周期时间和产出的方法与改善波动的方法相似:实现可预见性、减少分散性和改善集中度。然而,与波动相比,周期时间和产出的目标值更具灵活性,可以在短期内进行改进,而其他特性的目标值则被认为是理想的,并需要更长的时间来改进。

例如,一个机场的一个门,设定一个过程的周期时间为每 65 分钟(±5 分钟)起飞一架飞机。在这种情况下,改善绩效意味着实现可预见的绩效、减少分散性和改善集中度。飞机的起飞时间应保持在小于 65 分钟的目标值范围内。通过改进地勤过程,可能建立一个新的目标值为 47 分钟(±5 分钟),仍然具有可预见性并具有相同的分散性。这样就实现了该门的能力提升 28%。六西格玛公司在处理这种改进时采用了与改善波动项目相同的方法,并记录了成本节约。需要注意的是,从 65 分钟到 47 分钟的改进并不是以 dpmo 的改进来记录,因为 dpmo 是围绕目标值的波动进行测量的。

实施六西格玛的公司,如 ABB、摩托罗拉和通用电气等,报告了许多关于周期时间和产出改进的项目。减少周期时间 50%的项目并不少见。通用电气在 1999 年的年度报告中表示,他们在内部操作中实施了数千个提高效率和减少波动的项目,涵盖了从工业制造到金融服务支持等领域。自 1996 年以来,通用电气的年度报告提供了更详细的例子,如飞机工业部实现了 7 亿美元的生产率收益,工业系统部门通过改进分布令交付性能显著提高,塑料业通过基于六西格玛的生产力改进使运营利润增加了 4%。这些报告证实了六西格玛方法在改善周期时间和产出方面的能力和有效性。

关注周期时间和产出并不仅仅是六西格玛的特点。它已成为企业改进方法的重点,如精益制造、企业过程再造、基于成本核算的对策(Activity Based Costing)、新卿(Shingo)方法、一分钟更换模具(Single Minute Exchange of Die)和 5S(整理、整顿、清扫、清洁、素养)等。六西格玛增加了一个重要要求,即改善周期时间和产出不能导致波动的增加,而应该保持或改善波动的稳定性。这种改进周期时间和产出的方法进一步加强了人们对六西格玛活动的承诺。使其在方法论上更深层的一致性在组织内得以体现,并对改进达成了共识。

12.1.4 底线循环

改进项目是六西格玛方法的基本活动,它采用形式化的改进方法。通过改进项目,可以提升过程性能,并实现对公司利润的直接贡献,从而实现成本节约。承诺是完成这一循环的关键要素之一。没有来自高层管理层,以及相关各部门的承诺,六西格玛对任何组织来说都是难以实现的。为了促进承诺,管理人员的重视成为六西格玛的一个组成部分。例如,每完成一个改进项目后,应向高层管理层提交一份关于成本节约的报告,并提供一个测量系统,用于记录有关所有过程性能和改进机会跟踪的数据。承诺还要求六西格玛方法中的相关人员负责推动和确保改进项目的实施。

底线循环是一个自我增强的周期,可以提供实际反馈并促进承诺。由于底线循环的四个要素共同构成了循环的基础,我们将其称为底线循环(图 12-7)。

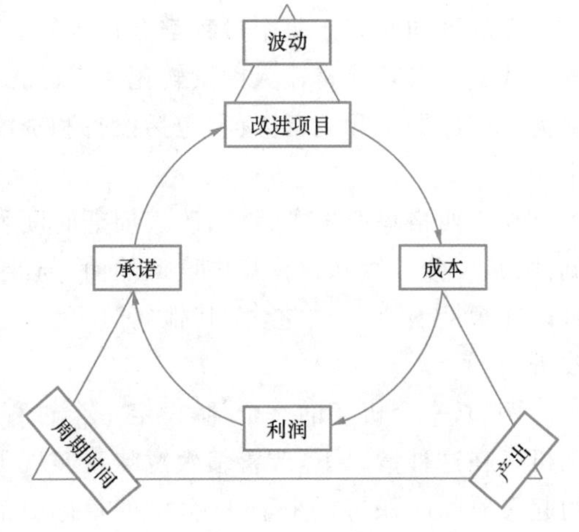

图 12-7　六西格玛的底线循环

循环可以是良性的,也可以是恶性的。良性循环指的是在推行改进方案时,能够通过减少成本、增加利润来增强承诺。然而,如果公司对改进项目不够重视,成本将不可避免地增加,利润将减少,对方法的承诺也会降低。

在瑞典爱立信电信公司的一次会议上,一位副总裁的发言引起了人们的注意:“每节约一美元的内部成本,至少可以增加五美元的总收入。”对于处于微利润状态的公司来说,成本节约的价值会相应地增加总收入。虽然六西格玛在短期内通过减少过程波动来强调底线循环,但从长远来看,它有能力改进顶线,即增加顾客满意度和总收入。接下来我们将讨论六西格玛的顶线基本原理,以及它与顾客之间的重要联系。

12.2　顶线基本原理

在收入报告中，总收入是起点，即顶线。它指的是在给定会计期间内销售货物和服务的价格。总收入水平主要由市场份额和公司销售产品的价格决定，而这两个方面在很大程度上取决于顾客的满意程度。随着全球市场的全面发展，选择性增加和竞争加剧，顾客满意度在过去二十多年中得到了快速提升。通用电气(GE)、摩托罗拉(Motorola)和其他实施六西格玛的公司报告称，通过关注顾客，它们不断提高顾客满意程度，并在过程性能方面取得了巨大的进步。

过程是指在重复的流程中将输入转化为输出的一个或一系列活动。在这个定义中，并未提及顾客，然而无论是内部还是外部过程，没有顾客就无法存在过程。因此，过程的完整定义应该是：过程是为了满足顾客需求而在重复的流程中将输入转化为输出的一个活动或一系列活动(图 12-8)。因此，那些用于评估过程性能和改进的特征，对于公司来说至关重要，对顾客来说也很重要。在六西格玛的理论模型 $y=f(x)$ 中，基本上是改进那些对顾客重要的 y 值。过程总是由顾客对产品的需求引起，并且至少应该以顾客的满意为终点。

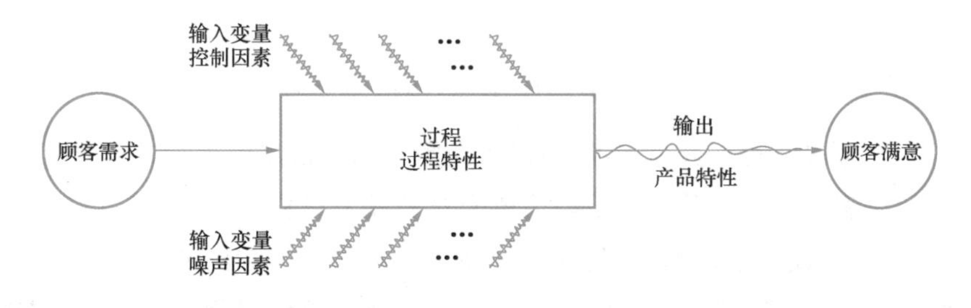

图 12-8　一个完整的过程

顾客需求和顾客满意本质上都是富有个性化和人性化的。换句话说，顾客对产品的需求和满意方面是存在着波动的。组织在与顾客互动时必须意识到这种波动。一个易于理解顾客满意度和需求因素的方法是著名的狩野(Kano)模型(图 12-9)。该模型将顾客需求分为基本需求、预期需求和兴奋需求。

在狩野(Kano)模型中，基本需求几乎是顾客无意识中的期望，或者说这些需求如此明显，以至于当被询问时，顾客不会提及这些需求。然而，如果这些需求得不到满足，顾客会极不满意。然而，满足顾客的基本需求并不能确保顾客的满意。因此，该模型强调满足顾客大部分的预期需求。预期需求是指顾客意识到并期望满足的需求，尽管并非总是必需的。兴奋需求则是超出顾客预期的惊喜体验。生产者必须通过更巧妙的设计才能实现这些令人兴奋的性能。

以一辆新汽车为例。在大多数情况下，车钥匙一转就能启动，刹车反应灵敏，窗户和车身表面没有明显损坏，这些属于基本需求。顾客的预期需求可能包括：交车前彻底打扫，车内无异味，座椅易于调整，未来几年没有大问题等。而令人兴奋的需求可能是导航系统、送到家门口的一束鲜花，以及介绍该车、其维护和生产过程的电视录像等。这些需求因素的变

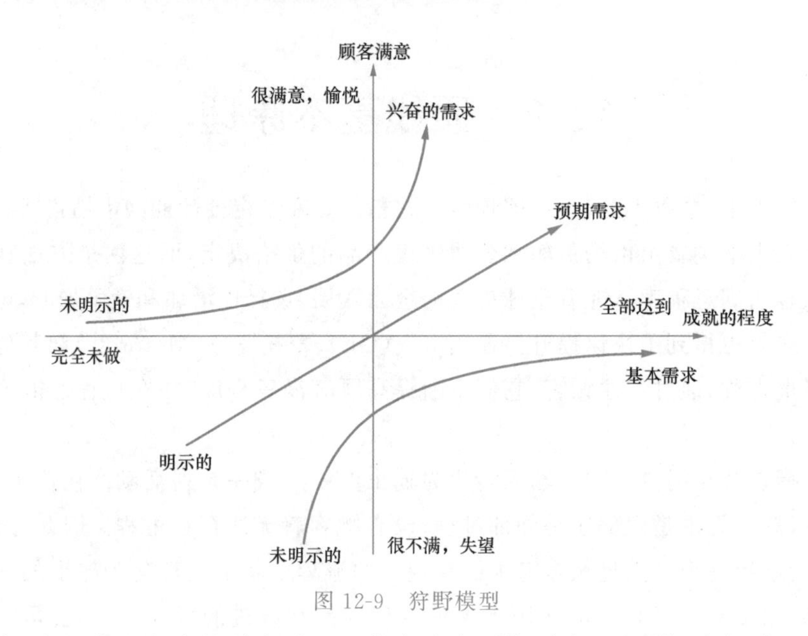

图 12-9　狩野模型

化值得注意，今天令人兴奋的需求明天可能会成为预期需求，而预期需求则不再是基本需求。例如，无论自动启停功能在最初推出时多么令人兴奋，我们今天发现它已成为非常基本的需求。

12.2.1　顾客需求

在市场上，将顾客满意划分为基本需求、预期需求和兴奋需求等组成部分的做法并未广泛传播。然而，顾客通常以这种方式来表达他们对产品或供应商的要求。顾客的要求可以被视为基本需求和预期需求的总和，就像狩野(Kano)模型中所示的那样。

摩托罗拉(Motorola)、通用电气(GE)、ABB 和其他六西格玛公司通过测量与改进流程和产品来确保满足顾客的需求，这些公司通过在一个持续的基础上进行测量，生产出顾客几乎认为没有缺陷的产品。

在六西格玛中，对顾客需求的识别是全面的，并扩展到将需求转化为重要的流程和产品特性的活动中。为了增强活动的效果，这些公司强调让顾客来说明他们的需求。由于顾客很少直接表明流程和产品特性，因此质量功能展开的方法被用于系统的转化过程。这种方法可以基于顾客的输入对每种特性的重要性进行排序，从而产生一系列被六西格玛公司视为“对顾客重要”的过程和产品特性。在识别了“对顾客重要”的需求之后，还需要请顾客说明特性的期望值或目标值，以及特性缺陷的规范限。这些重要信息将作为评估流程性能的基础应用于六西格玛中。

通过 dpmo 的测量，可以确定某些“对顾客重要”的特性中的缺陷数量。需要注意的是，顾客包括内部和外部两个方面。然而，内部顾客的需求应与外部顾客的需求一起被考虑。如果内部顾客需求不如外部顾客需求重要，那么通常可能反映出的是非增值活动或与顾客相关的虚假设想。如果存在这样的差距，应采取适当的措施。

传统上，内部工程师会对顾客进行假设，识别一整套特性并确定规范限。根据这种实践，在规范限范围内的所有事物都被视为合格，因此很少规定目标值。这些工程师的问题在于他们经常进行猜测而很少彼此分享市场和销售方面的知识。在六西格玛中，目标通过生产满足顾客需求的产品，即减少缺陷数，吸引更多的顾客。据报道，摩托罗拉(Motorola)的平均流程性能已经超过了六西格玛标准，换句话说，每百万次操作平均只有 3.4 个缺陷。这意味着该公司通过识别“对顾客重要”的特性，在一百万种情况中有 999 997 次满足了顾客的需求。

12.2.2 顶线循环

让顾客意识到“对顾客重要的”需求意味着，根据顾客的观点改善过程性能将导致更少的缺陷。结果是越来越多的顾客要求得到满足，从而提高了顾客满意度。这同样适用于改进周期时间，以便能够快速响应顾客需求，提高产出效率，从而更有效地利用资源。

在 1997 年的 GE 年度报告中，GE 资本服务声明：“我们的基本方法是通过关注顾客需求、改进过程和全员参与来减少‘缺陷’。以商业金融部门为例，利用六西格玛方法，更好地理解顾客需求，赢得了更多的合同。我们通过制定顾客‘期望合同’赢得的新交易的增长达到了 160%。”在 1999 年的年度报告中，该公司称：“无论我们在世界的任何地方，GE 资本都在实施六西格玛。它在 1999 年创造了 4 亿美元的净收益。”

六西格玛改进项目提高了顾客满意度，从而增加了市场份额，最终促使总收入增加。总收入的增加和成本的降低导致利润增加，并在整个组织中形成对这种改进方法和进一步改进项目的承诺。由此形成了一个不同循环的轮廓线，我们称之为顶线循环。顶线循环与底线循环相结合，构成了六西格玛改进项目对组织的顶线和底线结果的影响，这一点很容易理解(图 12-10)。

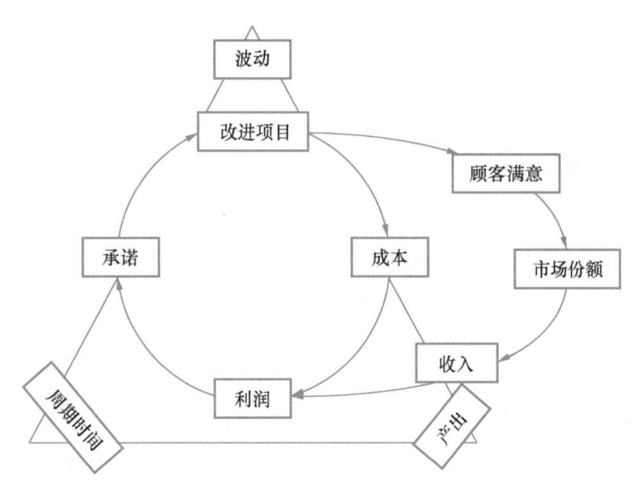

图 12-10 顶线循环和底线循环对波动、周期时间和产出的双重影响

与底线循环类似，顶线循环可能是良性或恶性的周期。然而，从顶线循环中获得结果需要比从底线循环更长的时间。这是由于顾客反馈和更复杂的因素所致。研究表明，一个失望的顾客会向其他 10 个潜在顾客传达不满，而在 100 个不满意顾客中，只有 4 个会向公司提供反馈。

每百万次缺陷数(dpmo)是六西格玛中首选的过程性能度量,它不仅反映了不良过程性能的成本,还反映了提高顾客满意度的潜力。dpmo 的减少表示更高的顾客满意度,而 dpmo 的增加表示更大的改进潜力。实施六西格玛的公司深信 dpmo 值的预测性,它为管理人员做出基于事实的决策提供了良好的依据。

12.3 扩展基本原理

迄今为止,我们已经介绍了六西格玛作为一项战略活动,用于改进波动、周期时间和产出,以达到可预见的性能、降低差异性和提高改进集中度的目标。实施六西格玛的公司已经采取了相应措施,并在成本节约和总收入增加方面取得了显著效果。然而,有时候改进项目会中断,因为无法识别或排除特殊原因引起的波动,从而无法达到预期的性能水平。在这些情况下,需要改变该过程或产品的设计。通过应用形式化的改进方法和大量相同的统计工具,六西格玛可以有效地改进过程设计和产品设计。由于存在过程设计和产品设计两个层面,设计领域可以被想象为两个分别涉及性能和改进的三角形,进而形成了关于"多敏捷"的第四个领域(图 12-11)。

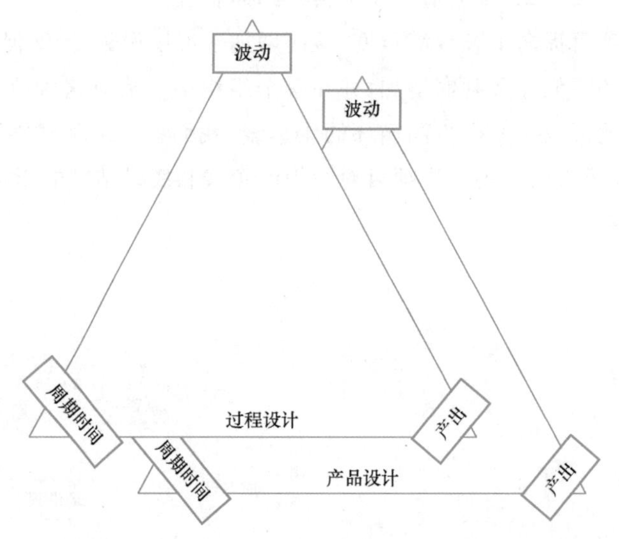

图 12-11 六西格玛中过程设计和产品设计的性能和改进三角形

(每一个三角形都包括波动、周期时间和产出的领域)

六西格玛设计改进项目呈现出非常复杂和难以处理的趋势,但这些项目能够带来巨大的成本节约和收入增长。在 ABB 公司,六西格玛的这种先进应用被称为六西格玛工程,而 GE 公司称之为六西格玛设计。正如联合信号公司的副总裁拉斯·福特所说:"在航天航空工业中,对我们来说最重要的事情是可靠性的增加和低成本的所有权消耗的不断提高。这两个方面直接与发动机设计相关。六西格玛原则使我们能够在设计过程中预先减少性能波动。"GE 医疗系统公司的首席执行官大卫 A. 卡尔豪恩在 1999 年的年度报告中也很好地总结了这一点:"在 1999 年,我们引入了六西格玛设计(DFSS)的七种产品,到 2000 年将超过

20种。这些产品各有不同，但都更好地满足了顾客和病人的需求，并且更快地投放市场。”要充分发挥过程设计和产品设计的潜力，就需要理解六西格玛公司处理它们的方法。

12.3.1 过程设计和产品设计

设计产品的活动与设计过程的活动在本质和时间上密切相关，然而产品设计仅仅针对一种产品，而过程设计的实施通常需要考虑其他类似产品。典型的设计产品和过程的活动包括样机制作和仿真建模，这两者都可以用于识别改进机会，对产品和过程的整个生命周期都有潜在的巨大影响。

在六西格玛应用于过程设计和产品设计时，有三个可能且具有正面意义的目标。首先，通过设计过程和产品，使投放市场的产品能够令顾客满意。其次，通过这种方式确定设计参数，使产品对波动不敏感。最后，利用容差限较窄的过程或产品输入因素来减小波动。通常，这三个目标对应于过程和产品设计的三个阶段：系统设计阶段、参数设计阶段和容差设计阶段。六西格玛改进项目可以在三个阶段实施，也可以只在一个或两个阶段实施。

1. 系统设计

系统设计阶段中，可以利用科学、技术、设计趋势和发明来开发过程和产品。草图、图纸、样品和仿真模型是这项开发的核心。材料、部件、装配和制造技术都需要进行试验，并针对整体设计进行取舍。在系统设计阶段，不仅需要确保产品满足顾客的需求，还应考虑能够令顾客满意的因素。根据狩野模型，顾客的最高满意水平也被认为是兴奋的体验，可以通过整体设计来实现。良好的产品和过程设计还可以提高新产品的成功率，并缩短产品进入市场的时间。

在六西格玛中，确保满意的整体设计的一个重要方法是质量功能展开。它使得企业能够系统地将顾客的需求转化为对产品设计和设计过程的要求。质量功能展开还可以用于在顾客所期望的产品范围内识别兴奋的体验。

2. 参数设计

在设计产品或过程时，使其对波动尽可能不敏感是非常重要的。对于一个产品而言，这意味着设计应考虑生产和使用过程中的干扰因素。对于一个过程而言，则要求设计能够避免特殊原因波动对输入与输出的影响。这常常被称为“稳健产品”和“稳健过程”。

设计参数是过程和产品的基本组成部分。以航班为例，降落和着陆过程的典型特性包括距离着陆坐标的偏差、分散性和准时到达率等。过程设计和产品设计的参数示例包括仪器着陆系统的尺寸、机翼的长度、贮存舱的位置和大小、最大速度和中断能力等。一方面，存在着过程和产品特性之间的关系；另一方面，过程和产品设计参数通常都是未知的。

析因实验是六西格玛改进方法中常用的工具，证明对产品和过程参数设计的改进非常有效。通过在样品和仿真模型上应用这个工具，可以确定良好的参数设计。析因实验还提供了有关过程和产品特性之间重要关系的信息和解决方案。

过程或产品参数设计改进项目的目标是确定经过深思熟虑的产品和过程参数，以实现以下效果：

(1)达到产品特性规定的目标值。

(2)使产品和过程对波动不敏感。

(3)将成本降至最低。

3. 容差设计

在某些情况下,过程或产品规范限定的容差范围过大,以至于无法稳定地满足顾客的需求,因此有必要改善规范限制。这可以通过两种方法实现:一是改进产品或过程的性能,使其能够在更严格的容差范围内稳定运行;二是重新设计该过程或产品,采用容差更严格的高级零件。需要注意的是,选择使用高级零件往往会带来额外成本。

例如,如果已经规定了小汽车引擎噪声的最高水平,但相当比例的顾客仍希望降低噪声上限,那么小汽车制造商可能会发现,尽管引擎在规范限定范围内,但顾客仍然认为存在缺陷。容差改进项目可能会导致变化,要么是改进引擎零件,以使容差更严格,要么是更换整个引擎为更安静的型号。

目前,在工业中广泛应用容差,但通常不作为一种系统方法。容差设计对于公司改善其过程性能是一种非常有价值的选择。

12.3.2 综合理论基础

六西格玛的综合理论基础包括顶线循环和底线循环:成本节约和收入增长。这是因为它专注于波动、周期时间、产出和设计等三角领域,从而改进了过程性能。总的来说,它们为六西格玛的综合理论基础提供了合理的依据(图 12-12)。

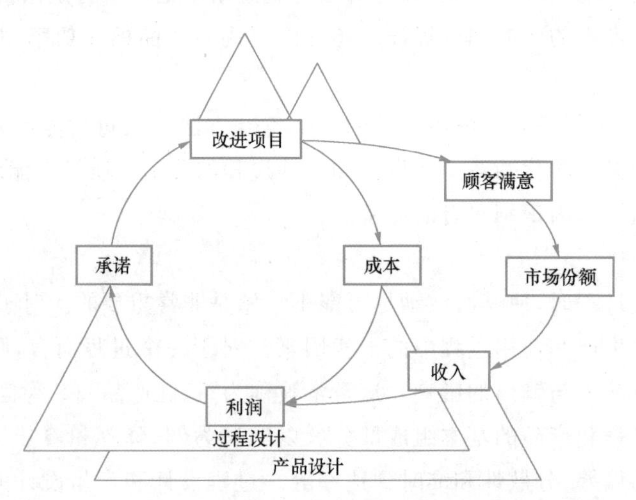

图 12-12　六西格玛的综合理论基础(包括性能和改进三角形,涉及波动、周期时间和产出的领域)

上述综合理论基础并不是完整的,我们也不认为它包含了所有可能。然而,它是解释六西格玛的一次尝试。例如,模型中没有包括现金流动和资本效率这两个与之密切相关的领域。许多六西格玛公司报告了在这两个方面取得的显著改进。当改进了过程性能、降低了成本、增加了产出和利润时,整个公司的现金流和资本效率将会有显著提升。有趣的是,这进一步增加了六西格玛改进项目对公司资金平衡表的贡献,将对顶线和底线结果的正面影响体现在收入报告中。该综合理论基础还可以包括六西格玛公司从其众多改进项目中所获得的整个组织的学习，这是对任何公司都具有重要价值的智力成本。

在将六西格玛作为全公司范围战略活动的公司中，通常可以实现卓越的绩效。六西格玛为改进设定了高标准，能够帮助公司在过程和产品上努力实现世界级绩效。而实际上，是组织内的员工实现了这些改进。通过六西格玛改进方法，他们将持续改进融入日常工作中，覆盖了三角形的所有领域。六西格玛为其提供了一种改进的方法和评估过程绩效的途径，整个组织的每个人都开始讨论绩效和改进。

第13章 国内外工程安全与质量管理选粹

设计工程师完成制造工作图，经过评审及批准手续后，下达到制造工艺部门及车间。这些部门的专家、工程师和操作者，应从各自不同的工作岗位上，确保生产的产品符合设计要求。下面介绍国内外的一些做法及流程。

13.1 制造流程

13.1.1 制造计划

1. 计划内容

生产车间按照制造部门编制的制造计划进行组织生产。制造计划的主要内容包括：

(1)选择能够保证尺寸公差的机器、加工方法和工具。

(2)选择适用于工序质量控制所需精度的计量仪器和测试手段。如果没有合适的通用量具，则需要进行自制。在瑞典，运用数控之前，常采用此方法以实现工件不下机床就能准确测量尺寸的公差。

(3)制订工艺流程。

(4)制订工序质量控制计划，包括数据的收集和信息的反馈。

(5)制定包装和发运计划。

(6)确定生产线上的质量负责人。

(7)挑选和培训生产人员。

2. 编制计划的负责部门

对于上述计划的编制，不同公司有不同的做法，一般根据以下因素决定：

(1)产品的技术复杂性。

(2)工艺流程的特点。

(3)生产线上工长和操作者的技术水平。

(4)组织生产的形式。

组织生产的基本形式通常有以下三种：

①封闭车间的生产方式。由车间计划人员负责编制制造计划(如图 13-1 所示)。

②跨车间制造整台产品。由工厂计划部门编制部门和跨车间之间的计划，车间本身的计划仍由车间计划人员负责编制(汽车制造、生产家用电器设备及大型机电工业产品的工厂通常采用这种形式，如图 13-2 所示)。

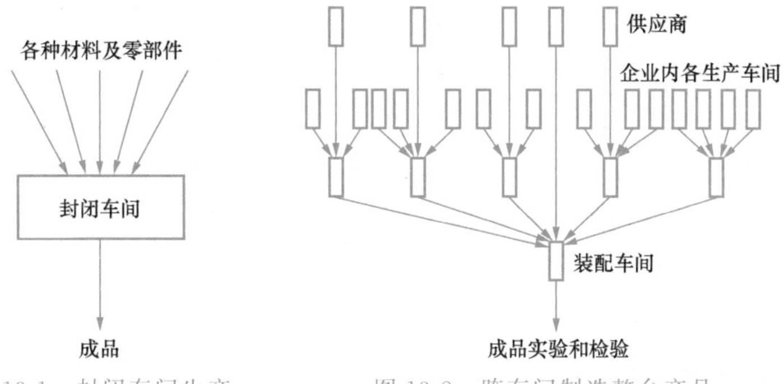

图 13-1　封闭车间生产　　　　图 13-2　跨车间制造整台产品

③单件产品跨车间生产。同样需要两种计划，一种是工厂计划，由厂计划部门编制；另一种是车间计划，根据计划人员掌握的技术业务知识而定。

13.1.2　参加设计评审会议

为了确保制造质量，制造部门在设计评审会议上就加工工艺性和生产可能性方面对设计的尺寸公差提出意见。实践证明，这种做法是确保产品适用性的关键。制造部门和车间领导对设计工程师选定的尺寸公差的合理性及经济性进行激烈地讨论，一旦会议做出决定，他们必须坚决执行。

实际上，制造部门的工艺工程师在设计评审会上不可能也不应该对图纸上的所有尺寸公差进行评审，而应该重点关注制造上确实存在的困难，以及与产品功能紧密相关的、涉及工时较长和费用较高的那些尺寸公差。

在设计评审时，工艺师通常从三个方面进行考虑：

(1)对设计师制定的产品质量特性的重要性进行评审分级，以简化确认方法。

(2)根据不同机床的工序能力测算表来评审所设定的公差是否合理。

(3)根据积累的材料、零件和半成品等不同加工精度水平所需的成本费用图表来评审设计的经济性。

13.1.3　确保不出差错

确保制造质量是一项重要内容，需要避免差错的发生。经验证明，人工检验的准确性一般只能达到 80%。因此，现代企业通常倾向于采用机械化、自动化的操作和检验方式来替代人工方法，或者设计能够使技术水平低、不熟练的工人在操作时不容易出错的方法。常见的方法包括：

(1)在部件或工具上开槽口，以确保只有与同样尺寸的凸出部分相匹配的槽口才能进行装配，实现类似锁和钥匙的效应。

(2)使用感光装置,当操作出错或输入的材料不正确时,机器能够自动停车,确保人身安全。

(3)在操作出错时,立即发出警报声或其他易于察觉的信号。

(4)在医药工业中,广泛采用不同的颜色、大小、形状等方法,以便易于识别,避免药品混淆。例如,在配方上,各种药品的称重必须由两位药剂师分别进行复核并签字,然后才能交给病人服用。

(5)在工序控制方面,采用100%的自动化装置对产品进行筛选,将合格品和不合格品自动分开。

(6)使用各种仪器,例如光学放大仪器可以扩大人的视觉范围,闭路电视可进行远程监控,染色方法可以在荧光照射下识别工件上的细小裂纹等,这些都有助于操作者减少失误。

(7)对于最容易发生操作错误的按钮、手柄、液压阀、电力阀等,从设计上采用闭锁、连锁或截断等安全装置来确保安全性。这一点非常重要。例如,在一艘军舰上曾发生过一起事故,其中液压阀按逆时针方向转动能增大能量,而电力阀则恰好相反。由于两者在外观上相似,在一次紧急事件中,一个从液压小组新调到电力小组的操作者在惊慌失措下习惯性地按照液压阀的转动方向操作手柄,险些造成一次严重的事故。

13.1.4 管理方法

将工号和数码按照文件规定打印在产品上,以便辨认制造年月并追查责任者,这被称为可追查性。

(1)优点

①可避免外观相似的药品混淆,防止药品过期导致变质。

②简化故障的调查和分析,有助于确定事故责任。

③有利于区分回收的废次品。

(2)采用范围

医药、航天和原子能工业的产品必须全部实施可追查性管理方法,包括制定编码文件、记录原始数据、标记仓库货架号和产品等。

在民用产品方面,对于在产品的安全性和适用性方面起决定作用的关键部件,也应实施可追查性管理方法。在瑞典的一些企业中,即便是一些无法打印工号的小零件,也会使用铣床进行加工,以确保零件上有工号印记,此方法可以有效地增强工人的责任心,确保产品的制造质量。

13.1.5 工艺流程图

采用流程图的形式来展示复杂产品在生产制造阶段的物流过程。流程图能够清楚地显示各个工序的作用,并根据产品的适用性要求,在图上标注不同的质量控制方法。图13-3展示了制造电冰箱外壳的过程。

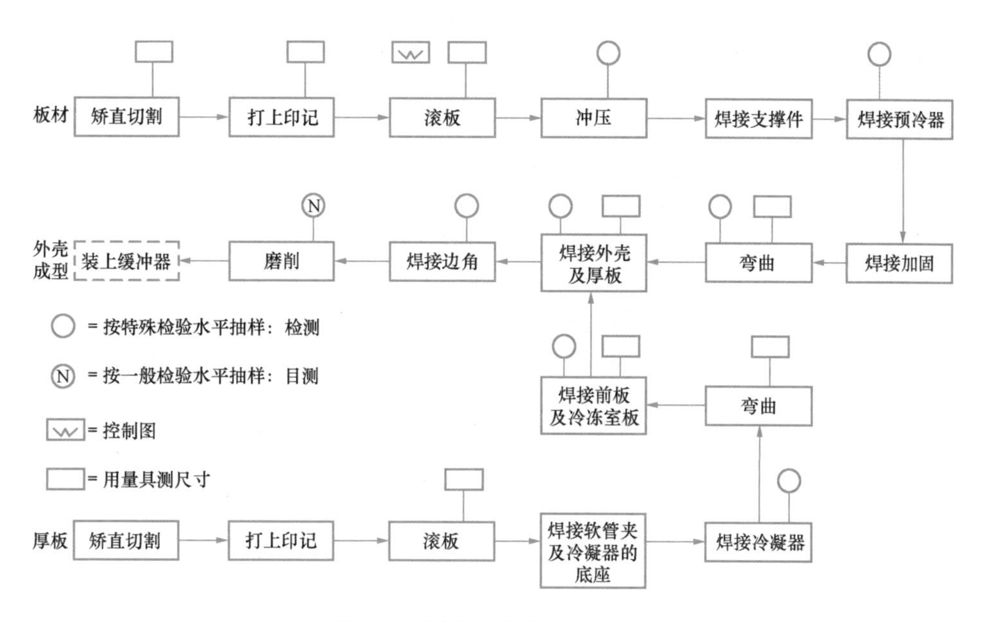

图13-3 制造电冰箱外壳的流程

13.1.6 自控工人

众所周知，影响产品质量的要素包括人员、设备、方法、材料和环境。为了确保产品质量，瑞典的企业将人员因素视为关键。他们认为工厂管理者有责任使工人成为自我控制的工人。

1. 自控工人须具备的条件

(1)操作者必须知道如何进行操作以及为什么要这样做。

(2)操作者必须了解他所生产的产品是否符合规格要求。

(3)操作者必须具备正确处理异常情况的能力。

在瑞典，当出现废品时，公司根据上述三个条件来判断责任归属。如果分析结果表明，工人不符合上述任一条件，责任应由管理者承担。反之，如果证明工人已具备自我控制的条件，领导层才能追究其责任。

例如，表13-1是我们对六个机加工车间在17个工作日内所造成的废品和返修品进行的综合诊断结果。尽管废品和返修品之间的比例有时会波动，但变化并不大，这仅与操作本身有关，而与部门无关。一般情况下，管理者的责任占了80%，这种80比20的说法在许多国家都得到了验证。然而，迄今为止，仍有许多管理者并没有意识到这个概念。长期以来，他们盲目自信，认为废品主要是由于工人的粗心大意、对工作漠不关心甚至不负责任所致。在这种思想支配下的管理者将解决问题的重点放在了工人身上。可以确定的是，他们这样做是“捡了芝麻，丢了西瓜”，即使工作做得再好也只能解决20%的质量问题，而忽视了管理不善这个非常重要的环节。

表 13-1　　　　综合诊断结果

	原因	所占比例/%
管理者的责任	培训不当	15
	机器不合用	8
	机器修理问题	8
	工序原因	8
	物料搬运问题	7
	工具、夹具、量具的修理问题	6
	工具、夹具、量具不合要求	5
	材料不对	3
	连续生产突然中断	3
	其他	5
	合计	68
操作者的责任	校验失误	11
	操作不当	11
	其他(如装配错误)	10
	合计	32

2. 怎样才能使操作者成为自控工人

管理者应该从各个方面提供条件,使工人成为自我控制的工人。

(1)为了确保操作者知道如何干以及为什么要这样干,一般来说,管理者必须做到以下几点:

①确保工人了解产品的规格要求和其他技术条件。

②确保工人能够详细了解工艺规程和加工方法等方面的要求。

③让工人清楚自己的职责和权限,例如操作工人可以做出哪些决策和采取哪些措施。

此外,还应该注意一些具体问题。

①制定的规格不应该含糊不清,应该明确规定。例如,规格中写着“表面必须光滑”是模棱两可的,没有明确说明光滑的程度要求。结果常常会因为生产人员和检验人员对标准理解不同而引发不必要的争吵和纠纷。

②修改设计时必须同时更新检验用和生产用的两套图纸。经验证明,两者不一致往往是导致质量不符合规格的主要原因之一。

③设计人员应该向生产人员进行技术交底,特别是在开始使用新的公差标准或新的编码时。

④设计人员应该在图纸上用明确的代号标识各加工尺寸的重要性分级,以便使生产人员知道什么是关键的,什么是次要的。这实际上就是向操作者进行技术交底。

随着产品日益复杂,在工艺上对生产条件(如温度、压力、环境等)加以明确也是非常必要的。否则,由此引起的废品,责任将由工艺工程师承担。

总之,为了对“懂得产品规格”有更加系统的理解,朱兰和格雷纳提出了以下九条建议:

①是否有明确规定的产品规格和加工工艺？如果有多个部门参与，它们是否完全一致？字迹是否清晰？是否易于操作者接受？

②在产品规格中，是否明确标示不同质量特性的相对重要性？制定的公差是否明确划分为强制性和参考性要求？如果使用控制图或其他管理手段，是否明确其与产品规格之间的关系？

③规定用肉眼检验的缺陷标准，在工作现场是否清晰可见？

④发给生产人员的产品规格是否与检验人员采用的标准一致？是否允许它们之间存在一定的偏差？

⑤操作者是否知道产品的用途？

⑥是否向操作者进行技术交底以满足技术要求？是否进行了适当的技术培训？是否对操作者进行了考试或其他评估方法？

⑦如果本工序不符合规格，操作者是否知道这将对下道工序和整个产品的质量特性产生何种影响？

⑧当规格发生变化时，操作者能否及时得到通知？

⑨操作者是否知道如何处理不合格材料和产品？

(2)操作者必须知道他们生产的产品是否符合规格要求。在某些工序中，可以凭借人的感官来判断是否合格，但在现代工业生产中，许多工序需要使用仪器或其他特殊测试手段。当必须使用仪器时，管理者必须做好以下三个方面的工作：

①对操作者进行技术培训，包括正确使用仪器、抽样检验标准、记录方法、图表绘制和仪器校正等内容。

②确保操作者和检验员使用的量具是一致的。

③如果只有一个量仪无法交给操作者使用，使用者必须及时向操作者反馈重要的检测数据。

(3)为了使操作者具备正确处理异常情况的能力，工厂管理者除了明确规定预防异常现象发生的方法外，还需要对操作者进行技术培训，使他们学会如何调整机器和校正仪表。必要时，还应对操作者进行实际考核，使他们掌握故障排除的方法。培训内容应全面，要解释在什么情况下需要重新调整机器，调整时应采取哪些步骤，操作者在他们的职权范围内可以做出哪些改变以及改变的范围有多大。当操作者自己无法处理时，他们应该知道应该向谁寻求帮助。此外，还应结合过去发生的故障实例，阐明其发生原因，指出纠正措施并吸取教训。管理者还应善于发现少数操作者所掌握的技巧，并在所有操作工人中推广使用。

13.1.7 国内实例

下面介绍一个实例，展示如何使操作者成为能够自我控制的工人，以确保产品质量的稳定性。

国内某电机厂与某外国厂商签订了来样定牌生产的协议。经过一段曲折的过程，最终该电机厂成功地将产品稳定地引入国际市场，并积累了重要经验。其中的一项经验与前文介绍的内容相吻合。

该厂于1979年与一家外国公司签订了来样定牌生产QU电机的协议。第一批128台电机通过了对方九个项目的测试，并获得了良好的反馈。然而，到了1980年6月，第二批2 000多台电机运到国外后，对方进行了解体试验并按照标准进行验收，发现了许多质量问题。随后的几批也出现了类似问题，这对出口产品的信誉造成了影响，迫使该厂不得不派遣专人前往国外进行返修。

在与外商的谈判中，双方商定采用IEC国际通用标准、DIN标准和公司标准作为验收依据，并将这些标准的相关项目汇总为协议中的163项检验规范。协议对每个零部件都有具体的质量要求，并且每一项都有签字确认，同时每张图纸上也有签字。然而，当时该厂对IEC和DIN标准并不熟悉，对协议中的一些项目既没有检测手段，又不了解检验方法。后来，该厂采取了措施，在全厂范围内组织所有相关人员学习协议规定的163项技术检验规范，并进行了三级考试，包括厂内考试、公司抽查考试和部、局抽查考试。这样做的目的是确保与出口任务相关的每个人都清楚自己在该生产中应该完成的任务、要达到的目标、应遵循的标准、应掌握的关键的控制方法和工具，以及每个工序的具体要求等等。从厂领导到科室、车间干部，再到生产工人，每个人都关注不同的重点，这为稳定产品质量奠定了坚实的基础。

通过严格按照国际技术标准组织生产，并经过一段时间的努力，协议中的规范条款得到了有效的执行，最终能够稳定地组织批量生产。自1981年以来，经过对方的抽查，我们已经生产了四批共11 000台产品，每一台都合格。这使得我国小型电机首次大规模进入西欧市场，并建立了可靠的信誉。在此基础上，英国、法国、瑞典、澳大利亚、泰国、巴基斯坦、孟加拉国等国一些厂商纷纷来函来电，要求寄送样机和样品，准备建立产销关系。

13.2 生产操作

各国的企业认为操作者的首要任务，就是要切实做到产品生产符合图纸上的公差和技术要求，力求波动范围小，保证产品质量的稳定。

13.2.1 控制主导因素

根据因果分析图，可以从影响工序或生产操作质量的五个因素(人、机、物料、方法及环境)中找到主导因素，然后根据主导因素的特点采取不同措施进行控制。现分述如下：

1. 操作者占主导地位

在以手工操作为主的工序中，工人的技术水平和操作技能对于保证产品质量起着决定性作用。对于这些工序来说，操作者是影响质量的主导因素。为了控制质量，首先需要控制操作者的状况。在瑞典，对于以手工操作为主的一些关键工序，例如高压容器的电焊工、电镀工、装配工等，要定期进行严格的考核，只有通过考试合格后才能上岗操作。即使是高级技工，当他们脱离工作岗位超过三个月时，同样需要重新接受考核。在质量控制的方法上，可以采用P控制图或C控制图，并且要根据每个班组中每个人的质量表现进行统计和管理。

2. 机器和工装的调整占主导地位

在找到主导因素的情况下，必须对工装进行验证，确保机器调整到位，并经过正式批准后才能投入生产。首先，操作者应该知道从哪里着手进行调整，调整时应该将精力集中在哪些方面。其次，在调整过程中，需要使用适当的仪器和检测标准，检验人员应及时将信息反馈给操作者。最后，检验人员应将当班生产的质量数据绘制成控制图，以便清楚地了解该工序的能力是否符合要求，生产情况是否处于控制状态。一旦出现异常情况，操作者应具备重新调整机器的技能，以确保加工精度达到规格要求。

必须指出，过去对工装验证和机器调整主要依靠首件检验结果来判断是否符合标准要求，现在看来，这种方法不够恰当，存在两个缺点：首先，从图13-4可以明显看出，相同的检验结果可能出现在多种分布状态中，而且不一定是中值。另外，仅凭一个数值无法反映工序偏差的大小。因此，仅仅根据首件检验结果，有可能得出错误的判断。例如，本来不应该批准的调整工作却被错误地批准并允许进行批量生产，或者本应批准的反而被无理地拒绝了。正确的做法应该是选定子样大小，求得 $\overline{X}$（平均值）及 C_P（工序能力指数）值，以此决定是否进行批量加工。

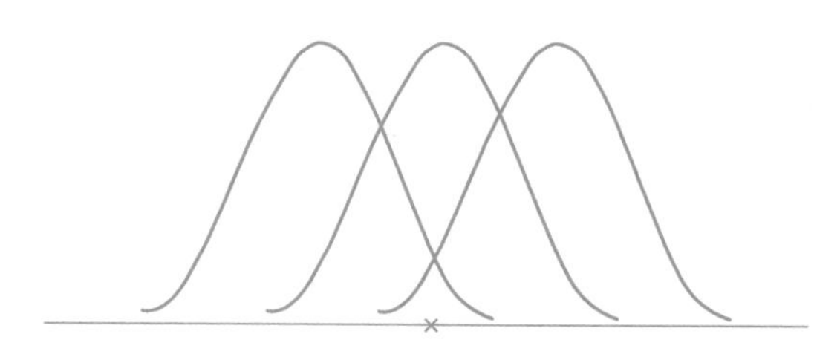

图13-4 同样首件不同分布得到的检验结果

3. 机播的孔型、工具及模具占主导地位

这种工序的特点是随着时间的推移，工具和模具会磨损，导致工件尺寸不合格。为了防止这类废品和次品的出现，必须经常进行巡回检查和调整。巡回检查工作可以概括为以下四个步骤：

(1)操作者按照规定的工作程序进行自检，将工序产品分为合格品、质量有问题产品和废品三类。巡回检查员从最后制造出来的一些工件中进行抽样检验，并做出三种判断：合格、拒收或报废。未经检查员签署合格的产品不得转入下道工序。质量有问题的或发生混淆的产品将由转运工负责（或通过输送带）送交检验台进行拣选，最终由专检人员判定是否合格、需要返修或报废。

(2)将巡回检查时得到的数据记录在控制图中，如果工序继续处于控制状态，则对生产出来的产品进行全部验收。

(3)巡回检查员必须随机从格架中抽取子样，并按照标准的抽样检查规范进行判定。

(4)巡回检查员负责计算标准偏差和 C_P 值（工序能力指数）。

4. 物料占主导地位

如果物料质量低劣或元件不合格，一旦流入生产工序，会导致大批产品不合格。控制方法主要包括确保不投产不合格材料、不合格品不转入下道工序、不装配不合格零件、严格执行进货检验、进行供货厂的资格评审以及建立良好的供需关系等。

现代化工业企业对于复杂产品多采用自动化的检验装置，对物料、元件和零件都要进行100％的检验，这样可以防止人为的错检。

13.2.2 改善工序状态

改善工序状态主要是以预防为主，使工序处于稳定的控制状态。有关这方面的论述，在全面质量管理的书刊中讲得很多，这里不再赘述。下面仅介绍三种行之有效的方法。

1. 正态概率纸

这是一种最简单的预测工序能力和不合格率的方法，在质量控制方面，常常需要计算标准偏差，通常是采用均方根偏差$\sqrt{V}$，求工序能力指数C_P值，其计算公式是

$$\sqrt{V}=\sqrt{\frac{\sum(X_i-\overline{X})^2}{n-1}};C_P=\frac{S_U-S_L}{6\sqrt{V}} \tag{13-1}$$

$$C_{PK}=(1-K)C_P \tag{13-2}$$

并且

$$K=\frac{\left|\frac{S_U+S_L}{2}-\overline{X}\right|}{\frac{S_U-S_L}{2}} \tag{13-3}$$

式中 S_U——规格上限；

S_L——规格下限。

上述三个公式的计算基础是均方根偏差$\sqrt{V}$，显然是相当复杂的。如果运用$\overline{X}-R$控制图求标准偏差，其工作量也很大，至少需要有大量数据，尚需分组并求出各组的中值或平均值。然后，通过查表求得相应的d_2值，再根据$S=\frac{\overline{R}}{d_2}$，计算该工序能力指数$C_p$值（$C_P=\frac{T}{6s}$，$T$为公差范围）。

瑞典各公司普遍采用正态概率纸来计算C_P值，这种方法简便易行，既适用于大批量生产，也可用于小批量生产。欧美和日本的许多公司也都采用正态概率纸。

（1）什么是正态概率纸

在瑞典可以买到印好的正态概率纸的空白表格，它的横坐标每格间距相等；纵坐标中间为零，上下是对称的，纸的右边是标准偏差：$\pm\sigma$，$\pm 2\sigma$，$\pm 3\sigma$……，左边是概率值：0.1～99.9％，其值是由单侧概率正态分布表求得。

图 13-5 和图 13-6 分别表示的是二维正态分布概率和正态分布概率，曲线下的阴影面积是纵坐标的概率值，以百分数表示。

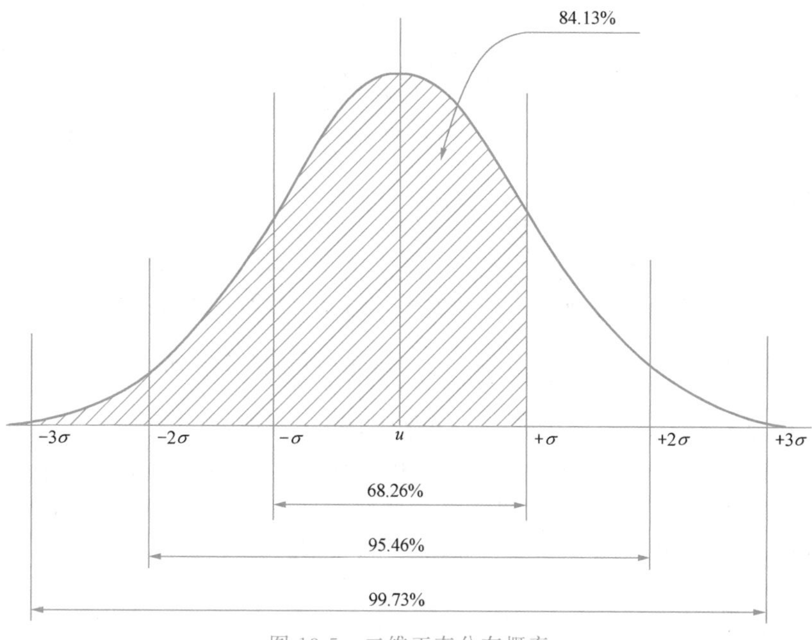

图 13-5　二维正态分布概率

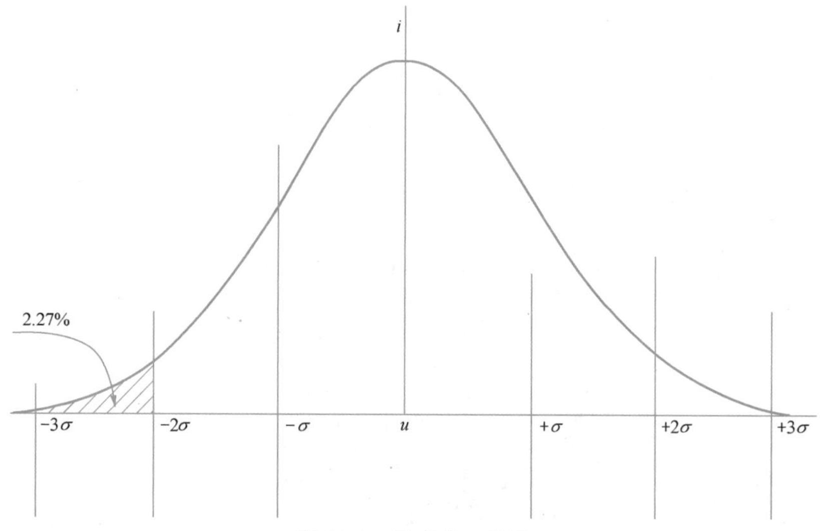

图 13-6　正态分布概率

(2)正态概率纸的实例演算

例如,某机床切割圆钢 20 根,其质量特性值原始数据为,3 184、3 185、3 184、3 185、3 185、3 186、3 186、3 187、3 186、3 188、3 186、3 186、3 186、3 187、3 186、3 188、3 185、3 186、3 185 和 3 186 mm。经过整理,由小到大依序排列,得到频数分布如下:

质量特性值/mm	频数
3 184	//
3 185	╫╫
3 186	╫╫　///
3 187	//
3 188	//

计算方法如下:

①列表

质量特性值/mm	频数	累计频数	$\overline{J}=\frac{a_1+a_n}{2}$	$\overline{P}=(\overline{J}-0.5)\times\frac{100}{N}$
3 184	2	2	1.5	5.0
3 185	5	7	5.0	22.5
3 186	9	16	12.0	57.5
3 187	2	18	17.5	85.0
3 188	2	20	19.5	95.0

表中 N 为 20，$\overline{J}$ 为等差数列前 n 项和的平均值，a_1 为等差数列的第一项，a_n 为第 n 项。以 3 184 mm 为例，$a_1=1$、$a_n=2$、$\overline{J}=\frac{3+7}{2}=5.0$；再以 3 185 mm 为例，频数为 9，所以 $a_1=8$、$a_n=16$、$\overline{J}=12$，其余以此类推。$\overline{P}$ 为数据的纵坐标值。

②将横坐标（质量特性值）及纵坐标 $\overline{P}$ 的交点画在正态概率纸（图 13-7）上，然后把各点连接起来。如果基本上是一条直线，就说明这些数据呈正态分布。横坐标各点的间距选择应适当，不应太宽或太窄，太宽时直线将超出表格；太窄时直线将过陡，误差大。

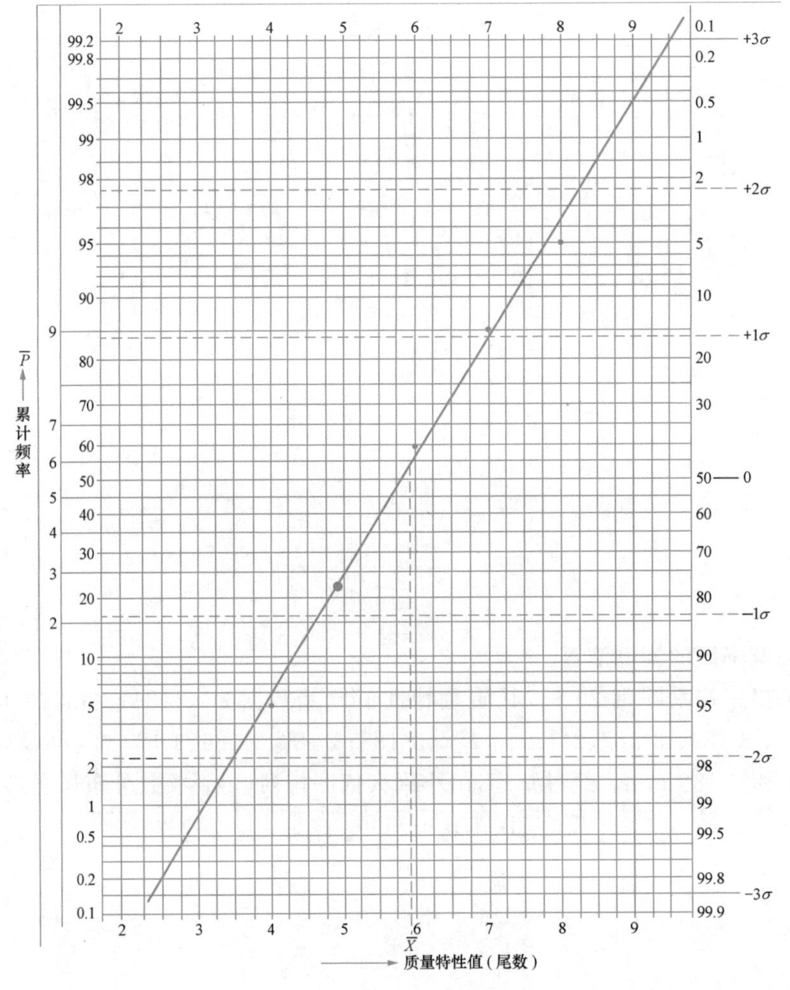

图 13-7　正态概率纸

③因数据呈正态分布，由 50％处向右延伸，与该直线交于一点，该点的横坐标值为 $\overline{X}$（平均值）＝3 185.8。

④将直线延长后，与＋σ 和－σ 分别相交，两交点间的水平距离为 $6S=3\ 189.6-3\ 182.3=7.3$，所以标准偏差 $S=1.22$。

⑤设已知规格为 3 185±3，即上限 $S_U=3\ 188$，下限 $S_L=3\ 182$。正态分布直线与 S_U 相交，该交点的纵坐标即超出上限的不合格率 $P_U=4.25\%$。

⑥工序能力指数 $C_p=\dfrac{T}{6s}=\dfrac{6}{7.3}=0.82$，所以，该工序能力不符合要求。

2. 预控图

在零件加工精度要求不高、批量生产并使用卡规进行检验的情况下，可以采用预控图（图 13-8）。该图的特点是简便易行，无须进行任何计算。具体操作如下：

（1）将连续测得的三个数据点绘制在预控图上（图 13-9）。如果两个点都在预控线内，可以继续加工；如果两个点都在预控线外，需要调整设备和工装；如果一个点介于公差上限和预控线之间，而另一个点介于公差下限和预控线之间，则需要立即停机，并采取相应措施进行纠正，以减少散差。

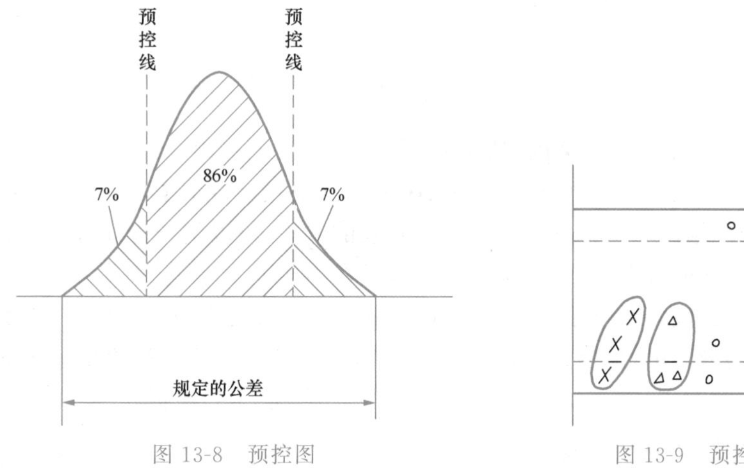

图 13-8　预控图　　图 13-9　预控管理图

（2）如果连续五个点都在预控线内，说明工序处于控制状态。

3. 图解法——多变量图

图 13-10 显示了工件散差与公差之间的关系，具有三种不同情况。每根垂直线代表一个产品的散差大小。

案例 1 显示每个工件的散差较大，超出了公差范围，只有通过减小散差才能使其合格。

案例 2 显示每个工件的散差较小，约为公差的 20％，但前后工件之间的实测尺寸差异较大。

案例 3 显示随着时间的改变，从上午 9 点到 12 点，工件的实际尺寸在不同时间有明显波动。

使用这种图解法来表示圆形工件的椭圆度时效果最清晰。例如，圆形工件直径的最大值为 0.501 0，最小值为 0.500 0，而实测最大直径为 $A=0.500\ 9$，最小直径为 $B=0.500\ 3$，因此散差值为 0.000 6，可以用一根垂直线表示，如图 13-11 所示。

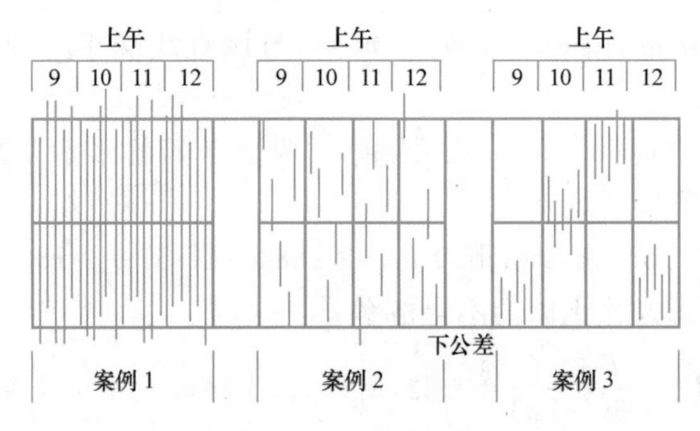

图 13-10　多变量图

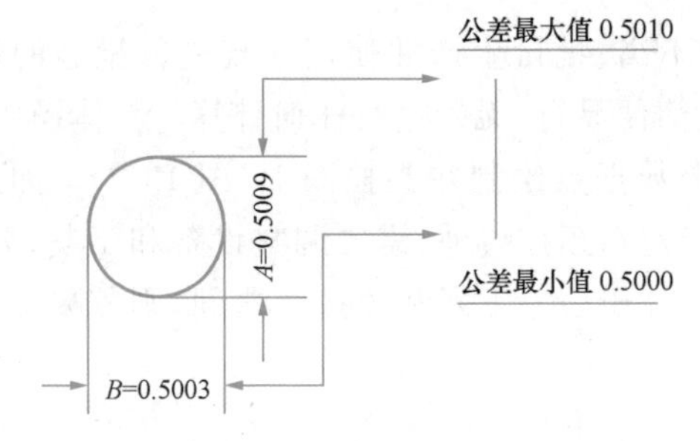

图 13-11　圆形工件的椭圆度

13.2.3　制造经济性

1977 年 10 月，宏特和卡夏在美国《质量管理技术月刊》上提出了一种新的方法。他们通过考虑几个影响制造经济性的因素，如正品、副品或次品的产生，退货损失（或废品）以及与标准偏差的关系，总结出一个计算公式。利用查表的方式，可以优选出适合的“加工”目标值。这里的“加工”一词的含义很广泛，甚至包括称重在内。

例如，假设有一盒食品，要求重量至少达到 1 kg 才能被归类为正品并以 67.5 美分的价格销售。如果重量略微不足，虽然不合格，但可以作为次品以 37 美分的价格销售。如果重量更轻，将导致退货损失 55 美分。假设标准偏差约为 0.005 63，根据宏特和卡夏的方法：$a=67.5$ 美分，$r=-37$ 美分，$g=55$ 美分，$\sigma=0.005\,63$。则

$$\frac{g\sigma}{a-r}=\frac{55\times0.005\,63}{67.5-37}=0.010\,2 \tag{13-4}$$

查表 13-2 得$\dfrac{\delta^*}{\sigma}=2.71$，于是得 $\delta^*=0.015\,3$。

优选的目标值应为 $T=L+\delta^*$，式中 L 为规格下限（1 磅），所以

$$T=1+0.015\,3=1.015\,3\ \text{kg} \tag{13-5}$$

表 13-2　优选目标值的影响因素表

$\dfrac{\delta^*}{\sigma}$	$\dfrac{g\sigma}{a-r}$	$\dfrac{\delta^*}{\sigma}$	$\dfrac{g\sigma}{a-r}$
4.0	0.00013	0.50	0.509 16
3.50	0.000 87	0.40	0.561 88
3.00	0.004 44	0.30	0.617 22

（续表）

$\frac{\delta^*}{\sigma}$	$\frac{g\sigma}{a-r}$	$\frac{\delta^*}{\sigma}$	$\frac{g\sigma}{a-r}$
2.90	0.005 96	0.20	0.675 07
2.80	0.007 94	0.10	0.735 33
2.70	0.010 46	0.00	0.797 88
2.60	0.013 65	−0.10	0.862 62
2.50	0.017 64	−0.20	0.929 42
2.40	0.022 58	−0.30	0.998 17
2.30	0.028 63	−0.40	1.068 76
2.20	0.035 97	−0.50	1.141 08
1.90	0.067 56	−0.80	1.367 40
1.70	0.098 44	−1.00	1.525 14
1.60	0.117 35	−1.10	1.605 80
1.50	0.138 79	−1.20	1.687 55
1.40	0.162 88	−1 .30	1.770 33
1.30	0.189 73	−1 .40	1.854 06
1.20	0.219 44	−1.50	1.938 68
1.10	0.252 05	−1.60	2.024 13
1.00	0.287 60	−1.70	2.110 36
0.90	0.326 11	−1.80	2.197 32
0.30	0.367 56	−1.90	2.284 95
0.70	0.411 92	−1.99	2.364 237
0.60	0.459 15		

13.2.4 问题处理

在生产制造过程中，总会发生不符合规格的情况。在美国，一般由质量控制工程师或可靠性工程师来做问题处理的决定。当他们做决定时，常常从以下几方面来考虑：

（1）要视使用者及用途而定。例如，同样是钢材，用于建筑结构和用于拉拔、深冲，在使用上的要求就完全不同。

（2）要视紧迫性而定，即是否有必要立即做出处理决定。

（3）从经济性加以衡量。例如，进行返修要看在经济上是否合算，要充分考虑返修品投放市场后有无可能丧失竞争能力。

（4）必须重视安全性。

（5）一定不能触犯政府的有关法令。

此外，如果有必要，还可以向销售部门了解反馈情况，并征求生产制造和技术部门的意见。关于不合格品的处理和决策权限，需要根据具体情况而定。如果批量较小且不会对社会、人员和设备造成危害，质量控制工程师或可靠性工程师有权直接做出处理决策；如果批量较大且对企业的经济影响较大，则他们需要提出建议，向质量经理请示，并由质量经理做出决策；如果涉及危害社会或与政府法规冲突，需要总经理和部门经理们共同决策；对于必须与规格要求一致的工业产品，如原子能工业或航天工程用品等，如果不符合规格，则只能由用户或政府主管机构做出决策。

在瑞典，一些制造商根据质量特性的重要性分级来划分处理权限，特定的定型产品按照质量特性的重要性进行如下具体分类。对于安全性不符合规格的产品，任何人都无权验收；对于关键质量特性不符合规格的产品，由设计部门做出决策；对于重要的质量特性，由质量控制工程师决策；对于次要的质量特性，由检验工长决策；对于虽不符合制造工艺但仍符合规格的产品，由制造工艺工程师决策。

13.2.5 国内实例

这里介绍的是某机械配件公司采用正态概率纸计算 C_p 值的经验。

在 1981 年末，该配件公司对所属的轴承厂进行了作业调查和 C_p 值的测定计算。他们采用了正态概率纸的简易计算方法，仅用了两个小时就完成了十台设备的加工工序能力指数的计算工作。

为了比较这种方法与采用均方根差来计算标准偏差的方法的准确性和误差值，现将其中具有代表性的三种零件的加工情况及计算得到的平均值和标准偏差分别列在下表中进行说明。

根据正态概率纸的简易计算方法，设频数为 f，累计频数为 F，根据公式

$$\overline{J}=\frac{a_1+a_n}{2}, \tag{13-6}$$

式中　$a_1=F_{i-1}+1, a_n=F_i$。

当 $f=1$ 时，$\overline{j_i}=F_i$；$f\neq1$ 时，$\overline{J}=\dfrac{a_1+a_n}{2}$

【例 13-1】　零件名称：轴承；加工工序：306 内径磨光；$N=25$；规格：$\varphi30_{-0.007}^{-0.002}$；设备型号：M-2110。

序号	质量特性值/μm	频数 f	累计频数 F	$\overline{J}=\dfrac{a_1+a_n}{2}$	$\overline{P}=(\overline{J}-0.5)\dfrac{100}{N}$
1	−2	1	1	1	2
2	−4	2	3	(2+3)/2=2.5	8
3	−5	4	7	(4+7)/2=5.5	20
4	−6	3	10	(8+10)/2=9	34
5	−7	5	15	(11+15)/2=13	50
6	−8	2	17	(16+17)/2=16.5	64
7	−9	2	19	(18+19)/2=18.5	72
8	−10	6	25	(20+25)/2=22.5	88

读者可把上表所列质量特性值作为横坐标，把 $\overline{P}$ 作为纵坐标，画在正态概率纸上，然后将此八个坐标点连接起来，可以基本得到一条直线，并可求得：

$$\overline{X}=-7.15\ \mu\text{m}$$
$$S=2.45\ \mu\text{m}$$
$$C_P=\frac{-5}{-14.7}=0.34$$

采用均方根差方法可求得

$$\overline{X}=\frac{\sum X}{N}=\frac{-177}{25}=-7.1\ \mu\text{m}$$
$$S=\sqrt{\frac{\sum(X-\overline{X})^2}{N-1}}=\sqrt{\frac{125.85}{24}}=0.29\ \mu\text{m}$$
$$C_P=\frac{5}{13.74}=0.36$$

对比结果：

$\overline{X}$(平均值) 的误差为 0.7%；

S(标准偏差) 的误差为 $\frac{2.45-2.29}{2.29}\times100\%=7\%$；

C_P 的误差为 $\frac{0.36-0.34}{0.36}\times100\%=6\%$。

【例 13-2】 零件名称：轴承；加工工序：磨外沟；$N=25$；规格：$\phi64.15_{-0.20}^{-0.15}$ mm；设备型号：8810。

序号	质量特性值/μm	频数 f	累计频数 F	$\overline{J}=\frac{a_1+a_n}{2}$	$\overline{P}=(\overline{J}-0.5)\frac{100}{N}$
1	−0.12	1	1	1	2
2	−0.13	3	4	(2+4)/2=3	10
3	−0.14	3	7	(5+7)/2=6	22
4	−0.15	11	18	(8+18)/2=13	50
5	−0.16	4	22	(19+22)/2=20.5	80
6	−0.17	2	24	(23+24)/2=23.5	92
7	−0.18	1	25	25	98

从基本呈正态分布的直线求得：

$$\overline{X}=-0.149\ \mu\text{m}$$
$$S=1.43\times10^{-2}\ \mu\text{m}$$
$$C_P=\frac{0.05}{8.60\times10^{-2}}=0.58$$

由于

$$\overline{X}=\frac{\sum X}{N}=-0.15$$
$$S=\sqrt{\frac{\sum(X-\overline{X})^2}{N-1}}=\sqrt{\frac{45\times10^{-4}}{24}}=1.37\times10^{-2}\ \mu\text{m}$$
$$C_P=\frac{0.05}{8.22\times10^{-2}}=0.61$$

对比结果：

$\overline{X}$(平均值)的误差为 0.67%；

S(标准偏差)的误差为 $\frac{1.43-1.37}{1.37}\times 100\%=4.4\%$；

C_P 的误差为 $\frac{0.61-0.58}{0.61}\times 100\%=4.9\%$。

【例 13-3】 零件名称：轴承；加工工序：磨内径；$N=25$；规格：$\phi 44.9^{0}_{-0.02}$ mm；设备型号：M-2120

序号	质量特性值/μm	频数 f	累计频数 F	$\overline{J}=\frac{a_1+a_n}{2}$	$\overline{P}=(\overline{J}-0.5)\frac{100}{N}$
1	−4	1	l	1	2
2	−7	1	2	2	6
3	−7.5	1	3	3	10
4	−8.0	1	4	4	14
5	−8.5	1	5	5	18
6	−9.0	2	7	(6+7)/2=6.5	24
7	−10.0	5	12	(8+12)/2=10	38
8	−10.5	2	14	(13+14)/2=13.5	52
9	−11.0	5	19	(15+19)/2=17	66
10	−13.0	6	25	(20+25)/2=22.5	88

从基本呈正态分布的直线求得

$$\overline{X}=-10.2\ \mu\text{m}$$

$$S=2.33\ \mu\text{m}$$

$$C_P=\frac{-20}{-14}=1.43$$

由于

$$\overline{X}=\frac{\sum X}{N}=\frac{-257}{25}=-10.28\ \mu\text{m},\text{则}$$

$$S=\sqrt{\frac{\sum(X-\overline{X})^2}{N-1}}=\sqrt{\frac{117.06}{24}}=2.21\ \mu\text{m}$$

$$C_P=\frac{20}{13.26}=1.51$$

对比结果：

$\overline{X}$(平均值) 的误差为 0.78%；

S(标准偏差) 的误差为 $\frac{2.33-2.21}{2.21}=5\%$；

C_P 的误差为 $\frac{1.51-1.43}{1.51}=5\%$。

通过上述三个实例的演算可以知道：$\overline{X}$(平均值) 的误差小于 1%；S(标准偏差) 及 C_P 值的误差为 5% ~ 7%。

参考文献

[1] 吴晓波，于东海，许伟，陈川．不确定时代的质量管理：穿越周期的华为[M]．北京：中信出版集团，2023.

[2] 黄为，钟金，向升瑜．华为客户法则[M]．北京：电子工业出版社，2018.

[3] Juran J M, Godfrey A B. Juran's quality handbook [M]. New York: McGraw-Hill Professional, 1998.

[4] 朱镇邦．工业企业管理案例集 [M]．上海：上海社科院出版社，1986.

[5] 朱兰 J M．质量管理 [M]．北京：企业管理出版社，1986.

[6] 周朝琦，侯龙文．质量管理创新 [M]．北京：经济管理出版社，2000.

[7] Juran J M. Quality control handbook [M]. New York: McGraw-Hill Book Company, 1974.

[8] 张公绪．新编质量管理学[M]．2 版．北京：高等教育出版社，2003.

[9] 张根保．质量管理与可靠性 [M]．北京：中国科学技术出版社，2002.

[10] Crosby P B. Quality is free [M]. New York: New American Library, 1979.

[11] 徐格宁，袁化临．机械工程安全 [M]．北京：中国劳动社会保障出版社，2008.

[12] 熊伟．现代质量管理 [M]．杭州：浙江大学出版社，2008.

[13] 王祖和．项目质量管理 [M]．北京：机械工业出版社，2009.

[14] 王亚盛，吴希杰．质量检验与质量管理 [M]．天津：天津大学出版社，2011.

[15] 王世芳．机械制造企业质量管理 [M]．北京：机械工业出版社，1990.

[16] 王海燕．服务质量管理 [M]．北京：电子工业出版社，2014.

[17] 唐晓青．现代制造模式下的质量管理 [M]．北京：科学出版社，2004.

[18] 苏秦．质量管理与可靠性 [M]．北京：机械工业出版社，2006.

[19] Aguayo R. Dr. Deming: the American who taught the Japanse about quality [M]. New York: Simon &Schuster, 1991.

[20] 盛宝忠．质量改进六步法 [M]．上海：上海交通大学出版社，2007.

[21] 上海市质量协会．质量安全与质量管理核电企业质量培训教材 [M]．北京：中国标准出版社，2009.

[22] 欧阳明德．产品质量管理 [M]．北京：企业管理出版社，1989.

[23] 马林．全面质量管理 [M]．北京：中国科学技术出版社，2006.

[24] 陆延孝，郑鹏洲．可靠设计与分析 [M]．北京：国防工业出版社，2002.

[25] 刘广第．质量管理 [M]．北京：清华大学出版社，2003.

[26] Feigenbaum A V. Total quality control [M]. New York: McGraw-Hill Book Company, 1983.

[27] 李金海．项目质量管理 [M]．天津：南开大学出版社，2006.

[28] 郎志正．质量管理及其技术和方法 [M]．北京：中国标准出版社，2003.

[29] 洪生伟．质量工程学 [M]．北京：机械工业出版社，2007.

[30] 何晓群. 六西格玛及其导入指南 [M]. 北京：中国人民大学出版社，2003.
[31] 龚益鸣. 质量管理学 [M]. 上海：复旦大学出版社，2008.
[32] 高齐圣. 质量工程与控制的应用研究 [M]. 沈阳：东北大学出版社，1999.
[33] 冯根尧. 中小企业质量管理实务 [M]. 上海：上海财经大学出版社，2005.
[34] 戴光. 压力容器安全工程 [M]. 北京：中国石化出版社有限公司，2010.
[35] 戴克商. 质量经营理论与实务 [M]. 北京：中央广播电视大学出版社，2013.
[36] 赤尾洋二. 质量展开入门 [M]. 东京：日科技联出版社，1990.
[37] 程虹. 宏观质量管理 [M]. 武汉：湖北人民出版社，2009.
[38] 陈志田. 管理体系一体化总论 [M]. 北京：中国计量出版社，2002.
[39] 陈俊芳. 质量改进与质量管理 [M]. 北京：北京师范大学出版社，2007.
[40] 陈国华，贝金兰. 质量管理 [M]. 北京：中国农业大学出版社，北京大学出版社，2010.
[41] 柴邦衡，吴江全. ISO 9001:2015 质量管理体系文件 [M]. 北京：机械工业出版社，2002.
[42] Kusiak A. Concurrent engineering：automation，tools，and techniques [M]. New York：John Wiley &Sons Inc，1993.
[43] 石尾登. 企业诊断的着眼点 [M]. 北京：知识出版社，1987.
[44] 格雷格·布鲁. 六西格玛 [M]. 北京：中信出版社，2006.